Matemáticas para Machine Learning

Fundamentos de Ciencia de Datos con Python

Volumen I

por

Bluminds LLC

Jheser Guzman

Senior Software Development Engineer Amazon-AWS, ex-JPMorgan & Chase, ex Google in USA. Liverpool John Moore's University, University of Chile University of León.

Jhohanser Guzman Dr. (c)

Senior Data Scientist, ex-UNDP, Columbia University, UNINI University, Universidad Europea del Atlántico, Universitat Politécnica de Catalunya, AIU University and Economist.

Matemáticas para Machine Learning
Por *Jheser Guzman & Jhohanser Guzman*

Impreso en Estados Unidos de América

Publicado por Bluminds Books, parte de Bluminds LLC.
Domicilio: 20 S Charles St Ste 403 #878, Baltimore, MD 21201 - USA

Las obras de Bluminds Books pueden adquirirse para fines educativos, empresariales y comerciales. Existen, además, ediciones digitales disponibles en *www.bluminds.com*. Para información adicional, contacte a nuestro departamento de ventas corporativas: *info@bluminds.com*

ISBN: 978-1-967406-00-5
Editora y Revisora: Raphaella Dariana Illanes Bequer
Editor de producción: Jheser Guzmán & Jhohanser Guzmán

Primera edición, Enero, 2026

Historial de revisiones de la primera edición: *2024-2026*

Diseñador de portada: Jhohanser Guzmán
Diseñador de interiores: Jheser Guzmán & Jhohanser Guzmán

Verificación de originalidad y ausencia de plagio realizada mediante Dupli Checker y Plagiarism Detector.net

Para detalles adicionales sobre el lanzamiento de este libro, consulte *info@bluminds.com.*

Agradecimientos

Manifestamos nuestro más profundo reconocimiento a Bluminds LLC, en particular al equipo responsable de la edición y revisión técnica de este volumen. Su dedicación, pericia y compromiso han sido determinantes para asegurar la precisión del contenido presentado. Asimismo, damos nuestro agradecimiento a colegas y colaboradores, cuyas observaciones y sugerencias, enriquecieron de manera significativa la presente obra, al igual que nuestros estudiantes, cuya inquietud intelectual y entusiasmo por el aprendizaje constituyeron un estímulo constante para profundizar y clarificar los conceptos aquí expuestos. A nuestras familias, por su respaldo y aliento, durante el desarrollo de este proyecto; sin estos valores, la culminación de este libro no habrían sido factibles.

Hay que destacar la contribución de la comunidad de software libre, cuyos esfuerzos ha posibilitado la expansión y accesibilidad de herramientas como el Lenguaje Python, y todos los ecosistemas de ciencia de datos. El espíritu de cooperación, que caracteriza a la comunidad open source, ha sido una fuente inagotable de inspiración y un pilar esencial en la gestación de este libro.

Cabe señalar, con especial gratitud, la labor de Raphaella Dariana Illanes Bequer, cuya dedicación y aguda capacidad analítica resultaron determinantes en la revisión de este manuscrito. Su habilidad para identificar matices y formular observaciones enriquecedoras ha elevado de manera notable la calidad textual, garantizando la transmisión precisa y clara de cada idea. Su compromiso con la excelencia académica y su profesionalismo se reflejan en cada página, consolidándose como un soporte para la realización de este proyecto.

Reconocemos a la comunidad global de profesionales en ciencia de datos, quienes, mediante su innovación continua, han propiciado el avance acelerado de este campo, generando un impacto positivo y trascendental en personas y organizaciones a nivel internacional.

Acerca de los Autores

Jheser Guzmán es científico en computación, con una trayectoria de dos décadas en Machine Learning, Procesamiento de Lenguaje Natural (NLP) y en especial, Ingeniería de Software. Hizo sus estudios doctorales en Ciencias de la Computación en la Universidad de Chile y ha completado cuatro maestrías en universidades del Reino Unido, España y Bolivia, además de certificaciones profesionales como Cisco CCNA, AWS Architect/Developer Associate y Oracle Certified Associate (OCA). Ha ejercido funciones en empresas tecnológicas de referencia, tales como *Amazon AWS*, *Google – YouTube*, *Yahoo Research* y *JPMorgan Chase*, donde ha liderado iniciativas en sistemas de backend y arquitecturas de microservicios. Su especialización en Python, para ciencia de datos, ML y NLP, junto con su experiencia industrial, ha favorecido avances en el rendimiento algorítmico y en el desarrollo de softwares. En el ámbito académico, ha impartido docencia en universidades de Bolivia, Chile y Estados Unidos, orientando a estudiantes y profesionales.

Jhohanser Guzman es economista de profesión, científico de datos y ambientalista. Cuenta con quince años de experiencia en los sectores financiero, jurídico y de análisis de datos. Obtuvo la licenciatura en la Universidad Católica y ha desarrollado su perfil profesional con diversas maestrías, entre ellas en Ciencias de Datos, Machine Learning (AIU), Derecho y Estudios Jurídicos Avanzados. Cuenta un certificado profesional en Machine Learning por la Universidad de Columbia en Nueva York. Actualmente cursa un doctorado en Ciencias de la Salud Pública, con énfasis en análisis de datos, en la Universidad Internacional Iberoamericana de Mexico. Ha trabajado en organismos nacionales e internacionales, como el Programa de las Naciones Unidas (PNUD) en Bolivia, y en BeeGrids Social Intelligence en Chile. Donde ha desarrollado análisis geoespacial, evaluaciones estadísticas de redes sociales y estudios sobre comportamiento social ante desastres naturales.

Acerca de Bluminds

Bluminds LLC, es un startup EdTech orientada al desarrollo de soluciones tecnológicas de vanguardia para la democratización del acceso a la educación y el aprendizaje. Especializada en plataformas de aprendizaje digital y en la generación de contenido académico. Bluminds LLC mantiene un compromiso sostenido con la creación de herramientas que posibiliten a instituciones educativas y empresas ofrecer experiencias formativas interactivas, escalables y accesibles.

El equipo de Bluminds LLC integra la experiencia de profesionales en ingeniería de software, ciencia de datos, economía y tecnologías educativas, colaborando con actores de la industria, universidades y entidades gubernamentales. Además, la organización brinda servicios de consultoría y capacitación técnica personalizada para la implementación de soluciones de aprendizaje digital, tanto en modalidad presencial como remota.

Bluminds LLC ha desarrollado, asimismo, libros y recursos educativos destinados a fortalecer comunidades tecnológicas y académicas, abarcando temáticas clave como ciencia de datos, Python, desarrollo de software, entre otros.

Para establecer contacto con Bluminds LLC y sus autores, o para solicitar una propuesta de capacitación técnica presencial o virtual, diríjase a: *info@bluminds.com*

Para información adicional sobre los servicios de capacitación, soluciones educativas, materiales de trabajo y presentaciones de Bluminds LLC, visite: *https://www.bluminds.com*

Individuos o instituciones interesados en adquirir recursos educativos de Bluminds LLC pueden hacerlo a través de: *https://www.amazon.com*

Las solicitudes de adquisición en grandes volúmenes por parte de corporaciones, organismos gubernamentales o instituciones educativas deben gestionarse directamente con Bluminds LLC. Para mayor información, escriba a: *info@bluminds.com*

Índice general

Prefacio IX

Antes de Comenzar XIX

Capítulo 1 Introducción a Machine Learning 1

1.1 ¿Qué es Machine Learning? 1
1.2 Machine Learning vs Data Mining 4
1.3 ¿Qué es la Ciencia de Datos? 9
1.4 Matemática y estadística en Machine Learning 12
1.5 Python para Machine Learning 14
1.6 Herramientas para Machine Learning 16
1.7 Proyectos de Machine Learning 18
1.8 Resumen 21
1.9 Problemas y sus Soluciones 24
1.10 Problemas 27

Capítulo 2 Programación Python para Machine Learning 33

2.1 Pasos iniciales de Jupyter Notebook 33
2.2 Tipos de datos 34
2.3 Operadores lógicos 41
2.4 Tablas, listas, diccionarios e indexación 47
2.5 Operaciones con DataFrames y bases de datos 54
2.6 Tuplas 67
2.7 Funciones 75
2.8 Argumentos 86
2.9 Métodos en objetos 99
2.10 Estructuras de control 110
2.11 Excepciones 122
2.12 Resumen 132
2.13 Problemas y sus Soluciones 137
2.14 Problemas 145

Capítulo 3 Python para Análisis de Datos 149

3.1 Módulos de Python para análisis de datos 149
3.2 NumPy - Python numérico 151
3.3 SymPy - Matematica simbolica 161
3.4 SciPy - Python científico 172
3.5 Pandas - Manipulación y análisis de datos tabulares 188
3.6 Matplotlib - Visualización de datos 201

3.7 Seaborn - Visualización estadística 203
3.8 Plotly - Visualización interactiva 204
3.9 Bokeh - Visualización interactiva 205
3.10 Dash - Aplicaciones Web interactivas 212
3.11 Folium - Visualización de datos geoespaciales 218
3.12 Resumen 222
3.13 Problemas y sus Soluciones 225
3.14 Problemas 230

Capítulo 4 Visualización de Datos **235**
4.1 Diagrama de dispersiones 235
4.2 Gráficos de barras 245
4.3 Gráficos de líneas 265
4.4 Histogramas 278
4.5 Diagrama de cajas 291
4.6 Gráficos de sectores 299
4.7 Mapas de calor 307
4.8 Diagrama de curvas de nivel 317
4.9 Diagrama de violín 327
4.10 Diagrama de contornos para mapas 334
4.11 Diagrama de áreas y volúmenes 354
4.12 Diagrama de redes 365
4.13 Diagrama de radar 383
4.14 Diagrama de Marimekko 388
4.15 Gráfico de burbujas 390
4.16 Diagrama de árbol 392
4.17 Gráfica de densidad 395
4.18 Diagrama de Venn 399
4.19 Resumen 404
4.20 Problemas y sus Soluciones 409
4.21 Problemas 414

Capítulo 5 Aritmética, Álgebra, Geometría y Trigonometría **419**
5.1 Aritmética 419
5.2 Álgebra 434
5.3 Geometría y Trigonometría 455
5.4 Resumen 498
5.5 Problemas y sus Soluciones 500
5.6 Problemas 505

Bibliografía **509**

Índice alfabético **511**

Prefacio

El avance acelerado de la inteligencia artificial y el aprendizaje automático ha generado una demanda creciente por una base matemática aplicada que sustente el desarrollo de modelos y algoritmos en estos campos. Este libro se propone ofrecer una exposición sistemática y profunda de las Matemáticas para Machine Learning, proporcionando al lector los fundamentos teóricos y metodológicos necesarios para abordar los desafíos actuales en la investigación y la práctica profesional. En este prefacio, se introduce el enfoque interdisciplinario que caracteriza la obra, articulando la relación entre aritmética, entre álgebra, entre cálculo y otras disciplinas matemáticas para el progreso del aprendizaje automático y la inteligencia artificial.[1]

Históricamente, las matemáticas han sido las herramientas más importantes para comprender y modelar todo lo que nos rodea, con base sólida y acompañada de lógica, formulando una base robusta para las demás ciencias. Desde ecuaciones que describen el movimiento de los planetas en el universo hasta las fórmulas que describen las leyes de la física, la naturaleza y la mecánica cuántica, las matemáticas han sido el lenguaje del universo, y ahora las aplicaremos para crear y modelar el comportamiento en sistemas computacionales.[2]

Machine Learning, o Aprendizaje Automático en español, se ha convertido en un pilar importante en la revolución tecnológica actual. Así están los algoritmos de recomendación en plataformas de comunicaciones, hasta los sistemas de reconocimiento que están en nuestros teléfonos móviles. Así, Machine Learning está presente en diferentes dispositivos, como en la mayor parte de los dispositivos electrónicos que tenemos en el hogar y en la oficina. Detrás de la magia de estos algoritmos, existen fundamentos matemáticos que dan vida a estas aplicaciones.[3]

En este libro se examina el papel central que desempeñan las matemáticas como fundamento teórico y metodológico para el desarrollo y la comprensión de los modelos de Machine Learning, considerados como una de las áreas más útiles dentro de la inteligencia artificial.

El cálculo, en su forma más avanzada, se convierte en una herramienta muy útil para comprender cómo los modelos matemáticos pueden evolucionar a medida

---

[1]Edwards, C.H. Jr & Penney David. (1994). "Cálculo con Geometría Analítica". México DF, México. Prentice Hall Hispanoamericana S.A.

[2]Chávez Reyes, Carmen & León Quintanar. (2007). "La Biblia de las Matemáticas". México D.F., México. Editorial Letrarte S.A.

[3]Baldor. A. (2003). "Aritmética: Teoría Practica". México DF, México. Publicaciones Cultural Decima Octava Impresión.

que se enfrentan a nuevas características o a nuevos tipos de datos.[4] Las derivadas parciales, que antes eran solo unos conceptos abstractos en ciencias, ahora se transforman en las piedras angulares de los gradientes y optimizadores que impulsan el aprendizaje de las máquinas, es decir, que el cálculo se encarga de optimizar cada uno de los algoritmos que necesitan ser optimizados para después aplicarlos a casos concretos. Además del cálculo, también veremos álgebra lineal, con conceptos cómo las matrices y los vectores, se convierten en herramientas útiles, para representar y manipular datos en el contexto de ML.

En cada capítulo de este libro, destacaremos la aplicabilidad de estos conceptos matemáticos avanzados en el desarrollo y mejora de los algoritmos de Machine Learning. Aquí, no solo nos quedamos con la teoría, sino que también hemos de mostrar ejemplos prácticos que permitirán a los lectores experimentar directamente con la implementación de estos modelos algorítmicos y matemáticos en un entorno de programación en el lenguaje Python.[5]

Hablando de Python, este libro continuará abogando por su utilidad y versatilidad en el ámbito de las matemáticas, estadística y Machine Learning. Aquí, Python, con su sintaxis y sus amplias bibliotecas (librerías) de herramientas específicas para Machine Learning, se erige como el compañero ideal para aquellos que desean traducir conceptos matemáticos abstractos en código ejecutable. A lo largo de los capítulos, proporcionaremos Jupyter Notebooks que permitirán a los lectores realizar experimentos, verificar resultados y explorar nuevas ideas de manera interactiva.

Este libro tiene como objetivo el ser más que un manual académico; busca ser una guía para la aplicación de las matemáticas en Machine Learning usando el lenguaje Python, trascendiendo la mera teoría. Su contenido explora los modelos matemáticos, la formulación de predicciones y la implementación de estas en proyectos del campo.

El Lenguaje Python

El lenguaje de programación Python, se ha vuelto en uno de los lenguajes más populares en las últimas décadas, especialmente por su facilidad de uso, codificación y su amplia gama de aplicaciones en ciencias. Python es el lenguaje líder en ciencia de datos y es la herramienta principal que utiliza un científico de datos. Su simplicidad en la manipulación de datos, curva de aprendizaje accesible, versatilidad de aplicación y gran diversidad de módulos, lo han convertido en el lenguaje para la

[4] Haaser, N. La Salle, J. & Sullivan, J. (2000). "Análisis Matemático: Curso de Introducción Volumen 1". México DF., México. Octavo Edición.

[5] Deitel, P & Deitel, H. (2015). "Java: How to Program". New Jersey, United States of America. Pearson Education Inc.

Ingeniería de Datos, Ingeniería de Software, Ciencias de la Computación y Ciencia de Datos.

Python tiene una gran variedad de módulos de uso especializado, que se utilizan desde la construcción de bases de datos, procesamiento de datos, creación de modelos para su uso en Machine Learning y visualización de todo tipo de datos, como: NumPy, Pandas, Seaborn, TensorFlow y Scikit-learn. Las bibliotecas y frameworks para Python también proporcionan funcionalidades para el procesamiento de datos no estructurados, ya sean texto, audio, imágenes o videos.

La facilidad para aprender Python, lo ha convertido en una opción popular tanto entre programadores como entre no programadores, para desarrollar aplicaciones web, aplicaciones predictivas y servicios diversos, que a menudo se utilizan para obtener resultados de ciencia de datos a otros usuarios o sistemas.

A quien va dirigido el libro

Este libro está diseñado para estudiantes, profesionales y entusiastas de la ciencia de datos utilizando Python, pero para su uso exclusivo en Machine Learning. No es necesario tener un amplio conocimiento previo en programación o estadística, aunque contar con nociones básicas es beneficioso. El objetivo es guiar al lector desde los fundamentos hasta conceptos más avanzados, proporcionando las herramientas necesarias para desarrollarse como un científico de datos competente.

Aquellos que aspiren a una carrera en Ciencia de Datos, Ingeniería de Datos, Análisis de Datos o áreas afines o similares, encontrarán en este libro una base sólida. También es útil para profesionales de otras disciplinas que buscan aplicar técnicas de ciencia de datos en sus respectivos campos, como negocios, finanzas, salud, marketing, entre otros.

Este libro es apropiado para cursos de pregrado y posgrado en ciencias de la computación y disciplinas relacionadas que desean complementar sus conocimientos con Machine Learning, siguiendo las recomendaciones curriculares de la ACM/IEEE para programas de computación.[6] Además, es una excelente opción para cursos en instituciones de educación superior, incluyendo universidades y colegios de dos años, que buscan preparar a los estudiantes para programas avanzados en ciencia de datos.

Asimismo, es relevante para estudiantes de secundaria interesados en programación y Ciencia de Datos. Cada vez más escuelas secundarias están incorporando cursos de ciencia de datos en sus planes de estudio, reconociendo la importancia

[6] Association for Computing Machinery (ACM). Curricula Recommendations. Recuperado de *https://www.acm.org/education/curricula-recommendations*.

de estas habilidades en la actualidad.[7] Según expertos, enseñar Ciencia de Datos en niveles educativos tempranos prepara a los estudiantes para las carreras del futuro y refleja hacia dónde se dirige la tecnología y el mercado laboral. No olvidemos, además, que programar se ha vuelto en una herramienta indispensables para los profesionales del futuro.

Organización del libro

El libro, es una recopilación detallada y práctica en Python para el análisis de la matemática aplicada a los algoritmos de ML, donde:

Capítulo 1: Introducción a Machine Learning

El primer capítulo del documento proporciona una introducción comprensiva al campo del Machine Learning (ML), destacando su importancia creciente en la era digital y su aplicación en una variedad de disciplinas y sectores. El ML es un subcampo de la Inteligencia Artificial, que se centra en el desarrollo de algoritmos que hace a las máquinas, aprender y hacer proyecciones y decisiones basadas en datos. Se muestra la capacidad de ML para automatizar tareas analíticas, lo que antes requería intervención del hombre, o demasiados conocimientos especializados. Además, se señala cómo ML está revolucionando sectores como la educación, las ciencias y la manufacturación de productos. El capítulo describe tres tipos principales de aprendizaje en ML: supervisado, no supervisado y por refuerzo. El aprendizaje supervisado se trata de entrenar modelos en datos etiquetados; el no supervisado busca patrones en datos sin etiquetar, y el aprendizaje por refuerzo, consiste en tomar decisiones paso a paso con el objetivo, de maximizar alguna noción de recompensa. Las aplicaciones prácticas del ML son diversas y se extienden a través de numerosos dominios. El texto aborda ejemplos como sistemas de recomendación en plataformas de películas por internet, diagnósticos médicos, vehículos automatizados y que se conduzcan solos, y algunos análisis de sentimientos en diferentes tipos de redes sociales. Estos ejemplos ilustran la versatilidad y la relevancia del ML en resolver problemas complejos y en ofrecer soluciones innovadoras en el mundo moderno. El capítulo también plantea reflexiones sobre los desafíos asociados con el ML, que incluye la calidad de los datos y la cantidad de los mismos, la interpretabilidad de los modelos entrenados, y los retos computacionales tales como el big data. Además, se discuten las implicaciones éticas y sociales del ML, como el sesgo en los datos y en los algoritmos, la privacidad de los datos, y la toma de decisiones automatizada.

Capítulo 2: Programación en Python para Machine Learning

[7] "Newark School of Data Science & Information Technology". Recuperado de *https://www.nps.k12.nj.us/data-science/*

El segundo capítulo se adentra en el uso de Python como herramienta para la búsqueda de soluciones relacionadas con ML. Python se presenta como un lenguaje de programación dominante en el campo del Machine Learning, gracias a su flexibilidad y la vasta disponibilidad de bibliotecas especializadas. El capítulo argumenta que Python facilita la experimentación y la implementación rápida de modelos de ML, haciendo del lenguaje una opción popular entre los profesionales y los académicos. Se hace hincapié en bibliotecas como NumPy, para cálculos numéricos eficientes; Pandas, para la manipulación y análisis de datos; y Scikit-Learn, una biblioteca integral para el ML. Cada una de estas herramientas se describe en términos de sus funcionalidades y cómo habilitan diferentes aspectos del flujo de trabajo en ML, desde la preparación de datos hasta la construcción y evaluación de modelos. El texto resalta la compatibilidad de Python con otras tecnologías y plataformas, lo que permite una integración fluida en sistemas más grandes y en flujos de trabajo de ciencia de datos. Se mencionan ejemplos de cómo Python se utiliza en conjunción con las bases de datos, también con las aplicaciones diseñadas para la web y plataformas de uso en la nube. Sin embargo, en la parte final del libro, hay un apartado de programación Python, mas extensa y complementaria para aprender los conceptos mas profundos de manera directa y concreta.

Capítulo 3: Python para Análisis de Datos

En este capítulo, el foco se pone en los módulos específicos de Python utilizados en el análisis de datos. Se detallan las características y usos de módulos como NumPy y Pandas, mostrando cómo facilitan operaciones complejas con datos. NumPy se presenta como la columna principal para operaciones matemáticas de alto rendimiento, mientras que Pandas ofrece estructuras de datos y herramientas de análisis flexibles y potentes. El capítulo también aborda herramientas de visualización como Matplotlib y Seaborn, destacando su importancia para explorar y entender los datos. Se discute cómo estas herramientas ayudan a crear representaciones gráficas intuitivas de los datos, la exploración, el diagnóstico de problemas encontrados y el señalamiento de resultados. El texto muestra ejemplos de cómo estas herramientas se aplican en escenarios de análisis de datos, desde el preprocesamiento y preparación de datos hasta su análisis y visualización. Se enfatiza cómo el dominio de estas herramientas es vital para cualquier profesional del ML y la ciencia de datos.

Capítulo 4: Visualización de Datos

Este capítulo se centra en las técnicas de visualización de datos en ML. La visualización se describe como un aspecto crítico del análisis de datos, que permiten descubrir patrones y anomalías. El capítulo argumenta que una visualización efectiva puede ofrecer insights que de otro modo podrían pasar desapercibidos, y puede ser una herramienta útil para extraer conocimiento de los datos. Se explora una variedad de técnicas de visualización, desde gráficos básicos como histogramas y gráficos de dispersión hasta visualizaciones más avanzadas tales como los útiles mapas de calor y gráficos relacionados con las redes. Se discuten las herramientas específicas de Python que facilitan estas visualizaciones, proporcionando ejemplos y aplicaciones prácticas. El capítulo también considera cómo la visualización se integra en el flujo de trabajo, ayudando en la comprensión de los datos y en la interpretación de los resultados de los modelos. Se examina cómo las visualizaciones pueden ayudar en la evaluación de modelos y en la presentación de resultados a una audiencia no técnica.

Capítulo 5: Aritmética, Álgebra, Geometría y Trigonometría

El quinto capítulo sirve como una introducción a los conceptos matemáticos claves necesarios en ML, ofreciendo una base sólida para entender los algoritmos y técnicas avanzadas. Se comienza con los fundamentos de la aritmética y el álgebra, explicando cómo estos conceptos se aplican en ML. Se destacan las operaciones aritméticas básicas, las propiedades algebraicas, y su importancia en la formulación y comprensión de los algoritmos de ML. El capítulo aborda la relevancia de la geometría y la trigonometría en ML, particularmente en la comprensión de las relaciones espaciales y las transformaciones en los datos. Se explica cómo estos conceptos ayudan en la visualización y el análisis de datos multidimensionales. Se proporcionan ejemplos de cómo los conceptos aritméticos, algebraicos, geométricos y trigonométricos se aplican en problemas de ML. Esto incluye el uso de estas matemáticas en la construcción de modelos, la búsqueda de la optimización de algoritmos y la búsqueda de resultados. Así, proporciona una visión general detallada de los primeros cinco capítulos del documento, abarcando desde la introducción y las bases del Machine Learning hasta las herramientas y matemáticas necesarias para su implementación y comprensión.

Capítulo 6: Álgebra Lineal, Cálculo y Ecuaciones Diferenciales

El álgebra lineal es utilizada para procesar datos en Machine Learning. Se utilizan vectores y matrices para representar datos y realizar transformaciones. Operaciones como la multiplicación de matrices son utilizadas comúnmente para preprocesamiento y normalización de datos. Los sistemas de ecuaciones lineales, son centrales en muchos algoritmos de ML, especialmente en técnicas como la regresión lineal y la clasificación. El cálculo proporciona herramientas para comprender y manejar cambios y tasas de cambio en los datos, muy usados en la optimización de modelos. Conceptos como gradientes y derivadas son relevantes en el contexto en algoritmos de optimizacion como el Gradiente Descendiente. Las ecuaciones diferenciales permiten modelar la evolución de sistemas complejos y fenómenos que cambian con el tiempo, como la propagación de información en redes neuronales o la simulación de epidemias.

Capítulo 7: Probabilidad y Estadística

En este capítulo se introducen los conceptos de la teoría de probabilidades, que son usados especialmente en estadística y Machine Learning. Se usa Python, con bibliotecas como NumPy y SciPy para aplicar estos conceptos en ejemplos prácticos. Se exploran distribuciones de probabilidades, tanto discretas como continuas, enfocándose en binomiales y normales. La estadística descriptiva ayuda a describir datos en diferentes tablas, y la estadística inferencial permite inferenciar sobre un conjunto de datos poblacionales, donde estos son a partir de muestras.

Capítulo 8: Módulos de Python para Machine Learning

Se exploran diversas librerías clave en Python para Machine Learning, como Scikit-Learn, TensorFlow, PyTorch, Keras, XGBoost, LightGBM y Statsmodels. Estas herramientas facilitan desde la construcción y entrenamiento de modelos hasta el análisis estadístico avanzado.

Capítulo 9: Algoritmos Supervisados en Machine Learning

Se abordan diversos algoritmos supervisados, incluyendo múltiples formas de regresión (lineal, ridge, LASSO, entre otros) y clasificación (lineal, logística, SVM, etc.). Se exploran decisiones mediante los algoritmos de árboles de decisiones, mediante los bosques aleatorios y técnicas de ensamblaje, como bagging y boosting.

Capítulo 10: Algoritmos no Supervisados en Machine Learning

Se estudian técnicas de clustering como K-means y K-medoids, y métodos de reducción de dimensionalidad, incluyendo PCA y SVD. Se centra en descubrir todos aquellos patrones y estructuras, en base a datos no estructurados, abordando técnicas de análisis de tópicos, filtros colaborativos y autoencoders.

Cada capítulo aporta conocimientos base y prácticos que son para la comprensión del campo del Machine Learning, abarcando desde los aspectos teóricos y matemáticos hasta las aplicaciones prácticas con Python y su ecosistema de librerías. Juntos, proporcionan una comprensión integral de las herramientas, técnicas y teorías que sustentan la práctica moderna del Machine Learning.

Software utilizado en el libro

Todo el software que necesitará para este libro está disponible para Windows, macOS y Linux y es gratuito para descargar desde Internet. Escribimos los ejemplos del libro utilizando la distribución gratuita de Python Anaconda. Incluye la mayoría de las bibliotecas de Python, visualización y ciencia de datos que necesitará, así como Python, el intérprete IPython, Jupyter Notebooks y Spyder, considerado uno de los mejores entornos de desarrollo integrado (IDE) para ciencia de datos en Python—en el libro usamos solo IPython y Jupyter Notebooks para el desarrollo de programas. La sección **"Antes de Comenzar"** discute la instalación de Anaconda y otros elementos que necesitará para trabajar con nuestros ejemplos.

Documentación de Python y Recursos de Ciencia de Datos

Encontrará la siguiente documentación especialmente útil mientras avanza en el libro:

- **La biblioteca estándar de Python:**
  https://docs.python.org/3/library/index.html
- **La referencia del lenguaje Python:**
  https://docs.python.org/3/reference/index.html
- **Lista de documentación de Python:**
  https://docs.python.org/3/

Además, los siguientes recursos y documentación son especialmente relevantes para la ciencia de datos:

- **Documentación de NumPy** (computación numérica con Python):
  https://numpy.org/doc/
- **Documentación de Pandas** (análisis y manipulación de datos):
  https://pandas.pydata.org/docs/
- **Documentación de Matplotlib** (visualización de datos en 2D):
  https://matplotlib.org/stable/contents.html
- **Documentación de SciPy** (algoritmos y herramientas matemáticas):
  https://docs.scipy.org/doc/scipy/reference/
- **Documentación de Scikit-learn** (aprendizaje automático en Python):
  https://scikit-learn.org/stable/user_guide.html
- **Documentación de Seaborn** (visualización estadística de datos):
  https://seaborn.pydata.org/
- **Documentación de Plotly** (visualización interactiva de datos):
  https://plotly.com/python/
- **Documentación de TensorFlow** (ML y redes neuronales):
  https://www.tensorflow.org/overview
- **Documentación de PyTorch** (aprendizaje profundo y redes neuronales):

https://pytorch.org/docs/stable/index.html

- **Documentación de Keras** (API para redes neuronales): *https://keras.io/*
- **Documentación de StatsModels** (modelado estadístico y econométrico): *https://www.statsmodels.org/stable/index.html*

Estos recursos le proporcionarán información detallada y ejemplos sobre las bibliotecas y herramientas más utilizadas en ciencia de datos con Python.

Cómo contactarnos

Por favor, sus comentarios y preguntas sobre este libro al editor:

Bluminds LLC 20 S Charles St Ste 403 #878
Baltimore, MD 21201 - USA

Se tiene una página web del libro, donde listamos erratas y cualquier información adicional. Puede acceder a esta página en *https://books.bluminds.com*

Para realizar preguntas técnicas sobre este libro, envíe un correo electrónico a *info@bluminds.com*

Más información sobre nuestros libros y cursos visite nuestro sitio web en *https://www.bluminds.com*

- Síganos en Twitter (x.com): *https://x.com/blumindsllc*
- Vea nuestros videos en YouTube: *https://www.youtube.com/@bluminds*
- Codigo Fuente: *https://github.com/Bluminds/Book-MMLv1-CodeExamples*

Antes de Comenzar

Con la aparición de mayores y mejores conceptos y aplicaciones de Inteligencia Artificial, los profesionales se están quedando fuera del mercado laboral si es que no conocen sobre de la programación y los lenguajes de programación,[8] y Python es el lenguaje más sencillo y potente para que un profesional amplie y mejore sus habilidades.

Aquí asumimos el gran desafío de seguir desarrollando habilidades matemáticas integradas con programación con Python!

No es necesario saber programar para usar este libro, pero si es necesario conocer el entorno de Jupyter Notebooks en Anaconda, ya que ahí se han de desarrollar los scripts para programar con Python y obtener los resultados que se buscan. Aquí, se muestran los pasos principales que se deben saber antes de empezar con la lectura del libro, donde el lector debe procurar llegar al final de este apartado y poder realizar los ejercicios que aquí se muestra antes de empezar con el capítulo 1. En la parte final de este libro se podrán ver algunos conceptos de Programación Python, que el lector debe ver para aprender más sobre los conceptos de Python, pero conceptos genéricos; existe un apartado llamado "*Apéndice A: Introducción a Python*".

Así, empecemos con la instalación de Python.

Instalación de Anaconda y Python

La instalación de Anaconda y Python constituye la etapa inicial indispensable para integrarse de manera efectiva en los ámbitos académico, profesional y de la programación científica. En el contexto de este libro, dicha instalación habilita el acceso al entorno computacional idóneo para el aprendizaje de matemáticas aplicadas a la inteligencia artificial.

Anaconda, una distribución de Python, simplifica significativamente la configuración del entorno de desarrollo al proporcionar una colección completa de herramientas y bibliotecas esenciales que son fáciles de utilizar. Aquí se explorará detalladamente el proceso de instalación de Anaconda y sus beneficios, asegurando una experiencia de desarrollo coherente y eficiente. Anaconda incluye Jupyter, una aplicación web que permite crear documentos que combinan código, texto y visualizaciones. Esto es útil para el análisis de datos y la presentación de resultados. La aplicación de Anaconda está disponible para diversos sistemas operativos

[8] Deitel, P & Deitel, H. (2015). "Java: How to Program". New Jersey, United States of America. Pearson Education Inc.

como Windows, MacOS y Linux, lo que garantiza una experiencia de desarrollo consistente sin importar la plataforma utilizada.

¿Qué es Anaconda?

Anaconda distribuye el lenguaje Python, que incluye el lenguaje de programación en sí, y también un conjunto de herramientas y bibliotecas específicamente diseñadas para el análisis de datos y la programación científica. Desarrollada por Anaconda Inc., esta distribución más moderna, tiene como objetivo, la gestión de paquetes y entornos virtuales, haciendo que el proceso de desarrollo sea más accesible para usuarios de todos los niveles.

Pasos para la instalación:

La instalación de Anaconda y Python es un proceso sencillo que se puede realizar en pocos pasos, pero dependiendo de la computadora, esta puede tardar menos o más. Aquí, supondremos que su computador no tiene instalado Anaconda, por lo que le proporcionaremos una guía, paso a paso junto con referencias, para una instalación exitosa.

Descargar Anaconda:

Visita el sitio web oficial de Anaconda para descargar la versión más reciente:

(*https://www.anaconda.com/products/distribution*)

Selecciona (*DOWNLOAD*) la versión adecuada para tu sistema operativo (Windows, macOS o Linux) y no olvides que tu computador debe cumplir ciertos requisitos mínimos. De todas maneras, existen varias versiones que, si tu computador no cumple algunos, otra versión puede cumplirlas. Aquí los requisitos mínimos son:

DEL COMPUTADOR

- Se recomienda un procesador moderno de 1 GHz para un rendimiento optimo.
- Se recomienda tener 2 GB de RAM, pero con mayor memoria, se mejora la velocidad de las ejecuciones.
- Se recomienda tener un mínimo de 3 GB de espacio libre en el disco duro, más espacio para procesos de ejecución donde se preste memoria el disco.

DEL WINDOWS

- Anaconda es compatible con Windows 7 o superiores.
- Se recomienda un espacio libre de 10 GB en el disco para las instalaciones y las creaciones de entornos virtuales.

DEL MACOS

- Anaconda es compatible con macOS 10.9 o superiores.
- Se recomienda espacio libre de al menos 10 GB en el disco para instalaciones y creaciones de entornos virtuales.

DEL LINUX

- Anaconda es compatible con varias distribuciones de Linux, Ubuntu, Fedora y otros.
- Se recomienda espacio libre de al menos 10 GB en el disco para instalaciones, pero puede variar según la distribución.

Instalación de Anaconda:

- Ejecuta el instalador de Anaconda, descargado en tu PC.
- Seguir todas las instrucciones del instalador, además de la aceptando de los términos y condiciones de uso.
- Puedes optar por agregar Anaconda al PATH durante la instalación, lo que facilitará la ejecución de comandos desde la línea de comandos.

Una vez completada la instalación, se debe verificar que Anaconda y Python se hayan instalado correctamente. Es posible realizarlo abriendo una terminal, o mediante líneas de comandos, y después ejecutar el siguiente comando:

```
conda --version
```

Este comando muestra la versión de Anaconda, que es el administrador de paquetes incluido en Anaconda.

Iniciar la aplicación:

Hacer doble clic en la aplicación.

Figura 1: Icono de Anaconda

Y esperar hasta que se inicie el programa.

Manejo de Anaconda y Python

Una vez iniciado se tendría un entorno de Anaconda, que es similar al que se muestra en la siguiente figura.

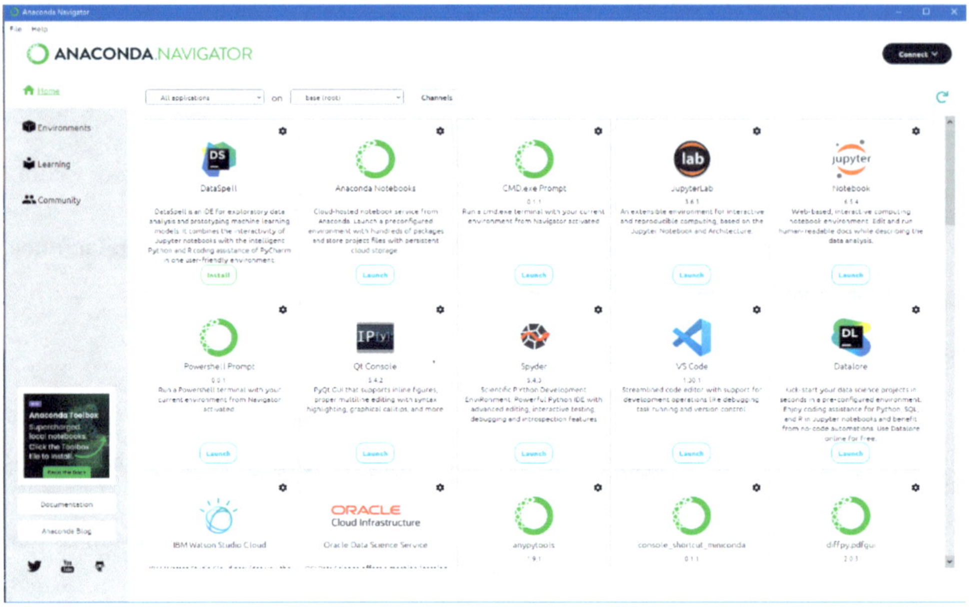

Figura 2: Ventana de Anaconda Navigator

Una vez que se tiene esta imagen, se ejecuta la aplicación que dice Jupyter, que en la figura está en la parte superior derecha, mediante "*Launch*".

Aquí, es el administrador de paquetes de la aplicación Anaconda, donde simplifica la instalación, la actualización y la gestión de librerías y sus dependencias, haciendo que sea mucho más fácil tener el lenguaje en óptimas condiciones para su uso. Además, permite la creación de entornos virtuales para proyectos específicos, asegurando la consistencia en el desarrollo. Anaconda incluye una variedad de bibliotecas esenciales para el análisis de datos, para la programación, y para el aprendizaje de otras ciencias, o como en este caso, para aprender más sobre Python.[9]

Configuración del Entorno de Trabajo

Para asegurar la compatibilidad y el funcionamiento óptimo de todas las bibliotecas y códigos utilizados en este libro, es recomendable crear un entorno virtual específico denominado `bluminds` con Python 3.12. Los entornos virtuales permiten mantener las dependencias del proyecto aisladas y evitar conflictos entre diferentes versiones de bibliotecas.

[9] Venero B. (1999). "Análisis Matemático 2". Lima, Perú. Ediciones Gemar.

La creación de este entorno se realiza desde la línea de comandos o terminal. Para acceder a la terminal en Windows, se puede usar el Anaconda Prompt, mientras que en macOS y Linux se utiliza la terminal del sistema. Una vez abierta la terminal, se ejecutan los siguientes comandos:

Crear el entorno bluminds:

Para crear el entorno virtual con Python 3.12, ejecute el siguiente comando:

```
conda create --name bluminds python=3.12
```

Este comando creará un nuevo entorno virtual llamado `bluminds` con Python 3.12 instalado. Durante el proceso, el sistema solicitará confirmación para proceder con la instalación.

Activar el entorno:

Una vez creado el entorno, debe activarse antes de instalar las bibliotecas o ejecutar código Python. Para activar el entorno, use:

```
conda activate bluminds
```

Cuando el entorno esté activo, notará que el nombre `(bluminds)` aparece al inicio del prompt de la terminal, indicando que está trabajando dentro del entorno virtual.

Verificar la instalación:

Para verificar que Python 3.12 se instaló correctamente en el entorno, ejecute:

```
python --version
```

Este comando debe mostrar una versión de Python 3.12.x.

Instalar Jupyter en el entorno:

Para poder usar Jupyter Notebooks dentro del entorno `bluminds`, es necesario instalar Jupyter:

```
conda install jupyter
```

Registrar el entorno como kernel de Jupyter:

Para que el entorno `bluminds` aparezca como opción al crear nuevos notebooks, debe registrarse como kernel:

```
python -m ipykernel install --user --name bluminds
    --display-name "Python 3.12 (bluminds)"
```

Una vez completados estos pasos, el entorno `bluminds` estará disponible en Jupyter Notebook, y podrá seleccionarse al crear un nuevo notebook, asegurando que todos los ejercicios y códigos del libro funcionen correctamente con las versiones específicas de las bibliotecas.

Desactivar el entorno:

Cuando termine de trabajar, puede desactivar el entorno ejecutando:

```
conda deactivate
```

Creación de un Jupyter Notebook

Una vez que se haya presionado "*Launch*", se ha de desplegar una imagen, que es similar a la que se muestra en la siguiente figura.

Figura 3: Inicio de Jupyter Notebook

Ahora, en la parte derecha de la pantalla de la aplicación, buscamos la palabra "*NEW*" y escogemos la opción que dice "Python 3 (ipykernel)", presionándolo para que despliegue un primer entorno de Jupyter Notebooks. Se espera unos segundos y se tiene un entorno inicial de Jupyter Notebooks.

Jupyter Notebooks

El primer entorno de Jupyter Notebooks es similar al que se muestra en la siguiente figura.

Ahora está listo para realizar sus primeros programas, no se preocupe por los demás botones y opciones, eso lo ira aprendiendo en el transcurso de la lectura de este libro, o en libros más especializados, donde desea conocer más sobre el entorno de Jupyter Notebooks, para lo cual le recomendamos el libro de nuestra colección de Programación Python.

Figura 4: Ventana Práctica de Jupyter Notebook

Cinco ejercicios básicos con Jupyter Notebooks

Ahora hemos de realizar las siguientes operaciones matemáticas simples, con el objetivo de ver y comprobar que Python está ejecutando el código correctamente. No olvide colocar los datos correctamente, respetando los espacios, los signos y símbolos, así:

Ejercicio 1:

Haremos un primer ejercicio de sumas y restas de números complejos, colocando los scripts en la celda de color gris claro, y una vez que se haya terminado, se presiona **RUN**.

In [1]:

```
# Ejercicio 1
# Suma y Resta de Números Complejos
num1 = 3 + 4j
num2 = 1 - 2j

# Suma
suma = num1 + num2

# Resta
resta = num1 - num2

suma, resta
```

Out [1]:

```
((4+2j), (2+6j))
```

Ejercicio 2:

Haremos un segundo ejercicio de resolución de ecuaciones lineales, colocando losscripts en la celda gris claro y una vez terminado, se presiona **RUN**.

In [2]:

```
# Ejercicio 2
# Resolución de Ecuaciones Lineales
import numpy as np
import warnings

warnings.filterwarnings("ignore")

coeficientes = np.array([[3, 2], [4, -1]])
constantes = np.array([9, 5])

solucion = np.linalg.solve(coeficientes, constantes)
solucion
```

Out [2]:

```
array([1.72727273, 1.90909091])
```

Ejercicio 3:

Haremos un tercer ejercicio de polinomios cuadráticos, colocando los scripts en la celda y una vez terminado, se vuelve a presionar **RUN**.

In [3]:

```
# Ejercicio 3
# Factorización de Polinomios Cuadráticos
from sympy import symbols, factor

x = symbols("x")
polinomio = x**2 - 5 * x + 6

factorizado = factor(polinomio)
factorizado
```

Out [3]:

```
(x - 3)*(x - 2)
```

Ejercicio 4:

Ahora un cuarto ejercicio de operaciones con matrices, colocando los scripts en la celda gris claro y una vez terminado, se vuelve a presionar **RUN**.

In [4]:

```
# Ejercicio 4
# Operaciones con Matrices
matriz_a = np.array([[1, 2], [3, 4]])
matriz_b = np.array([[5, 6], [7, 8]])

# Multiplicación de Matrices
multiplicación = np.dot(matriz_a, matriz_b)

# Transposición de Matrices
transpuesta_a = matriz_a.T

multiplicación, transpuesta_a
```

Out [4]:

```
(array([[19, 22],
        [43, 50]]),
 array([[1, 3],
        [2, 4]]))
```

Ejercicio 5:

Haremos un quinto ejercicio de despejar variables en ecuaciones, colocando los scripts en la celda gris claro y una vez terminado, se vuelve a presionar **RUN**.

In [5]:

```
# Ejercicio 5
# Despejar Variables en Ecuaciones
from sympy import symbols, solve

x, y = symbols("x y")
ecuacion = 2 * x + 3 * y - 12

# Despejar y
solucion_y = solve(ecuacion, "y")
solucion_y
```

Out [5]:

```
[4 - 2*x/3]
```

Una vez que realizados los anteriores pasos correctamente, se encuentra listo para empezar a usar Python con este libro, caso opuesto vuelva a realizar las operaciones hasta lograr los mismos resultados.

Como actualizar Anaconda, Python y sus librerías

Actualizar Anaconda, Python y sus librerías desde un Jupyter Notebook, se realiza utilizando las celdas y poniendo scripts en ella, por lo que, para actualizar Anaconda se coloca en una de las celdas, lo siguiente:

```
!conda update --all
```

Para actualizar Python se coloca:

```
!conda install python=3.12 --update-deps
```

Y para actualizar una biblioteca especifica se coloca

```
!pip install -- upgrade <MODULO>
```

Librerías que deben Instalarse en Python

Las librerías utilizadas en el presente libro, deben estar instaladas en Jupyter Notebook, a continuacion se listan los comandos para su instalación desde una celda en Jupyter Notebook.

```
!pip install numpy
!pip install sympy
!pip install scipy
!pip install pandas
!pip install matplotlib
!pip install numdifftools

!pip install openpyxl
!pip install sqlalchemy

!pip install statsmodels
!pip install scikit-learn
!pip install tensorflow
!pip install keras
!pip install torch
!pip install mlxtend
!pip install xgboost
!pip install lightgbm
!pip install opencv-python
```

```
!pip install torchvision

!pip install seaborn
!pip install bokeh
!pip install plotly
!pip install dash
!pip install dash-core-components
!pip install dash-html-components

!pip install cartopy
!pip install folium
!pip install networks
!pip install basemap
!pip install geopandas==0.14.4

!pip install hmmlearn
!pip install filterpy
!pip install squarify
```

```
... aqui se procede a la instalacion de cada una de las
    librerias con pip
```

Buena Práctica

Las versiones de las librerías de Python cambian en el tiempo, y algunas funciones pueden quedar obsoletas (deprecadas) debido a mejoras en rendimiento, seguridad, o inclusión de nuevas funcionalidades. Es una buena practica mantener las dependencias (librerías o módulos) actualizados en el sistema.

Otras buenas prácticas respecto al manejo de dependencias y actualizaciones se tienen:

- **Instalar versiones específicas:** Cuando sea necesario usar una versión particular de una librería (como `geopandas==0.14.4`), especifique la versión exacta para garantizar compatibilidad.
- **Verificar versiones instaladas:** Use `pip list` o `conda list` para ver todas las librerías instaladas y sus versiones actuales en su entorno.
- **Consultar versiones disponibles:** Visite *https://pypi.org* para verificar las versiones más recientes de cualquier librería de Python y revisar el historial de cambios.
- **Manejo de deprecaciones:** Si encuentra advertencias sobre funciones deprecadas, consulte la documentación oficial de la librería para encontrar las alternativas recomendadas.
- **Actualización gradual:** Actualice las librerías una por una y pruebe su código

después de cada actualización para identificar posibles incompatibilidades.
- **Entornos virtuales:** Use entornos virtuales separados, para diferentes proyectos y evitar conflictos entre versiones entre librerías.

Resumen y Preguntas

Cada uno de los capítulos de este libro, contienen un apartado llamado "*Resumen*", para que el lector pueda verificar de manera resumida los avances del capítulo, y además contiene otros apartados de ejercicios que están resueltos (ver el final del libro), y otro de ejercicios no resueltos, para que el lector pueda practicar.

Este libro contiene "Matemática Aplicada para Machine Learning", por lo que es útil tener conocimientos de programación en Python para un mejor aprendizaje.

Capítulo 1 Introducción a Machine Learning

Objetivos

- Conceptos basicos de Machine Learning e Inteligencia Artificial (IA).
- Tipos de aprendizaje: supervisado, no supervisado y por refuerzo.
- Aplicaciones contemporáneas de ML e IA generativa.
- Distinción conceptual entre Machine Learning y Data Mining.
- Rol de la ciencia de datos, las matemáticas y la estadística en ML.
- Bibliotecas esenciales para el desarrollo en Python.
- Fases metodológicas de un proyecto basado en ML.

1.1 ¿Qué es Machine Learning?

Machine Learning, también denominado *aprendizaje automático o aprendizaje de máquinas* en español, constituye una vertiente moderna y transformadora de la Inteligencia Artificial. En este marco, la Inteligencia Artificial se erige como el concepto central, dentro del cual Machine Learning ocupa un lugar preponderante, sustentado en sólidos fundamentos teóricos, particularmente en el ámbito matemático.

El campo de Machine Learning se orienta al desarrollo de algoritmos y modelos que capacitan a los sistemas computacionales para aprender patrones a partir de datos y ejecutar tareas sin requerir una programación explícita.[1] A diferencia de los enfoques tradicionales, en los que las máquinas siguen instrucciones específicas, Machine Learning habilita a los sistemas a mejorar su rendimiento mediante la experiencia y la adaptación continua.

Información Relevante

¿Por qué estudiar Machine Learning? Esta tecnología impulsa innovaciones cotidianas como los asistentes virtuales (Alexa, Siri), sistemas de recomendación (Netflix, Spotify), diagnósticos médicos automatizados, vehículos autónomos y análisis de mercados financieros. Comprender ML te posiciona en la vanguardia tecnológica actual.

En este contexto, Machine Learning se clasifica convencionalmente en tres

[1] Deitel, P & Deitel, H. (2015). "Java: How to Program". New Jersey, United States of America. Pearson Education Inc.

áreas principales de aprendizaje:

1. Aprendizaje supervisado:

En el aprendizaje supervisado, el modelo se fundamenta en algoritmos específicos y se entrena utilizando conjuntos de datos etiquetados, es decir, datos en los que tanto las variables dependientes como las independientes están claramente identificadas. Cada entrada de datos se asocia con una etiqueta que representa la respuesta esperada. Por ejemplo, en un modelo de clasificación de imágenes, cada imagen podría estar etiquetada como "perro" o "gato", y las variables independientes corresponderían a características propias de la imagen. El modelo matemático utiliza estas etiquetas para aprender a predecir la respuesta correcta en nuevas instancias no observadas durante el entrenamiento.

2. Aprendizaje no supervisado:

En contraste, el aprendizaje no supervisado aborda conjuntos de datos no etiquetados, en los cuales las categorías o respuestas no están previamente definidas. En este escenario, el modelo debe identificar patrones y estructuras subyacentes de manera autónoma, sin la guía de etiquetas predefinidas. Un ejemplo paradigmático es el análisis de agrupamiento, donde el modelo organiza los datos en grupos según su similitud, sin conocer de antemano las categorías a las que pertenecen.

3. Aprendizaje por refuerzo:

El aprendizaje por refuerzo se caracteriza por la toma de decisiones del modelo en función de su interacción con el entorno, recibiendo retroalimentación en forma de recompensas o penalizaciones. Este enfoque es análogo al proceso de aprendizaje humano, donde las acciones se refuerzan mediante experiencias positivas o negativas. Por ejemplo, en un entorno de videojuegos, un agente de aprendizaje por refuerzo puede recibir recompensas al tomar decisiones que favorecen el progreso, y penalizaciones por acciones desfavorables.

Cabe preguntarse si existen otros tipos de aprendizaje además de los tres mencionados. La respuesta es afirmativa; sin embargo, la literatura científica aún no ha establecido una clasificación específica y universalmente aceptada para otros enfoques emergentes. Por el momento, el análisis se centrará en estos tres paradigmas principales.

Para fomentar la comprensión y el aprendizaje de los algoritmos, resulta pertinente ilustrar las aplicaciones prácticas de estos tipos de aprendizaje. Algunos ejemplos representativos incluyen:

- **Reconocimiento de voz:** El desarrollo de sistemas como asistentes virtuales (por ejemplo, Siri, Alexa) se apoya en Machine Learning para optimizar la precisión en el reconocimiento de voz, a medida que el sistema se expone a volúmenes crecientes de datos. Esta área se estudia bajo el campo de "*Procesamiento del Lenguaje Natural (NLP)*".
- **Recomendaciones en línea:** Plataformas como Netflix y Amazon emplean algoritmos de Machine Learning para analizar el comportamiento de los usuarios y ofrecer recomendaciones personalizadas de películas, series, productos o servicios. Esta aplicación se enmarca en la disciplina de "*Sistemas de Recomendación*".
- **Diagnósticos médicos:** En el ámbito de la salud, los modelos de Machine Learning permiten analizar datos médicos para asistir en el diagnóstico de enfermedades y la predicción de tratamientos. Esta línea de investigación se denomina "*Procesamiento de Señales Médicas*".
- **Conducción autónoma:** En la industria automotriz, Machine Learning se emplea en sistemas de conducción autónoma para interpretar y responder a situaciones en tiempo real, como la detección de obstáculos y la toma de decisiones en rutas. Esta área se conoce como "*Dispositivos Autónomos*".
- **Reconocimiento de imágenes y rostros:** Esta área, denominada "*Visión por Computadoras*", que se caracteriza por utilizar algoritmos de Machine Learning para dotar a las máquinas de capacidades de interpretación y comprensión visual. El campo abarca desde tareas elementales como la detección de bordes hasta procesos complejos, como los reconocimientos faciales y tridimensionales o en secuencias de video.
- **Redes neuronales artificiales:** El Deep Learning constituye una rama especializada de Machine Learning, centrada en el entrenamiento de modelos basados en redes neuronales profundas, tanto supervisadas como no supervisadas y de refuerzo. Este enfoque ha desarrollado múltiples campos de la investigación, ya que las redes profundas permiten el aprendizaje de representaciones jerárquicas de características, que hace más facil la identificación de patrones complejos en datos visuales.
- **Robótica:** En el ámbito de la automatización y la mecánica, Machine Learning se aplica para potenciar las capacidades de los robots, permitiéndoles percibir su entorno, tomar decisiones y ejecutar tareas de manera autónoma. Esto abarca la planificación de movimientos, la navegación, la interacción con objetos y personas, así como la adaptación a entornos dinámicos. Los algoritmos de Machine Learning posibilitan que los robots aprendan de la experiencia y mejoren sus capacidades progresivamente.
- **Biomimética:** En este contexto, Machine Learning se inspira en principios observados en la naturaleza para el desarrollo de algoritmos y modelos matemáticos de aprendizaje. Esto incluye el diseño de soluciones basadas en comportamientos de organismos vivos. La rama correspondiente, "*Algorit-*

mos Genéticos", busca imitar el proceso de evolución biológica para hallar soluciones óptimas, previamente optimizadas por la naturaleza.

- **Preferencias individuales:** Machine Learning se emplea en el desarrollo de interfaces de usuario inteligentes y adaptativas, orientadas a optimizar la interacción entre humanos y computadoras mediante la comprensión de patrones de comportamiento en la interacción humano-máquina.
- **Generative IA:** La "*Inteligencia Artificial Generativa*" se orienta a la creación de datos novedosos y originales, en contraposición a tareas tradicionales como el reconocimiento de patrones o la toma de decisiones. La IA generativa puede emplearse para la generación de contenido textual original (poesía, historias, noticias), mediante modelos de lenguaje como GPT (Generative Pre-trained Transformer), entrenados para producir texto coherente y relevante. En los ámbitos del arte y el diseño, la IA generativa posibilita la creación de obras artísticas, ilustraciones y productos de diseño, aprendiendo estilos y generando creaciones únicas. Asimismo, puede componer música original, crear imágenes realistas y animaciones mediante modelos como GANs (Redes Generativas Adversarias), y desarrollar chatbots avanzados capaces de mantener conversaciones contextuales. En aplicaciones de simulación, la IA generativa permite la creación de escenarios realistas para entrenamiento en contextos militares o médicos, y en la investigación científica, facilita el diseño de nuevos materiales y moléculas con propiedades específicas. Al igual que en Machine Learning, la IA generativa contribuye a la mejora de interfaces de usuario, promoviendo diseños inteligentes y adaptativos para optimizar la interacción humano-sistema.

En síntesis, Machine Learning constituye un campo amplio y dinámico que sigue transformando múltiples industrias. Desde la toma de decisiones inteligente hasta la automatización de tareas complejas, las aplicaciones de Machine Learning son vastas y se encuentran en continua expansión.

1.2 Machine Learning vs Data Mining

Machine Learning (ML) y Data Mining (DM), términos que suelen emplearse de manera intercambiable, aunque presentan diferencias conceptuales sustanciales, poseen objetivos y enfoques propios. Estos contribuyen de manera diferenciada al procesamiento y análisis de datos. Machine Learning se caracteriza por su capacidad para desarrollar algoritmos y modelos que permiten a los sistemas computacionales aprender patrones a partir de datos, sin requerir una programación explícita de reglas y decisiones. En este paradigma, el modelo se adapta y mejora conforme se expone a nuevos datos, lo que lo vincula estrechamente con la formación de modelos predictivos basados en algoritmos.

Por otro lado, Data Mining constituye una rama de la Ciencia de Datos orientada a la exploración exhaustiva de conjuntos de datos, desde pequeños volúmenes hasta grandes bases de datos, con el propósito de descubrir patrones, tendencias y relaciones que no son evidentes a simple vista.[2] A diferencia de ML, DM se enfoca principalmente en la extracción de información valiosa y conocimiento implícito, utilizando para ello metodologías y herramientas como Python para la identificación de patrones y tendencias.

En cuanto a la clasificación de algoritmos, Machine Learning abarca diversas categorías según la naturaleza del problema abordado, tales como el aprendizaje supervisado, no supervisado y por refuerzo.[3] Estos enfoques son relevantes para la construcción de modelos predictivos que ejecutan tareas específicas como clasificación, regresión o agrupamiento, basándose en patrones aprendidos a partir de los datos de entrenamiento.[4]

En contraste, Data Mining recurre a técnicas estadísticas y matemáticas para analizar grandes volúmenes de datos. Entre estas técnicas se incluyen la minería de asociaciones para identificar patrones frecuentes, la clasificación para organizar datos en categorías específicas y la regresión para modelar relaciones entre variables.[5] El objetivo de DM es comprender en profundidad los datos y fundamentar la toma de decisiones informadas a partir de la información descubierta.

Objetivos principales:

- **Machine Learning:** Se orienta a la construcción de modelos predictivos capaces de realizar tareas específicas de manera autónoma, permitiendo que el sistema aprenda y ejecute dichas tareas sin intervención programática directa.
- **Data Mining:** Se enfoca en la exploración y el descubrimiento de patrones e información relevante en grandes conjuntos de datos, utilizando técnicas que facilitan la identificación de tendencias y relaciones útiles para la ciencia y la teoría.

Enfoque:

- **Machine Learning:** Se centra en el desarrollo de algoritmos y modelos que

[2]Provost, Foster & Fawcett, T. (2013). "Data Science for Business". United States of America. O´Reilly Media, Inc. Primera Edición.

[3]Tan, Pang-Ning. Steinbach, Michael. Karpatne, Anuj & Kumar, Vipin. (2005). "Introduction to Data Mining". New York, United States of America. Pearson Education.

[4]Deitel, P & Deitel, H. (2015). "Java: How to Program". New Jersey, United States of America. Pearson Education Inc.

[5]Nisbet, R. Elder, J. & Miner, G. (2009). "Handbook of Statistical Analysis & Data Mining Applications". Canada. Elsevier Inc.

mejoran progresivamente a partir de la experiencia y la incorporación de nuevos datos.

- **Data Mining:** Hace uso de técnicas estadísticas y matemáticas para explorar, identificar y revelar patrones subyacentes en los datos.

Aplicaciones:

- **Machine Learning:** Se aplica en la creación de sistemas de recomendación, diagnósticos médicos, reconocimiento de voz e imágenes, así como en pronósticos financieros y bursátiles, entre otros ámbitos.
- **Data Mining:** Se utiliza para la identificación de tendencias de mercado, segmentación de clientes, detección de fraudes y otras aplicaciones orientadas al análisis exploratorio de grandes volúmenes de datos.

Implementación práctica en Python:

Para ilustrar la diferencia entre Machine Learning y Data Mining, se presenta una implementación práctica en Python. Se emplea la biblioteca Scikit-Learn para construir un modelo predictivo representativo de Machine Learning, y Pandas para realizar un análisis exploratorio típico de Data Mining. Aunque ambos enfoques comparten técnicas de análisis de datos, sus objetivos difieren: Machine Learning se orienta a la creación de modelos capaces de realizar predicciones o tomar decisiones automáticas, mientras que Data Mining se enfoca en descubrir patrones ocultos o relaciones significativas en grandes volúmenes de datos. Se presentan dos ejemplos:[6]

El primer ejemplo, implementado en Python, muestra la exactitud de un modelo de árboles aleatorios (random forest) utilizando datos reales. El análisis detallado de los algoritmos se abordará en secciones posteriores.

In [1]:

```
# Ejercicio 1
import pandas as pd
import warnings
from sklearn.model_selection import train_test_split
from sklearn.ensemble import RandomForestClassifier
from sklearn.metrics import accuracy_score
from sklearn.preprocessing import LabelEncoder

warnings.filterwarnings("ignore")

# Crear un conjunto de datos de ejemplo
data = {
```

[6] Venero B. (1999). "Análisis Matemático 2". Lima, Perú. Ediciones Gemar.

```
    "Feature1": [1, 2, 3, 4, 5],
    "Feature2": [10, 20, 30, 40, 50],
    "Label": ["A", "B", "A", "B", "A"],
}
df = pd.DataFrame(data)

# Convertir etiquetas categóricas a numéricas
le = LabelEncoder()
df["Label"] = le.fit_transform(df["Label"])

# Dividir el conjunto de datos en características (X) y etiquetas (y)
X = df[["Feature1", "Feature2"]]
y = df["Label"]

# Dividir el conjunto de datos en entrenamiento y prueba
X_train, X_test, y_train, y_test = train_test_split(
    X, y, test_size=0.2, random_state=42
)

# Construir un modelo de Machine Learning (Random Forest en este caso)
model = RandomForestClassifier()
model.fit(X_train, y_train)

# Hacer predicciones en el conjunto de prueba
predictions = model.predict(X_test)

# Evaluar la precisión del modelo
accuracy = accuracy_score(y_test, predictions)
print(f"Precisión del modelo: {accuracy}")
```

Out [1]:

```
Precision del modelo: 0.0
```

El modelo obtenido es resultado de un proceso de Machine Learning; sin embargo, desde la perspectiva de Data Mining, la precisión del pronóstico puede ser insuficiente, lo que indica la ausencia de patrones relevantes en los datos. Así, mientras Machine Learning se orienta a la obtención de modelos, Data Mining se encarga de la interpretación y el análisis de los mismos.

El segundo ejemplo ilustra el uso de la estadística descriptiva para analizar la distribución de los datos y la matriz de correlaciones entre variables. Los algoritmos subyacentes serán abordados con mayor profundidad en secciones posteriores.

In [2]:

```
# Ejercicio 2
import pandas as pd
```

```

# Crear un conjunto de datos de ejemplo
data = {
    "Feature1": [1, 2, 3, 4, 5],
    "Feature2": [10, 20, 30, 40, 50],
    "Label": ["A", "B", "A", "B", "A"],
}

df = pd.DataFrame(data)

# Explorar y descubrir información en el conjunto de datos
# Por ejemplo, calcular estadísticas descriptivas (solo columnas numé
    ricas)
descriptive_stats = df.describe()

# Obtener la distribución de las etiquetas
label_distribution = df["Label"].value_counts()

# Encontrar correlaciones entre características numéricas solamente
numeric_columns = df.select_dtypes(include=[float, int]).columns
correlation_matrix = df[numeric_columns].corr()

# Mostrar resultados
print("Estadísticas descriptivas:")
print(descriptive_stats)

print("\nDistribución de etiquetas:")
print(label_distribution)

print("\nMatriz de correlación (solo columnas numéricas):")
print(correlation_matrix)
```

Out [2]:

```
Estadisticas descriptivas:
       Feature1  Feature2
count  5.000000  5.000000
mean   3.000000 30.000000
std    1.581139 15.811388
min    1.000000 10.000000
25%    2.000000 20.000000
50%    3.000000 30.000000
75%    4.000000 40.000000
max    5.000000 50.000000

Distribucion de etiquetas:
Label
A    3
B    2
```

```
Name: count, dtype: int64

Matriz de correlacion (solo columnas numericas):
          Feature1 Feature2
Feature1       1.0       1.0
Feature2       1.0       1.0
```

Habiendo introducido el tema de la Ciencia de Datos, es pertinente profundizar en esta disciplina, de la cual Machine Learning constituye una subárea relevante.

1.3 ¿Qué es la Ciencia de Datos?

La Ciencia de Datos se ha consolidado como un campo interdisciplinario en la era digital, desempeñando un papel central en la transformación de las ciencias y la industria. En un contexto donde se generan volúmenes masivos de datos en todas las áreas profesionales, surge la necesidad de procesar, analizar y transformar estos datos en información relevante que contribuya a la mejora de la calidad profesional y de los productos y servicios ofrecidos por las organizaciones. La Ciencia de Datos se sitúa en la intersección de la estadística, las matemáticas, la informática y el conocimiento del dominio, con el propósito de analizar datos complejos y extraer conocimientos significativos.[7]

En el contexto del Machine Learning, la Ciencia de Datos ha desempeñado y continúa desempeñando un papel significativo al proporcionar los fundamentos para la toma de decisiones informadas y la construcción de modelos predictivos precisos. Estos modelos, presentes en productos cotidianos como el reconocimiento de imágenes y rostros en dispositivos móviles, no serían posibles sin la integración de Machine Learning y las herramientas desarrolladas en el ámbito de la Ciencia de Datos.[8]

1.3.1 Dominio de conocimiento relacionados a la Ciencia de Datos

1. La estadística:

La estadística constituye un pilar esencial en la Ciencia de Datos, al proveer los métodos y herramientas necesarios para describir, analizar e interpretar datos, tanto en muestras pequeñas como en grandes volúmenes almacenados en tablas o bases

[7] McKinney, W. (2013). "Python for Data Analysis". United States of America. O'Reilly Media Inc. Primera Edición.

[8] Provost, Foster & Fawcett, T. (2013). "Data Science for Business". United States of America. O´Reilly Media, Inc. Primera Edición.

de datos. Se emplean técnicas de estadística descriptiva, estadística inferencial y pruebas de hipótesis, para sustentar científicamente los análisis realizados. De este modo, la estadística permite a los científicos de datos extraer información relevante y confiable de conjuntos de datos y modelos, dotándolos de un repertorio robusto de herramientas para el aprendizaje y la toma de decisiones.[9]

2. La matemática:

Las matemáticas son muy utilizadas en la Ciencia de Datos, especialmente en la descripción de fenómenos complejos y en la creación de modelos de Machine Learning.[10] Áreas como el álgebra lineal, el cálculo, la aritmética y la teoría de la probabilidad resultan esenciales para comprender y desarrollar algoritmos de Machine Learning por su uso en la manipulación y transformación de datos. La modelización matemática permite representar fenómenos del mundo real de manera precisa y eficiente, facilitando la construcción de modelos robustos y generalizables.[11]

3. La ciencia de la computación:

La ciencia de la computación es determinante en el procesamiento eficiente de grandes volúmenes de datos, mediante el uso de computadoras para la automatización de cálculos y la programación de soluciones. Lenguajes como Python y R son ampliamente empleados en Ciencia de Datos por su versatilidad y la disponibilidad de bibliotecas especializadas. Asimismo, la gestión de bases de datos y la optimización de procesos computacionales son aspectos clave para garantizar la eficiencia en la manipulación de datos a gran escala.[12]

4. Dominio del negocio o dominio de las ciencias conexas:

La comprensión del contexto o dominio de aplicación es esencial para el éxito de los proyectos de Ciencia de Datos. Los científicos de datos colaboran estrechamente con expertos del área específica para identificar problemas relevantes y diseñar soluciones que generen impacto real. Este conocimiento contextual asegura que los resultados obtenidos sean pertinentes y valiosos en el entorno profesional o

[9] Grus, J. (2015). "Data Science From Scratch". United States of America. O´Reilly Media Inc.

[10] Chávez Reyes, Carmen & León Quintanar. (2007). "La Biblia de las Matemáticas". México D.F., México. Editorial Letrarte S.A.

[11] Edwards, C.H. Jr & Penney David. (1994). "Cálculo con Geometría Analítica". México DF, México. Prentice Hall Hispanoamericana S.A.

[12] Deitel, P & Deitel, H. (2015). "Java: How to Program". New Jersey, United States of America. Pearson Education Inc.

científico correspondiente.[13]

1.3.2 Aplicaciones de la Ciencia de Datos en ML

La Ciencia de Datos provee el marco conceptual y metodológico indispensable para la implementación exitosa de proyectos de Machine Learning. Su influencia se extiende a lo largo de las distintas etapas del proceso de Machine Learning, como las definidas en la metodología CRISP-DM (Cross-Industry Standard Process for Data Mining), que incluyen:

1. Entendimiento del problema:

En la fase inicial de un proyecto de Machine Learning, los científicos de datos emplean técnicas estadísticas y de análisis exploratorio de datos para comprender la naturaleza y las características del problema en estudio, así como para identificar variables clave, analizar relaciones entre ellas y anticipar posibles desafíos. Esta etapa permite la búsqueda de soluciones viables y adecuadas a los recursos disponibles.

2. Preparación de datos:

La preparación de datos constituye una etapa crítica en el proceso de Machine Learning. La Ciencia de Datos se encarga de la limpieza, gestión de valores atípicos y transformación de los datos para adecuarlos a los requerimientos de los algoritmos de ML. Asimismo, se aplican técnicas de ingeniería de características para mejorar la calidad de los datos y facilitar la construcción de modelos robustos.[14]

3. Selección de modelos:

En la etapa de selección de modelos, la Ciencia de Datos orienta la elección de los algoritmos y enfoques más adecuados para el problema específico. Esta decisión se fundamenta en una evaluación rigurosa de los datos y en la comprensión de las fortalezas y limitaciones de los distintos algoritmos disponibles.

4. Evaluación y validación:

La estadística desempeña un papel central en la evaluación y validación de los modelos de Machine Learning. Se emplean métricas específicas para medir el rendimiento

[13]McKinney, W. (2013). "Python for Data Analysis". United States of America. O'Reilly Media Inc. Primera Edición.

[14]Provost, Foster & Fawcett, T. (2013). "Data Science for Business". United States of America. O´Reilly Media, Inc. Primera Edición.

del modelo y garantizar su capacidad de generalización a nuevos conjuntos de datos. Técnicas como la validación cruzada y otros métodos estadísticos se utilizan para prevenir el sobreajuste y asegurar la robustez de los resultados obtenidos.[15]

5. Interpretación de resultados:

La Ciencia de Datos facilita la interpretación de los resultados obtenidos mediante la aplicación de técnicas de visualización de datos y análisis estadístico. Estas herramientas permiten comunicar de manera efectiva las conclusiones a los interesados, asegurando una comprensión clara y fundamentada para la toma de decisiones informadas.[16]

La Ciencia de Datos se erige como una disciplina importante en la actualidad, donde la masiva generación de datos requiere un enfoque interdisciplinario para extraer conocimientos significativos. En el contexto de Machine Learning, la Ciencia de Datos tiene un papel relevante en las etapas del proceso, desde el entendimiento del problema hasta la interpretación de los resultados.

1.4 Matemática y estadística en Machine Learning

La matemática y la estadística constituyen los cimientos sobre los cuales se edifica la estructura del Machine Learning (ML). Estas disciplinas resultan indispensables para comprender, diseñar y optimizar los algoritmos que impulsan la Inteligencia Artificial, permitiendo a las máquinas aprender patrones a partir de datos y mejorar su desempeño de manera autónoma.

1.4.1 Rol de la matemática en Machine Learning

Desde los conceptos de álgebra lineal y cálculo hasta la aplicación de la estadística, estas herramientas matemáticas son necesarias para los profesionales de Machine Learning. Entre las principales herramientas matemáticas se destacan:

1. Álgebra lineal:

El álgebra lineal es una rama de las matemáticas que resulta especialmente relevante en Machine Learning, en particular para la representación de datos y la formulación de modelos. Conceptos como matrices y operaciones lineales permiten describir y

[15] McKinney, W. (2013). "Python for Data Analysis". United States of America. O'Reilly Media Inc. Primera Edición.

[16] Bowers, N. Jr. Gerber, H. Hickman, J. Jones, D. & Nesbitt, C. (1997). "Actuarial Mathematics". United States of America. The Society of Actuaries.

datos de manera eficiente. En la implementación de algoritmos, el álgebra lineal se utiliza para definir relaciones entre variables, representar transformaciones en el espacio de características y, posteriormente, contribuir a la construcción de redes neuronales artificiales.

2. Cálculo:

El cálculo, a través de sus ramas de derivadas e integrales, son muy utilizados para la optimización de modelos en Machine Learning. Algoritmos como el Gradiente Descendiente, empleados para minimizar funciones de pérdida y ajustar parámetros del modelo, se fundamentan en conceptos de cálculo. La capacidad de optimizar modelos y encontrar mínimos o máximos locales resulta clave para mejorar el rendimiento y la eficacia de los algoritmos de ML.[17]

3. Probabilidades:

Las probabilidades permiten comprender la incertidumbre y la toma de decisiones en ML. Muchos modelos, especialmente en aprendizaje supervisado, se basan en probabilidades para realizar predicciones y clasificaciones. La probabilidad permite cuantificar el grado de certeza o incertidumbre asociado a las predicciones de un modelo, lo que resulta esencial en la evaluación y validación de su desempeño. No obstante, es igualmente relevante considerar la estadística, ya que al construir modelos es necesario contar con criterios científicos que permitan determinar si un algoritmo está óptimamente ajustado y cumple con los requisitos para su implementación.[18]

1.4.2 Rol de la estadística en Machine Learning

La estadística también ocupa un lugar destacado en la validación, inferencia y toma de decisiones en el contexto del Machine Learning. Entre los aspectos más relevantes se encuentran:

1. Inferencia estadística:

La inferencia estadística permite realizar afirmaciones sobre una población a partir de un conjunto de datos muestral. En Machine Learning, esto se traduce en la capacidad de generalizar conclusiones sobre un conjunto más amplio de datos a partir de un subconjunto de entrenamiento. Herramientas como las pruebas de

[17] Edwards, C.H. Jr & Penney David. (1994). "Cálculo con Geometría Analítica". México DF, México. Prentice Hall Hispanoamericana S.A.

[18] Nisbet, R. Elder, J. & Miner, G. (2009). "Handbook of Statistical Analysis & Data Mining Applications". Canada. Elsevier Inc.

hipótesis e intervalos de confianza son empleadas para inferir propiedades de la población y validar la robustez de los modelos.

2. Validación de modelos:

La validación estadística de modelos permite evaluar el desempeño de los modelos con datos no observados previamente. Técnicas como la validación cruzada proporcionan estimaciones robustas del rendimiento del modelo al evaluarlo en diferentes subconjuntos de datos, lo que contribuye a prevenir el sobreajuste y asegurar que el modelo generalice adecuadamente a nuevos datos.

3. Métricas de evaluación:

Las métricas empleadas para evaluar modelos, tales como la precisión, la sensibilidad y la especificidad, tienen fundamentos estadísticos. Estas métricas permiten cuantificar la calidad del modelo y ofrecen información relevante sobre su capacidad para realizar predicciones precisas y fiables.

Así, la matemática y la estadística son pilares en la construcción y evaluación de modelos de Machine Learning. Desde la aplicación de álgebra lineal y cálculo para entender la estructura de los datos y la optimización de modelos, hasta la aplicación de las probabilidades y la estadística para cuantificar la incertidumbre, y evaluar la precisión del modelo, estas disciplinas sirven en la creciente disciplina de la Inteligencia Artificial.

1.5 Python para Machine Learning

En el ámbito del Machine Learning, la elección del lenguaje de programación es determinante para el desarrollo eficiente y efectivo de algoritmos. En este libro, se empleará exclusivamente Python para modelar todo tipo de algoritmos y procesos relacionados con las matemáticas.[19] Python se ha consolidado como el lenguaje de programación predominante en Machine Learning, gracias a su facilidad de uso, sintaxis simple, extensas bibliotecas especializadas y una comunidad activa y comprometida. Este apartado explora cómo Python se ha convertido en la herramienta preferida en el campo, destacando las bibliotecas clave y la flexibilidad que ofrece a desarrolladores y científicos de datos. Antes de profundizar, se deben señalar algunas características que hacen de Python una opción destacada en Machine Learning:

1. Sintaxis simple:

[19] Chávez Reyes, Carmen & León Quintanar. (2007). "La Biblia de las Matemáticas". México D.F., México. Editorial Letrarte S.A.

La sintaxis simple de Python es una de las principales razones de su adopción en Machine Learning, especialmente entre profesionales sin formación previa en programación. Esta característica facilita la comprensión de los scripts y promueve la colaboración efectiva en equipos multidisciplinarios. La filosofía de diseño del lenguaje, orientada a la legibilidad y simplicidad, resulta especialmente adecuada para abordar la complejidad inherente de los algoritmos de Machine Learning.[20] No obstante, en entornos empresariales puede ser conveniente considerar otros lenguajes más eficientes para implementaciones en dispositivos electrónicos.

2. Amplias bibliotecas:

Python sobresale por su ecosistema de bibliotecas especializadas, principalmente en el desarrollo de aplicaciones de Machine Learning. Entre las más relevantes se encuentran:

- **NumPy:** Ofrece soporte para arreglos multidimensionales y funciones matemáticas, permitiendo la manipulación eficiente de datos y la realización de operaciones matriciales. En Machine Learning, donde el manejo de datos en forma de matrices es habitual, NumPy resulta esencial. Proporciona funciones para operaciones matriciales y algebraicas, simplificando la implementación de algoritmos.[21]
- **Pandas:** Proporciona estructuras de datos avanzadas para el análisis y manipulación de datos. Facilita la limpieza, transformación y preparación de los datos para su uso en algoritmos de Machine Learning. Permite la carga eficiente de conjuntos de datos, su manipulación y preprocesamiento, asegurando que estén listos para su utilización en modelos de ML.
- **Scikit-Learn:** Esta biblioteca comprende una extensa variedad de algoritmos y funciones orientadas a la validación de modelos. Scikit-Learn se erige como una herramienta integral para la construcción, evaluación y selección de modelos en Machine Learning. Ofrece un repertorio amplio de algoritmos, facilitando así la implementación rigurosa de soluciones de Machine Learning en Python.

3. Comunidad activa:

La comunidad de Python se distingue por su dinamismo, permitiendo a desarrolladores y científicos de datos, acceder rápidamente a recursos y soluciones a problemas recurrentes. Esta comunidad impulsa la innovación continua y la evolución de las

[20] McKinney, W. (2013). “Python for Data Analysis”. United States of America. O’Reilly Media Inc. Primera Edición.

[21] Bressert, E. (2013). “SciPy and NumPy”. United States of America. O´Reilly Media Inc. Primera Edición.

herramientas y prácticas en el ámbito del Machine Learning.

Flexibilidad y versatilidad de Python:

La flexibilidad de Python constituye uno de sus principales activos en el contexto del Machine Learning. Esta característica permite a los profesionales implementar algoritmos de manera eficiente y realizar experimentos de forma ágil. La versatilidad de Python se manifiesta en varias caracteristicas:

- **Diversidad de algoritmos:** Python es compatible con una amplia gama de algoritmos de Machine Learning, desde los más básicos hasta los más avanzados. Esta diversidad permite seleccionar el enfoque metodológico más adecuado para cada problema específico.
- **Experimentación rápida:** La facilidad de implementación que ofrece Python favorece la experimentación expedita con diferentes algoritmos y metodologías. Los científicos de datos pueden ajustar y validar modelos de manera eficiente, acelerando el ciclo de desarrollo y optimizando la búsqueda de soluciones óptimas.
- **Integración con tecnologías externas:** Python se integra eficazmente con diversas tecnologías y herramientas, facilitando la construcción de soluciones integrales (end-to-end) en Machine Learning. Desde la conexión con bases de datos hasta la implementación de modelos en sistemas productivos, Python proporciona una integración fluida y robusta.

El uso de Python en Machine Learning no es arbitrario; responde a su sintaxis simple, la disponibilidad de bibliotecas especializadas y su flexibilidad inherente. Herramientas como NumPy, Pandas y Scikit-Learn simplifican la construcción y evaluación de modelos, permitiendo abordar desde tareas sencillas hasta desafíos complejos en el ámbito del aprendizaje automático.[22]

1.6 Herramientas para Machine Learning

El desarrollo de modelos de Machine Learning exige el uso de herramientas especializadas que simplifican tareas complejas y fomentan la colaboración interdisciplinaria. Si bien Python es el lenguaje predominante, el ecosistema de Machine Learning se enriquece con una variedad de herramientas y entornos diseñados para abordar los desafíos del aprendizaje automático. Se destacan algunas de las herramientas más relevantes, como TensorFlow, PyTorch y Jupyter Notebooks, subrayando su contribución al desarrollo eficiente de modelos y a la creación de documentos que integran código, visualización y análisis reproducible.

[22] Deitel, P & Deitel, H. (2015). "Java: How to Program". New Jersey, United States of America. Pearson Education Inc.

- **TensorFlow:** Esta biblioteca de código abierto, desarrollada por Google, se ha consolidado como un pilar en el ámbito del aprendizaje profundo. Su arquitectura flexible, permite la creación de modelos complejos, desde redes neuronales convolucionales hasta redes recurrentes. TensorFlow destaca por su capacidad para gestionar datos de alto nivel de abstracción y por su escalabilidad, lo que facilita la implementación de modelos avanzados.
- **PyTorch:** Es un módulo donde su estructura dinámica permite modificar y construir modelos durante la ejecución, lo que resulta especialmente útil en investigación y desarrollo de nuevas arquitecturas.
- **Jupyter Notebooks:** Es una herramienta hecha para científicos de datos y profesionales de Machine Learning. Jupyter Notebooks permite combinar código ejecutable, visualizaciones y texto explicativo en un único documento, lo que facilita la exploración de datos, la experimentación con modelos y la presentación de resultados de manera clara y reproducible. Su entorno interactivo promueve la documentación transparente del proceso analítico y la colaboración efectiva entre equipos multidisciplinarios.[23]

1.6.1 Facilitando la experimentación y colaboración

Estas herramientas no solo son potentes de forma individual, sino que también se integran de manera sinérgica para potenciar la experimentación y la colaboración en proyectos de Machine Learning. Python, TensorFlow, PyTorch y Jupyter Notebooks conforman un ecosistema cohesivo que permite a los equipos trabajar de manera eficiente, compartir resultados y reproducir experimentos. La experimentación rápida y estas herramientas proporcionan la flexibilidad y agilidad necesarias para probar distintos enfoques y algoritmos. La documentación interactiva mediante Jupyter Notebooks facilita la comprensión, la comunicación y la replicabilidad de los resultados obtenidos.

1.6.2 Integración con TensorFlow y PyTorch

La integración de TensorFlow y PyTorch con otras herramientas y bibliotecas del ecosistema Python permite optimizar el flujo de trabajo en Machine Learning y Deep Learning. Por ejemplo, TensorFlow y Keras (una interfaz de alto nivel para TensorFlow) permiten construir y entrenar modelos de Deep Learning de manera eficiente y modular. Estas herramientas proporcionan a los profesionales de datos capacidades avanzadas para construir, entrenar y evaluar modelos, facilitando la experimentación rápida y la colaboración efectiva. El uso de Python como lenguaje principal añade flexibilidad y compatibilidad, permitiendo aprovechar la amplia variedad de librerías y frameworks disponibles en el ecosistema científico y de ingeniería de datos.

[23] Grus, J. (2015). "Data Science From Scratch". United States of America. O´Reilly Media Inc.

1.7 Proyectos de Machine Learning

El desarrollo de un proyecto de Machine Learning requiere la adopción de un enfoque sistemático que abarque desde la comprensión profunda del problema hasta la implementación y evaluación rigurosa del modelo. Se describen las etapas en el ciclo de vida de un proyecto de Machine Learning, subrayando la importancia de definir con precisión el problema, preparar los datos de manera adecuada, seleccionar el algoritmo idóneo y realizar una evaluación exhaustiva del rendimiento. Asimismo, se destaca la relevancia de la iteración y la optimización como componentes clave para alcanzar resultados robustos y reproducibles.

1. Definición del problema:

La primera etapa consiste en comprender y definir con claridad el problema a abordar. Esto implica establecer los objetivos del proyecto, identificar las variables relevantes y analizar el contexto en el que se aplicará la solución. Una definición precisa del problema orienta adecuadamente en el resto del proceso y maximiza el impacto de la solución propuesta.

2. Recopilación y preparación de datos:

La calidad de los datos es determinante para el éxito de cualquier proyecto de Machine Learning. Esta etapa abarca la recopilación de datos relevantes, su limpieza, transformación y preparación para el entrenamiento del modelo. Un preprocesamiento adecuado garantiza que los datos sean representativos y aptos para el análisis posterior.

3. Selección del algoritmo:

La selección del algoritmo más adecuado depende del tipo de tarea de Machine Learning (supervisada, no supervisada o por refuerzo), la naturaleza de los datos y los objetivos específicos del proyecto. Existen múltiples opciones, como algoritmos de regresión, clasificación, agrupamiento o redes neuronales, y la elección debe basarse en un análisis cuidadoso de las características del problema y los datos disponibles.

4. División del conjunto de datos:

Esta etapa implica dividir el conjunto de datos en subconjuntos de entrenamiento y prueba (o validación). El conjunto de entrenamiento se utiliza para ajustar el modelo, mientras que el conjunto de prueba permite evaluar su rendimiento en datos no vistos previamente. Esta práctica es esencial para evitar el sobreajuste, un fenómeno en el que el modelo se ajusta excesivamente a los datos de entrenamiento y pierde capacidad de generalización.

5. Entrenamiento del modelo:

En esta fase, el modelo se entrena utilizando el conjunto de datos de entrenamiento. El objetivo es ajustar los parámetros del modelo para minimizar la diferencia entre las predicciones y los valores reales, optimizando así su capacidad predictiva.

6. Evaluación del rendimiento:

La evaluación del rendimiento del modelo permite determinar su eficacia a un problema dado. Se emplean métricas específicas según la naturaleza de la tarea: precisión, recall y F1-score para clasificación; error cuadrático medio y coeficiente de determinación para regresión, entre otras. La validación cruzada y otras técnicas permiten obtener una evaluación más robusta y confiable del desempeño del modelo.

7. Iteración y optimización:

La iteración y la optimización son procesos continuos en el ciclo de vida de un proyecto de Machine Learning. Tras evaluar el rendimiento inicial, se pueden realizar ajustes en la selección de características, la arquitectura del modelo o los hiperparámetros para mejorar su desempeño. Este proceso iterativo se repite hasta alcanzar los resultados deseados, promoviendo la mejora continua del modelo.

1.7.1 Antes de empezar con Machine Learning

- **Importancia de la división del conjunto de datos:** Antes de iniciar cualquier proyecto de Machine Learning, se debe realizar la división correcta del conjunto de datos en subconjuntos de entrenamiento y prueba. Esta práctica es esencial para evaluar la capacidad de generalización del modelo y evitar el sobreajuste, fenómeno en el que el modelo memoriza los datos de entrenamiento pero falla al enfrentarse a nuevas instancias. Python, mediante bibliotecas como Scikit-Learn, ofrece herramientas eficientes para realizar esta división de manera sistemática.
- **Iteración y optimización en la práctica:** La iteración y optimización constituyen procesos continuos en el desarrollo de proyectos de Machine Learning. Tras la evaluación inicial del modelo, los profesionales pueden realizar ajustes y mejoras para incrementar la precisión y robustez de los resultados. Herramientas como Grid Search y Random Search facilitan la búsqueda sistemática de hiperparámetros óptimos.
- **Integración de herramientas:** La integración de TensorFlow, PyTorch y

Jupyter Notebooks en el flujo de trabajo de desarrollo de modelos en Python aporta flexibilidad y eficiencia adicionales. Estas herramientas no solo facilitan la implementación de algoritmos avanzados, sino que también promueven la documentación interactiva y la colaboración entre profesionales. El uso de Jupyter Notebooks para documentar y compartir código y resultados permite a los equipos comprender y reproducir el flujo de trabajo de extremo a extremo. Además, TensorFlow y PyTorch se integran fácilmente con otras herramientas del ecosistema, maximizando las capacidades de estas bibliotecas en proyectos de Machine Learning.

En síntesis, la adopción de un enfoque sistemático en proyectos de Machine Learning—desde la definición precisa del problema hasta la iteración y optimización—es clave para el éxito. La adecuada división del conjunto de datos, el entrenamiento riguroso del modelo y la evaluación exhaustiva del rendimiento constituyen pasos esenciales. Python, junto con bibliotecas especializadas como Scikit-Learn, TensorFlow y PyTorch, proporciona las herramientas necesarias para abordar estos desafíos de manera eficiente y reproducible.

1.8 Resumen

En resumen, se tienen los siguientes puntos relevantes del capítulo:

1.1. ¿Qué es Machine Learning?

Definición: Machine Learning, es una rama de la IA, centrada en el desarrollo de algoritmos y modelos que permiten a las máquinas y a las computadoras, aprender de los datos y realizar tareas, y así lograr objetivos sin programación explícita.

Áreas de aprendizaje:

- Aprendizaje Supervisado: Entrenamiento con datos etiquetados.
- Aprendizaje no Supervisado: Descubrimiento de patrones en datos sin etiquetar.
- Aprendizaje por refuerzo: Son todos aquellos modelos que aprenden a través de recompensas y castigos en base a sus acciones.

Aplicaciones:

Reconocimiento de voz, recomendaciones en línea, diagnósticos médicos, conducción autónoma, reconocimiento de imágenes y otros.

Tecnologías relacionadas:

Redes neuronales artificiales, Robótica, Biomimética, Generative IA.

1.2. Machine Learning vs Data Mining

Diferencias entre Machine Learning y Data Ming:

- Machine Learning: Se enfoca en construir modelos predictivos basados en patrones de datos.
- Data Mining: Se enfoca en explorar grandes conjuntos de datos para encontrar patrones y tendencias.[24]

Objetivos y enfoques:

[24] Tan, Pang-Ning. Steinbach, Michael. Karpatne, Anuj & Kumar, Vipin. (2005). "Introduction to Data Mining". New York, United States of America. Pearson Education.

- Machine Learning: Mejora de la precisión de las predicciones a través de la experiencia y datos adicionales.
- Data Mining: Descubrimiento de información valiosa y conocimiento en los datos.

1.3. ¿Qué es la Ciencia de Datos?

Definición: Campo interdisciplinario que utiliza estadísticas, matemáticas, informática y conocimiento del negocio para analizar datos complejos y extraer conocimientos valiosos.

Componentes:

- Estadística: Descripción, análisis e interpretación de datos.
- Matemáticas: Modelización funcional de fenómenos complejos.
- Ciencias de la Computación: Para el manejo y procesamiento de grandes volúmenes de datos (big data) mediante el uso de la programación.
- Conocimiento del Negocio: Comprensión del contexto empresarial o científico.

1.4. El uso de la matemática y la estadística en Machine Learning

Importancia: En el diseño y optimización de algoritmos.

Herramientas:

- Álgebra Lineal: Representación y manipulación de datos.
- Cálculo: Optimización de modelos.
- Probabilidades y estadística: Comprensión de la incertidumbre y evaluación del rendimiento de los modelos.

1.5. El uso de Python para Machine Learning

Ventajas de Python:

- Sintaxis Simple: Facilita la comprensión y colaboración.
- Bibliotecas especializadas: NumPy, Pandas, Scikit-Learn.
- Comunidad Activa:Recursos y soporte continuo.

1.6. Herramientas para Machine Learning

Herramientas Clave:

- TensorFlow y PyTorch: Bibliotecas para Deep Learning.
- Jupyter Notebooks: Entorno interactivo para documentar y compartir código y resultados.

1.7. El proyecto de Machine Learning

Proceso sistemático:

- Definición del Problema: Lograr entender y poder definir el problema.
- Recopilación y preparación de datos: Incluye la limpieza y preparación de datos que han de ser utilizados.
- Selección del algoritmo: Elección del algoritmo más adecuado.
- División del conjunto de datos: Entrenamiento y prueba para evitar el sobreajuste.
- Entrenamiento del modelo: Ajuste de parámetros.
- Evaluación del rendimiento: Uso de métricas específicas para evaluar la eficacia del modelo.
- Iteración y optimización: Mejora continua del modelo.

El capítulo aborda aspectos relevantes de Machine Learning, desde su definición y áreas de aprendizaje hasta las herramientas y procesos necesarios para desarrollar proyectos exitosos en este campo.[25]

[25] Tan, Pang-Ning. Steinbach, Michael. Karpatne, Anuj & Kumar, Vipin. (2005). "Introduction to Data Mining". New York, United States of America. Pearson Education.

1.9 Problemas y sus Soluciones

Se tienen los siguientes problemas y soluciones:

Pregunta 1: ¿Qué es Machine Learning?

A) Un tipo de software antivirus.
B) Una rama de la Inteligencia Artificial.
C) Un lenguaje de programación.
D) Un sistema operativo.
E) Un hardware específico para computadoras.
F) Una herramienta de análisis estadístico.
G) Un modelo económico.

Pregunta 2: ¿Cuál es un ejemplo de aprendizaje supervisado?

A) Agrupamiento de datos.
B) Juegos de estrategia.
C) Identificación de imágenes de caras y rostros.
D) Descubrimiento de patrones en datos.
E) Navegación autónoma.
F) Diseños inspirados en la naturaleza.
G) Reconocimiento de patrones de comportamiento.

Pregunta 3: ¿Qué es el aprendizaje no supervisado?

A) Algoritmos entrenados con datos etiquetados.
B) Aprendizaje de modelos a través de recompensas y castigos.
C) Algoritmos que encuentran patrones en datos no etiquetados.
D) Sistemas que requieren programación explícita.
E) Modelos basados en la interacción humana.
F) Algoritmos que imitan el comportamiento humano.
G) Sistemas que solo se utilizan en robótica.

Pregunta 4: ¿Qué describe mejor el aprendizaje por refuerzo?

A) Modelos que aprenden sin datos.
B) Algoritmos basados en etiquetas predefinidas.
C) Sistemas que mejoran su rendimiento a través de recompensas y castigos.
D) Técnicas centradas exclusivamente en la estadística.
E) Modelos que no requieren interacción con el entorno.
F) Sistemas basados en la previsión del mercado.

G) Algoritmos utilizados únicamente en finanzas.

Pregunta 5: ¿Cuál es una aplicación de Machine Learning en la industria automotriz?

A) Desarrollo de juegos.
B) Diagnósticos médicos.
C) Análisis de mercado.
D) Conducción autónoma.
E) Traducción de idiomas.
F) Educación en línea.
G) Diseño gráfico.

Pregunta 6: ¿En qué se diferencia Machine Learning de Data Mining?

A) Machine Learning se enfoca en programar explícitamente las computadoras.
B) DM utiliza algoritmos para aprender de los datos.
C) ML se centra en construir modelos predictivos.
D) DM se usa exclusivamente en medicina.
E) ML no utiliza estadísticas.
F) DM no permite el análisis en big data.
G) ML es una subcategoría de Data Mining.

Pregunta 7: ¿Qué lenguaje de programación es ampliamente utilizado en Machine Learning?

A) C++.
B) Java.
C) Python.
D) Ruby.
E) PHP.
F) Swift.
G) JavaScript.

Pregunta 8: ¿Cuál es un uso común de las redes neuronales artificiales en Machine Learning?

A) Procesamiento de textos.
B) Automatización de tareas domésticas.
C) Desarrollo de sistemas operativos.
D) Creación de música.
E) Análisis de datos financieros.

F) Aprendizaje profundo.
G) Seguridad informática.

Pregunta 9: ¿Qué representa el término 'Biomimética' en el contexto de Machine Learning?

A) Aprendizaje de idiomas.
B) Modelos inspirados en la naturaleza.
C) Robótica industrial.
D) Simulaciones climáticas.
E) Desarrollo de software educativo.
F) Diseño de videojuegos.
G) Marketing digital.

Pregunta 10: ¿Qué herramienta de Machine Learning se utiliza para la construcción y entrenamiento de modelos complejos?

A) Excel.
B) TensorFlow.
C) Adobe Photoshop.
D) AutoCAD.
E) Microsoft Word.
F) WordPress.
G) Oracle Database.

1.10 Problemas

Se tienen los siguientes problemas:

Pregunta 1: ¿Qué es una característica clave de Python, en el contexto de Machine Learning?

A) Sus capacidades de diseño gráfico.
B) Programación de bajo nivel.
C) Su sintaxis simple y legible.
D) Su principal uso en juegos.
E) Su incompatibilidad con la mayoría de las bibliotecas de datos.
F) Su lento tiempo de ejecución.
G) Su uso limitado en la comunidad científica.

Pregunta 2: ¿Qué librería de Python proporciona estructuras flexibles para análisis de datos?

A) TensorFlow.
B) PyTorch.
C) Matplotlib.
D) Pandas.
E) Django.
F) Flask.
G) SQLalchemy.

Pregunta 3: ¿Cuál es un ejemplo de aplicación del Machine Learning en el campo de la salud?

A) Desarrollo de videojuegos.
B) Producción de música.
C) Diagnósticos médicos.
D) Diseño de interiores.
E) Creación de contenido en redes sociales.
F) Construcción de edificios.
G) Agricultura.

Pregunta 4: ¿Qué describe mejor el término "*Procesamiento del Lenguaje Natural (NLP)*

A) Algoritmos para videojuegos.
B) Modelos para el reconocimiento de voz.

C) Técnicas para la conducción autónoma.
D) Sistemas para el diseño gráfico.
E) Herramientas para la edición de video.
F) Métodos para la agricultura.
G) Protocolos para redes sociales.

Pregunta 5: ¿Qué herramienta se utiliza comúnmente para la experimentación y documentación interactiva en Machine Learning?

A) Microsoft Excel.
B) Adobe Illustrator.
C) Jupyter Notebooks.
D) Unity.
E) AutoCAD.
F) WordPress.
G) Tableau.

Pregunta 6: ¿Cuál es un ejemplo de Aprendizaje Profundo (Deep Learning)?

A) Programación básica.
B) Redes Neuronales Artificiales.
C) Cálculo simple.
D) Diseño web.
E) Gestión de bases de datos.
F) Marketing digital.
G) Análisis literario.

Pregunta 7: ¿Qué factor es importante para evitar en el entrenamiento de modelos de Machine Learning?

A) Aprendizaje rápido.
B) Sobreajuste.
C) Uso de Python.
D) Colaboración.
E) Documentación.
F) Integración con otras tecnologías.
G) Experimentación.

Pregunta 8: ¿Qué biblioteca de Python se especializa en operaciones matriciales y algebraicas?

A) Flask.

B) Django.
C) PyTorch.
D) Matplotlib.
E) Pandas.
F) TensorFlow.
G) NumPy.

Pregunta 9: ¿Cuál es un enfoque común en Data Mining?

A) Construcción de redes sociales.
B) Desarrollo de sistemas operativos.
C) Minería de asociaciones para identificar patrones.
D) Programación de videojuegos.
E) Creación de contenido digital.
F) Diseño arquitectónico.
G) Educación en línea.

Pregunta 10: ¿Qué representa el término "Aprendizaje Supervisado"?

A) Modelos que aprenden sin datos.
B) Algoritmos que no requieren entrenamiento.
C) Sistemas que funcionan exclusivamente con datos etiquetados.
D) Que se aplican solo en robótica.
E) Modelos que no utilizan estadísticas.
F) Algoritmos diseñados para juegos.
G) Sistemas que solo se aplican en finanzas.

Pregunta 11: ¿En qué se diferencia principalmente el Aprendizaje no Supervisado del Aprendizaje Supervisado?

A) Uso de datos etiquetados.
B) Aplicación en la salud.
C) Uso de Python.
D) Enfoque en robótica.
E) Integración con redes neuronales.
F) Uso de tecnologías externas.
G) Enfoque en juegos.

Pregunta 12: ¿Qué tarea es un ejemplo de Aprendizaje por Refuerzo en Machine Learning?

A) Desarrollo de bases de datos.

B) Creación de contenido web.
C) Toma de decisiones en un entorno de juego.
D) Diseño de software antivirus.
E) Construcción de edificios.
F) Producción de películas.
G) Marketing en redes sociales.

Pregunta 13: ¿Qué lenguaje de programación es frecuentemente utilizado en Data Mining?

A) C++.
B) JavaScript.
C) Ruby.
D) Python.
E) PHP.
F) Swift.
G) Kotlin.

Pregunta 14: ¿Qué área de Machine Learning se centra en análisis de datos visuales?

A) Procesamiento del Lenguaje Natural.
B) Biomimética.
C) Visión por Computadoras.
D) Análisis literario.
E) Diseño de videojuegos.
F) Marketing digital.
G) Desarrollo web.

Pregunta 15: ¿Qué técnica de Machine Learning es utilizada para el reconocimiento de voz?

A) Aprendizaje supervisado.
B) Aprendizaje no supervisado.
C) Aprendizaje por refuerzo.
D) Biomimética.
E) Análisis de redes sociales.
F) Desarrollo de videojuegos.
G) Diseño gráfico.

Pregunta 16: ¿Qué herramienta de Python es útil para construir y evaluar

modelos?

A) Django.
B) Flask.
C) Scikit-Learn.
D) TensorFlow.
E) PyTorch.
F) NumPy.
G) Pandas.

Pregunta 17: ¿Qué método se utiliza para evaluar el rendimiento de un modelo de Machine Learning en diferentes subconjuntos de datos?

A) Sobreajuste.
B) Validación cruzada.
C) Aprendizaje supervisado.
D) Aprendizaje no supervisado.
E) Aprendizaje por refuerzo.
F) Minería de asociaciones.
G) Procesamiento del Lenguaje Natural.

Pregunta 18: ¿Cuál es una aplicación común del Machine Learning en el comercio electrónico?

A) Creación de contenido en redes sociales.
B) Diseño de software antivirus.
C) Sistemas de recomendación.
D) Desarrollo de sistemas operativos.
E) Producción de películas.
F) Educación en línea.
G) Construcción de edificios.

Pregunta 19: ¿Qué describe mejor la Ciencia de Datos en relación con Machine Learning?

A) Una herramienta para el diseño gráfico.
B) Una disciplina centrada en la creación de juegos.
C) Un campo que proporciona la base para tomar decisiones informadas.
D) Un método para el desarrollo de software antivirus.
E) Una tecnología centrada en la producción de música.
F) Una técnica utilizada solo en marketing.
G) Un protocolo para redes sociales.

Pregunta 20: ¿Qué se usa en la Ciencia de Datos para analizar e interpretar grandes volúmenes de datos?

A) Juegos.
B) Diseño gráfico.
C) Estadística.
D) Producción de música.
E) Desarrollo de software antivirus.
F) Marketing digital.
G) Educación en línea.

Capítulo 2 Programación Python para Machine Learning

Objetivos

- Pasos iniciales con Python y Jupyter Notebook.
- Tipos y estructuras de datos (listas, tuplas, diccionarios, DataFrames).
- Aplicar estructuras de control: condicionales y bucles.
- Manejo de excepciones y errores.

En este capítulo se examina la programación en Python como herramienta para el desarrollo de aplicaciones de Machine Learning. Se abordan, de manera sistemática, los aspectos esenciales que van desde el uso inicial de Jupyter Notebook hasta el manejo de estructuras de control, condicionales, bucles y gestión de excepciones, todo ello en el contexto de Machine Learning. Estos conceptos constituyen la base metodológica para la construcción, manipulación y análisis de datos, así como para la implementación de algoritmos robustos en Machine Learning. Cabe señalar que, al final del libro, se incluye una sección dedicada a la programación en Python con un enfoque eminentemente práctico y concreto.

Información Relevante

¿Por qué estudiar Python? Python es el lenguaje dominante en Machine Learning debido a su simplicidad y potentes librerías. Empresas como Google, Tesla y Amazon basan sus sistemas de IA en Python. Dominar Python abre puertas a carreras en ciencia de datos, ingeniería de ML y desarrollo de sistemas inteligentes en cualquier industria.

2.1 Pasos iniciales de Jupyter Notebook

Python es una herramienta necesaria en proyectos de Machine Learning, y Jupyter Notebook se ha convertido en el entorno de desarrollo interactivo y colaborativo de referencia. Esto permite la integración de código, visualizaciones y texto en un único documento, lo que facilita la reproducibilidad y la comunicación efectiva de resultados científicos. Por ello, Jupyter Notebook es ampliamente adoptado por la comunidad de científicos de datos y desarrolladores de Machine Learning [2, 3]. En este apartado se analizan los usos iniciales de Jupyter Notebook y se discute cómo este entorno potencia el desarrollo de aplicaciones.[1] Entre sus aplicaciones más relevantes se encuentran:

- **Exploración de datos:** Uno de los principales usos de Jupyter Notebook en el ámbito del Machine Learning es la exploración de datos. Antes de la construcción de modelos, resulta imprescindible comprender, analizar y preprocesar los datos disponibles.[2]
- **Ejecución de código en bloques:** La posibilidad de ejecutar código en bloques independientes constituye una de las características más distintivas de Jupyter Notebook. Esta funcionalidad permite a los usuarios dividir su trabajo en celdas, ejecutar secciones específicas de código de manera aislada y depurar de forma incremental. Además, esta estructura favorece la comprensión detallada y progresiva del flujo de los programas, lo que resulta especialmente útil en la experimentación y el desarrollo iterativo.[3]
- **Creación de presentaciones interactivas:** Jupyter Notebook también permite la elaboración de presentaciones interactivas, integrando elementos visuales, texto explicativo y código ejecutable en un mismo documento. Esta capacidad resulta especialmente valiosa para la comunicación de resultados, la docencia y la colaboración en equipos multidisciplinarios, ya que facilita la transferencia de conocimiento y la discusión fundamentada sobre los análisis realizados.
- **Aplicación práctica en Python:** Se presenta un ejemplo práctico en Jupyter Notebook que ilustra la funcionalidad de este entorno en el desarrollo de aplicaciones de Machine Learning, el cual será abordado en los apartados siguientes.

2.2 Tipos de datos

Python es un lenguaje de programación de alto nivel y tipado dinámico, que proporciona una flexibilidad notable para el manejo de distintos tipos de datos. En este lenguaje, no es necesario declarar explícitamente el tipo de una variable antes de utilizarla, ya que el intérprete lo infiere automáticamente en tiempo de ejecución. Esta característica define a Python como un lenguaje dinámico, lo que facilita la escritura de código más conciso y adaptable.[4] Entre los tipos de datos más relevantes

[1] Deitel, P Deitel, H. (2019). "Intro to Python for computer Science and Data Science: Learning to Program with AI, Big Data and the Cloud". Pearson Inc. Primera Edición.

[2] Goodrich, M. Tamassia, R. & Goldwasser, M. (2014). "Data Structures and Algorithms in Java". United States of America. Editor John Wiley & Sons Inc. Sexta Edición.

[3] Deitel, P & Deitel, H. (2015). "Java: How to Program". New Jersey, United States of America. Pearson Education. Inc.

[4] Deitel, P & Deitel, H. (2019). "Intro to Python for computer Science and Data Science: Learning to Program with AI, Big Data and the Cloud". Pearson Inc. Primera Edición.

en Python se encuentran:

- **Enteros (int):** Representan números enteros, es decir, aquellos que no poseen parte decimal. Ejemplo: 5.
- **Números de punto flotante (float):** Corresponden a números reales con parte decimal. Ejemplo: 3.1416.
- **Cadenas (str):** Son secuencias de caracteres que pueden incluir letras, números y símbolos especiales. Ejemplo: 'Python'.
- **Booleanos (bool):** Expresan valores lógicos de verdad o falsedad, es decir, True o False.

En código Python, para los enteros serian:

In [1]:

```
# Ejercicio 1
numero_entero = 5
print(numero_entero)
```

Out [1]:

```
5
```

Para números de punto flotante:

In [2]:

```
# Ejercicio 2
numero_punto_flotante = 3.14
print(numero_punto_flotante)
```

Out [2]:

```
3.14
```

Para cadenas:

In [3]:

```
# Ejercicio 3
cadena = "Python"
print(cadena)
```

Out [3]:

```
Python
```

Para booleanos:

In [4]:

```
# Ejercicio 4
valor_verdad = True
print(valor_verdad)
```

Out [4]:

```
True
```

En este punto, para identificar si un valor es entero:

In [5]:

```
# Ejercicio 5
numero_entero = 5
tipo_dato = type(numero_entero)
print(tipo_dato)
```

Out [5]:

```
<class 'int'>
```

Para identificar si es un punto flotante:

In [6]:

```
# Ejercicio 6
numero_punto_flotante = 3.14
tipo_dato = type(numero_punto_flotante)
print(tipo_dato)
```

Out [6]:

```
<class 'float'>
```

Para identificar si es una cadena:

In [7]:

```python
# Ejercicio 7
cadena = "Python"
tipo_dato = type(cadena)
print(tipo_dato)
```

Out [7]:

```
<class 'str'>
```

Para identificar si es un booleano:

In [8]:

```python
# Ejercicio 8
valor_verdad = True
tipo_dato = type(valor_verdad)
print(tipo_dato)
```

Out [8]:

```
<class 'bool'>
```

Una vez definidas variables con distintos tipos de datos, es posible realizar sobre ellas diversas operaciones y manipulaciones. Python permite efectuar operaciones aritméticas con enteros y números de punto flotante, concatenar y manipular cadenas, así como ejecutar operaciones lógicas con booleanos.[5] Por ejemplo, se pueden realizar operaciones con enteros y números de punto flotante:

In [9]:

```python
# Ejercicio 9
# Operaciones con enteros y punto flotante
numero_entero = 5
numero_punto_flotante = 3.14

# Suma
suma_resultado = numero_entero + numero_punto_flotante
print(f"Suma: {suma_resultado}")

# Resta
resta_resultado = numero_punto_flotante - numero_entero
print(f"Resta: {resta_resultado}")
```

[5] Baldor. A. (2003). “Aritmética: Teoría Practica”. México DF, México. Publicaciones Cultural Decima Octava Impresión.

```
# Multiplicación
multiplicacion_resultado = numero_entero * numero_punto_flotante
print(f"Multiplicación: {multiplicacion_resultado}")

# División
division_resultado = numero_entero / numero_punto_flotante
print(f"División: {division_resultado}")
```

Out [9]:

```
Suma: 8.14
Resta: -1.8599999999999999
Multiplicacion: 15.700000000000001
Division: 1.592356687898089
```

Operaciones con booleanos y cadenas:

In [10]:

```
# Ejercicio 10
# Operaciones con cadenas y booleanos
cadena1 = "Hola"
cadena2 = " Mundo"
booleano = True

# Concatenación de cadenas
concatenacion_resultado = cadena1 + cadena2
print(f"Concatenación: {concatenacion_resultado}")

# Repetición de cadenas
repeticion_resultado = cadena1 * 3
print(f"Repetición: {repeticion_resultado}")

# Operación lógica con booleano
negacion_resultado = not booleano
print(f"Negación: {negacion_resultado}")
```

Out [10]:

```
Concatenacion: Hola Mundo
Repeticion: HolaHolaHola
Negacion: False
```

En algunos casos, es necesario convertir variables de un tipo a otro. Python proporciona funciones para realizar estas conversiones.

Por ejemplo, una conversión de entero a flotante:

In [11]:

```
# Ejercicio 11
# Conversión entre enteros y punto flotante
numero_entero = 5
numero_punto_flotante = 3.14

# Convertir entero a punto flotante
convertir_entero_a_float = float(numero_entero)
print(f"Convertir entero a float: {convertir_entero_a_float}")

# Convertir punto flotante a entero
convertir_float_a_entero = int(numero_punto_flotante)
print(f"Convertir float a entero: {convertir_float_a_entero}")
```

Out [11]:

```
Convertir entero a float: 5.0
Convertir float a entero: 3
```

Conversión entre cadena a números:

In [12]:

```
# Ejercicio 12
# Conversión entre cadenas y números
cadena_numero = "42"
numero = 7.5

# Convertir cadena a entero
convertir_cadena_a_entero = int(cadena_numero)
print(f"Convertir cadena a entero: {convertir_cadena_a_entero}")

# Convertir entero a cadena
convertir_entero_a_cadena = str(numero)
print(f"Convertir entero a cadena: {convertir_entero_a_cadena}")
```

Out [12]:

```
Convertir cadena a entero: 42
Convertir entero a cadena: 7.5
```

Además de los tipos de datos básicos, Python ofrece estructuras de datos que son más complejas. Una de las más comunes es la lista, que permite almacenar múltiples elementos en una sola variable. Por ejemplo, lista de números enteros:

In [13]:

```
# Ejercicio 13
numeros_enteros = [1, 2, 3, 4, 5]
print(numeros_enteros)
```

Out [13]:

```
[1, 2, 3, 4, 5]
```

Ejemplo de lista de cadenas:

In [14]:

```
# Ejercicio 14
nombres = ["Alice", "Bob", "Charlie", "David"]
print(nombres)
```

Out [14]:

```
['Alice', 'Bob', 'Charlie', 'David']
```

Ejemplo de lista de elementos mixtos:

In [15]:

```
# Ejercicio 15
elementos_mixtos = [1, "dos", 3.0, True]
print(elementos_mixtos)
```

Out [15]:

```
[1, 'dos', 3.0, True]
```

Ejemplo de lista anidada:

In [16]:

```
# Ejercicio 16
lista_anidada = [[1, 2, 3], ["a", "b", "c"], [True, False, True]]
print(lista_anidada)
```

Out [16]:

```
[[1, 2, 3], ['a', 'b', 'c'], [True, False, True]]
```

Ejemplo de operaciones en listas:

In [17]:

```
# Ejercicio 17
frutas = ["manzana", "naranja", "banana"]

# Agregar un elemento al final de la lista
frutas.append("uva")
print(frutas)

# Acceder a un elemento por índice
print(frutas[1]) # Output: naranja

# Modificar un elemento por índice
frutas[0] = "pera"
print(frutas)

# Eliminar un elemento por valor
frutas.remove("naranja")
print(frutas)
```

Out [17]:

```
['manzana', 'naranja', 'banana', 'uva']
naranja
['pera', 'naranja', 'banana', 'uva']
['pera', 'banana', 'uva']
```

Se han revisado los tipos de datos en Python, resaltando su naturaleza dinámica y la versatilidad para operar con ellos. La comprensión profunda de estos conceptos resulta en el desarrollo de aplicaciones, donde la manipulación eficiente de datos constituye un pilar metodológico.[6]

2.3 Operadores lógicos

La programación en Python orientada a Machine Learning no se limita únicamente a la manipulación de datos, sino que requiere la toma de decisiones fundamentadas en condiciones lógicas.[7] En este apartado se examinan los operadores lógicos en

[6] Deitel, P & Deitel, H. (2015). "Java: How to Program". New Jersey, United States of America. Pearson Education Inc.

[7] Goodrich, M. Tamassia, R. & Goldwasser, M. (2014). "Data Structures and Algorithms in Java". United States of America. Editor John Wiley & Sons Inc. Sexta Edición.

Python, los cuales permiten realizar operaciones de comparación y lógica, aspectos esenciales para la implementación de algoritmos y la construcción de lógica de control en los programas.[8]

Los operadores lógicos son símbolos que permiten evaluar condiciones y controlar el flujo de ejecución de un programa. Entre los operadores más relevantes se encuentran:[9]

- **Igualdad (==):** Evalúa si dos valores son equivalentes.
- **Desigualdad (!=):** Determina si dos valores no son equivalentes.
- **Mayor que (>):** Verifica si el valor de la izquierda es estrictamente mayor que el de la derecha.
- **Menor que (<):** Verifica si el valor es estrictamente menor que el de la derecha.
- **Mayor o igual que (>=):** Verifica si el valor es mayor o igual al de la derecha.
- **Menor o igual que (<=):** Verifica si el valor de la es menor o igual al de la derecha.

Adicionalmente, se emplean operadores lógicos como:

- **and:** Retorna True; si ambas condiciones evaluadas son verdaderas.
- **or:** Será True; cuando al menos una de las condiciones, a de ser verdadera.
- **not:** Será True; si la condición evaluada es falsa.

Así, en código Python, para la igualdad:

In [18]:

```python
# Ejercicio 18
a = 5
b = 5
resultado = a == b
print(resultado)
```

Out [18]:

```
True
```

Para la desigualdad:

In [19]:

[8] Deitel, P & Deitel, H. (2019). “Intro to Python for computer Science and Data Science: Learning to Program with AI, Big Data and the Cloud”. Pearson Inc. Primera Edición.

[9] Goodrich, M. Tamassia, R. & Goldwasser, M. (2014). “Data Structures and Algorithms in Java”. United States of America. Editor John Wiley & Sons Inc. Sexta Edición.

```
# Ejercicio 19
a = 5
b = 3
resultado = a != b
print(resultado)
```

Out [19]:

```
True
```

Para mayor que:

In [20]:

```
# Ejercicio 20
a = 8
b = 5
resultado = a > b
print(resultado)
```

Out [20]:

```
True
```

Para menor que:

In [21]:

```
# Ejercicio 21
a = 3
b = 7
resultado = a < b
print(resultado)
```

Out [21]:

```
True
```

Para mayor o igual que:

In [22]:

```
# Ejercicio 22
```

```
a = 5
b = 5
resultado = a >= b
print(resultado)
```

Out [22]:

```
True
```

Para menor o igual que:

In [23]:

```
# Ejercicio 23
a = 4
b = 6
resultado = a <= b
print(resultado)
```

Out [23]:

```
True
```

Para operadores *and*, *or* y *not*:

In [24]:

```
# Ejercicio 24
x = True
y = False

# Operador and
resultado_and = x and y
print(resultado_and) # Output: False

# Operador or
resultado_or = x or y
print(resultado_or) # Output: True

# Operador not
resultado_not = not x
print(resultado_not) # Output: False
```

Out [24]:

```
False
True
False
```

En el contexto de Machine Learning, los operadores lógicos permiten la formulación de condiciones que determinan el comportamiento o flujo de los algoritmos. Su uso es habitual en tareas como el filtrado de datos bajo criterios específicos, la definición de umbrales para procesos de clasificación y la implementación de reglas en algoritmos de toma de decisiones.

Ahora, la palabra clave *lambda* en Python permite la creación de funciones anónimas, también denominadas funciones lambda. Estas funciones, de carácter temporal y sintaxis concisa, recibe cualquier número de argumentos, limitandose a una única expresión. Su utilidad se evidencia, por ejemplo, en la filtración de datos bajo condiciones específicas, como se ilustra en los siguientes ejemplos.[10]

In [25]:

```python
# Ejercicio 25
# Supongamos que tenemos un conjunto de datos de estudiantes y
    queremos filtrar aquellos que tienen una calificación superior a
    80.
calificaciones = [75, 92, 88, 65, 78, 95]

# Usamos operadores lógicos para filtrar
calificaciones_superiores_80 = list(filter(lambda x: x > 80,
    calificaciones))

print(calificaciones_superiores_80)
```

Out [25]:

```
[92, 88, 95]
```

En esta etapa, se procede a establecer un umbral para la clasificación:

In [26]:

```python
# Ejercicio 26
# Supongamos que estamos construyendo un modelo de clasificación
    binaria y queremos asignar etiquetas según un umbral.
probabilidades = [0.3, 0.8, 0.6, 0.2, 0.9]
```

[10]Deitel, P & Deitel, H. (2019). "Intro to Python for computer Science and Data Science: Learning to Program with AI, Big Data and the Cloud". Pearson Inc. Primera Edición.

```

umbral = 0.5
etiquetas = list(map(lambda x: int(x >= umbral), probabilidades))

print(etiquetas)
```

Out [26]:

```
[0, 1, 1, 0, 1]
```

2.3.1 Anidación de condiciones

Los operadores lógicos también permiten la anidación de condiciones, lo que significa que podemos combinar múltiples expresiones lógicas para crear condiciones más complejas. Por ejemplo, anidaciones para verificar el rango de edad:

In [27]:

```
# Ejercicio 27
# Supongamos que queremos clasificar a una persona según su edad en
    las categorías "Niño", "Adolescente" y "Adulto".
edad = 15
if edad < 13:
    print("Niño")
else:
    if 13 <= edad < 18:
        print("Adolescente")
    else:
        print("Adulto")
```

Out [27]:

```
Adolescente
```

Anidaciones para verificar números positivos, negativos o ceros:

In [28]:

```
# Ejercicio 28
# Supongamos que queremos clasificar un número como positivo, negativo
    o cero.
numero = -5
if numero > 0:
    print("Positivo")
elif numero < 0:
```

```
        print("Negativo")
    else:
        print("Cero")
```

Out [28]:

```
Negativo
```

Anidaciones para verificar divisibilidad por 2 y 3:

In [29]:

```
# Ejercicio 29
# Supongamos que queremos verificar si un número es divisible por 2 y
    3.
numero = 12
if numero % 2 == 0:
    if numero % 3 == 0:
        print("Divisible por 2 y 3")
    else:
        print("Divisible por 2, pero no por 3")
else:
    print("No divisible por 2")
```

Out [29]:

```
Divisible por 2 y 3
```

En síntesis, los operadores lógicos en Python permiten realizar evaluación de condiciones, la estructuración del flujo de los programas y la toma de decisiones informadas a partir de los datos. Su dominio es imprescindible para el desarrollo de aplicaciones complejas en Machine Learning, donde la lógica condicional y la capacidad de control sobre los procesos son aspectos metodológicos clave.[11]

2.4 Tablas, listas, diccionarios e indexación

La programación en Python para Machine Learning implica no solo trabajar con tipos de datos básicos, sino también con estructuras de datos más complejas. En este apartado, exploraremos las tablas, listas y diccionarios en Python, destacando su importancia en el ámbito de Machine Learning y proporcionando ejemplos prácticos. Además, veremos cómo acceder a elementos mediante la indexación, una habilidad útil al manipular datos en proyectos de Machine Learning.

[11] Deitel, P & Deitel, H. (2015). "Java: How to Program". New Jersey, United States of America. Pearson Education Inc.

2.4.1 Estructuras de datos en Python

Python ofrece diversas estructuras de datos que permiten organizar y almacenar información de manera eficiente. Entre las más utilizadas en Machine Learning, se encuentran las tablas (y/o arrays), las listas y los diccionarios.

Listas: Las listas son secuencias ordenadas y mutables que permiten almacenar una colección de elementos. Cada elemento en una lista, tiene un índice asignado, lo que permite entrar a ellos de manera secuencial. Además, las listas pueden contener elementos de diferentes tipos, como números, cadenas de texto, listas anidadas, objetos, etc., lo que las hace sumamente flexibles. Sus características son:

- **Mutables:** Los elementos pueden ser modificados, añadidos o eliminados.
- **Heterogéneas:** Pueden almacenar diferentes tipos de datos en una misma lista.
- **Indexación:** Se acceden a los elementos mediante índices, que comienzan en 0.
- **Definición:** Se definen con *corchetes* [ ] y son secuencias ordenadas que pueden contener elementos de diferentes tipos.

Diccionarios: Son estructuras de datos en Python que almacenan pares clave-valor. Cada elemento en un diccionario, tiene una *key* única asociada a un valor, lo que permite acceder de manera rápida y eficiente a los datos, mediante el uso de estos *key*. Esta estructura es ideal cuando se requiere una búsqueda rápida y cuando los datos tienen una relación clara entre una clave y su valor. Sus características son:

- **Claves únicas:** Donde cada *key* debe ser única dentro del diccionario.
- **Acceso rápido:** El acceso a los elementos es rápido, sin necesidad de recorrer toda la estructura.
- **No ordenados:** En versiones anteriores a Python 3.7, los diccionarios no garantizaban ningún orden específico. Desde Python 3.7 en adelante, mantienen el orden de inserción.
- **Definición:** Se definen con *llaves* { } y almacenan pares clave-valor. Son únicas y se utilizan para acceder rápidamente a los valores correspondientes.

Tablas: Son estructuras de datos bidimensionales donde los datos se organizan en filas y columnas. Aunque Python no tiene una estructura nativa de tablas, se pueden implementar fácilmente utilizando bibliotecas como NumPy para arrays o Pandas para DataFrames. Estas estructuras son muy utilizadas en el procesamiento de DataSets , donde se trabaja con datos tabulares, matrices de características, y grandes volúmenes de datos numéricos. Sus características son:

- **NumPy (Arrays):** NumPy proporciona arrays n-dimensionales de tamaño fijo y de un solo tipo, lo que los hace extremadamente eficientes para cálculos numéricos.

- **Pandas (DataFrames):** Introduce los DataFrames, que son estructuras tabulares más complejas y permiten el manejo de datos heterogéneos, incluyendo series temporales, datos categóricos, entre otros.
- **Definición:** Las matrices de NumPy se definen utilizando *corchetes* [ ], ya que son listas o arrays bidimensionales, donde se organizan en filas y columnas.

En código Python, por ejemplo, tenemos diccionarios de información de estudiantes:

In [30]:

```
# Ejercicio 30
informacion_estudiante = {"nombre": "Juan", "edad": 20, "curso": "
    Python"}
print(informacion_estudiante)
```

Out [30]:

```
{'nombre': 'Juan', 'edad': 20, 'curso': 'Python'}
```

Diccionario de contactos:

In [31]:

```
# Ejercicio 31
contactos = {"Alice": "123-456", "Bob": "789-012", "Charlie": "345-678
    "}
print(contactos)
```

Out [31]:

```
{'Alice': '123-456', 'Bob': '789-012', 'Charlie': '345-678'}
```

Diccionario de configuración:

In [32]:

```
# Ejercicio 32
configuracion = {"tamaño_fuente": 12, "tema": "oscuro", "idioma": "
    español"}
print(configuracion)
```

Out [32]:

```
{'tamano_fuente': 12, 'tema': 'oscuro', 'idioma': 'espanol'}
```

En el siguiente ejemplo, se presenta una tabla bidimensional:

In [33]:

```
# Ejercicio 33
import numpy as np

tabla = np.array([[1, 2, 3], [4, 5, 6], [7, 8, 9]])
print(tabla)
```

Out [33]:

```
[[1 2 3]
 [4 5 6]
 [7 8 9]]
```

Posteriormente, se abordan operaciones en tablas utilizando NumPy:

In [34]:

```
# Ejercicio 34
import numpy as np

tabla = np.array([[1, 2, 3], [4, 5, 6], [7, 8, 9]])

# Suma de elementos por columna
suma_columnas = np.sum(tabla, axis=0)
print(f"Suma por columnas: {suma_columnas}")

# Multiplicación de elementos por fila
producto_filas = np.prod(tabla, axis=1)
print(f"Producto por filas: {producto_filas}")
```

Out [34]:

```
Suma por columnas: [12 15 18]
Producto por filas: [ 6 120 504]
```

2.4.2 Acceder a elementos mediante la indexación

La indexación constituye una competencia esencial al trabajar con estructuras de datos en Python. Permite acceder de manera eficiente a elementos específicos de listas, diccionarios o cualquier otra estructura que soporte esta operación.

Por ejemplo, la indexación de listas mediante acceso a elementos por índice:

In [35]:

```
# Ejercicio 35
# Lista de frutas
frutas = ["manzana", "naranja", "banana", "uva"]

# Acceder al segundo elemento por índice
segunda_fruta = frutas[1]
print(segunda_fruta)
```

Out [35]:

```
naranja
```

Se ilustra el uso de slicing para obtener una sublista:

In [36]:

```
# Ejercicio 36
# Lista de números
numeros = [1, 2, 3, 4, 5, 6, 7, 8, 9, 10]

# Obtener los primeros cinco elementos usando slicing ("segmentación")
primeros_cinco = numeros[:5]
print(primeros_cinco)
```

Out [36]:

```
[1, 2, 3, 4, 5]
```

Indexación de diccionarios, mediante acceso a valor por la clave:

In [37]:

```
# Ejercicio 37
# Diccionario de precios
precios = {"manzana": 2.5, "naranja": 1.8, "banana": 0.99}

# Acceder al precio de la naranja por clave
precio_naranja = precios["naranja"]
print(precio_naranja)
```

Out [37]:

```
1.8
```

Acceso a un valor anidado en un diccionario:

In [38]:

```
# Ejercicio 38
# Diccionario anidado
informacion_persona = {
    "nombre": "Juan",
    "edad": 25,
    "direccion": {"ciudad": "Ciudad A", "codigo_postal": "12345"},
}

# Acceder a la ciudad de la persona
ciudad_persona = informacion_persona["direccion"]["ciudad"]
print(ciudad_persona)
```

Out [38]:

```
Ciudad A
```

Además de la indexación básica, Python permite realizar operaciones avanzadas como la segmentación (*slicing*) en listas, lo que posibilita la obtención de subconjuntos de elementos.

La segmentación para obtener sublistas se ilustra a continuación:

In [39]:

```
# Ejercicio 39
# Lista de números
numeros = [1, 2, 3, 4, 5, 6, 7, 8, 9, 10]

# Segmentación para obtener una sublista del segundo al quinto
    elemento
sublista = numeros[1:5]
print(sublista)
```

Out [39]:

```
[2, 3, 4, 5]
```

La segmentación con un paso especifico:

In [40]:

```
# Ejercicio 40
# Lista de letras
letras = ["a", "b", "c", "d", "e", "f", "g", "h"]

# Segmentación para obtener elementos con paso de 2
con_paso_dos = letras[::2]
print(con_paso_dos)
```

Out [40]:

```
['a', 'c', 'e', 'g']
```

La segmentación de clave en diccionario:

In [41]:

```
# Ejercicio 41
# Diccionario de frutas
frutas_precios = {"manzana": 2.5, "naranja": 1.8, "banana": 0.99, "uva
    ": 3.5}

# Segmentación para obtener las primeras dos claves
primeras_dos_claves = list(frutas_precios.keys())[:2]
print(primeras_dos_claves)
```

Out [41]:

```
['manzana', 'naranja']
```

Segmentación de valores en diccionario:

In [42]:

```
# Ejercicio 42
# Diccionario de edades
edades = {"Juan": 25, "Maria": 30, "Pedro": 22, "Ana": 28}

# Segmentación para obtener los valores mayores o iguales a 25
mayores_o_iguales_25 = [edad for nombre, edad in edades.items() if
    edad >= 25]
print(mayores_o_iguales_25)
```

Out [42]:

```
[25, 30, 28]
```

En el ámbito de Machine Learning, estas estructuras de datos permiten almacenar conjuntos de datos, etiquetas y resultados de modelos. Por ejemplo, una lista puede emplearse para almacenar las características de un conjunto de datos, mientras que un diccionario puede asociar nombres de clases con etiquetas.

En resumen, se han analizado las principales estructuras de datos en Python, destacando la importancia de listas y diccionarios en el contexto de Machine Learning. La capacidad para manipular estas estructuras y acceder a sus elementos mediante indexación permitiendo el procesamiento eficiente de datos en proyectos de Machine Learning. En las siguientes secciones se abordarán conceptos más avanzados orientados al desarrollo de aplicaciones de ML.

2.5 Operaciones con DataFrames y bases de datos

La manipulación de datos constituye un pilar metodológico en el desarrollo de aplicaciones de Machine Learning. En este contexto, la biblioteca Pandas se erige como la principal y más popular herramienta para la gestión, transformación y análisis eficiente de datos estructurados. Este apartado examina el uso de Pandas para la creación y manipulación de DataFrames, así como su integración con bases de datos, enfatizando la relevancia de estas operaciones en el flujo de trabajo científico.

2.5.1 Gestión y transformación de datos con Pandas

Pandas es una biblioteca de Python orientada a la manipulación y análisis de datos, especialmente en formato tabular. Su estructura central, el DataFrame, permite organizar la información en filas y columnas, facilitando la aplicación de operaciones complejas de manera eficiente y reproducible. La versatilidad de Pandas radica en su capacidad para manejar datos heterogéneos, realizar filtrados, agregaciones y transformaciones, así como integrarse con otras fuentes de datos y bibliotecas del ecosistema científico.

Se presentan ejemplos prácticos que ilustran la creación, exploración y manipulación de DataFrames en Python:

In [43]:

```python
# Ejercicio 43
import pandas as pd

# Crear un DataFrame a partir de un diccionario
```

```
datos = {
    "Nombre": ["Juan", "Maria", "Pedro"],
    "Edad": [25, 30, 22],
    "Ciudad": ["Ciudad A", "Ciudad B", "Ciudad A"],
}

df = pd.DataFrame(datos)
print(df)
```

Out [43]:

```
  Nombre  Edad    Ciudad
0   Juan    25  Ciudad A
1  Maria    30  Ciudad B
2  Pedro    22  Ciudad A
```

Visualización y exploración de DataFrames

In [44]:

```
# Ejercicio 44
# Mostrar información sobre el DataFrame
info_df = df.info()
print(info_df)
```

Out [44]:

```
<class 'pandas.core.frame.DataFrame'>
RangeIndex: 3 entries, 0 to 2
Data columns (total 3 columns):
 #   Column  Non-Null Count  Dtype
---  ------  --------------  -----
 0   Nombre  3 non-null      object
 1   Edad    3 non-null      int64
 2   Ciudad  3 non-null      object
dtypes: int64(1), object(2)
memory usage: 204.0+ bytes
None
```

Selección y filtrado de datos

In [45]:

```
# Ejercicio 45
# Seleccionar solo la columna 'Nombre'
nombres = df["Nombre"]
print(nombres)
```

Out [45]:

```
0     Juan
1    Maria
2    Pedro
Name: Nombre, dtype: object
```

Filtrado condicional de registros

In [46]:

```
# Ejercicio 46
# Filtrar filas donde la edad es mayor que 25
mayores_de_25 = df[df["Edad"] > 25]
print(mayores_de_25)
```

Out [46]:

```
  Nombre  Edad    Ciudad
1  Maria    30  Ciudad B
```

Incorporación y eliminación de columnas

In [47]:

```
# Ejercicio 47
# Agregar una nueva columna 'Sexo'
df["Sexo"] = ["Hombre", "Mujer", "Hombre"]
print(df)
```

Out [47]:

```
  Nombre  Edad    Ciudad    Sexo
0   Juan    25  Ciudad A  Hombre
1  Maria    30  Ciudad B   Mujer
2  Pedro    22  Ciudad A  Hombre
```

Eliminación de columnas

In [48]:

```
# Ejercicio 48
# Eliminar la columna 'Ciudad'
df = df.drop("Ciudad", axis=1)
print(df)
```

Out [48]:

```
  Nombre  Edad   Sexo
0   Juan    25  Hombre
1  Maria    30   Mujer
2  Pedro    22  Hombre
```

Cálculo de estadísticas descriptivas

In [49]:

```
# Ejercicio 49
# Calcular estadísticas descriptivas para las columnas numéricas
estadisticas = df.describe()
print(estadisticas)
```

Out [49]:

```
            Edad
count   3.000000
mean   25.666667
std     4.041452
min    22.000000
25%    23.500000
50%    25.000000
75%    27.500000
max    30.000000
```

Agrupamiento y resumen de datos

In [50]:

```
# Ejercicio 50
# Agrupar por 'Sexo' y calcular la media de las edades
edad_promedio_por_ciudad = df.groupby("Sexo")["Edad"].mean()
print(edad_promedio_por_ciudad)
```

Out [50]:

```
Sexo
Hombre   23.5
Mujer    30.0
Name: Edad, dtype: float64
```

Ordenamiento de registros

In [51]:

```
# Ejercicio 51
# Ordenar el DataFrame por la columna 'Edad' de forma descendente
df_ordenado = df.sort_values(by="Edad", ascending=False)
print(df_ordenado)
```

Out [51]:

```
  Nombre  Edad   Sexo
1  Maria    30  Mujer
0   Juan    25 Hombre
2  Pedro    22 Hombre
```

Exportación de datos a archivos externos

In [52]:

```
# Ejercicio 52
# Guardar el DataFrame en un archivo CSV
df.to_csv("datos.csv", index=False)
```

```
el archivo creado esta en la carpeta
```

Operaciones en Pandas

Pandas proporciona un conjunto robusto de funciones y métodos para la gestión de datos, entre las que destacan:

- **Carga de datos:** Importación eficiente desde archivos CSV, Excel, bases de datos SQL y otras fuentes.
- **Visualización:** Exploración preliminar mediante funciones integradas y compatibilidad con bibliotecas de gráficos.
- **Filtrado y selección:** Extracción de subconjuntos de datos mediante condiciones lógicas y selección de columnas o filas específicas.[12]
- **Cálculo estadístico:** Obtención de métricas descriptivas y análisis exploratorio.
- **Modificación estructural:** Adición, eliminación y transformación de columnas y registros.
- **Agrupamiento y resumen:** Segmentación de datos y cálculo de estadísticas agregadas por grupo.

Estos procedimientos se usan en la preparación y análisis de datos en proyectos, permitiendo una transición fluida hacia etapas posteriores de modelado y validación.

En los siguientes ejemplos se ilustra la aplicación de estas operaciones:

In [53]:

```
# Ejercicio 53
import pandas as pd
import numpy as np

# Crear datos aleatorios
np.random.seed(42)
data = {
    "Variable1": np.random.randint(1, 100, 10),
    "Variable2": np.random.uniform(0.0, 1.0, 10),
    "Variable3": np.random.choice(["A", "B", "C"], 10),
    "Variable4": np.random.randn(10),
    "Variable5": np.random.choice([True, False], 10),
}

# Crear un DataFrame con los datos
df = pd.DataFrame(data)

# Exportar a un archivo Excel
df.to_excel("datos25.xlsx", index=False)

print("Datos exportados a datos25.xlsx")
```

[12] Deitel, P & Deitel, H. (2019). “Intro to Python for computer Science and Data Science: Learning to Program with AI, Big Data and the Cloud”. Pearson Inc. Primera Edición.

Out [53]:

```
Datos exportados a datos25.xlsx
```

Carga y visualización de datos

In [54]:

```python
# Ejercicio 54
import pandas as pd

# Cargar datos desde el archivo Excel
df_cargado = pd.read_excel("datos25.xlsx")

# Mostrar el DataFrame cargado
print(df_cargado)
```

Out [54]:

```
   Variable1 Variable2 Variable3 Variable4 Variable5
0         52  0.866176         B  0.222079     False
1         93  0.601115         A -0.767977      True
2         15  0.708073         A  0.142465     False
3         72  0.020584         A -0.034652     False
4         61  0.969910         C  1.134339     False
5         21  0.832443         C -0.104746      True
6         83  0.212339         C -0.525123     False
7         87  0.181825         B  1.912771      True
8         75  0.183405         C -2.026720     False
9         75  0.304242         B  1.119424      True
```

Visualización gráfica y exploratoria

In [55]:

```python
# Ejercicio 55
import pandas as pd
import matplotlib.pyplot as plt

# Crear un DataFrame de ejemplo
datos = {"A": [1, 2, 3, 4], "B": [5, 6, 7, 8]}
df = pd.DataFrame(datos)

```

```
# Visualizar datos usando gráficos de barras
df.plot(kind="bar")
plt.show()
```

Out [55]:

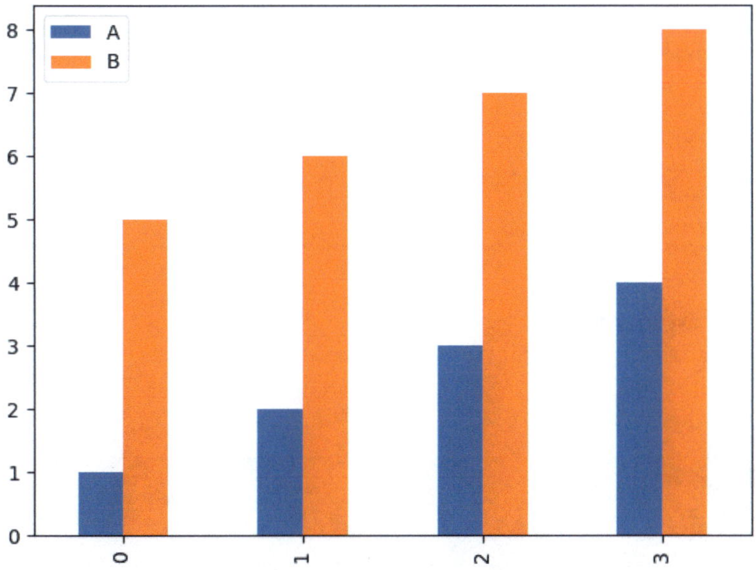

Filtrado y selección avanzada de registros

In [56]:

```
# Ejercicio 56
import pandas as pd

# Crear un DataFrame de ejemplo
datos = {"A": [1, 2, 3, 4], "B": [5, 6, 7, 8]}
df = pd.DataFrame(datos)

# Filtrar datos basados en una condición
datos_filtrados = df[df["A"] > 2]

# Seleccionar columnas específicas
columnas_seleccionadas = df[["A", "B"]]

print("Datos filtrados:")
print(datos_filtrados)

print("\nColumnas seleccionadas:")
print(columnas_seleccionadas)
```

Out [56]:

```
Datos filtrados:
   A  B
2  3  7
3  4  8

Columnas seleccionadas:
   A  B
0  1  5
1  2  6
2  3  7
3  4  8
```

Cálculo de métricas estadísticas

In [57]:

```python
# Ejercicio 57
import pandas as pd

# Crear un DataFrame de ejemplo
datos = {"A": [1, 2, 3, 4], "B": [5, 6, 7, 8]}
df = pd.DataFrame(datos)

# Calcular estadísticas descriptivas
estadisticas = df.describe()

# Calcular la media de una columna específica (por ejemplo, 'A')
media_columna = df["A"].mean()

print("Estadísticas descriptivas:")
print(estadisticas)

print("\nMedia de la columna 'A':", media_columna)
```

Out [57]:

```
Estadisticas descriptivas:
              A         B
count  4.000000  4.000000
mean   2.500000  6.500000
std    1.290994  1.290994
min    1.000000  5.000000
25%    1.750000  5.750000
50%    2.500000  6.500000
75%    3.250000  7.250000
```

```
max    4.000000 8.000000

Media de la columna 'A': 2.5
```

Transformación y enriquecimiento de datos

In [58]:

```python
# Ejercicio 58
import pandas as pd

# Crear un DataFrame de ejemplo
datos = {"columna1": [1, 2, 3, 4], "columna2": [5, 6, 7, 8]}
df = pd.DataFrame(datos)

# Agregar una nueva columna
df["nueva_columna"] = df["columna1"] + df["columna2"]

# Cambiar valores existentes en una columna (por ejemplo, 'columna1')
df.loc[df["columna1"] > 2, "columna1"] = 0
print("DataFrame con nueva columna:")
print(df)
```

Out [58]:

```
DataFrame con nueva columna:
   columna1 columna2 nueva_columna
0         1        5             6
1         2        6             8
2         0        7            10
3         0        8            12
```

Agrupamiento y síntesis de información

In [59]:

```python
# Ejercicio 59
import pandas as pd

# Crear un DataFrame de ejemplo
datos = {
    "columna": ["A", "A", "B", "B"],
    "otra_columna": [1, 2, 3, 4],
    "otra_columna2": [5, 6, 7, 8],
```

```
}
df = pd.DataFrame(datos)

# Agrupar datos por una columna y realizar un cálculo de resumen
resumen_agrupado = df.groupby("columna").agg(
    {"otra_columna": "sum", "otra_columna2": "mean"}
)

print("Resumen agrupado:")
print(resumen_agrupado)
```

Out [59]:

```
Resumen agrupado:
        otra_columna  otra_columna2
columna
A                  3            5.5
B                  7            7.5
```

Integración y consulta en bases de datos

Pandas facilita la conexión y manipulación de datos provenientes de bases de datos relacionales, permitiendo la ejecución de consultas SQL y la transferencia eficiente de información hacia y desde DataFrames. La biblioteca SQLAlchemy es frecuentemente empleada para establecer esta integración, posibilitando flujos de trabajo reproducibles y escalables en entornos de análisis de datos.[13]

Se ejemplifica la creación de datos, su almacenamiento y posterior consulta desde una base de datos SQL:

In [60]:

```
# Ejercicio 60
from sqlalchemy import create_engine
import pandas as pd

# Crear un DataFrame de ejemplo
datos = {"columna1": [1, 2, 3, 4], "columna2": [5, 6, 7, 8]}
df = pd.DataFrame(datos)

# Crear una conexión con una base de datos SQLite (puedes cambiar la
    URL según tu base de datos)
engine = create_engine("sqlite:///mi_basededatos.db")

```

[13] Goodrich, M. Tamassia, R. & Goldwasser, M. (2014). "Data Structures and Algorithms in Java". United States of America. Editor John Wiley & Sons Inc. Sexta Edición.

```
# Guardar el DataFrame en la base de datos
df.to_sql("mi_tabla", engine, index=False, if_exists="replace")

# Leer datos desde la base de datos
df_desde_bd = pd.read_sql("mi_tabla", engine)

print("DataFrame desde la base de datos:")
print(df_desde_bd)
```

Out [60]:

```
DataFrame desde la base de datos:
   columna1  columna2
0         1         5
1         2         6
2         3         7
3         4         8
```

Carga y consulta de datos desde SQL

In [61]:

```
# Ejercicio 61
import pandas as pd
from sqlalchemy import create_engine

# Crear una conexión con la base de datos (ajusta la URL según tu base
    de datos)
engine = create_engine("sqlite:///mi_basededatos.db")

# Crear un DataFrame de ejemplo
datos_empleados = {"nombre": ["Juan", "María", "Carlos"], "edad": [28,
    35, 42]}
df_empleados = pd.DataFrame(datos_empleados)

# Guardar el DataFrame en la tabla 'empleados' en la base de datos
df_empleados.to_sql("empleados", engine, index=False, if_exists="
    replace")

# Leer datos desde la tabla 'empleados' en la base de datos
consulta_sql = "SELECT * FROM empleados"
df_desde_db = pd.read_sql(consulta_sql, con=engine)

# Mostrar el DataFrame resultante
print("DataFrame desde la base de datos:")
print(df_desde_db)
```

Out [61]:

```
DataFrame desde la base de datos:
   nombre  edad
0    Juan    28
1   Maria    35
2  Carlos    42
```

Filtrado y actualización de registros en bases de datos

In [62]:

```python
# Ejercicio 62
import pandas as pd
from sqlalchemy import create_engine

# Crear una conexión con la base de datos (ajusta la URL según tu base
    de datos)
engine = create_engine("sqlite:///mi_basededatos.db")

# Filtrar datos en la base de datos
query = "SELECT * FROM empleados WHERE Edad < 30"
df_jovenes = pd.read_sql(query, con=engine)

# Mostrar el DataFrame antes de la actualización
print("DataFrame antes de la actualización:")
print(df_jovenes)

# Verificar si la columna 'Salario' está presente en el DataFrame
if "Salario" in df_jovenes.columns:
    # Actualizar el salario de los empleados menores de 30 años
    df_jovenes["Salario"] = df_jovenes["Salario"] * 1.1

    # Mostrar el DataFrame después de la actualización
    print("\nDataFrame después de la actualización:")
    print(df_jovenes)

    # Actualizar los cambios en la base de datos utilizando SQL
    with engine.connect() as con:
        con.execute(
            "UPDATE empleados SET Salario = :nuevo_salario WHERE Edad <
                30",
            nuevo_salario=df_jovenes["Salario"],
        )

    # Volver a leer los datos desde la base de datos
    df_actualizado = pd.read_sql("empleados", con=engine)

```

```
    # Mostrar el DataFrame resultante después de la actualización en
        la base de datos
    print("\nDataFrame resultante después de la actualización en la
        base de datos:")
    print(df_actualizado)
else:
    print("La columna 'Salario' no está presente en el DataFrame.")
```

Out [62]:

```
DataFrame antes de la actualizacion:
  nombre  edad
0   Juan    28
La columna 'Salario' no esta presente en el DataFrame.
```

En el ámbito de Machine Learning, la capacidad de cargar, transformar y analizar datos de manera eficiente constituye un prerrequisito para la construcción de modelos robustos y la obtención de resultados reproducibles. El dominio de las operaciones en Pandas y su integración con bases de datos permite abordar con solvencia los desafíos inherentes al procesamiento de grandes volúmenes de información, facilitando la exploración, limpieza y preparación de los datos para su posterior modelado.[14]

2.6 Tuplas

En el contexto de la programación en Python, las tuplas representan una estructura de datos caracterizada por su inmutabilidad y eficiencia en el almacenamiento de colecciones ordenadas de elementos. A diferencia de las listas, las tuplas no pueden ser modificadas una vez instanciadas, lo que garantiza la integridad de los datos y previene modificaciones accidentales durante la ejecución de los programas. Esta propiedad resulta especialmente relevante en aplicaciones científicas y de Machine Learning, donde la consistencia y la seguridad de los datos son prioritarias. En esta sección se analizan las características distintivas de las tuplas, su sintaxis, y sus aplicaciones metodológicas en el desarrollo de soluciones robustas para el análisis y modelado de datos.[15]

2.6.1 Características de las Tuplas en Python

Las tuplas se definen mediante paréntesis `()` y pueden contener elementos de cualquier tipo, incluyendo números, cadenas, listas e incluso otras tuplas. Aunque

[14] Venero B. (1999). “Análisis Matemático 2”. Lima, Perú. Ediciones Gemar.

[15] Deitel, P & Deitel, H. (2019). “Intro to Python for computer Science and Data Science: Learning to Program with AI, Big Data and the Cloud”. Pearson Inc. Primera Edición.

comparten ciertas similitudes con las listas, su principal distinción radica en la inmutabilidad: una vez creada una tupla, no es posible añadir, eliminar ni modificar sus elementos. Esta característica las convierte en una opción idónea para representar colecciones de datos que deben permanecer constantes a lo largo del ciclo de vida del programa, como parámetros de configuración, coordenadas o registros inmutables.

La creación y acceso a una Tupla se realiza de la siguiente manera:

In [63]:

```
# Ejercicio 63
# Crear una tupla
mi_tupla = (1, "Hola", 3.14, True)

# Acceder a elementos de la tupla
print("Elemento en la posición 0:", mi_tupla[0])
print("Elemento en la posición 2:", mi_tupla[2])
```

Out [63]:

```
Elemento en la posicion 0: 1
Elemento en la posicion 2: 3.14
```

La iteración a través de una tupla se realiza con un bucle:

In [64]:

```
# Ejercicio 64
# Iterar a través de una tupla varias veces
mi_tupla = (10, 20, 30, 40, 50)
veces_a_iterar = 3 # Puedes cambiar este valor según tus necesidades

for _ in range(veces_a_iterar):
    for elemento in mi_tupla:
        print(elemento)
```

Out [64]:

```
10
20
30
40
50
10
20
30
```

```
40
50
10
20
30
40
50
```

Para el desempaquetado de tuplas:

In [65]:

```
# Ejercicio 65
# Desempaquetar una tupla en variables individuales
coordenadas = (5, 8)

x, y = coordenadas

print("Valor de x:", x)
print("Valor de y:", y)
```

Out [65]:

```
Valor de x: 5
Valor de y: 8
```

2.6.2 Acceder a elementos en Tuplas

El acceso a los elementos de una tupla se realiza mediante indexación, utilizando índices enteros que comienzan en cero, de manera análoga a las listas. Esta operación permite recuperar información específica de manera eficiente y segura. Por ejemplo, en el contexto educativo, es posible modelar la información de estudiantes mediante tuplas que almacenen atributos como nombre, edad y calificaciones, y posteriormente organizar múltiples registros en una lista de tuplas para facilitar el procesamiento y análisis de datos estructurados.

In [66]:

```
# Ejercicio 66
# Crear tuplas para representar información de estudiantes: (nombre,
    edad, calificación1, calificación2, calificación3)
estudiante1 = ("Juan", 20, 90, 85, 88)
estudiante2 = ("María", 22, 78, 92, 85)
estudiante3 = ("Carlos", 21, 85, 87, 95)

```

```
# Almacenar las tuplas de estudiantes en una lista
lista_estudiantes = [estudiante1, estudiante2, estudiante3]

# Función para mostrar la información de un estudiante
def mostrar_info_estudiante(estudiante):
    nombre, edad, calif1, calif2, calif3 = estudiante
    print(
        f"Nombre: {nombre}, Edad: {edad}, Calificaciones: {calif1}, {
            calif2}, {calif3}"
    )

# Mostrar la información de todos los estudiantes en la lista
print("Información de Estudiantes:")
for estudiante in lista_estudiantes:
    mostrar_info_estudiante(estudiante)
```

Out [66]:

```
Informacion de Estudiantes:
Nombre: Juan, Edad: 20, Calificaciones: 90, 85, 88
Nombre: Maria, Edad: 22, Calificaciones: 78, 92, 85
Nombre: Carlos, Edad: 21, Calificaciones: 85, 87, 95
```

2.6.3 Utilidades de las Tuplas en Python

Las tuplas resultan especialmente útiles en situaciones donde la inmutabilidad es un requisito metodológico, es decir, cuando se requiere garantizar que una colección de elementos permanezca constante durante la ejecución del programa.[16] Entre los escenarios más relevantes para el uso de tuplas se encuentran:

- **Representación de datos inmutables:** Cuando resulta necesario almacenar información que debe permanecer inalterada, como coordenadas geográficas, fechas, o parámetros de configuración, las tuplas constituyen una estructura tanto segura como eficiente.
- **Claves en diccionarios:** En virtud de su inmutabilidad, las tuplas pueden emplearse como *keys* en diccionarios, a diferencia de las listas, lo que permite construir estructuras de datos complejas y optimizadas para búsquedas rápidas y asociaciones de datos.
- **Declaración de funciones:** Las tuplas son ampliamente implementadas para devolver múltiples valores desde una función, facilitando la transmisión eficiente de resultados compuestos y promoviendo la modularidad del código.[17]

[16] Goodrich, M. Tamassia, R. & Goldwasser, M. (2014). "Data Structures and Algorithms in Java". United States of America. Editor John Wiley & Sons Inc. Sexta Edición.

[17] Grus, J. (2015). "Data Science From Scratch". United States of America. O'Reilly Media Inc.

Consideremos el siguiente caso ilustrativo de la implementación de datos inmutables:

In [67]:

```
# Ejercicio 67
# Coordenadas geográficas como una tupla inmutable
coordenadas = (40.7128, -74.0060)

# Información de fecha como una tupla inmutable (año, mes, día)
fecha_nacimiento = (1990, 5, 15)

# Acceso a elementos
latitud, longitud = coordenadas
año, mes, día = fecha_nacimiento

print("Coordenadas:", coordenadas)
print("Fecha de Nacimiento:", fecha_nacimiento)
```

Out [67]:

```
Coordenadas: (40.7128, -74.006)
Fecha de Nacimiento: (1990, 5, 15)
```

En el presente ejemplo, las tuplas se emplean para modelar coordenadas geográficas y fechas de nacimiento como datos inmutables, asegurando que la información permanezca íntegra y libre de modificaciones accidentales durante el procesamiento.

Examinemos posteriormente la implementación de claves en diccionarios:

In [68]:

```
# Ejercicio 68
# Usar tuplas como claves en un diccionario
diccionario_paises = {
    ("España", "Madrid"): 46700000,
    ("Francia", "París"): 65200000,
    ("Italia", "Roma"): 60400000,
}

# Acceso a datos
poblacion_espana = diccionario_paises[("España", "Madrid")]
print("Población de España:", poblacion_espana)
```

Out [68]:

```
Poblacion de Espana: 46700000
```

Las tuplas se implementan como *keys* en diccionarios por su inmutabilidad. La implementación de tuplas como *keys* en diccionarios permite asociar eficientemente pares de valores, como país y capital, con información adicional, tal como la población, optimizando tanto la estructura como el acceso a los datos.

Analicemos la aplicación en declaración de funciones:

In [69]:

```python
# Ejercicio 69
# Función que devuelve múltiples valores como una tupla
def calcular_estadisticas(datos):
    suma = sum(datos)
    promedio = suma / len(datos)
    maximo = max(datos)
    minimo = min(datos)
    return suma, promedio, maximo, minimo

# Uso de la función
datos = [23, 45, 12, 67, 34]
resultados = calcular_estadisticas(datos)

# Desempaquetado de la tupla de resultados
suma, promedio, maximo, minimo = resultados

print("Resultados:")
print("Suma:", suma)
print("Promedio:", promedio)
print("Máximo:", maximo)
print("Mínimo:", minimo)
```

Out [69]:

```
Resultados:
Suma: 181
Promedio: 36.2
Maximo: 67
Minimo: 12
```

En la presente implementación, la función calcular_estadisticas retorna múltiples valores empaquetados en una tupla, los cuales pueden ser subsecuentemente desempaquetados para su aplicación individual. Este mecanismo metodológico promueve tanto la eficiencia como la claridad en la transmisión de resultados complejos.

En el contexto específico de Machine Learning, las tuplas desempeñan un papel significativo en la representación de datos estructurados y en la gestión de resultados intermedios. Se analizan ejemplos ilustrativos de su aplicación en contextos científicos y de análisis de datos:

- **1. Representación de coordenadas:** En el análisis de datos geoespaciales, las tuplas posibilitan el modelado de coordenadas de manera inmutable, garantizando la consistencia de la información durante la totalidad del proceso analítico.[18]
- **2. Devolución de múltiples valores desde una función:** En situaciones donde una función debe retornar múltiples resultados, las tuplas constituyen una solución tanto eficiente como elegante, permitiendo la transmisión simultánea de valores y facilitando la modularidad del código.[19]

Consideremos la siguiente aplicación en Machine Learning: Representación de coordenadas:

In [70]:

```
# Ejercicio 70
# Conjunto de datos con información geoespacial representada por tuplas (latitud, longitud)
datos_geoespaciales = [
    (37.7749, -122.4194), # San Francisco
    (40.7128, -74.0060), # Nueva York
    (34.0522, -118.2437), # Los Ángeles
]

# Acceso a elementos de las tuplas
for coordenada in datos_geoespaciales:
    latitud, longitud = coordenada
    print(f"Latitud: {latitud}, Longitud: {longitud}")
```

Out [70]:

```
Latitud: 37.7749, Longitud: -122.4194
Latitud: 40.7128, Longitud: -74.006
Latitud: 34.0522, Longitud: -118.2437
```

En la presente implementación, una lista de tuplas se emplea para representar coordenadas geoespaciales, estructura que resulta especialmente relevante en Machine Learning al procesar datos de localización o trayectorias.

---

[18] Cressie, N. (1993). “Statistics for Spatial Data”. United States of America. Editor John Wiley & Sons, Inc.

[19] Deitel, P & Deitel, H. (2019). “Intro to Python for computer Science and Data Science: Learning to Program with AI, Big Data and the Cloud”. Pearson Inc. Primera Edición.

Examinemos subsecuentemente otra aplicación en Machine Learning: Devolución de múltiples valores desde una función:

In [71]:

```
# Ejercicio 71
# Función que procesa datos y devuelve múltiples resultados
def procesar_datos(datos):
    suma = sum(datos)
    promedio = suma / len(datos)
    maximo = max(datos)
    minimo = min(datos)
    return suma, promedio, maximo, minimo

# Uso de la función con datos simulados
datos = [45, 67, 34, 89, 23]
resultados = procesar_datos(datos)

# Desempaquetado de la tupla de resultados
suma, promedio, maximo, minimo = resultados

print("Resultados del Procesamiento de Datos:")
print("Suma:", suma)
print("Promedio:", promedio)
print("Máximo:", maximo)
print("Mínimo:", minimo)
```

Out [71]:

```
Resultados del Procesamiento de Datos:
Suma: 258
Promedio: 51.6
Maximo: 89
Minimo: 23
```

En la presente implementación, la función procesar_datos procesa una lista de datos y retorna múltiples métricas empaquetadas en una tupla, patrón metodológico habitual en Machine Learning cuando se requiere reportar simultáneamente diversas estadísticas o resultados derivados de un proceso analítico.[20]

La capacidad de las tuplas para representar datos inmutables, funcionar como claves en diccionarios y facilitar la devolución eficiente de múltiples valores desde funciones, las constituye en una herramienta indispensable en el desarrollo de aplicaciones científicas y de Machine Learning. El dominio de su implementación

[20]Cressie, N. (1993). "Statistics for Spatial Data". United States of America. Editor John Wiley & Sons, Inc.

resulta esencial para abordar con rigor metodológico los desafíos computacionales propios de la disciplina.[21]

2.7 Funciones

En el ecosistema de Python, las funciones se erigen como bloques de código reutilizable que encapsulan una lógica específica para la ejecución de tareas particulares. La capacidad para definir y emplear funciones permite la modularización del código, optimizando su legibilidad y promoviendo la reutilización de componentes de software. En la presente sección, se examinará la sintaxis para la definición y el empleo de funciones en Python, proveyendo para ello ejemplos prácticos y destacando su relevancia en el desarrollo de aplicaciones de Machine Learning.

2.7.1 Definición de funciones en Python

La definición de una función en Python se efectúa mediante la palabra clave ***def***, la cual es sucedida por el nombre de la función y sus correspondientes parámetros, estos últimos encerrados entre paréntesis. La estructura canónica de una función se compone de los siguientes elementos:

- **def:** Palabra clave que denota el inicio de la definición de una función.
- **nombre_de_la_funcion:** Identificador unívoco asignado a la función, el cual debe adherirse a las convenciones de nomenclatura de variables en Python.
- **(parametro1, parametro2, ...):** Parámetros que la función admite como entrada. Estos pueden ser opcionales, permitiendo la configuración de cero o más parámetros.
- **Docstring:** Cadena de documentación, delimitada por comillas triples, que describe el propósito de la función. Aunque su inclusión es opcional, resulta una buena práctica especificar tanto los parámetros como los valores de retorno.
- **Cuerpo de la función:** Bloque de código indentado que implementa la lógica específica de la función.
- **return valor_de_retorno:** Declaración opcional que especifica el valor que la función devuelve al concluir su ejecución.

Consideremos el siguiente caso ilustrativo para el cálculo del área de un círculo:

In [72]:

```
# Ejercicio 72
import math

# Definición de la función para calcular el área de un círculo
```

[21]Grus, J. (2015). "Data Science From Scratch". United States of America. O'Reilly Media Inc.

```
def calcular_area_circulo(radio):
    area = math.pi * radio**2
    return area

# Uso de la función
radio_circulo = 5
area_resultante = calcular_area_circulo(radio_circulo)

print(f"El área de un círculo con radio {radio_circulo} es: {
    area_resultante}")
```

Out [72]:

```
El area de un circulo con radio 5 es: 78.53981633974483
```

En esta implementación, se define una función, `calcular_area_circulo`, que recibe el radio como parámetro y retorna el área del círculo correspondiente. Subsecuentemente, se invoca la función para calcular y presentar el área de un círculo con un radio predefinido. Examinemos una aplicación práctica para la verificación de paridad de un número entero:

In [73]:

```
# Ejercicio 73
# Definición de la función para verificar si un número es par o impar
def verificar_paridad(numero):
    if numero % 2 == 0:
        return "Par"
    else:
        return "Impar"

# Uso de la función
numero_verificar = 7
resultado_paridad = verificar_paridad(numero_verificar)

print(f"El número {numero_verificar} es: {resultado_paridad}")
```

Out [73]:

```
El numero 7 es: Impar
```

En este ejemplo, se implementa la función `verificar_paridad`, la cual procesa un número como parámetro y determina si este es par o impar. La función es luego aplicada para verificar y mostrar la paridad de un número específico. Analicemos la siguiente implementación para el cálculo del factorial de un número:

In [74]:

```
# Ejercicio 74
# Definición de la función para calcular el factorial de un número
def calcular_factorial(numero):
    if numero == 0 or numero == 1:
        return 1
    else:
        return numero * calcular_factorial(numero - 1)

# Uso de la función
numero_factorial = 7
resultado_factorial = calcular_factorial(numero_factorial)

print(f"El factorial de {numero_factorial} es: {resultado_factorial}")
```

Out [74]:

```
El factorial de 7 es: 5040
```

En este caso, se establece la función `calcular_factorial`, que recibe un número como parámetro y retorna su factorial, calculado de manera recursiva.

2.7.2 Invocación de funciones en Python

Una vez definida, una función puede ser invocada (o *llamada*) proveyendo valores específicos para sus parámetros. El valor retornado por la función puede ser asignado a una variable o utilizado en una expresión. Consideremos el siguiente ejemplo para la determinación del cuadrado de un número:

In [75]:

```
# Ejercicio 75
def calcular_cuadrado(numero):
    """
    Esta función calcula el cuadrado de un número dado.
    """
    return numero**2

# Uso de la función y almacenamiento del resultado en una variable
numero_a_calcular = 5
resultado_cuadrado = calcular_cuadrado(numero_a_calcular)

# Impresión del resultado
print(f"El cuadrado de {numero_a_calcular} es: {resultado_cuadrado}")
```

Out [75]:

```
El cuadrado de 5 es: 25
```

En esta implementación, la función `calcular_cuadrado` procesa un número como parámetro y retorna su valor elevado al cuadrado. Se invoca la función con un valor específico, y el resultado es asignado a la variable `resultado_cuadrado`. Procedamos a examinar una función que verifica si una cadena de texto es un palíndromo:

In [76]:

```python
# Ejercicio 76
def es_palindromo(palabra):
    """
    Esta función verifica si una palabra es un palíndromo.
    """
    palabra_invertida = palabra[::-1]
    return palabra == palabra_invertida

# Uso de la función directamente en el código
palabra_verificar = "Oro"
if es_palindromo(palabra_verificar):
    print(f"{palabra_verificar} es un palíndromo.")
else:
    print(f"{palabra_verificar} no es un palíndromo.")
```

Out [76]:

```
Oro no es un palindromo.
```

La función `es_palindromo` procesa una cadena de texto como parámetro y retorna `True` si esta constituye un palíndromo y `False` en caso contrario. En el ejercicio, el resultado es `False` debido a que la palabra inicia con mayúscula, lo cual es suficiente para invalidar la condición palindrómica. La función se emplea directamente en una estructura condicional para imprimir un mensaje que indica si la cadena dada constituye o no un palíndromo.

2.7.3 Parámetros y argumentos en funciones

En el contexto de la definición de funciones, los parámetros son las variables que se emplean para recibir valores cuando la función es invocada. Por su parte, los argumentos representan los valores concretos que se proporcionan al momento de ejecutar la función.

In [77]:

```
# Ejercicio 77
def saludar(nombre, saludo="Hola"):
    """
    Esta función saluda a la persona con el nombre dado.
    El argumento 'saludo' es opcional y por defecto es "Hola".
    """
    mensaje = f"{saludo}, {nombre}!"
    print(mensaje)

# Uso de la función con argumentos
saludar("Juan") # Se usa el saludo por defecto ("Hola")
saludar("María", "Buenos días") # Se especifica un saludo diferente
```

Out [77]:

```
Hola, Juan!
Buenos dias, Maria!
```

2.7.4 Retorno de valores

Las funciones retornan valores mediante el uso de la palabra clave ***return***. Esta capacidad permite que el resultado de una función sea aplicado en otras secciones del código.

Examinemos una función diseñada para calcular el área de un rectángulo:

In [78]:

```
# Ejercicio 78
def calcular_area_rectangulo(base, altura):
    """
    Esta función calcula el área de un rectángulo.
    """
    area = base * altura
    return area

# Uso de la función y almacenamiento del resultado en una variable
base_rectangulo = 10
altura_rectangulo = 5
resultado_area_rectangulo = calcular_area_rectangulo(base_rectangulo,
    altura_rectangulo)

# Impresión del resultado
print(f"El área del rectángulo es: {resultado_area_rectangulo}")
```

Out [78]:

```
El area del rectangulo es: 50
```

La función `calcular_area_rectangulo` admite dos parámetros (base y altura) y retorna el área calculada del rectángulo. Subsecuentemente, el resultado es asignado a la variable `resultado_area_rectangulo` y se imprime en pantalla.

Consideremos una función que determina el valor máximo entre dos números:

In [79]:

```python
# Ejercicio 79
def encontrar_maximo(numero1, numero2):
    """
    Esta función devuelve el máximo de dos números.
    """
    if numero1 > numero2:
        return numero1
    else:
        return numero2

# Uso de la función directamente en una expresión
numero_maximo = encontrar_maximo(15, 9)

# Impresión del resultado
print(f"El número máximo es: {numero_maximo}")
```

Out [79]:

```
El numero maximo es: 15
```

La función `encontrar_maximo` procesa dos números como parámetros y retorna el mayor de ellos. La función se invoca directamente dentro de una expresión para determinar el máximo de dos números, y el resultado se imprime en pantalla.

2.7.5 Ventajas del uso de funciones en Python

La encapsulación de lógica en funciones proporciona beneficios sustanciales en el desarrollo de software, particularmente en el contexto de Machine Learning. Las ventajas principales son:

- **Modularización del código:** Las funciones permiten la segmentación del código en módulos más pequeños y cohesivos, lo que facilita su comprensión y mantenimiento.

- **Reutilización de código:** Al definir funciones para tareas específicas, es posible reutilizar dicho código en diferentes secciones del programa o, incluso, en proyectos distintos.
- **Optimización de la legibilidad:** El empleo de funciones con nombres descriptivos mejora la legibilidad del código, ya que su propósito se vuelve más explícito y comprensible.[22]
- **Facilitación de la depuración:** Al segmentar el código en funciones, la identificación de errores se simplifica, puesto que permite enfocar el análisis en unidades de código más pequeñas y específicas.

Examinemos un ejemplo de modularización del código:

In [80]:

```python
# Ejercicio 80
# Función para calcular el área de un triángulo
def calcular_area_triangulo(base, altura):
    """
    Calcula el área de un triángulo dado la base y la altura.
    """
    return 0.5 * base * altura

# Función para calcular el perímetro de un triángulo
def calcular_perimetro_triangulo(lado1, lado2, lado3):
    """
    Calcula el perímetro de un triángulo dado sus lados.
    """
    return lado1 + lado2 + lado3

# Uso de las funciones
base_triangulo = 6
altura_triangulo = 4
lado1_triangulo = 3
lado2_triangulo = 4
lado3_triangulo = 5

area_resultante = calcular_area_triangulo(base_triangulo,
    altura_triangulo)
perimetro_resultante = calcular_perimetro_triangulo(
    lado1_triangulo, lado2_triangulo, lado3_triangulo
)

print(f"Área del triángulo: {area_resultante}")
print(f"Perímetro del triángulo: {perimetro_resultante}")
```

Out [80]:

[22] Deitel, P & Deitel, H. (2015). "Java: How to Program". New Jersey, United States of America. Pearson Education Inc.

```
Area del triangulo: 12.0
Perimetro del triangulo: 12
```

Las funciones `calcular_area_triangulo` y `calcular_perimetro_triangulo` modularizan el código para el cálculo del área y el perímetro de un triángulo, respectivamente, lo cual facilita su comprensión y mantenimiento.

Consideremos un ejemplo de reutilización de código:

In [81]:

```python
# Ejercicio 81
# Función para verificar si un número es par o impar
def verificar_paridad(numero):
    """
    Verifica si un número es par o impar.
    """
    if numero % 2 == 0:
        return "Par"
    else:
        return "Impar"

# Uso de la función en diferentes partes del código
resultado1 = verificar_paridad(7)
resultado2 = verificar_paridad(12)
resultado3 = verificar_paridad(5)

print(f"Resultado 1: {resultado1}")
print(f"Resultado 2: {resultado2}")
print(f"Resultado 3: {resultado3}")
```

Out [81]:

```
Resultado 1: Impar
Resultado 2: Par
Resultado 3: Impar
```

La función `verificar_paridad` se define una única vez y, subsecuentemente, se reutiliza en diferentes secciones del código para determinar si diversos números son pares o impares, lo que demuestra el principio de reutilización de código. Analicemos un ejemplo de optimización de la legibilidad:

In [82]:

```python
# Ejercicio 82
```

```
# Función para calcular la edad en años a partir de la fecha de
    nacimiento
def calcular_edad(año_nacimiento):
    """
    Calcula la edad en años a partir del año de nacimiento.
    """
    año_actual = 2022 # Asumiendo que el año actual es 2022
    edad = año_actual - año_nacimiento
    return edad

# Uso de la función con un nombre más descriptivo
año_nacimiento_usuario = 1995
edad_usuario = calcular_edad(año_nacimiento_usuario)
print(f"La edad del usuario es: {edad_usuario} años")
```

Out [82]:

```
La edad del usuario es: 27 anos
```

La función `calcular_edad` mejora la legibilidad del código al encapsular la lógica de cálculo de la edad. El identificador asignado a la función hace que su propósito sea explícito.

Examinemos un ejemplo que facilita la depuración:

In [83]:

```
# Ejercicio 83
# Función para calcular la suma de los dígitos de un número
def sumar_digitos(numero):
    """
    Calcula la suma de los dígitos de un número.
    """
    suma = 0
    while numero > 0:
        digito = numero % 10
        suma += digito
        numero //= 10
    return suma

# Uso de la función en la depuración de un código
numero_prueba = 456
suma_digitos_resultante = sumar_digitos(numero_prueba)
print(f"La suma de los dígitos de {numero_prueba} es: {
    suma_digitos_resultante}")
```

Out [83]:

```
La suma de los digitos de 456 es: 15
```

La función `sumar_digitos` encapsula la lógica para calcular la suma de los dígitos de un número, lo cual favorece la depuración del código al permitir centrarse en una unidad de código específica.

En el ámbito de Machine Learning, las funciones constituyen elementos esenciales para la ejecución de tareas específicas y la encapsulación de la lógica de procesamiento de datos y modelado. Examinemos algunos casos prácticos:

- **Normalización de datos:** Consideremos el escenario en el que se requiere normalizar un conjunto de datos, de manera que las características se ubiquen en escalas equivalentes. Se define una función específica para realizar esta operación.
- **Partición de conjunto de datos:** Al trabajar con conjuntos de datos en Machine Learning, resulta habitual dividirlos en conjuntos de entrenamiento y validación. Es posible definir una función que ejecute esta tarea con precisión metodológica.[23]

Consideremos el siguiente ejemplo ilustrativo de normalización de datos:

In [84]:

```python
# Ejercicio 84
# Función para normalizar un conjunto de datos
def normalizar_datos(datos):
    """
    Normaliza un conjunto de datos para que todas las características
        estén en la misma escala.
    """
    media = sum(datos) / len(datos)
    desviacion_estandar = (sum((x - media) ** 2 for x in datos) / len(
        datos)) ** 0.5
    datos_normalizados = [(x - media) / desviacion_estandar for x in
        datos]
    return datos_normalizados

# Uso de la función
conjunto_datos_original = [25, 30, 35, 40, 45]
conjunto_datos_normalizado = normalizar_datos(conjunto_datos_original)

print("Conjunto de Datos Original:", conjunto_datos_original)
print("Conjunto de Datos Normalizado:", conjunto_datos_normalizado)
```

Out [84]:

[23] Grus, J. (2015). “Data Science From Scratch”. United States of America. O’Reilly Media Inc.

```
Conjunto de Datos Original: [25, 30, 35, 40, 45]
Conjunto de Datos Normalizado: [-1.414213562373095,
    -0.7071067811865475, 0.0, 0.7071067811865475,
    1.414213562373095]
```

La función `normalizar_datos` procesa un conjunto de datos y retorna el conjunto normalizado mediante el cálculo de la media y la desviación estándar, con el propósito de que todas las características se sitúen en escalas comparables.

Examinemos subsecuentemente un ejemplo sobre partición de conjunto de datos:

In [85]:

```python
# Ejercicio 85
# Función para dividir un conjunto de datos en entrenamiento y prueba
def dividir_conjunto_datos(datos, proporcion_entrenamiento=0.8):
    """
    Divide un conjunto de datos en conjuntos de entrenamiento y prueba
        .
    La proporción de entrenamiento por defecto es 80%.
    """
    num_datos_entrenamiento = int(len(datos) *
        proporcion_entrenamiento)
    datos_entrenamiento = datos[:num_datos_entrenamiento]
    datos_prueba = datos[num_datos_entrenamiento:]
    return datos_entrenamiento, datos_prueba

# Uso de la función
conjunto_datos_completo = [10, 20, 30, 40, 50, 60, 70, 80, 90, 100]
conjunto_entrenamiento, conjunto_prueba = dividir_conjunto_datos(
    conjunto_datos_completo
)

print("Conjunto de Entrenamiento:", conjunto_entrenamiento)
print("Conjunto de Prueba:", conjunto_prueba)
```

Out [85]:

```
Conjunto de Entrenamiento: [10, 20, 30, 40, 50, 60, 70, 80]
Conjunto de Prueba: [90, 100]
```

La función `dividir_conjunto_datos` procesa un conjunto de datos y devuelve dos subconjuntos diferenciados, uno para el entrenamiento y otro a la validación. La proporción de entrenamiento se especifica como parámetro, estableciendo como valor predeterminado el 80 %.

2.8 Argumentos

En el ecosistema de Python, las funciones pueden admitir diversos tipos de argumentos, lo cual confiere flexibilidad y versatilidad en el diseño de funciones reutilizables. En la presente sección, se examinará la taxonomía de argumentos más relevantes en las funciones de Python, enfatizando los argumentos posicionales, los argumentos por palabra clave y los valores por defecto.

2.8.1 Argumentos posicionales

Los argumentos posicionales constituyen aquellos que se suministran a una función siguiendo el orden específico establecido en la definición de la función. Estos representan los argumentos más elementales y frecuentemente implementados en la programación.

Examinemos el fragmento de código Python que ilustra el uso de argumentos posicionales:

In [86]:

```
# Ejercicio 86
# Función que acepta dos argumentos posicionales
def saludar(nombre, saludo):
    """
    Saluda a la persona con el nombre dado utilizando un saludo especí
        fico.
    """
    mensaje = f"{saludo}, {nombre}!"
    print(mensaje)

# Uso de la función con argumentos posicionales
saludar("Ana", "Hola")
saludar("Carlos", "Buenos días")
```

Out [86]:

```
Hola, Ana!
Buenos dias, Carlos!
```

La función `saludar` procesa dos argumentos posicionales (nombre y saludo). Los valores se suministran siguiendo el orden específico establecido en la función.

Consideremos otro ejemplo ilustrativo de argumentos posicionales:

In [87]:

```
# Ejercicio 87
# Función que acepta dos argumentos posicionales
def multiplicar_valores(valor1, valor2):
    """
    Multiplica dos valores dados.
    """
    resultado = valor1 * valor2
    print(f"El resultado de la multiplicación es: {resultado}")

# Uso de la función con argumentos posicionales
multiplicar_valores(3, 7)
multiplicar_valores(2, 5)
```

Out [87]:

```
El resultado de la multiplicacion es: 21
El resultado de la multiplicacion es: 10
```

La función `multiplicar_valores` procesa dos argumentos posicionales (valor1 y valor2). Los valores se suministran siguiendo el orden específico establecido en la definición de la función.

Analicemos un caso adicional de argumentos posicionales:

In [88]:

```
# Ejercicio 88
# Función que acepta dos argumentos posicionales
def calcular_potencia(base, exponente):
    """
    Calcula la potencia de un número dado.
    """
    resultado = base**exponente
    print(f"El resultado de la potencia es: {resultado}")

# Uso de la función con argumentos posicionales
calcular_potencia(2, 3)
calcular_potencia(5, 2)
```

Out [88]:

```
El resultado de la potencia es: 8
El resultado de la potencia es: 25
```

La función `calcular_potencia` procesa argumentos posicionales (base y exponente). Los valores se suministran respetando el orden específico establecido en la definición de la función.

2.8.2 Argumentos por palabra clave

Los argumentos por palabra clave posibilitan el suministro de valores a una función mediante la especificación explícita del nombre del parámetro correspondiente, tornando el orden de los argumentos irrelevante. Esta capacidad contribuye significativamente a la optimización de la claridad y legibilidad del código fuente.

Consideremos el siguiente ejemplo ilustrativo de argumentos por palabra clave:

In [89]:

```python
# Ejercicio 89
# Función que acepta dos argumentos por palabra clave
def multiplicar_numeros(num1, num2):
    """
    Multiplica dos números dados.
    """
    resultado = num1 * num2
    print(f"El resultado de la multiplicación es: {resultado}")

# Uso de la función con argumentos por palabra clave
multiplicar_numeros(num1=5, num2=8)
multiplicar_numeros(num2=3, num1=7)
```

Out [89]:

```
El resultado de la multiplicacion es: 40
El resultado de la multiplicacion es: 21
```

La función `multiplicar_numeros` procesa dos argumentos por palabra clave (num1 y num2). Los valores se dan mediante la especificación del nombre del argumento, lo cual permite la alteración del orden sin afectar la funcionalidad.

Examinemos subsecuentemente otro ejemplo de argumentos por palabra clave:

In [90]:

```python
# Ejercicio 90
# Función que acepta dos argumentos por palabra clave
def dividir_numeros(dividendo, divisor):
    """
    Divide dos números dados.
    """
    resultado = dividendo / divisor
    print(f"El resultado de la división es: {resultado}")
```

```

# Uso de la función con argumentos por palabra clave
dividir_numeros(dividendo=20, divisor=4)
dividir_numeros(divisor=2, dividendo=11)
```

Out [90]:

```
El resultado de la division es: 5.0
El resultado de la division es: 5.5
```

La función `dividir_numeros` procesa dos argumentos por palabra clave (dividendo y divisor). Los valores se suministran mediante la especificación del nombre del argumento, lo cual permite la reconfiguración del orden de presentación.

Analicemos un ejemplo adicional de argumentos por palabra clave:

In [91]:

```python
# Ejercicio 91
# Función que acepta dos argumentos por palabra clave
def concatenar_strings(cadena1, cadena2):
    """
    Concatena dos cadenas dadas.
    """
    resultado = cadena1 + " " + cadena2
    print(f"La concatenación de las cadenas es: {resultado}")

# Uso de la función con argumentos por palabra clave
concatenar_strings(cadena1="Hola", cadena2="Mundo")
concatenar_strings(cadena2="Python", cadena1="Hola")
```

Out [91]:

```
La concatenacion de las cadenas es: Hola Mundo
La concatenacion de las cadenas es: Hola Python
```

La función `concatenar_strings` procesa dos argumentos por palabra clave (cadena1 y cadena2). Los valores se suministran mediante la especificación del nombre del argumento, lo cual permite la flexibilidad en el orden de los parámetros.

2.8.3 Valores por defecto en argumentos

Los valores por defecto constituyen un mecanismo que permite la asignación de un valor predeterminado a un parámetro específico, de manera que en ausencia de un valor explícito durante la invocación de la función, se emplee automáticamente el valor predefinido.

Consideremos el siguiente ejemplo ilustrativo de valores por defecto:

In [92]:

```
# Ejercicio 92
# Función que tiene valores por defecto para sus argumentos
def saludar_con_saludo(nombre, saludo="Hola"):
    """
    Saluda a la persona con el nombre dado utilizando un saludo especí
        fico (con valor por defecto).
    """
    mensaje = f"{saludo}, {nombre}!"
    print(mensaje)

# Uso de la función con valores por defecto
saludar_con_saludo("Eva")
saludar_con_saludo("Miguel", saludo="Buenas noches")
```

Out [92]:

```
Hola, Eva!
Buenas noches, Miguel!
```

La función `saludar_con_saludo` establece un valor por defecto para el argumento saludo. En caso de no proporcionarse explícitamente, se emplea el valor predeterminado.

Examinemos subsecuentemente otro ejemplo de valores por defecto:

In [93]:

```
# Ejercicio 93
# Función que tiene valores por defecto para sus argumentos
def calcular_area_rectangulo(base, altura=5):
    """
    Calcula el área de un rectángulo dado la base y la altura (con
        valor por defecto para la altura).
    """
    area = base * altura
    print(f"El área del rectángulo es: {area}")

# Uso de la función con valores por defecto
calcular_area_rectangulo(8) # Se utiliza la altura por defecto (5)
calcular_area_rectangulo(6, 10) # Se proporciona una altura diferente
```

Out [93]:

```
El area del rectangulo es: 40
El area del rectangulo es: 60
```

La función `calcular_area_rectangulo` establece un valor por defecto para el argumento altura. En ausencia de especificación explícita, se emplea el valor predeterminado.

Analicemos un ejemplo adicional de valores por defecto:

In [94]:

```python
# Ejercicio 94
# Función que tiene valores por defecto para sus argumentos
def obtener_pais_capital(pais, capital="No especificada"):
    """
    Obtiene la capital de un país (con valor por defecto si no se
        especifica).
    """
    print(f"La capital de {pais} es: {capital}")

# Uso de la función con valores por defecto
obtener_pais_capital("Francia") # Capital no especificada, se usa el
    valor por defecto
obtener_pais_capital(
    "México", capital="Ciudad de México"
) # Se especifica una capital diferente
```

Out [94]:

```
La capital de Francia es: No especificada
La capital de Mexico es: Ciudad de Mexico
```

La función `obtener_pais_capital` establece un valor por defecto para el argumento capital. Si no se proporciona explícitamente, se emplea el valor predeterminado.

2.8.4 Combinación de tipos de argumentos

En la mayoría de las implementaciones funcionales, resulta posible combinar argumentos posicionales, por palabra clave y valores por defecto según los requerimientos metodológicos específicos del contexto.

Examinemos el siguiente ejemplo ilustrativo de combinación de tipos de argumentos:

In [95]:

```
# Ejercicio 95
# Función con argumentos posicionales y por palabra clave
def imprimir_info_persona(nombre, edad, ciudad="Desconocida"):
    """
    Imprime información sobre una persona.
    """
    print(f"Nombre: {nombre}, Edad: {edad}, Ciudad: {ciudad}")

# Uso de la función con argumentos posicionales y por palabra clave
imprimir_info_persona("Carlos", 30)
imprimir_info_persona("Ana", 25, ciudad="Barcelona")
```

Out [95]:

```
Nombre: Carlos, Edad: 30, Ciudad: Desconocida
Nombre: Ana, Edad: 25, Ciudad: Barcelona
```

La función `imprimir_info_persona` admite argumentos posicionales (nombre y edad) y un argumento por palabra clave (ciudad). El parámetro ciudad posee un valor por defecto, aunque puede especificarse de manera explícita según las necesidades del usuario.

Consideremos otro ejemplo de combinación de tipos de argumentos:

In [96]:

```
# Ejercicio 96
# Función con argumentos por palabra clave y valores por defecto
def saludar_persona(nombre, saludo="Hola", exclamacion=True):
    """
    Saluda a una persona con un saludo y posiblemente una exclamación.
    """
    mensaje = f"{saludo}, {nombre}{'!' if exclamacion else ''}"
    print(mensaje)

# Uso de la función con argumentos por palabra clave y valores por defecto
saludar_persona("Evans")
saludar_persona("Boris", saludo="Buenas tardes", exclamacion=False)
```

Out [96]:

```
Hola, Evans!
Buenas tardes, Boris
```

La función `saludar_persona` emplea argumentos por palabra clave (nombre, saludo y exclamación) y establece valores por defecto para los parámetros saludo y exclamación.

Analicemos un ejemplo adicional de combinación de tipos de argumentos:

In [97]:

```
# Ejercicio 97
# Función con argumentos posicionales y por palabra clave
def mezclar_numeros(num1, num2, factor=1):
    """
    Mezcla dos números multiplicando uno de ellos por un factor
        opcional.
    """
    resultado = (num1 + num2) * factor
    print(f"El resultado de la mezcla es: {resultado}")

# Uso de la función con argumentos posicionales y por palabra clave
mezclar_numeros(3, 7)
mezclar_numeros(2, 5, factor=2)
```

Out [97]:

```
El resultado de la mezcla es: 10
El resultado de la mezcla es: 14
```

La función `mezclar_numeros` combina argumentos posicionales (num1 y num2) con un argumento por palabra clave (factor). El parámetro factor posee un valor predeterminado, aunque puede especificarse de manera explícita cuando se requiera.

2.8.5 Ventajas de los argumentos en funciones

La capacidad para trabajar con diferentes tipos de argumentos confiere considerable flexibilidad durante el proceso de diseño e implementación de funciones en Python. Entre las situaciones donde esta flexibilidad resulta particularmente valiosa se encuentran:

- **Compatibilidad con versiones anteriores:** Al incorporar nuevos parámetros a funciones preexistentes, resulta posible emplear valores por defecto para garantizar que el código existente mantenga su funcionalidad sin interrupciones.
- **Claridad y legibilidad del código:** La implementación de argumentos por palabra clave puede contribuir significativamente a que las invocaciones de funciones sean más explícitas y comprensibles, especialmente en funciones

que requieren un número considerable de parámetros.

- **Configuración adaptable:** Las funciones que admiten valores por defecto y argumentos por palabra clave resultan particularmente útiles para la configuración de opciones, ya que permiten un empleo más versátil y personalizable de la funcionalidad.

Consideremos el siguiente ejemplo ilustrativo de compatibilidad con versiones anteriores:

In [98]:

```python
# Ejercicio 98
# Función con valores por defecto para ser compatible con versiones
    anteriores
def procesar_datos(datos, factor=1.0, version=2):
    """
    Procesa un conjunto de datos aplicando un factor opcional.
    """
    if version == 1:
        # Lógica específica para la versión 1
        datos_procesados = [x * factor for x in datos]
    else:
        # Lógica por defecto o específica para otras versiones
        datos_procesados = [x * factor**2 for x in datos]
    return datos_procesados

# Uso de la función con compatibilidad con versiones anteriores
datos_originales = [1, 2, 3, 4, 5]
datos_procesados_v2 = procesar_datos(datos_originales, version=2)
datos_procesados_v1 = procesar_datos(datos_originales, factor=2.0,
    version=1)
print(datos_procesados_v2)
datos_procesados_v1
```

Out [98]:

```
[1.0, 2.0, 3.0, 4.0, 5.0]
```

```
[2.0, 4.0, 6.0, 8.0, 10.0]
```

La función `procesar_datos` incorpora un parámetro ***version*** que permite adaptar el procesamiento de datos según la versión especificada. Al introducir versiones adicionales, resulta posible incorporar parámetros suplementarios con valores por defecto para garantizar la compatibilidad retroactiva.

Examinemos subsecuentemente un ejemplo de claridad y legibilidad:

```
Configura un modelo de Machine Learning con opciones flexibles.
"""
if parametros is None:
    parametros = {
        "tasa_aprendizaje": 0.001,
        "numero_epocas": 10,
        "capas_ocultas": 2,
    }

# Lógica de configuración del modelo utilizando los parámetros
    proporcionados
print(f"Configurando modelo {tipo_modelo} con parámetros: {
    parametros}")
# ...
# Código de configuración del modelo aquí
# ...

so de la función con configuración flexible
o_modelo_ejemplo = (
"Red Neuronal" # Puedes cambiar esto según el tipo de modelo que
    estés utilizando

figurar_modelo(tipo_modelo_ejemplo)

ametros_personalizados = {
"tasa_aprendizaje": 0.005,
"numero_epocas": 20,
"capas_ocultas": 3,

figurar_modelo(tipo_modelo_ejemplo, parametros=
parametros_personalizados)
```

]:

```
figurando modelo Red Neuronal con parametros: {'
tasa_aprendizaje': 0.001, 'numero_epocas': 10, '
capas_ocultas': 2}
figurando modelo Red Neuronal con parametros: {'
tasa_aprendizaje': 0.005, 'numero_epocas': 20, '
capas_ocultas': 3}
```

unción configurar_modelo permite especificar el tipo de modelo al- y proporcionar parámetros opcionales para personalizar la configuración ica. Siguiendo el patrón de los ejemplos precedentes, resulta posible co- liminar la línea de impresión de resultados según las especificaciones s del usuario.

In [99]:

```
# Ejercicio 99
# Función con argumentos por palabra clave para mayor claridad
def imprimir_resultado_operacion(operacion, num1, num2, mensaje="El
    resultado es:"):
    """
    Imprime el resultado de una operación entre dos números.
    """
    if operacion == "suma":
        resultado = num1 + num2
    elif operacion == "resta":
        resultado = num1 - num2
    elif operacion == "multiplicacion":
        resultado = num1 * num2
    else:
        raise ValueError("Operación no válida")
    print(f"{mensaje} {resultado}")

# Uso de la función con argumentos por palabra clave para mayor
    claridad
imprimir_resultado_operacion("suma", num1=5, num2=3)
imprimir_resultado_operacion(
    "multiplicacion", num2=4, num1=2, mensaje="El producto es:"
)
```

Out [99]:

```
El resultado es: 8
El producto es: 8
```

La función `imprimir_resultado_operacion` implementa argumentos por palabra clave (num1, num2, mensaje) para optimizar la claridad y legibilidad de las invocaciones funcionales.

Procedamos a examinar un ejemplo de configuración adaptable:

In [100]:

```
# Ejercicio 100
# Función con configuración flexible utilizando argumentos por palabra
    clave
def configurar_parametros_modelo(**kwargs):
    """
    Configura los parámetros de un modelo utilizando argumentos por
        palabra clave.
    """
    modelo_config = {
```

```
        "capas": kwargs.get("capas", 3),
        "neuronas_por_capa": kwargs.get("neuronas_por_capa", 64),
        "funcion_activacion": kwargs.get("funcion_activacion", "relu"),
    }
    return modelo_config

# Uso de la función con configuración flexible
configuracion_predeterminada = configurar_parametros_modelo()
configuracion_personalizada = configurar_parametros_modelo(
    capas=5, funcion_activacion="tanh"
)
configuracion_personalizada
```

Out [100]:

```
{'capas': 5, 'neuronas_por_capa': 64, 'funcion_activacion': '
    tanh'}
```

La función `configurar_parametros_modelo` admite argumentos por palabra clave para la configuración de los parámetros de un modelo. Esta aproximación confiere flexibilidad al posibilitar configuraciones personalizadas y proporcionar valores predeterminados para aquellos parámetros que no se especifiquen explícitamente.

En el contexto específico de Machine Learning, la flexibilidad inherente al trabajo con diferentes tipos de argumentos constituye un recurso metodológicamente significativo para adaptarse a las diversas exigencias del procesamiento de datos y modelado algorítmico. Analicemos algunos ejemplos prácticos:

- **Configuración de modelos algorítmicos:** Consideremos una función destinada al entrenamiento de un modelo de Machine Learning donde se requiere proporcionar opciones para configurar el proceso de entrenamiento, incluyendo la tasa de aprendizaje y el número de épocas de iteración.
- **Procesamiento de datos con configuración adaptable:** Examinemos una función que ejecuta un preprocesamiento de datos y requiere permitir que el usuario especifique cuáles transformaciones aplicar según los requerimientos del análisis.

Consideremos el siguiente ejemplo ilustrativo de configuración de modelos:

In [101]:

```
# Ejercicio 101
# Función que entrena un modelo de Machine Learning con configuración
    flexible
def entrenar_modelo(datos_entrenamiento, modelo_config=None):
    """
```



```
    Entrena un modelo de Machine Learning 
        n.
    """
    if modelo_config is None:
        modelo_config = {
            "tasa_aprendizaje": 0.001,
            "numero_epocas": 10,
            "capas_ocultas": 2,
        }

    # Lógica de entrenamiento utilizando l
        proporcionadas
    print(f"Entrenando modelo con configur
    # ...
    # Código de entrenamiento aquí
    # ...

# Uso de la función con configuración fle
datos_entrenamiento_ejemplo = [] # Puedes
entrenar_modelo(datos_entrenamiento_ejemp

configuracion_personalizada = {
    "tasa_aprendizaje": 0.005,
    "numero_epocas": 20,
    "capas_ocultas": 3,
}
entrenar_modelo(datos_entrenamiento_ejem
    configuracion_personalizada)
```

Out [101]:

```
Entrenando modelo con configuracion
    0.001, 'numero_epocas': 10, 'ca
Entrenando modelo con configuracion
    0.005, 'numero_epocas': 20, 'ca
```

La función `entrenar_modelo` admite un d
delo_config) como argumento por palabra clave,
cifique opciones personalizadas de entrenamient

Subsecuentemente, analizaremos un ejempl
configuración adaptable:

In [102]:

```
# Ejercicio 102
# Función que realiza configuración de
def configurar_modelo(tipo_modelo, para
    """
```

2.9 Métodos en objetos

En el ecosistema de Python, los métodos constituyen funciones intrínsecamente asociadas a objetos específicos, proporcionando la capacidad de ejecutar operaciones especializadas sobre dichos objetos. La presente sección examina los métodos implementados en Python, enfatizando su aplicación en estructuras de datos como listas y cadenas, tipos de objetos de considerable relevancia en programación algorítmica y análisis de datos.[24]

2.9.1 Métodos en listas

Las listas son estructuras de datos que encapsulan colecciones heterogéneas de elementos. Los métodos asociados a las listas representan funciones integradas que optimizan la manipulación y gestión algorítmica de estas estructuras.

Consideremos el siguiente caso ilustrativo de métodos implementados en listas:

In [103]:

```
# Ejercicio 103
# Crear una lista
mi_lista = [3, 1, 4, 1, 5, 9, 2, 6, 5, 3, 5]

# Método para agregar un elemento al final de la lista
mi_lista.append(8)
print("Lista después de agregar 8:", mi_lista)

# Método para ordenar la lista de forma ascendente
mi_lista.sort()
print("Lista ordenada:", mi_lista)

# Método para eliminar la primera ocurrencia de un elemento
mi_lista.remove(5)
print("Lista después de eliminar la primera ocurrencia de 5:",
    mi_lista)

# Método para obtener el índice de un elemento
indice_del_9 = mi_lista.index(9)
print("Índice del elemento 9:", indice_del_9)

# Método para contar cuántas veces aparece un elemento
conteo_de_5 = mi_lista.count(5)
print("Número de veces que aparece el 5:", conteo_de_5)
```

Out [103]:

[24] Deitel, P & Deitel, H. (2015). "Java: How to Program". New Jersey, United States of America. Pearson Education Inc.

```
Lista despues de agregar 8: [3, 1, 4, 1, 5, 9, 2, 6, 5, 3, 5,
    8]
Lista ordenada: [1, 1, 2, 3, 3, 4, 5, 5, 5, 6, 8, 9]
Lista despues de eliminar la primera ocurrencia de 5: [1, 1,
    2, 3, 3, 4, 5, 5, 6, 8, 9]
Indice del elemento 9: 10
Numero de veces que aparece el 5: 2
```

En la implementación presentada, se emplean diversos métodos de lista para incorporar elementos, ordenar la estructura, eliminar ocurrencias específicas, determinar el índice posicional de un elemento y cuantificar la frecuencia de aparición de elementos particulares en la colección.

Entre los métodos adicionales de considerable relevancia se encuentran `remove()`, que elimina un elemento específico, y `extend()`, que incorpora elementos procedentes de otra estructura de lista.

Examinemos subsecuentemente otros casos ilustrativos de métodos aplicados a listas:

In [104]:

```python
# Ejercicio 104
# Crear dos listas
lista1 = [1, 2, 3, 4]
lista2 = [5, 6, 7, 8]

# Método para eliminar un elemento específico
lista1.remove(3)
print("Lista después de eliminar el elemento 3:", lista1)

# Método para agregar elementos de otra lista
lista1.extend(lista2)
print("Lista después de extender con elementos de lista2:", lista1)
```

Out [104]:

```
Lista despues de eliminar el elemento 3: [1, 2, 4]
Lista despues de extender con elementos de lista2: [1, 2, 4,
    5, 6, 7, 8]
```

En esta implementación, se usa el método `remove()` para eliminar el elemento 3 de la estructura lista1, mientras que el método `extend()` incorpora elementos de la lista2 a la lista1. Tras la aplicación de estos métodos, la lista1 experimenta modificaciones acordes a las operaciones ejecutadas.

2.9.2 Métodos en cadenas

Las cadenas en Python constituyen secuencias inmutables de caracteres que incorporan una diversidad de métodos especializados en su manipulación algorítmica. Procedamos a examinar una aplicación práctica de métodos implementados en cadenas:

In [105]:

```python
# Ejercicio 105
# Crear una cadena
mi_cadena = "Hola, Mundo!"

# Método para convertir la cadena a minúsculas
cadena_minusculas = mi_cadena.lower()
print("Cadena en minúsculas:", cadena_minusculas)

# Método para convertir la cadena a mayúsculas
cadena_mayusculas = mi_cadena.upper()
print("Cadena en mayúsculas:", cadena_mayusculas)

# Método para dividir la cadena en una lista de palabras
lista_palabras = mi_cadena.split()
print("Lista de palabras:", lista_palabras)

# Método para reemplazar parte de la cadena
cadena_modificada = mi_cadena.replace("Mundo", "Python")
print("Cadena modificada:", cadena_modificada)

# Método para verificar si la cadena comienza con un prefijo específico
comienza_con_hola = mi_cadena.startswith("Hola")
print("La cadena comienza con 'Hola'?", comienza_con_hola)
```

Out [105]:

```
Cadena en minusculas: hola, mundo!
Cadena en mayusculas: HOLA, MUNDO!
Lista de palabras: ['Hola,', 'Mundo!']
Cadena modificada: Hola, Python!
La cadena comienza con 'Hola'? True
```

En la implementación precedente, se aplican múltiples métodos de cadena para convertir la secuencia a minúsculas, mayúsculas, segmentarla en unidades léxicas, reemplazar fragmentos específicos de la cadena y verificar si la secuencia inicia con un prefijo determinado.[25] Entre los métodos adicionales de considerable relevancia

[25] Deitel, P & Deitel, H. (2019). "Intro to Python for computer Science and Data Science: Learning to

se encuentran `lower()`, que efectúa conversión a minúsculas, y `replace()`, que ejecuta sustituciones de subcadenas. Consideremos el siguiente caso ilustrativo:

In [106]:

```
# Ejercicio 106
# Crear una cadena
mi_cadena = "Hola, Mundo! Bienvenidos a Python."

# Método para convertir la cadena a minúsculas
cadena_minusculas = mi_cadena.lower()
print("Cadena en minúsculas:", cadena_minusculas)

# Método para reemplazar subcadenas
cadena_modificada = mi_cadena.replace("Mundo", "Python")
print("Cadena modificada:", cadena_modificada)
```

Out [106]:

```
Cadena en minusculas: hola, mundo! bienvenidos a python.
Cadena modificada: Hola, Python! Bienvenidos a Python.
```

En esta aplicación, se emplea `lower()` para efectuar la conversión de la cadena a minúsculas, mientras que `replace()` ejecuta la sustitución de la subcadena "Mundo" por "Python". Subsecuentemente a la aplicación de estas operaciones, la cadena experimenta modificaciones acordes a los métodos implementados.

2.9.3 Aplicación de métodos en Machine Learning

En el contexto especializado de Machine Learning, los métodos constituyen elementos esenciales para la manipulación y procesamiento algorítmico de datos. Procedamos a examinar la implementación de métodos en el preprocesamiento de datos mediante Pandas, biblioteca ampliamente reconocida en el ecosistema Python.

Consideremos el siguiente caso ilustrativo de métodos aplicados en ML:

In [107]:

```
# Ejercicio 107
import pandas as pd

# Crear un DataFrame de ejemplo
datos = {"A": [1, 2, 3, 4], "B": [5, 6, 7, 8]}
df = pd.DataFrame(datos)

```

Program with AI, Big Data and the Cloud". Pearson Inc. Primera Edición.

```
# Método head() para mostrar las primeras filas del DataFrame
primeras_filas = df.head()
print("Primeras filas del DataFrame:\n", primeras_filas)

# Método describe() para obtener estadísticas descriptivas del
    DataFrame
estadisticas = df.describe()
print("Estadísticas descriptivas del DataFrame:\n", estadisticas)

# Método corr() para calcular la correlación entre columnas del
    DataFrame
correlacion = df.corr()
print("Matriz de correlación del DataFrame:\n", correlacion)
```

Out [107]:

```
Primeras filas del DataFrame:
    A  B
0  1  5
1  2  6
2  3  7
3  4  8
Estadisticas descriptivas del DataFrame:
              A         B
count  4.000000 4.000000
mean   2.500000 6.500000
std    1.290994 1.290994
min    1.000000 5.000000
25%    1.750000 5.750000
50%    2.500000 6.500000
75%    3.250000 7.250000
max    4.000000 8.000000
Matriz de correlacion del DataFrame:
     A    B
A  1.0  1.0
B  1.0  1.0
```

La implementación emplea la biblioteca Pandas para operar con estructuras DataFrame. Se ejecutan métodos especializados como `head()` para visualizar las filas iniciales, `describe()` para generar estadísticas descriptivas y `corr()` para calcular las correlaciones entre las columnas del DataFrame.

Subsecuentemente, examinemos la aplicación de métodos en preprocesamiento de datos con Scikit-Learn:

In [108]:

```python
# Ejercicio 108
from sklearn.preprocessing import StandardScaler
import numpy as np

# Crear un conjunto de datos de ejemplo
datos_ejemplo = np.array([[1, 2, 3], [4, 5, 6], [7, 8, 9]])

# Crear un objeto StandardScaler para normalizar los datos
scaler = StandardScaler()

# Método fit_transform() para ajustar y transformar los datos
datos_normalizados = scaler.fit_transform(datos_ejemplo)
print("Datos normalizados:\n", datos_normalizados)
```

Out [108]:

```
Datos normalizados:
 [[-1.22474487 -1.22474487 -1.22474487]
 [ 0.          0.          0.        ]
 [ 1.22474487  1.22474487  1.22474487]]
```

En esta aplicación, se emplea la biblioteca Scikit-Learn y su clase `StandardScaler` para ejecutar la normalización de conjuntos de datos. Se implementa el método `fit_transform()` para ajustar y transformar los datos conforme a los parámetros de normalización establecidos.

Procedamos a examinar un caso ilustrativo de aplicación de métodos en visualización de datos con Matplotlib:

In [109]:

```python
# Ejercicio 109
import matplotlib.pyplot as plt

# Crear datos de ejemplo para un gráfico de barras
categorias = ["A", "B", "C", "D"]
valores = [10, 20, 15, 25]

# Método bar() para crear un gráfico de barras
plt.bar(categorias, valores)
plt.xlabel("Categorías")
plt.ylabel("Valores")
plt.title("Gráfico de Barras de Ejemplo")
plt.show()
```

Out [109]:

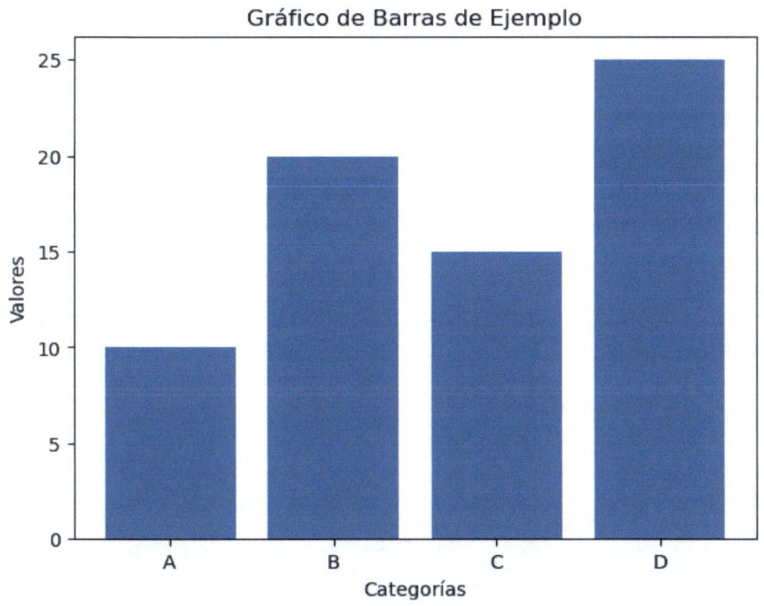

En esta implementación, se emplea la biblioteca Matplotlib para generar una representación gráfica de barras. Se ejecuta el método `bar()` para materializar la visualización de los datos.

2.9.4 Desarrollo de métodos personalizados

Adicionalmente a la implementación de métodos integrados en Python y bibliotecas especializadas, resulta posible desarrollar métodos personalizados adaptados a requerimientos específicos. Esta capacidad posibilita la encapsulación de lógica especializada y optimiza la modularidad del sistema de código. Consideremos un caso ilustrativo de método para ejecutar la suma de dos números y multiplicar por un factor determinado:

In [110]:

```
# Ejercicio 110
def operacion_personalizada(num1, num2, factor):
    suma = num1 + num2
    resultado = suma * factor
    return resultado

# Uso del método personalizado
resultado_final = operacion_personalizada(8, 5, 2)
print("El resultado final es:", resultado_final)
```

Out [110]:

```
El resultado final es: 26
```

La implementación define un método denominado `operacion_personalizada` que procesa tres parámetros (num1, num2 y factor). El algoritmo ejecuta la suma de num1 y num2, subsecuentemente multiplica el resultado por el factor y retorna el valor resultante. Posteriormente, se emplea el método con valores específicos y se materializa la impresión del resultado.

Examinemos subsecuentemente otro caso ilustrativo de método para determinar si un número es par o impar:

In [111]:

```python
# Ejercicio 111
def es_par_o_impar(numero):
    if numero % 2 == 0:
        return "Par"
    else:
        return "Impar"

# Uso del método personalizado
numero_a_verificar = 18
resultado_verificacion = es_par_o_impar(numero_a_verificar)
print(f"El número {numero_a_verificar} es {resultado_verificacion}.")
```

Out [111]:

```
El numero 18 es Par.
```

En esta implementación, el método `es_par_o_impar` procesa un número como parámetro y ejecuta la evaluación de su paridad. Retorna una cadena indicando la clasificación del número como par o impar. Se emplea el método con un valor específico y se materializa la impresión del resultado.

Las implementaciones presentadas constituyen casos básicos; no obstante, resulta posible desarrollar métodos de mayor complejidad algorítmica acorde a las necesidades específicas del programa. El desarrollo de métodos personalizados contribuye significativamente a la organización y reutilización eficiente del código.

2.9.5 Ventajas inherentes a la implementación de métodos

La implementación de métodos en el ecosistema Python confiere múltiples ventajas metodológicas en el desarrollo de aplicaciones y en el análisis algorítmico de datos dentro del contexto de Machine Learning:

- **Reutilización de código:** Los métodos posibilitan la encapsulación de funcionalidades especializadas, promoviendo la reutilización sistemática de código en diferentes componentes de una aplicación.
- **Legibilidad y mantenimiento:** La organización de la lógica algorítmica en métodos estructurados optimiza la legibilidad del código y facilita su mantenimiento, dado que cada método se concentra en una tarea específicamente delimitada.
- **Abstracción:** Los métodos facilitan la abstracción de detalles de implementación complejos, optimizando la comprensión del código sin requerir el análisis exhaustivo de todos los aspectos de la implementación subyacente.
- **Modularidad:** El desarrollo de métodos personalizados y la implementación de métodos integrados en bibliotecas especializadas promueve la modularidad del código, facilitando la gestión de proyectos de considerable complejidad.

Consideremos el siguiente caso ilustrativo de reutilización de código:

In [112]:

```python
# Ejercicio 112
class OperacionesMatematicas:
    def suma(self, a, b):
        return a + b
    def resta(self, a, b):
        return a - b

# Uso de la reutilización de código
operaciones = OperacionesMatematicas()

# En diferentes partes de la aplicación
resultado_suma = operaciones.suma(5, 30)
resultado_resta = operaciones.resta(8, 12)

print("Resultado de la suma:", resultado_suma)
print("Resultado de la resta:", resultado_resta)
```

Out [112]:

```
Resultado de la suma: 35
Resultado de la resta: -4
```

En esta implementación, la clase `OperacionesMatematicas` encapsula las funcionalidades especializadas de suma y resta. Resulta posible instanciar la clase y emplear estos métodos en diversos componentes de la aplicación, promoviendo de esta manera la reutilización sistemática del código.

Procedamos a examinar un caso ilustrativo de legibilidad y mantenimiento:

In [113]:

```
# Ejercicio 113
class Calculadora:
    def operacion_compleja(self, a, b):
        paso_1 = self.paso_1(a)
        paso_2 = self.paso_2(paso_1, b)
        return paso_2
    def paso_1(self, x):
        return x * 2
    def paso_2(self, x, y):
        return x + y

# Uso de legibilidad y mantenimiento
calculadora = Calculadora()

# Operación compleja
resultado_operacion = calculadora.operacion_compleja(4, 3)
print("Resultado de la operación compleja:", resultado_operacion)
```

Out [113]:

```
Resultado de la operacion compleja: 11
```

En esta implementación, la lógica de una operación algorítmicamente compleja se estructura en métodos de menor granularidad (`paso_1` y `paso_2`), optimizando la legibilidad del código y facilitando su mantenimiento. Cada método se concentra en una tarea específicamente delimitada, facilitando la comprensión del flujo de la operación compleja.

Analicemos subsecuentemente un caso ilustrativo de abstracción:

In [114]:

```
# Ejercicio 114
class ProcesamientoImagen:
    def cargar_imagen(self, ruta):
        # Lógica para cargar la imagen desde la ruta
        print(f"Imagen cargada desde {ruta}")
    def aplicar_filtro(self, filtro):
        # Lógica para aplicar un filtro a la imagen
        print(f"Filtro '{filtro}' aplicado a la imagen")

# Uso de abstracción
procesador = ProcesamientoImagen()

# Abstracción de detalles complejos
procesador.cargar_imagen("imagen.jpg")
```

```
procesador.aplicar_filtro("blanco_y_negro")
```

Out [114]:

```
Imagen cargada desde imagen.jpg
Filtro 'blanco_y_negro' aplicado a la imagen
```

La clase `procesamiento_imagen` abstrae los aspectos de implementación complejos de cargar una imagen y aplicar un filtro algorítmico. El usuario únicamente requiere invocar los métodos `cargar_imagen` y `aplicar_filtro` sin la necesidad de analizar los detalles de implementación interna.

Examinemos subsecuentemente un caso ilustrativo de modularidad:

In [115]:

```
# Ejercicio 115
class ModuloA:
    def funcion_modulo_a(self):
        return "Función del Módulo A"
class ModuloB:
    def funcion_modulo_b(self):
        return "Función del Módulo B"

# Uso de modularidad
modulo_a = ModuloA()
modulo_b = ModuloB()

# Integración de módulos en una aplicación
resultado_modulo_a = modulo_a.funcion_modulo_a()
resultado_modulo_b = modulo_b.funcion_modulo_b()

print("Resultado del Módulo A:", resultado_modulo_a)
print("Resultado del Módulo B:", resultado_modulo_b)
```

Out [115]:

```
Resultado del Modulo A: Funcion del Modulo A
Resultado del Modulo B: Funcion del Modulo B
```

En esta aplicación, se desarrollan dos módulos diferenciados (Módulo A y Módulo B), cada uno con su funcionalidad específicamente delimitada. Subsecuentemente, estos módulos pueden integrarse eficientemente en aplicaciones de mayor envergadura, promoviendo la modularidad del código y facilitando la gestión de proyectos de considerable complejidad.

2.10 Estructuras de control

En la presente sección, se examinarán las estructuras de control mediante condicionales y bucles en Python, conceptos significativos para regular el flujo de ejecución en programas especializados de Machine Learning. Estas estructuras algorítmicas posibilitan la toma de decisiones basada en condiciones específicas y la repetición iterativa de bloques de código, respectivamente.

2.10.1 Operadores condicionales en Python

Los operadores condicionales (`if`, `elif`, `else`) se utilizan para ejecutar diferentes segmentos de un programa según condiciones. En el contexto de Machine Learning, estos operadores se usan para desarrollar lógica condicional en el preprocesamiento de datos, toma de decisiones algorítmicas en modelos y aplicaciones adicionales.

Establecer la positividad de un número determinado:

In [116]:

```python
# Ejercicio 116
def clasificar_numero(numero):
    if numero > 0:
        return "Positivo"
    elif numero < 0:
        return "Negativo"
    else:
        return "Cero"

# Uso del condicional
resultado_clasificacion = clasificar_numero(7)
print(f"El número es {resultado_clasificacion}.")
```

Out [116]:

```
El numero es Positivo.
```

En esta implementación, se emplea un operador condicional para clasificar un número según su signo aritmético como positivo, negativo o neutro. Dependiendo de la condición evaluada, se retorna la clasificación correspondiente. Examinemos subsecuentemente otro caso ilustrativo de operadores condicionales para verificar la longitud categórica de una palabra:

In [117]:

```python
# Ejercicio 117
```

```
def clasificar_longitud_palabra(palabra):
    longitud = len(palabra)
    if longitud < 5:
        return "Corta"
    elif longitud < 10:
        return "Mediana"
    else:
        return "Larga"

# Uso del condicional
resultado_clasificacion = clasificar_longitud_palabra("Python")
print(f"La palabra 'Python' es de longitud {resultado_clasificacion}."
    )
```

Out [117]:

```
La palabra 'Python' es de longitud Mediana.
```

En esta aplicación, el operador condicional se emplea para clasificar la extensión de una palabra en categorías: corta, mediana o extensa, basándose en la cuantificación de caracteres constituyentes.

Procedamos a examinar un caso ilustrativo de condicionales para validar el acceso autorizado a un sistema:

In [118]:

```
# Ejercicio 118
def validar_acceso(usuario, contrasena):
    usuario_correcto = "usuario123"
    contrasena_correcta = "clave_secreta"
    if usuario == usuario_correcto and contrasena ==
        contrasena_correcta:
        return "Acceso concedido"
    else:
        return "Acceso denegado"

# Uso del condicional
resultado_acceso = validar_acceso("usuario127", "clave_secreta")
print(resultado_acceso)
```

Out [118]:

```
Acceso denegado
```

En esta implementación, se emplea un operador condicional para verificar la concordancia entre las credenciales de usuario y contraseña ingresadas con los valores de autenticación correctos.

En función de la condición evaluada, se retorna un mensaje indicando el estado de acceso: concedido o denegado.

2.10.2 Estructuras iterativas en Python

Las estructuras iterativas (*for*, *while*) se emplean para ejecutar repetidamente bloques algorítmicos de código, optimizando la automatización de tareas de naturaleza repetitiva.

En el contexto de Machine Learning, las estructuras iterativas constituyen elementos metodológicamente significativos para iterar sobre conjuntos de datos, ajustar modelos algorítmicos y ejecutar operaciones de procesamiento repetitivas. Consideremos el siguiente caso ilustrativo de Bucle *for* para imprimir los primeros 5 números naturales:

In [119]:

```
# Ejercicio 119
# Bucle for para imprimir los primeros 5 números naturales
for numero in range(1, 6):
    print(numero)
```

Out [119]:

```
1
2
3
4
5
```

Se emplea un bucle *for* con el propósito de iterar sobre la secuencia numérica del 1 al 5, materializando la impresión de cada valor. La función `range(1, 6)` genera una secuencia numérica desde 1 hasta 5 inclusive.

Examinemos subsecuentemente un caso ilustrativo del Bucle *while* para ejecutar un conteo hasta 3:

In [120]:

```
# Ejercicio 120
# Bucle while para contar hasta 3
contador = 1
while contador <= 3:
    print(contador)
```

```
    contador += 1
```

Out [120]:

```
1
2
3
```

En esta implementación, se emplea un bucle *while* para ejecutar un conteo progresivo hasta 3. El bucle se ejecutará hasta que se mantenga un valor menor o igual a 3, materializando resultados en cada iteración. Consideremos subsecuentemente un caso ilustrativo del Bucle *for* para calcular el cuadrado de cada elemento en una estructura de lista:

In [121]:

```
# Ejercicio 121
# Bucle for para calcular el cuadrado de cada elemento en una lista
numeros = [2, 4, 6, 8, 10]
cuadrados = []

for numero in numeros:
    cuadrado = numero**2
    cuadrados.append(cuadrado)

print("Lista original:", numeros)
print("Cuadrados:", cuadrados)
```

Out [121]:

```
Lista original: [2, 4, 6, 8, 10]
Cuadrados: [4, 16, 36, 64, 100]
```

En esta aplicación, se emplea un bucle *for* para iterar sobre cada elemento de una lista (*numeros*), ejecutando el cálculo del cuadrado de cada elemento y almacenando los resultados en otra estructura de lista (*cuadrados*). Así, se materializan en pantalla tanto la lista original como los cuadrados calculados.

Procedamos a examinar un caso ilustrativo de suma de los cuadrados de los números pares en un rango específico:

In [122]:

```
# Ejercicio 122
# Ejercicio: Suma de los cuadrados de los números pares en un rango
```

```
rango_inicio = 1
rango_fin = 10
suma_cuadrados_pares = 0

for numero in range(rango_inicio, rango_fin + 1):
    if numero % 2 == 0:
        cuadrado = numero**2
        suma_cuadrados_pares += cuadrado

print(
    f"La suma de los cuadrados de los números pares en el rango {
        rango_inicio}-{rango_fin} es: {suma_cuadrados_pares}"
)
```

Out [122]:

```
La suma de los cuadrados de los numeros pares en el rango 1-10
    es: 220
```

Se emplea un bucle *for* para iterar sobre un rango numérico específico, identifica los números pares y ejecuta la suma de los cuadrados de dichos valores. Examinemos subsecuentemente una implementación para generar un patrón triangular:

In [123]:

```
# Ejercicio 123
# Ejercicio: Imprimir un patrón triangular
tamano = 8
for i in range(1, tamano + 1):
    print("* " * i)
```

Out [123]:

```
*
* *
* * *
* * * *
* * * * *
* * * * * *
* * * * * * *
* * * * * * * *
```

Esta implementación emplea un bucle *for* para materializar un patrón triangular de asteriscos. Cada línea presenta una cantidad progresivamente creciente de asteriscos. Consideremos adicionalmente un caso ilustrativo para cuantificar las vocales en una secuencia de palabras:

In [124]:

```
# Ejercicio 124
# Ejercicio: Contar la cantidad de vocales en una palabra
palabra = "Anaconda"
vocales = "aeiouAEIOU"
contador_vocales = 0
for letra in palabra:
    if letra in vocales:
        contador_vocales += 1

print(f"La palabra '{palabra}' tiene {contador_vocales} vocales.")
```

Out [124]:

```
La palabra 'Anaconda' tiene 4 vocales.
```

Esta implementación emplea un bucle *for* para iterar sobre cada carácter y cuantificar el número de vocales en las secuencias.

En este contexto, el bucle *for* itera sobre la lista de frutas y materializa la impresión de cada elemento. En el ámbito especializado de Machine Learning, resulta posible emplear bucles para iterar sobre columnas de conjuntos de datos, ejecutar validación cruzada en modelos algorítmicos, entre otras aplicaciones, y de manera indefinida mediante el bucle *while*. Procedamos a examinar un caso ilustrativo para adivinar un número con límite de intentos:

In [125]:

```
# Ejercicio 125
# Ejercicio: Adivinar un número con límite de intentos
import random
numero_secreto = random.randint(1, 100)
intentos = 0
limite_intentos = 5

while intentos < limite_intentos:
    intento_usuario = int(input("Intenta adivinar el número: "))

    if intento_usuario == numero_secreto:
        print("Correcto! Has adivinado el número.")
        break
    elif intento_usuario < numero_secreto:
        print("Demasiado bajo. Inténtalo de nuevo.")
```

```
    else:
        print("Demasiado alto. Inténtalo de nuevo.")
    intentos += 1

if intentos == limite_intentos:
    print(
        f"Agotaste tus {limite_intentos} intentos. El número secreto
            era {numero_secreto}."
    )
```

Out [125]:

```
Intenta adivinar el numero: 50
```

```
Demasiado alto. Intentalo de nuevo.
```

```
Intenta adivinar el numero: 25
```

```
Demasiado bajo. Intentalo de nuevo.
```

```
Intenta adivinar el numero: 38
```

```
Demasiado bajo. Intentalo de nuevo.
```

```
Intenta adivinar el numero: 44
```

```
Demasiado alto. Intentalo de nuevo.
```

```
Intenta adivinar el numero: 41
```

```
Correcto! Has adivinado el numero.
```

Esta implementación emplea un bucle *while* para posibilitar que el usuario ejecute intentos de adivinación de un número generado aleatoriamente. El bucle se ejecuta iterativamente hasta que el usuario identifica correctamente el valor o alcanza el límite de intentos establecido. Examinemos subsecuentemente una implementación sobre suma de números introducidos por el usuario hasta alcanzar un umbral específico:

In [126]:

```
# Ejercicio 126
# Ejercicio: Suma de números introducidos por el usuario hasta
    alcanzar un límite
```

```
limite_suma = 100
suma_actual = 0

while suma_actual < limite_suma:
    numero = int(input("Ingresa un número para sumar: "))
    suma_actual += numero

print(f"Se alcanzó o superó la suma de {limite_suma}. La suma total es
    : {suma_actual}")
```

Out [126]:

```
Ingresa un numero para sumar: 1
Ingresa un numero para sumar: 2
Ingresa un numero para sumar: 50
Ingresa un numero para sumar: -30
Ingresa un numero para sumar: 60
Ingresa un numero para sumar: 20
```

```
Se alcanzo o supero la suma de 100. La suma total es: 103
```

En esta implementación, el bucle *while* permite que el usuario ingrese valores numéricos, y la suma acumulativa de dichos números continúa hasta alcanzar o superar un límite predefinido. Consideremos una implementación de juego de adivinanzas con sistema de pistas:

In [127]:

```
# Ejercicio 127
# Ejercicio: Juego de adivinanzas con pistas
numero_secreto = 42
intentos = 0
limite_intentos = 3

print(
    "Bienvenido al juego de adivinanzas. Tienes 3 intentos para
        adivinar el número secreto."
)

while intentos < limite_intentos:
    intento_usuario = int(input("Intenta adivinar el número: "))

    if intento_usuario == numero_secreto:
        print("Correcto! Has adivinado el número.")
        break
    else:
        if intentos < limite_intentos - 1:
            print("Incorrecto. Intenta de nuevo.")
```

```
        else:
            print(f"Incorrecto! El número secreto era {numero_secreto}.")

    intentos += 1
```

Out [127]:

```
Bienvenido al juego de adivinanzas. Tienes 3 intentos para adivinar el numero secreto.
```

```
Intenta adivinar el numero: 100
```

```
Incorrecto. Intenta de nuevo.
```

```
Intenta adivinar el numero: 50
```

```
Incorrecto. Intenta de nuevo.
```

```
Intenta adivinar el numero: 23
```

```
Incorrecto! El numero secreto era 42.
```

```
Intenta adivinar el numero: 3
```

```
Incorrecto. Intenta de nuevo.
```

```
Intenta adivinar el numero: 90
```

```
Incorrecto. Intenta de nuevo.
```

```
Intenta adivinar el numero: 42
```

```
Correcto! Has adivinado el numero.
```

Esta implementación emplea un bucle *while* para posibilitar que el usuario ejecute intentos de adivinación de un número con límite de intentos establecido y proporciona pistas algorítmicas tras cada intento incorrecto.

2.10.3 Aplicación de estructuras iterativas en Machine Learning

Procedamos a examinar la implementación de estas estructuras de control de flujo en el contexto especializado de Machine Learning. Supongamos el escenario en que se requiere ejecutar una operación diferenciada para cada iteración sobre un conjunto de datos. Consideremos el siguiente caso ilustrativo de normalización de datos en Machine Learning:

Supongamos un conjunto de datos donde se requiere normalizar cada característica para situarla en el rango [0, 1]. Resulta posible emplear un bucle *for* para iterar sobre cada característica y aplicar la transformación de normalización correspondiente.

In [128]:

```
# Ejercicio 128
# Ejemplo: Normalización de datos en Machine Learning
conjunto_de_datos = [[2, 5, 8], [3, 6, 9], [4, 7, 10]]
minimos = [min(columna) for columna in zip(*conjunto_de_datos)]
maximos = [max(columna) for columna in zip(*conjunto_de_datos)]

for i in range(len(conjunto_de_datos)):
    for j in range(len(conjunto_de_datos[i])):
        conjunto_de_datos[i][j] = (conjunto_de_datos[i][j] - minimos[j
            ]) / (
            maximos[j] - minimos[j]
        )

print("Conjunto de datos normalizado:", conjunto_de_datos)
```

Out [128]:

```
Conjunto de datos normalizado: [[0.0, 0.0, 0.0], [0.5, 0.5,
    0.5], [1.0, 1.0, 1.0]]
```

Esta implementación emplea dos bucles *for* para normalizar cada valor en el conjunto de datos, ejecutando la división de cada valor por la diferencia entre el valor máximo y mínimo de su columna correspondiente.

2.10.4 Implementación de condicionales y bucles en proyectos de Machine Learning

Al desarrollar proyectos especializados de Machine Learning, resulta frecuente encontrar situaciones donde la toma de decisiones algorítmicas y la iteración constituyen elementos metodológicamente esenciales. Es posible emplear condicionales para gestionar casos atípicos o implementar lógica específica basada en condiciones particulares en los datos. Las estructuras iterativas constituyen recursos valiosos al procesar conjuntos de datos de gran volumen, ejecutar operaciones repetitivas de preprocesamiento o ajustar modelos algorítmicos con configuraciones diferenciadas.

Resulta metodológicamente pertinente considerar aspectos relacionados con la eficiencia computacional, especialmente en proyectos de Machine Learning que procesan grandes volúmenes de información. Python proporciona técnicas de vectorización y operaciones algorítmicamente optimizadas para mejorar la eficiencia y minimizar bucles innecesarios en determinados casos. De esta manera, hemos examinado la implementación de condicionales y bucles en Python, destacando su relevancia metodológica en el control de flujo en proyectos de Machine Learning. Estas estructuras algorítmicas proporcionan la flexibilidad necesaria para adaptarse a diversos escenarios y automatizar tareas de naturaleza repetitiva.[26]

Procedamos a examinar un caso ilustrativo de optimización de hiperparámetros mediante búsqueda algorítmica grid. En proyectos especializados de Machine Learning, la optimización de hiperparámetros contribuye significativamente a mejorar el rendimiento de los modelos. En esta implementación, emplearemos estructuras iterativas *for* y condicionales para desarrollar una búsqueda grid sobre diferentes combinaciones de hiperparámetros.

In [129]:

```
# Ejercicio 129
from sklearn.ensemble import RandomForestClassifier
from sklearn.datasets import load_iris
from sklearn.model_selection import train_test_split

# Cargar el conjunto de datos Iris
iris = load_iris()
X_train, X_test, y_train, y_test = train_test_split(
    iris.data, iris.target, test_size=0.2, random_state=42
)

# Definir los hiperparámetros a optimizar
parametros_a_optimizar = {
    "n_estimators": [50, 100, 200],
    "max_depth": [None, 10, 20],
    "min_samples_split": [2, 5, 10],
    "min_samples_leaf": [1, 2, 4],
}
```

[26]Deitel, P & Deitel, H. (2015). "Java: How to Program". New Jersey, United States of America. Pearson Education Inc.

```python

# Inicializar el clasificador RandomForest
clasificador_rf = RandomForestClassifier()

# Realizar búsqueda grid
mejor_modelo = None
mejor_precision = 0

for n_estimators in parametros_a_optimizar["n_estimators"]:
    for max_depth in parametros_a_optimizar["max_depth"]:
        for min_samples_split in parametros_a_optimizar["min_samples_split"]:
            for min_samples_leaf in parametros_a_optimizar["min_samples_leaf"]:
                # Configurar el clasificador con los hiperparámetros actuales
                clasificador_rf.set_params(
                    n_estimators=n_estimators,
                    max_depth=max_depth,
                    min_samples_split=min_samples_split,
                    min_samples_leaf=min_samples_leaf,
                )

                # Entrenar y evaluar el modelo
                clasificador_rf.fit(X_train, y_train)
                precision_actual = clasificador_rf.score(X_test, y_test)

                # Actualizar el mejor modelo si encontramos una precisión más alta
                if precision_actual > mejor_precision:
                    mejor_modelo = clasificador_rf
                    mejor_precision = precision_actual

# Imprimir los hiperparámetros del mejor modelo
print("Mejores hiperparámetros:", mejor_modelo.get_params())
print("Precisión del mejor modelo:", mejor_precision)
```

Out [129]:

```
Mejores hiperparametros: {'bootstrap': True, 'ccp_alpha': 0.0,
    'class_weight': None, 'criterion': 'gini', 'max_depth':
    20, 'max_features': 'sqrt', 'max_leaf_nodes': None, '
    max_samples': None, 'min_impurity_decrease': 0.0, '
    min_samples_leaf': 4, 'min_samples_split': 10, '
    min_weight_fraction_leaf': 0.0, 'monotonic_cst': None, '
    n_estimators': 200, 'n_jobs': None, 'oob_score': False, '
    random_state': None, 'verbose': 0, 'warm_start': False}
Precision del mejor modelo: 1.0
```

En esta implementación, empleamos cuatro bucles *for* anidados para recorrer sistemáticamente todas las combinaciones posibles de hiperparámetros. Implementamos condicionales para evaluar comparativamente la precisión de cada modelo con el modelo óptimo identificado hasta el momento. Esta aproximación metodológica contribuye a determinar la combinación óptima de hiperparámetros para nuestro clasificador RandomForest (algoritmo que examinaremos en detalle en secciones posteriores).

2.11 Excepciones

Las excepciones ocurren durante la ejecución de una aplicación y que pueden bloquear el flujo normal de ejecución. El manejo de excepciones es una técnica necesaria que permite controlar estos eventos de manera elegante, evitando que el programa se cierre abruptamente y proporcionando la oportunidad de gestionar errores de manera adecuada.

2.11.1 Concepto de excepciones en Python

En programación, una excepción es una condición anormal o inusual que se produce durante la ejecución de una aplicación y que afecta el flujo normal de instrucciones. Las excepciones pueden ocurrir por diversas razones, como errores de sintaxis, operaciones no permitidas o intentos de acceder a recursos inexistentes. En Python, cuando una excepción se genera, el programa detiene su ejecución y busca un bloque de código que maneje esa excepción. Este bloque de código se encuentra en una estructura *try-except*, donde se intenta ejecutar un conjunto de instrucciones, y si ocurre una excepción específica, se ejecutan las instrucciones en el bloque *except*.

Aquí ponemos un ejemplo de división por cero. En este ejemplo, se maneja la excepción que ocurre cuando se intenta dividir un número por cero.

In [130]:

```
# Ejercicio 130
try:
    numerador = 10
    denominador = 0
    resultado = numerador / denominador
except ZeroDivisionError:
    print("Error: División por cero no permitida.")
else:
    print("El resultado es:", resultado)
finally:
    print(
        "Este bloque siempre se ejecuta, independientemente de si hay
            una excepción o no."
    )
```

Out [130]:

```
Error: Division por cero no permitida.
Este bloque siempre se ejecuta, independientemente de si hay
    una excepcion o no.
```

Ahora un ejemplo de índice fuera de rango. Aquí, se maneja la excepción que ocurre al intentar acceder a un índice, el cual no existe en una lista.

In [131]:

```
# Ejercicio 131
try:
    mi_lista = [1, 2, 3]
    elemento = mi_lista[5] # Intentamos acceder a un índice que no
        existe
except IndexError:
    print("Error: Índice fuera de rango.")
else:
    print("El elemento es:", elemento)
finally:
    print(
        "Este bloque siempre se ejecuta, independientemente de si hay
            una excepción o no."
    )
```

Out [131]:

```
Error: Indice fuera de rango.
Este bloque siempre se ejecuta, independientemente de si hay
    una excepcion o no.
```

En ambos ejemplos, se utiliza una estructura *try-except* para manejar las excepciones. El código try contiene la codificación que da la excepción, y el bloque *except* especifica qué hacer si ocurre una excepción particular. El código *else* se ejecuta si no se produce ninguna excepción, y el código $finally$ siempre se ejecuta, independientemente de si hay una excepción o esta no existe. Estos bloques permiten un manejo elegante de las excepciones y permiten gestionar los errores de manera adecuada.

2.11.2 Importancia del manejo de excepciones en Machine Learning

En proyectos de Machine Learning, el manejo adecuado de excepciones es un paso significativo a tomar en cuenta y no debe descartarse. Al lidiar con grandes conjuntos de datos, operaciones matemáticas complejas y algoritmos avanzados, es probable que se encuentren situaciones imprevistas que generen excepciones.[27] Un manejo eficiente de estas excepciones garantiza que el programa pueda recuperarse de errores inesperados y continúe ejecutándose, incluso si se encuentra con problemas durante la ejecución.

Un ejemplo de carga de datos desde un archivo. En este ejemplo, se maneja la excepción que podría ocurrir al intentar cargar datos desde un archivo. Esto es relevante en proyectos de Machine Learning donde la calidad y el formato de los datos son significativos para tener un buen modelo con sus excepciones claras.

In [132]:

```python
# Ejercicio 132
import pandas as pd

try:
    datos = pd.read_csv("conjunto_de_datos.csv")
except FileNotFoundError:
    print("Error: El archivo no se ha encontrado.")
except pd.errors.EmptyDataError:
    print("Error: El archivo está vacío.")
except pd.errors.ParserError:
    print("Error: Problema al analizar el archivo CSV.")
else:
    print("Los datos se cargaron correctamente.")
```

Out [132]: ERROR

```
Error: El archivo no se ha encontrado.
```

Ahora un ejemplo de operaciones matriciales en NumPy. Aquí se maneja una excepción que podría surgir al realizar operaciones matriciales en NumPy. Esto es normal en proyectos de Machine Learning que implican cálculos matemáticos intensivos.

In [133]:

[27] Chávez Reyes, Carmen & León Quintanar. (2007). "La Biblia de las Matemáticas". México D.F., México. Editorial Letrarte S.A.

```
# Ejercicio 133
import numpy as np

try:
    matriz_a = np.array([[1, 2], [3, 4]])
    matriz_b = np.array(
        [[5, 6], [7, 8, 9]]
    ) # Intentamos multiplicar matrices de dimensiones incorrectas
    resultado = np.dot(matriz_a, matriz_b)
except ValueError:
    print(
        "Error: Las dimensiones de las matrices no son compatibles para
            la multiplicación."
    )
else:
    print("El resultado de la multiplicación de matrices es:",
        resultado)
```

Out [133]: ERROR

```
Error: Las dimensiones de las matrices no son compatibles para la
    multiplicación.
```

En este ejemplo, se maneja una excepción que podría ocurrir en el entrenamiento de un modelo de Machine Learning, como un error de convergencia o una excepción específica del algoritmo utilizado.

In [134]:

```
# Ejercicio 134
from sklearn.model_selection import train_test_split
from sklearn.ensemble import RandomForestClassifier
import numpy as np

# Definir la función cargar_datos
def cargar_datos(nombre_archivo):
    # Simular la carga de datos con datos aleatorios
    np.random.seed(42)
    X = np.random.rand(100, 10) # Ejemplo: 100 filas, 10 columnas
    y = np.random.randint(2, size=100) # Ejemplo: etiquetas binarias

    return X, y
try:
    # Cargar y dividir los datos
    X, y = cargar_datos("datos_entrenamiento.csv")
    X_train, X_test, y_train, y_test = train_test_split(X, y,
        test_size=0.2)

```

```
    # Inicializar y entrenar el modelo
    modelo = RandomForestClassifier(n_estimators=100)
    modelo.fit(X_train, y_train)
except ValueError as e:
    print(f"Error al entrenar el modelo: {e}")
else:
    print("El modelo se entrenó correctamente.")
```

Out [134]: ERROR

```
El modelo se entrenó correctamente.
```

Estos ejemplos demuestran cómo el manejo adecuado de excepciones en proyectos de Machine Learning puede ayudar a garantizar la robustez y la continuidad del programa, incluso cuando se enfrenta a problemas inesperados durante la ejecución.

2.11.3 Tipos comunes de excepciones en Machine Learning

En el contexto de Machine Learning, algunas excepciones comunes pueden incluir:

- **ValueError:** Ocurre cuando se intenta realizar una operación con un valor inapropiado o cuando se proporciona un argumento con el tipo incorrecto.
- **TypeError:** Se genera cuando se utiliza una operación o función en un dato que no es compatible.
- **MemoryError:** Puede ocurrir al manejar grandes conjuntos de datos si el programa se queda sin memoria.
- **FileNotFoundError:** Se produce al intentar acceder a un archivo que no existe.

Ahora haremos un ejemplo de ValueError. En este ejemplo, se maneja una excepción ValueError al intentar dividir un conjunto de datos en entrenamiento y prueba con un tamaño no válido.

In [135]:

```
# Ejercicio 135
from sklearn.model_selection import train_test_split

try:
    datos = cargar_datos("conjunto_de_datos.csv")
    X_train, X_test, y_train, y_test = train_test_split(
        datos, test_size=1.5
    ) # Tamaño de prueba no válido
except ValueError as e:
```

```
    print(f"Error de Valor: {e}")
else:
    print("División de datos realizada correctamente.")
```

Out [135]: ERROR

```
Error de Valor: The 'test_size' parameter of train_test_split must be
    a float in the range (0.0, 1.0), an int in the range [1, inf) or
    None. Got 1.5 instead.
```

Ahora haremos un ejemplo de TypeError. Aquí, se maneja una excepción TypeError al intentar realizar una operación de concatenación en una lista y un conjunto de datos.

In [136]:

```
# Ejercicio 136
lista_datos = [1, 2, 3]
conjunto_datos = {4, 5, 6}

try:
    resultado = (
        lista_datos + conjunto_datos
    ) # Intentamos concatenar una lista y un conjunto
except TypeError as e:
    print(f"Error de Tipo: {e}")
else:
    print("Operación de concatenación realizada correctamente.")
```

Out [136]: ERROR

```
Error de Tipo: can only concatenate list (not "set") to list
```

Ahora haremos un ejemplo de MemoryError. En este ejemplo, se simula un MemoryError al intentar crear una matriz muy grande.

In [137]:

```
# Ejercicio 137
import numpy as np

try:
    matriz_grande = np.zeros(
        (10**8, 10**8)
    ) # Intentamos crear una matriz demasiado grande
except MemoryError:
```

```
    print("Error de Memoria: No hay suficiente memoria disponible.")
else:
    print("La matriz se creó correctamente.")
```

Out [137]: ERROR

```
Error de Memoria: No hay suficiente memoria disponible.
```

Ahora haremos un ejemplo de FileNotFoundError. Aquí, se maneja una excepción FileNotFoundError al intentar cargar datos desde un archivo que no existe.

In [138]:

```
# Ejercicio 138
try:
    datos = pd.read_csv("datos_inexistentes.csv")
except FileNotFoundError:
    print("Error de Archivo No Encontrado: El archivo especificado no
        existe.")
else:
    print("Los datos se cargaron correctamente.")
```

Out [138]: ERROR

```
Error de Archivo No Encontrado: El archivo especificado no existe.
```

Estos ejemplos, ilustran cómo el manejo de excepciones puede ser esencial en proyectos de Machine Learning para anticipar y gestionar situaciones inesperadas que puedan aparecer durante la ejecución de una aplicación. Pero estos no son los únicos, existen cientos ya determinados y cientos que un desarrollador puede crear por su propia cuenta.

2.11.4 Mejores prácticas en el manejo de excepciones

Algunas mejores prácticas al manejar excepciones en proyectos de Machine Learning incluyen:

- **Especificar excepciones:** Manejar excepciones específicas en lugar de atrapar todas las excepciones. Esto proporciona un mayor control sobre el flujo de la aplicación y evita capturar excepciones que no se desean manejar.
- **Logueo de errores:** Utilizar herramientas de registro para registrar información detallada sobre las excepciones. Esto facilita la identificación y la solución de los problemas.
- **Mensajes explicativos:** Proporcionar mensajes de error explicativos para entender fácilmente la naturaleza del problema.

Ahora un ejemplo de especificación de excepciones. En este ejemplo, se manejan excepciones específicas al intentar realizar una operación de división con datos de entrada no válidos.

In [139]:

```
# Ejercicio 139
def dividir_datos(datos):
    try:
        resultado = (
            10 / datos["columna_invalida"]
        )  # Intentamos dividir por una columna inexistente
        print(resultado)
    except KeyError:
        print("Error: En la columna especificada no se encuentra en los
            datos.")
    except ZeroDivisionError:
        print("Error: División por cero.")
    except Exception as e:
        print(f"Error inesperado: {e}")
    else:
        print("La operación de división se realizó correctamente.")

# Llamada a la función con un diccionario de datos incorrecto
dividir_datos({"columna_valida": 5})
```

Out [139]: ERROR

```
Error: En la columna especificada no se encuentra en los datos.
```

Ahora haremos un ejemplo de Logueo de Errores. En este ejemplo, se utiliza la biblioteca logging para registrar información detallada sobre una excepción.

In [140]:

```
# Ejercicio 140
import logging
import pandas as pd
import numpy as np

def cargar_datos(nombre_archivo):
    try:
        # Simular la carga de datos con datos aleatorios
        np.random.seed(42)
        datos = pd.DataFrame(
            np.random.rand(100, 5),
            columns=["feature1", "feature2", "feature3", "feature4", "
                label"],
```

```
        )
    except FileNotFoundError as e:
        logging.error(
            f"Error al cargar datos desde {nombre_archivo}: Archivo no
                encontrado - {e}"
        )
        raise
    except pd.errors.ParserError as e:
        logging.error(
            f"Error al cargar datos desde {nombre_archivo}: Problema al
                analizar el archivo CSV - {e}"
        )
        raise
    else:
        return datos

# Llamada a la función con un nombre de archivo ficticio
datos_simulados = cargar_datos("archivo_inexistente.csv")
print("Datos cargados correctamente:", datos_simulados.head())
```

Out [140]:

```
Datos cargados correctamente: feature1 feature2 feature3
    feature4   label
0  0.374540 0.950714 0.731994 0.598658 0.156019
1  0.155995 0.058084 0.866176 0.601115 0.708073
2  0.020584 0.969910 0.832443 0.212339 0.181825
3  0.183405 0.304242 0.524756 0.431945 0.291229
4  0.611853 0.139494 0.292145 0.366362 0.456070
```

Ahora haremos un ejemplo de mensajes explicativos. Aquí, se proporcionan mensajes explicativos en los bloques *except* para entender fácilmente la naturaleza del problema.

In [141]:

```
# Ejercicio 141
try:
    resultado = 10 / 0 # Intentamos dividir por cero
except ZeroDivisionError:
    print("Error: División por cero. Asegúrate de que el denominador
        no sea cero.")
except Exception as e:
    print(f"Error inesperado: {e}")
else:
    print("La operación de división se realizó correctamente.")
```

Out [141]: ERROR

```
Error: División por cero. Asegúrate de que el denominador no sea cero.
```

Estos ejemplos ilustran cómo especificar excepciones, realizar el registro de errores y proporcionar mensajes explicativos puede mejorar el manejo de excepciones en proyectos de Machine Learning, facilitando la identificación y solución de problemas durante el desarrollo y la ejecución del código.

2.12 Resumen

En resumen, se tienen los siguientes puntos relevantes del capítulo:

2.1. Usos iniciales de Jupyter Notebook

Jupyter Notebook se ha establecido como una herramienta clave en ML, especialmente por su capacidad para combinar scripts, gráficos y texto en un solo documento. Esta característica lo hace ideal para científicos de datos y desarrolladores que trabajan en Machine Learning. Los usos de Jupyter Notebook incluyen la exploración de datos en las fases del desarrollo de modelos de Machine Learning. Este entorno facilita la carga y el análisis de conjuntos de datos, permitiendo a los usuarios identificar y analizar datos descriptivos de manera eficiente. Además, la ejecución de código en bloques, una funcionalidad distintiva de Jupyter Notebook, permite a los usuarios dividir y ejecutar su código en secciones separadas, lo que es especialmente útil para entender mejor el flujo del programa.

2.2. Tipos de datos

Se enfoca en los tipos de datos, donde Python es un lenguaje de programación de alto nivel y dinámico. Python se caracteriza por su capacidad para manejar diferentes tipos de datos, sin requerir la declaración explícita del tipo de una variable antes de su uso. Los tipos de datos básicos cubiertos incluyen:

- **Enteros (int):** Números enteros positivos o negativos sin decimales, como 5.
- **Números de punto flotante (float):** Números con decimales, por ejemplo, 3.14.
- **Cadenas (str):** Secuencias de caracteres que pueden incluir letras, números y caracteres especiales, como "Python".
- **Booleanos (bool):** Valores de True o False.

El documento también ilustra cómo identificar el tipo de dato de una variable utilizando la función *type()*, y proporciona ejemplos de operaciones básicas con estos tipos de datos:[28]

- **Operaciones aritméticas:** Suma, resta, multiplicación y división con enteros y números de punto flotante.
- **Manipulación de cadenas:** Concatenación y repetición de cadenas.
- **Operaciones lógicas con booleanos:** Como la negación.

2.3. Operadores lógicos

[28]The Math Works. (2001). "Statistics Toolbox: For Use with MATLAB: User's Guide Version 3". Massachusetts, United States of America.

Los operadores lógicos en Python, esenciales en la programación para Machine Learning, especialmente en la toma de decisiones y control del flujo de programas. Estos operadores permiten evaluar y realizar operaciones lógicas y de comparación. Los operadores lógicos comunes en Python incluyen:

- **Igualdad (==):** Verifica si dos valores son iguales.
- **Desigualdad (!=):** Verifica si dos valores no son iguales.
- **Mayor que (>):** Comprueba si el valor de la izquierda es mayor que el de la derecha.
- **Menor que (<):** Comprueba si el valor de la izquierda es menor que el de la derecha.
- **Mayor o igual que (>=):** Evalúa si el valor de la izquierda, es mayor o igual.
- **Menor o igual que (<=):** Evalúa si el valor de la izquierda, es menor o igual.

Además, se utilizan los operadores:

- **and:** True si ambas condiciones son verdaderas.
- **or:** True si alguna de las condiciones es verdadera.
- **not:** Invierte el resultado de la condición.

El documento proporciona ejemplos de cómo estos operadores se utilizan en Python, mostrando su funcionamiento con valores de verdad y variables numéricas. También se menciona el uso de *lambda*, una palabra *key* en Python, para crear funciones anónimas o funciones lambda, que se usan en operaciones que requieren funciones pequeñas y temporales.

2.4. Tablas, listas, diccionarios e indexación

Este apartado se enfoca en estructuras de datos avanzadas en Python, que sirven para la programación en Machine Learning. Estas estructuras incluyen listas, diccionarios y tablas, y se destaca cómo su uso efectivo es clave para manipular datos en proyectos de Machine Learning.

- **Listas:** Son secuencias ordenadas que pueden contener elementos de diferentes tipos, ofreciendo flexibilidad y eficiencia en la manipulación de datos.
- **Diccionarios:** Son colecciones de clave-valor, donde los elementos tienen una clave única, facilitando el acceso rápido a los datos.
- **Tablas (Arrays):** Aunque no son nativas en Python, se implementan a través de bibliotecas como NumPy. Son estructuras bidimensionales, que colocan los datos en filas y columnas, similares a las matrices.

La indexación es una habilidad creativa e innovadora en Python, permitiendo acceder a elementos específicos de listas, diccionarios, y otras estructuras de datos.

2.5. Operaciones en los Dataframe y las bases de datos

Este apartado se enfoca en el uso de la biblioteca Pandas en Python, para la manipulación de datos en el desarrollo de softwares de Machine Learning. Pandas facilita la gestión y análisis de datos mediante estructuras como los DataFrames, que son tablas bidimensionales organizadas en filas y columnas. Se destacan varias operaciones comunes con Pandas[29]:

- **Creación de DataFrames:** Se crear DataFrames o tablas a partir de diccionarios, con columnas que representan diferentes tipos de datos.
- **Información del DataFrame:** Se puede obtener información sobre la estructura del DataFrame, incluyendo el tipo de dato de cada columna.
- **Selección de columnas:** Es posible seleccionar columnas específicas de un DataFrame para trabajar con un subconjunto de datos.
- **Filtrado de filas:** Se pueden filtrar las filas de un DataFrame basándose en condiciones específicas.
- **Agregar y eliminar columnas:** Pandas permite añadir nuevas columnas a un DataFrame o eliminarlas según sea necesario.
- **Estadísticas descriptivas:** Se pueden calcular estadísticas descriptivas para las columnas numéricas, proporcionando un resumen de los datos.
- **Agrupación y resumen:** Los DataFrames pueden ser agrupados por valores específicos de una columna, permitiendo realizar cálculos y análisis por grupo.
- **Ordenación de datos:** Los DataFrames son ordenados por una o más columnas.
- **Exportación e importación de datos:** Pandas, simplifica la exportación de DataFrames a diferentes formatos como CSV o Excel y su posterior importación.
- **Visualización de datos:** Integración con herramientas de visualización como Matplotlib para representar gráficamente los datos.
- **Operaciones avanzadas:** Incluyendo el filtrado y selección de datos, cálculos estadísticos, y la modificación de datos existentes.
- **Integración con bases de datos:** Pandas se integra con bases de datos utilizando SQLAlchemy, permitiendo cargar y guardar datos directamente desde y hacia las bases de datos.

Estas operaciones se usan para la preparación, limpieza, transformación y análisis exploratorio de los datos. Pandas ofrece una forma eficiente de manejar grandes conjuntos de datos, facilitando la identificación de patrones y la realización de análisis estadísticos preliminares. Este conocimiento sirve para el desarrollo de aplicaciones de Machine Learning, donde la manipulación de datos es un paso previo al modelado.

---

[29] Nisbet, R. Elder, J. & Miner, G. (2009). "Handbook of Statistical Analysis & Data Mining Applications". Canada. Elsevier Inc.

2.6. Tuplas

Este apartado explora las tuplas en Python, destacando su importancia en el desarrollo de softwares de Machine Learning. Las tuplas son estructuras de datos inmutables, definidas por el uso de paréntesis y capaces de contener elementos de varios tipos. Su principal característica, la inmutabilidad, significa que una vez creadas, no es posible modificar sus elementos, ni añadir ni eliminar elementos.

2.7. Funciones

Este apartado se centra en la definición y el uso de funciones en Python, resaltando su importancia en el desarrollo de softwares de Machine Learning. Las funciones son códigos reutilizables que realizan tareas específicas, esenciales para la modularización del código, la mejora de la legibilidad y la reutilización del mismo.

Uso de Funciones en Python: Las funciones se invocan con valores específicos para sus parámetros. Los resultados devueltos pueden ser almacenados en variables o usados directamente.

Parámetros y Argumentos en Funciones: Variables dentro de la función y Valores reales proporcionados al llamar a la función.

2.8. Argumentos

Este apartado aborda la flexibilidad y versatilidad de las funciones en Python a través de la utilización de diferentes tipos de argumentos, incluyendo posicionales, por palabra clave y con valores por defecto. Esta capacidad es útil en el desarrollo de aplicaciones de Machine Learning.

- **Argumentos posicionales:** Son argumentos que se pasan a una función en el mismo orden definidos. Se ilustra su uso a través de ejemplos como funciones para saludar, multiplicar valores y calcular potencias.
- **Argumentos por palabra clave:** Estos argumentos permiten pasar valores a una función utilizando el nombre del parámetro, lo cual mejora la claridad del código. Se presentan ejemplos que incluyen funciones para multiplicar números, dividir números y concatenar cadenas.
- **Valores por defecto en argumentos:** Permiten asignar un valor predeterminado a un parámetro. Si no se da un valor al llamar a la función, se utiliza el valor por defecto. Ejemplos mostrados incluyen funciones para saludar, calcular el área de un rectángulo y retorna la capital de un país.
- **Combinación de tipos de argumentos:** Las funciones pueden mezclar diferentes tipos de argumentos según sea necesario. Se demuestran ejemplos donde se combinan argumentos posicionales, por palabra clave y con valores

por defecto, como en las funciones para imprimir información de personas, saludar y mezclar números.

Así, este apartado destaca la importancia de comprender y utilizar diferentes tipos de argumentos al definir funciones en Python, especialmente en el desarrollo de aplicaciones de Machine Learning, donde la adaptación y la flexibilidad en el manejo de datos y la configuración de modelos son esenciales.

2.9. Métodos en Python

- **Métodos en listas:** Funciones integradas para manipular listas, tales como append(), sort(), remove(), index(), y count().
- **Métodos en cadenas:** Funciones para trabajar con cadenas, como lower(), upper(), split(), replace(), y startswith().

2.10. Condicionales y bucles en Python

- **Condicionales (if, elif, else):** Usados para ejecutar diferentes partes de un programa según ciertas condiciones, como en la clasificación de números o longitudes de palabras, y en la validación de acceso.
- **Bucles (for, while):** Permiten la repetición de bloques de código, útiles en Machine Learning para iterar sobre conjuntos de datos, ajustar modelos, etc.

2.11. Excepciones en Python

Son situaciones inesperadas durante la ejecución de un programa que afectan el flujo normal de instrucciones.

- **Manejo de excepciones:** Uso de estructuras *try-except* para controlar excepciones y evitar interrupciones abruptas.
- **Importancia en Machine Learning:** Es útil para asegurar la robustez de programas al manejar grandes conjuntos de datos y algoritmos complejos.
- **Tipos comunes de excepciones:** Incluyen en el capítulo *ValueError*, *TypeError*, *MemoryError*, y *FileNotFoundError*.
- **Mejores prácticas:** Especificar excepciones, registrar errores y proporcionar mensajes explicativos para facilitar la solución de problemas.

Estos conceptos son esenciales para un desarrollo eficiente en Python, especialmente en proyectos de Machine Learning, donde la capacidad de manejar datos y algoritmos de manera eficaz y robusta son de gran importancia para un cientifico de datos.

2.13 Problemas y sus Soluciones

Se tienen los siguientes problemas y soluciones:

Pregunta 1. ¿Qué palabra se usa para definir una función en Python?

A) function.
B) def.
C) func.
D) define.
E) method.
F) create.

Pregunta 2. ¿Cómo se llama un método asociado a una lista para agregar un elemento al final?

A) add.
B) put.
C) append.
D) insert.
E) push.
F) attach.

Pregunta 3. ¿Qué método se utiliza para ordenar los elementos de una lista en Python?

A) order.
B) sort.
C) arrange.
D) sequence.
E) lineup.
F) organize.

Pregunta 4. ¿Qué estructura de control se usa para repetir un código mientras se cumpla una condición?

A) for.
B) repeat.
C) loop.
D) while.
E) iterate.
F) run.

Pregunta 5. ¿Cuál no es un tipo de error común?

A) ValueError.
B) TypeError.
C) SyntaxError.
D) IndexError.
E) FileNotFoundError.
F) ColorError.

Pregunta 6. ¿Qué método de las cadenas en Python convierte todos los caracteres a minúsculas?

A) toLowerCase.
B) lower.
C) small.
D) min.
E) downcase.
F) lowercase.

Pregunta 7. ¿Cómo se llama el proceso de tratar y manejar errores en Python?

A) Error Checking.
B) Exception Handling.
C) Bug Fixing.
D) Code Repairing.
E) Error Catching.
F) Problem Solving.

Pregunta 8. ¿Qué operador se utiliza para comprobar la igualdad en Python?

A) =.
B) ==.
C) ===.
D) !=.
E) <>.
F) ~=.

Pregunta 9. ¿Qué tipo de estructura de datos es inmutable en Python?

A) Lista.
B) Diccionario.
C) Conjunto.

D) Tupla.
E) Array.
F) Stack.

Pregunta 10. ¿Cuál es la palabra clave para manejar excepciones en Python?

A) try.
B) catch.
C) except.
D) error.
E) handle.
F) manage.

Pregunta 11. ¿Qué método uso en listas, elimina el primer elemento que coincide con el valor especificado?

A) delete.
B) remove.
C) pop.
D) discard.
E) eliminate.
F) clear.

Pregunta 12. ¿Qué método, devuelve la cantidad de veces que un elemento aparece en una lista?

A) count.
B) number.
C) times.
D) sum.
E) total.
F) frequency.

Pregunta 13. ¿Qué se utiliza para definir el cuerpo de una función en Python?

A) Paréntesis.
B) Llaves.
C) Comillas.
D) Dos puntos.
E) Punto y coma.
F) Corchetes.

Pregunta 14. ¿Qué tipo de bucle es mejor cuando se sabe cuántas veces se debe repetir el bucle?

A) while.
B) do-while.
C) for.
D) loop.
E) iterate.
F) repeat.

Pregunta 15. ¿Qué palabra clave se utiliza para crear una condicional en Python?

A) if.
B) when.
C) case.
D) check.
E) condition.
F) whether.

Pregunta 16. ¿Qué tipo de dato se usa para almacenar valores verdaderos y falsos en Python?

A) String.
B) Integer.
C) Boolean.
D) Float.
E) Char.
F) Double.

Pregunta 17. ¿Qué método de cadena se utiliza para reemplazar una subcadena por otra en Python?

A) replace.
B) change.
C) swap.
D) alter.
E) switch.
F) transform.

Pregunta 18. ¿Qué error se genera al intentar acceder a un índice que no existe en una lista en Python?

A) IndexError.
B) KeyError.
C) ValueError.
D) TypeError.
E) OutOfBoundsError.
F) NoneError.

Pregunta 19. ¿Qué palabra clave se utiliza para salir de un bucle en Python?

A) exit.
B) leave.
C) stop.
D) end.
E) break.
F) terminate.

Pregunta 20. ¿Qué palabra clave se utiliza para continuar con la siguiente iteración de un bucle en Python?

A) next.
B) skip.
C) continue.
D) pass.
E) jump.
F) proceed.

Pregunta 21. Ejercicio Práctico: Uso de tipos de datos básicos.

- **Crea una variable, para cada dato básico en Python (entero, flotante, cadena, booleano) y muestra su tipo y valor.**

Pregunta 22. Ejercicio Práctico: Operaciones aritméticas.

- **Realiza una suma, resta, multiplicación y división con dos números y muestra los resultados.**

Pregunta 23. Ejercicio Práctico: Concatenación de cadenas.

- **Concatena dos cadenas y muestra el resultado.**

Pregunta 24. Ejercicio Práctico: Uso de listas.

- **Crea una lista de números, añade un número al final y muestra la lista modificada.**

Pregunta 25. Ejercicio Práctico: Condicionales y operadores lógicos.

- **Dado un número, determina si es positivo, negativo o cero utilizando condicionales.**

Pregunta 26. Ejercicio Práctico: Conversión de datos.

- **Convierte un número entero a flotante y una cadena que representa un número a entero.**

Pregunta 27. Ejercicio Práctico: Indexación en listas.

- **Dada una lista de frutas, accede al tercer elemento y muestra su valor.**

Pregunta 28. Ejercicio Práctico: Operadores de comparación.

- **Compara dos números e indica si son iguales, y determina si el primero es mayor que el segundo.**

Pregunta 29. Ejercicio Práctico: Uso de diccionarios.

- **Crea un diccionario con datos de un libro (título, autor, año) y señala el valor del año.**

Pregunta 30. Ejercicio Práctico: Funciones en Python.

- **Escribe una función con dos números como argumentos y devuelva su suma.**

Pregunta 31. Ejercicio Práctico: Trabajar con Slices en listas.

- **Dada una lista de números, obtén una sublista que contenga los elementos del segundo al cuarto.**

Pregunta 32. Ejercicio Práctico: Iterar sobre una lista.

- **Dada una lista de nombres, itera sobre ella e imprime cada nombre.**

Pregunta 33. Ejercicio Práctico: Uso del bucle while.

- **Escribe un bucle while para contar del 1 al 5.**

Pregunta 34. Ejercicio Práctico: Función con parámetros por defecto.

- **Escribe una función que agarre un nombre y un saludo opcional. El saludo debe ser "Hola" por defecto.**

Pregunta 35. Ejercicio Práctico: Uso de try y except.

- **Escribe un código que intente dividir dos números y maneje el caso donde se divide por cero.**

Pregunta 36. Ejercicio práctico: Operaciones con enteros y flotantes.

- **Crea dos variables, una entera y otra de punto flotante, y realiza operaciones básicas con ellas.**

Pregunta 37. Ejercicio Práctico: Trabajar con listas.

- **Crea una lista de números enteros y realiza operaciones como agregar un nuevo elemento, luego acceder a un elemento específico y eliminar un elemento.**

Pregunta 38. Ejercicio Práctico: Uso de diccionarios.

- **Crea un diccionario para almacenar información de un estudiante (nombre, edad y curso) y luego accede a un valor específico utilizando su clave.**

Pregunta 39. Ejercicio Práctico: Operaciones lógicas y comparaciones.

- **Dadas dos variables, realiza operaciones de igualdad, mayor que y lógica 'and'.**

Pregunta 40. Ejercicio Práctico: Uso básico de Pandas y DataFrames.

- **Crea un DataFrame (Tabla) de Pandas a partir de un diccionario y realiza operaciones básicas como mostrar la información y filtrar datos basados en una condición.**

2.14 Problemas

Se tienen los siguientes problemas:

Pregunta 1: Manipulación de listas:

- Crea una lista del 1 al 5.
- Agrega el 6 al final de la lista.
- Multiplica los elementos de la lista por 2.
- Muestra la lista resultante.

Pregunta 2: Búsqueda en listas:

- Crea una lista de nombres.
- Ve si el nombre "Carlos" está en la lista.
- Encuentra la posición del nombre "Ana" en la lista.
- Elimina el nombre "Juan" de la lista.
- Muestra la lista modificada.

Pregunta 3: Manejo de cadenas:

- Crea una cadena de textos, usando tu nombre.
- Convierte la cadena a minúsculas.
- Reemplaza una letra de tu nombre por otra.
- Muestra la cadena resultante.

Pregunta 4: Uso de condicionales:

- Pide al usuario que ingrese un número.
- Ve si el número es par o impar.
- Si es par, muestra un mensaje indicándolo.
- Si es impar, muestra otro mensaje.

Pregunta 5: Funciones personalizadas:

- Define una función que acepte dos números como parámetros y devuelva su diferencia.
- Llama a la función con dos números de tu elección.
- Muestra el resultado.

Pregunta 6: Manipulación de diccionarios:

- Crea un diccionario usando información de una persona (nombre, edad, ciudad).
- Agrega una nueva clave-valor al diccionario (por ejemplo, "profesión": ïngeniero").
- Muestra la información del diccionario.

Pregunta 7: Uso de operadores lógicos:

- Pide al usuario que ingrese dos números.
- Verifica si ambos números son mayores que 0.
- Si ambos son mayores que 0, muestra un mensaje indicándolo.

Pregunta 8: Iteración con while:

- Inicia un contador en 1.
- Utiliza un bucle while para imprimir los cuadrados de los números del 1 al 50.

Pregunta 9: Trabajo con slices en listas:

- Crea una lista para números del 1 al 100.
- Utiliza slices para tener tres sublistas: los primeros 3 elementos, los últimos 3 elementos y los elementos del medio.

Pregunta 10: Uso de listas de comprensión:

- Crea una lista con los primeros 20 números pares usando listas de comprensión.
- Crea otra lista con los cuadrados de esos números.

Pregunta 11: Uso de módulos externos:

- Importa el módulo math.
- Calcula la raíz cuadrada de un número, colocado por el usuario utilizando la función sqrt del módulo.
- Muestra el resultado.

Pregunta 12: Manipulación de fechas y horas:

- Importa el módulo datetime.
- Obtén la fecha y hora actuales.

- Muestra la fecha y hora en un formato legible.

Pregunta 13: Uso de expresiones regulares:

- Importa el módulo re.
- Crea una expresión regular para testear correos electrónicos.
- Pide al usuario que ingrese un correo electrónico y verifica si cumple con el formato.

Pregunta 14: Trabajar con archivos:

- Crea un archivo de texto llamado "ejemplo.txt".
- Escribe líneas de texto en el archivo.
- Lee el contenido del archivo y muéstralo.

Pregunta 15: Creación y manipulación de sets:

- Crea dos sets con algunos elementos.
- Realiza operaciones de unión, intersección y diferencia entre los sets.
- Muestra los resultados.

Pregunta 16: Uso básico de Pandas y DataFrames:

- Crea un DataFrame con informacion de estudiantes (nombre, edad, promedio).
- Agrega un nuevo estudiante al DataFrame.
- Calcula el promedio general de los estudiantes.

Pregunta 17: Manipulación de bytes:

- Convierte una cadena de texto en bytes utilizando el método encode.
- Muestra la representación en bytes.
- Luego, convierte los bytes de vuelta a una cadena, usando el método decode y muestra el resultado.

Pregunta 18: Uso de decoradores:

- Define un decorador, que muestre un mensaje antes y después de llamar a una función.
- Aplica el decorador a una función simple y muestra el resultado.

Pregunta 19: Trabajo con JSON:

- Crea un diccionario con información de productos (nombre, precio, cantidad).
- Convierte el diccionario a una cadena JSON.
- Luego, convierte la cadena JSON de vuelta a un diccionario.
- Muestra la información del diccionario resultante.

Pregunta 20: Desarrollo de una pequeña aplicación:

- Diseña una pequeña aplicación que permita a los usuarios agregar, eliminar y listar tareas pendientes.
- Utiliza funciones para realizar estas operaciones.
- Implementa un bucle que permita a los usuarios interactuar con la aplicación hasta que decidan salir.

Capítulo 3 Python para Análisis de Datos

Objetivos

- Módulos de Python para el análisis de datos.
- Manipular arrays numéricos con NumPy.
- Cálculos simbólicos con SymPy.
- Aplicar algoritmos científicos con SciPy.
- Analizar y transformar datos tabulares con Pandas.
- Visualizar datos estáticos y estadísticos.
- Crear aplicaciones web interactivas con Dash.
- Generar mapas interactivos con Folium.

3.1 Módulos de Python para análisis de datos

El análisis de datos se beneficia considerablemente de la riqueza del ecosistema de herramientas y librerías en Python. Estas herramientas proporcionan funciones esenciales para manipular datos, construir modelos y visualizar resultados. En este capítulo, examinaremos algunos de los módulos más utilizados en Machine Learning y cómo contribuyen al desarrollo eficiente de aplicaciones para Machine Learning.[1]

Información Relevante

¿Por qué estudiar Analisis de Datos? El saber usar herramientas conjuntamente con Python, así como con NumPy, Pandas y visualización facilitan el trabajo de analistas de datos en bancos, consultores en Big Data, investigador en empresas farmacéuticas, o científico de datos en startups tecnológicas. Esto se traduce en una mayor eficiencia y efectividad en la toma de decisiones basada en datos.

La comunidad de Python se destaca por ofrecer una amplia variedad de herramientas especializadas en Machine Learning, lo que convierte a este lenguaje en una elección preferente entre los científicos de datos y los desarrolladores. Estas herramientas abarcan desde librerías para manipulación de datos hasta potentes frameworks para la implementación de modelos complejos. Entre estas destacan:

- **NumPy: Manipulación eficiente de datos numéricos:** Constituye una libre-

[1] Edwards, C.H. Jr & Penney David. (1994). "Cálculo con Geometría Analítica". México DF, México. Prentice Hall Hispanoamericana S.A.

ría esencial en el campo de Machine Learning [1]. Proporciona estructuras de datos altamente eficientes para la manipulación de arreglos numéricos y operaciones matriciales. Su aplicación es habitual para realizar cálculos numéricos rápidos, aspecto que resulta esencial en la implementación de algoritmos de Machine Learning.

- **Sympy: Álgebra simbólica en Python:** Constituye una librería que posibilita realizar cálculos simbólicos en Python. Resulta especialmente útil para manipulaciones algebraicas, cálculos de límites, derivadas e integrales simbólicas. Su implementación es habitual en proyectos que involucran matemáticas simbólicas y manipulación algebraica avanzada.
- **Scipy: Librería para cálculos científicos:** Representa una librería que complementa a NumPy y proporciona funcionalidades adicionales para realizar cálculos científicos avanzados [1]. Incluye clases y funciones para optimización, álgebra lineal, estadísticas, procesamiento de señales y más. Scipy resulta indispensable para aplicaciones que van más allá de la manipulación básica de datos numéricos.
- **Pandas: Manipulación y análisis de datos tabulares:** Constituye otra librería clave para cualquier proyecto de Machine Learning [4]. Proporciona estructuras de datos como el DataFrame o tablas, que facilita la manipulación y análisis de datos tabulares. La limpieza y preparación de datos representan tareas esenciales, y Pandas simplifica considerablemente estas operaciones.
- **Matplotlib , Seaborn, Plotly y Bokeh:** Constituyen librerías de visualización de datos. Estas librerías ofrecen herramientas para la visualización de datos dentro de Python, adaptándose a diversos dispositivos como smartphones, computadoras portátiles, la web, etc. Matplotlib representa una librería base para gráficos estáticos; Seaborn simplifica la creación de gráficos; Plotly permite crear visualizaciones interactivas; y Bokeh se centra en gráficos interactivos y dashboards.
- **Dash: Creación de aplicaciones web interactivas:** Constituye una librería que facilita la creación de aplicaciones web interactivas en Python. Resulta útil para desarrolladores que desean construir paneles de control y aplicaciones interactivas basadas en datos.
- **Folium: Visualización de datos geoespaciales:** Representa una librería que se especializa en la visualización de datos geoespaciales en mapas interactivos. Constituye una elección preferente para proyectos que involucran datos de ubicación y mapas interactivos.[2]

La selección de las herramientas adecuadas en un proyecto de Machine Learning resulta significativo para el éxito del mismo, dado que la visualización facilita la interacción entre usuario y máquina. Cada librería posee sus fortalezas y de-

[2] Cressie, N. (1993). "Statistics for Spatial Data". United States of America. Editor John Wiley & Sons, Inc.

bilidades, y la decisión de implementación depende de los requisitos específicos del proyecto y de la familiaridad del desarrollador con las herramientas. En este capítulo se presentan únicamente las aplicaciones necesarias para el desarrollo en Machine Learning.

La versatilidad de Python y su ecosistema en crecimiento convierten a este lenguaje en una opción sólida para proyectos de Machine Learning. La comunidad activa y los recursos en línea simplifican el aprendizaje y la resolución de problemas. Este capítulo proporciona una visión general de algunos de los módulos más utilizados en ML con Python.

3.2 NumPy - Python numérico

La eficiencia en la manipulación de datos numéricos constituye una piedra angular en el desarrollo de aplicaciones de Machine Learning, y la librería NumPy se destaca como una herramienta para lograr este objetivo. En esta sección, examinaremos cómo NumPy facilita la manipulación de arrays numéricos y su relevancia en el contexto de Machine Learning.[3]

3.2.1 Manipulación eficiente de arrays numéricos

NumPy, abreviatura de "Numerical Python", constituye un módulo de código abierto que proporciona soporte para trabajar con grandes conjuntos de datos numéricos y realizar operaciones matemáticas avanzadas de manera eficiente. Su característica principal radica en el objeto array, que permite representar y manipular datos en forma de matrices.

Consideremos el siguiente ejemplo en código Python, que demuestra la creación y manipulación de arrays numéricos con NumPy:

In [1]:

```
# Ejercicio 1
import numpy as np
import warnings
warnings.filterwarnings("ignore")
try:
    display
except NameError:
    def display(obj):
        print(obj)

# Crear un array NumPy
```

[3] Bressert, E. (2013). “SciPy and NumPy”. Unites States of America. O´Reilly Media Inc. Primera Edición.

```
array_numerico = np.array([1, 2, 3, 4, 5])

# Realizar operaciones matemáticas en el array
array_cuadrado = array_numerico**2
array_doble = array_numerico * 2

# Imprimir los resultados
print("Array Original:", array_numerico)
print("Array al Cuadrado:", array_cuadrado)
print("Array Doble:", array_doble)
```

Out [1]:

```
Array Original: [1 2 3 4 5]
Array al Cuadrado: [ 1 4 9 16 25]
Array Doble: [ 2 4 6  8 10]
```

En este caso se emplea NumPy para crear un array numérico y realizar operaciones matemáticas básicas. La capacidad de NumPy para aplicar operaciones de manera vectorizada mejora significativamente la eficiencia en comparación con las listas estándar de Python.

Examinemos las operaciones estadísticas con NumPy en el contexto de Machine Learning.

In [2]:

```
# Ejercicio 2
import numpy as np

# Generar datos de ejemplo para simular puntuaciones de un modelo
puntuaciones_modelo = np.random.normal(loc=80, scale=10, size=1000)

# Calcular estadísticas básicas utilizando funciones de NumPy
media = np.mean(puntuaciones_modelo)
desviacion_estandar = np.std(puntuaciones_modelo)
percentil_90 = np.percentile(puntuaciones_modelo, 90)

# Imprimir los resultados
print("Media:", media)
print("Desviación Estándar:", desviacion_estandar)
print("Percentil 90:", percentil_90)
```

Out [2]:

```
Media: 79.78668789545269
Desviacion Estandar: 9.87048962466745
```

```
Percentil 90: 92.29677856374187
```

En este ejemplo, se emplea NumPy para generar datos de ejemplo y realizar operaciones estadísticas comunes. La capacidad de NumPy para realizar cálculos estadísticos de manera eficiente resulta útil al trabajar con grandes conjuntos de datos en aplicaciones de Machine Learning, donde resulta necesario conocer las métricas para ajustar los modelos de ML.

Ventajas de NumPy en Machine Learning:

- **Eficiencia en operaciones matriciales:** En el contexto de Machine Learning, donde las operaciones matriciales son frecuentes, NumPy proporciona una ventaja significativa. La implementación optimizada de la librería NumPy permite realizar cálculos matriciales de manera rápida, característica relevante en algoritmos de optimización y Machine Learning.
- **Broadcasting:** Operaciones con arrays de dimensiones diferentes. Sin embargo, no siempre resulta posible realizar estas operaciones; es necesario conocer tanto la herramienta como la matemática que sustenta el análisis.

NumPy implementa un concepto denominado "*broadcasting*", que permite realizar operaciones entre arrays de diferentes dimensiones de manera automática y eficiente; el código puede presentar errores. Esto simplifica el código y mejora la legibilidad al evitar la necesidad de expandir manualmente las dimensiones de los arrays.

Consideremos un ejemplo de eficiencia en operaciones matriciales:

In [3]:

```python
# Ejercicio 3
import numpy as np
import time

# Crear dos matrices aleatorias
matrix_a = np.random.rand(100, 100)
matrix_b = np.random.rand(100, 100)

# Medir el tiempo de ejecución sin NumPy
start_time = time.time()
result_no_numpy = [[0 for _ in range(100)] for _ in range(100)]
for i in range(100):
    for j in range(100):
        for k in range(100):
            result_no_numpy[i][j] += matrix_a[i][k] * matrix_b[k][j]
end_time = time.time()
print("Tiempo sin NumPy:", end_time - start_time, "segundos")

```

```
# Medir el tiempo de ejecución con NumPy
start_time = time.time()
result_with_numpy = np.dot(matrix_a, matrix_b)
end_time = time.time()
print("Tiempo con NumPy:", end_time - start_time, "segundos")
```

Out [3]:

```
Tiempo sin NumPy: 0.35140204429626465 segundos
Tiempo con NumPy: 0.0018260478973388672 segundos
```

Este ejemplo compara la eficiencia en operaciones matriciales entre una implementación sin NumPy y otra con NumPy, donde el rendimiento computacional resulta relevante. La versión con NumPy es considerablemente más eficiente debido a la implementación optimizada de las operaciones matriciales. Analicemos la implementación de Broadcasting en NumPy

In [4]:

```
# Ejercicio 4
import numpy as np

# Crear un array unidimensional y un escalar
array = np.array([1, 2, 3, 4])
escalar = 2

# Multiplicar cada elemento del array por el escalar utilizando
    broadcasting
resultado = array * escalar
print("Array original:", array)
print("Resultado con Broadcasting:", resultado)
```

Out [4]:

```
Array original: [1 2 3 4]
Resultado con Broadcasting: [2 4 6 8]
```

En este ejemplo, el broadcasting de NumPy permite multiplicar cada elemento del array por el escalar sin la necesidad de expandir manualmente las dimensiones. Esto contribuye a que el código sea más conciso.

3.2.2 Integración con otras librerías de Machine Learning

NumPy se integra de manera natural con otras librerías populares de Machine Learning, como Scikit-Learn y TensorFlow. Muchos de los algoritmos en estas librerías esperan datos en formato de array de NumPy, lo que simplifica la interoperabilidad y facilita el flujo de trabajo. Examinemos dos ejemplos de integración con Scikit-Learn:

Por ejemplo, Scikit-Learn constituye un módulo popular para Machine Learning que también emplea arreglos de NumPy para representar datos. Se presenta un ejemplo de cómo implementar NumPy con Scikit-Learn para entrenar un modelo con algoritmos de regresión lineal (estos algoritmos de regresión se abordarán en el penúltimo capítulo):

In [5]:

```
# Ejercicio 5
import numpy as np
from sklearn.model_selection import train_test_split
from sklearn.linear_model import LinearRegression
from sklearn.metrics import mean_squared_error

# Crear datos de ejemplo
X = np.random.rand(100, 1) # Característica
y = 2 * X + 1 + 0.1 * np.random.randn(100, 1) # Etiqueta con ruido

# Dividir datos en conjunto de entrenamiento y prueba
X_train, X_test, y_train, y_test = train_test_split(
    X, y, test_size=0.2, random_state=42
)

# Crear modelo de regresión lineal
model = LinearRegression()

# Entrenar el modelo
model.fit(X_train, y_train)

# Hacer predicciones en el conjunto de prueba
y_pred = model.predict(X_test)

# Evaluar el rendimiento del modelo
mse = mean_squared_error(y_test, y_pred)
print(f"Mean Squared Error: {mse}")
```

Out [5]:

```
Mean Squared Error: 0.011682600401718765
```

Consideremos un ejemplo de integración con TensorFlow, dado que TensorFlow constituye una librería de código abierto para Machine Learning y Deep Learning. NumPy se integra eficientemente con TensorFlow, y frecuentemente se emplea para preparar y manipular los datos. Se presenta un ejemplo básico:

In [6]:

```
# Ejercicio 6
import numpy as np

# Datos
X = np.random.rand(100, 1)
y = 2 * X + 1 + 0.1 * np.random.randn(100, 1)

# Parámetros (w, b)
w = np.random.randn(1, 1)
b = np.zeros((1,))

lr = 0.5
epochs = 200

for _ in range(epochs):
    y_pred = X @ w + b
    error = y_pred - y

    # Gradientes MSE
    dw = (2/len(X)) * (X.T @ error)
    db = (2/len(X)) * np.sum(error)

    # Update
    w -= lr * dw
    b -= lr * db

predictions = X @ w + b
print("w:", w.ravel()[0], "b:", b[0])
print(predictions[:5])
```

Out [6]:

```
Epoch 1/50
3/3 -------------------- 0s 32ms/step - loss: 7.5849 -
    val_loss: 6.5895
Epoch 2/50
3/3 -------------------- 0s 13ms/step - loss: 6.3861 -
    val_loss: 5.6602
Epoch 3/50
3/3 -------------------- 0s 12ms/step - loss: 5.5990 -
    val_loss: 4.8697
Epoch 4/50
3/3 -------------------- 0s 12ms/step - loss: 4.8618 -
    val_loss: 4.1776
Epoch 5/50
3/3 -------------------- 0s 13ms/step - loss: 4.2179 -
```

```
    val_loss: 3.5975
...
...
Epoch 46/50
3/3 -------------------- 0s 12ms/step - loss: 0.2436 -
    val_loss: 0.1448
Epoch 47/50
3/3 -------------------- 0s 12ms/step - loss: 0.2350 -
    val_loss: 0.1435
Epoch 48/50
3/3 -------------------- 0s 14ms/step - loss: 0.2427 -
    val_loss: 0.1415
Epoch 49/50
3/3 -------------------- 0s 15ms/step - loss: 0.2191 -
    val_loss: 0.1400
Epoch 50/50
3/3 -------------------- 0s 12ms/step - loss: 0.2266 -
    val_loss: 0.1385
4/4 -------------------- 0s 5ms/step
```

Estos dos ejemplos ilustran la integración de NumPy con Scikit-Learn y TensorFlow. En la práctica, la preparación y manipulación de datos con NumPy constituye una etapa común que se emplea antes de implementar algoritmos de Machine Learning de estas librerías.

3.2.3 Explorando NumPy en un escenario práctico

Procedemos a realizar un ejemplo práctico para comprender de manera más profunda la utilidad de NumPy en Machine Learning. Imaginemos que disponemos de datos que representan las ventas diarias de una tienda durante una semana. Emplearemos NumPy para realizar algunas operaciones básicas. Se presentan ejemplos, seguidos de aplicaciones de la librería NumPy:

Consideremos la creación de un array NumPy:

In [7]:

```python
# Ejercicio 7
import numpy as np

# Crear un array NumPy con las ventas diarias
ventas_diarias = np.array([100, 150, 120, 200, 180, 250, 210])
ventas_diarias
```

Out [7]:

```
array([100, 150, 120, 200, 180, 250, 210])
```

Implementación para calcular el total de ventas:

In [8]:

```
# Ejercicio 8
total_ventas = np.sum(ventas_diarias)
print(f"Total de Ventas: {total_ventas}")
```

Out [8]:

```
Total de Ventas: 1210
```

Implementación para calcular el promedio de ventas diarias:

In [9]:

```
# Ejercicio 9
promedio_ventas = np.mean(ventas_diarias)
print(f"Promedio de Ventas Diarias: {promedio_ventas}")
```

Out [9]:

```
Promedio de Ventas Diarias: 172.85714285714286
```

Implementación para encontrar el día con mayores ventas:

In [10]:

```
# Ejercicio 10
dia_max_venta = np.argmax(ventas_diarias) + 1
print(f"Día con Mayor Venta: Día {dia_max_venta}")
```

Out [10]:

```
Dia con Mayor Venta: Dia 6
```

Implementación para calcular la variación diaria en ventas:

In [11]:

```
# Ejercicio 11
variacion_diaria = np.diff(ventas_diarias)
print(f"Variación Diaria en Ventas: {variacion_diaria}")
```

Out [11]:

```
Variacion Diaria en Ventas: [ 50 -30 80 -20 70 -40]
```

Implementación para filtrar días con ventas superiores a un umbral:

In [12]:

```
# Ejercicio 12
umbral_ventas = 150
dias_altos_ventas = np.where(ventas_diarias > umbral_ventas)[0] + 1
print(f"Días con Ventas Superiores a {umbral_ventas}: {
    dias_altos_ventas}")
```

Out [12]:

```
Dias con Ventas Superiores a 150: [4 5 6 7]
```

Implementación para calcular la media móvil de 3 días:

In [13]:

```
# Ejercicio 13
media_movil = np.convolve(ventas_diarias, np.ones(3) / 3, mode="valid"
    )
print(f"Media Móvil de 3 Días: {media_movil}")
```

Out [13]:

```
Media Movil de 3 Dias: [123.33333333 156.66666667 166.66666667
     210.  213.33333333]
```

Implementación para encontrar el índice del día con mayor variación:

In [14]:

```
# Ejercicio 14
dia_max_variacion = np.argmax(np.abs(variacion_diaria)) + 1
print(f"Día con Mayor Variación: Día {dia_max_variacion}")
```

Out [14]:

```
Dia con Mayor Variacion: Dia 3
```

Implementación para calcular la correlación con otro conjunto de datos:

In [15]:

```
# Ejercicio 15
otro_conjunto_datos = np.array([80, 120, 90, 180, 150, 200, 160])
correlacion = np.corrcoef(ventas_diarias, otro_conjunto_datos)[0, 1]
print(f"Correlación con Otro Conjunto de Datos: {correlacion}")
```

Out [15]:

```
Correlacion con Otro Conjunto de Datos: 0.9795651695756419
```

Implementación para ajustar un modelo polinómico:

In [16]:

```
# Ejercicio 16
coeficientes_polinomio = np.polyfit(np.arange(1, 8), ventas_diarias,
    deg=2)
modelo_polinomico = np.poly1d(coeficientes_polinomio)
print(f"Modelo Polinómico: {modelo_polinomico}")
```

Out [16]:

```
Modelo Polinomico:       2
-1.786 x + 35.36 x + 67.14
```

Estos ejemplos demuestran desde operaciones básicas hasta tareas más avanzadas empleando NumPy en un contexto práctico con datos de ventas diarias.

En estos escenarios, hemos empleado NumPy para calcular el total de ventas, el promedio de ventas diarias y determinar el día con las ventas más altas. Estas operaciones resultan útiles en el análisis de datos y proporcionan información valiosa para la toma de decisiones. NumPy se establece como una librería imprescindible en el arsenal de cualquier desarrollador o científico de datos que trabaje en el campo de Machine Learning. Su eficiencia en la manipulación de datos numéricos, su soporte para operaciones matriciales y su integración natural con otras librerías la convierten en una herramienta ineludible.[4]

[4]Bowers, N. Jr. Gerber, H. Hickman, J. Jones, D. & Nesbitt, C. (1997). "Actuarial Mathematics". United

3.3 SymPy - Matematica simbolica

SymPy constituye una biblioteca de álgebra simbólica para Python que permite realizar cálculos matemáticos simbólicos en lugar de cálculos numéricos. A diferencia de las librerías numéricas como NumPy, que se centran en la manipulación de datos numéricos, SymPy se especializa en manipular *"las expresiones matemáticas simbólicas"*, lo que significa que puede trabajar con variables, funciones y fórmulas de manera algebraica. En esta sección, examinaremos las características y capacidades relevantes de SymPy, así como su utilidad en diversas áreas de las matemáticas y la ingeniería.[5]

Cabe señalar que SymPy constituye un módulo de código abierto, escrito en Python que proporciona herramientas para realizar cálculos simbólicos. En lugar de trabajar con valores numéricos, SymPy maneja expresiones algebraicas de manera simbólica, permitiendo manipulaciones algebraicas como simplificación, expansión, derivación e integración. Esto resulta especialmente útil en áreas como álgebra, cálculo, geometría y física teórica.

Principales características de SymPy:

- **Manipulación simbólica:** SymPy permite la creación de símbolos que representan variables simbólicas. Estos símbolos pueden ser utilizados en expresiones algebraicas.
- **Simplificación de expresiones:** SymPy puede simplificar automáticamente expresiones algebraicas.
- **Álgebra lineal:** SymPy proporciona funciones para trabajar con matrices simbólicas, calcular determinantes, inversas y resolver sistemas de ecuaciones lineales.
- **Cálculo diferencial e integral:** SymPy es capaz de realizar cálculos diferenciales e integrales simbólicas.
- **Resolución de ecuaciones diferenciales:** SymPy resuelve ecuaciones diferenciales ordinarias de cualquier clase.
- **Geometría:** SymPy ofrece herramientas para trabajar con geometría simbólica, como la creación de puntos, líneas y círculos.
- **Trigonometría:** SymPy admite funciones trigonométricas y puede simplificar expresiones trigonométricas.

Se presentan ejemplos que ilustran la manipulación simbólica:

In [17]:

States of America. The Society of Actuaries.

[5] Chávez Reyes, Carmen & León Quintanar. (2007). "La Biblia de las Matemáticas". México D.F., México. Editorial Letrarte S.A.

```
# Ejercicio 17
from sympy import symbols, Eq, solve

# Crear símbolos
x, y = symbols("x y")

# Utilizar los símbolos en una expresión algebraica
ecuacion = Eq(x + y, 5)

# Resolver la ecuación
solucion = solve(ecuacion, x)
print(f"Solución para x: {solucion}")
```

Out [17]:

```
Solucion para x: [5 - y]
```

Procedemos a examinar la simplificación de expresiones:

In [18]:

```
# Ejercicio 18
from sympy import simplify

# Crear una expresión algebraica
expresion = (x**2 + 2 * x + 1) / (x + 1)

# Simplificar la expresión
expresion_simplificada = simplify(expresion)
print(f"Expresión Simplificada: {expresion_simplificada}")
```

Out [18]:

```
Expresion Simplificada: x + 1
```

Analicemos la implementación en álgebra lineal:

In [19]:

```
# Ejercicio 19
from sympy import Matrix, symbols

# Definir variables simbólicas
a, b, c, d = symbols("a b c d")

```

```
# Crear dos matrices
matriz_A = Matrix([[a, b], [c, d]])
matriz_B = Matrix([[1, 2], [3, 4]])

# Calcular la inversa de la matriz_A
inversa_A = matriz_A.inv()

# Multiplicar las matrices A y B
resultado_multiplicacion = matriz_A * matriz_B

# Mostrar los resultados
print(f"Matriz A:\n{matriz_A}")
print(f"Inversa de A:\n{inversa_A}")
print(f"Matriz B:\n{matriz_B}")
print(f"A * B:\n{resultado_multiplicacion}")
```

Out [19]:

```
Matriz A:
Matrix([[a, b], [c, d]])
Inversa de A:
Matrix([[d/(a*d - b*c), -b/(a*d - b*c)], [-c/(a*d - b*c), a/(a
    *d - b*c)]])
Matriz B:
Matrix([[1, 2], [3, 4]])
A * B:
Matrix([[a + 3*b, 2*a + 4*b], [c + 3*d, 2*c + 4*d]])
```

Consideremos el cálculo diferencial e integral:

In [20]:

```
# Ejercicio 20
from sympy import diff, integrate

# Definir una función simbólica
funcion = x**2

# Calcular la derivada
derivada = diff(funcion, x)

# Calcular la integral
integral = integrate(funcion, x)
print(f"Derivada: {derivada}")
print(f"Integral: {integral}")
```

Out [20]:

```
Derivada: 2*x
Integral: x**3/3
```

Examinemos la resolución de ecuaciones diferenciales:

In [21]:

```
# Ejercicio 21
from sympy import dsolve, Function

# Definir una función diferencial y su ecuación
y = Function("y")
ecuacion_diferencial = y(x).diff(x) + y(x) - 1

# Resolver la ecuación diferencial
solucion_ecuacion_diferencial = dsolve(ecuacion_diferencial)
print(f"Solución de la Ecuación Diferencial: {
    solucion_ecuacion_diferencial}")
```

Out [21]:

```
Solucion de la Ecuacion Diferencial: Eq(y(x), C1*exp(-x) + 1)
```

Analicemos la aplicación en geometría:

In [22]:

```
# Ejercicio 22
from sympy import Point, Line, Circle

# Crear puntos, líneas y círculos simbólicos
punto = Point(1, 2)
linea = Line(Point(0, 0), Point(1, 1))
circulo = Circle(Point(0, 0), 1)

# Verificar la intersección de la línea y el círculo
interseccion = linea.intersection(circulo)
es_interseccion_correcta = interseccion[0].equals(punto) and
    interseccion[1].equals(
    punto
)
print(f"Intersección de la Línea y el Círculo: {
    es_interseccion_correcta}")
```

Out [22]:

```
Interseccion de la Linea y el Circulo: False
```

Procedemos a examinar la trigonometría:

In [23]:

```
# Ejercicio 23
from sympy import sin, cos, trigsimp, symbols

# Definir el símbolo x
x = symbols("x")

# Crear expresiones trigonométricas
expresion_trig = sin(x) ** 2 + cos(x) ** 2

# Simplificar expresiones trigonométricas
expresion_simplificada_trig = trigsimp(expresion_trig)
print(f"Expresión Trigonométrica Simplificada: {
    expresion_simplificada_trig}")
```

Out [23]:

```
Expresion Trigonometrica Simplificada: 1
```

Estos ejemplos ilustran cómo SymPy facilita la manipulación simbólica, simplificación de expresiones, álgebra lineal, cálculos diferenciales e integrales, resolución de ecuaciones diferenciales, geometría y trigonometría en Python.

3.3.1 Impresión y representación gráfica

SymPy permite la impresión de expresiones matemáticas de manera elegante y su representación gráfica. Como se ve a continuación:

In [24]:

```
# Ejercicio 24
from sympy import symbols, expand

# Definir símbolos
a, b = symbols("a b")

# Mostrando una operación algebraica: Expansión Binomial
expr = (a + b) ** 2
expanded_expr = expand(expr)
expanded_expr
```

Out [24]:

$$a^2 + 2ab + b^2$$

Otro ejemplo de estas expresiones, sin usar la expresión *print*, nos daría:

In [25]:

```
# Ejercicio 25
x, y = symbols("x y")
expr1 = (x + 3) ** 3
expanded_expr1 = expand(expr1)
expanded_expr1
```

Out [25]:

$$x^3 + 9x^2 + 27x + 27$$

Otro ejemplo:

In [26]:

```
# Ejercicio 26
c, d = symbols("c d")
expr2 = (2 * a - b) ** 2
expanded_expr2 = expand(expr2)
expanded_expr2
```

Out [26]:

$$4a^2 - 4ab + b^2$$

Otro ejemplo:

In [27]:

```
# Ejercicio 27
expr3 = (y - 4) ** 4
expanded_expr3 = expand(expr3)
expanded_expr3
```

Out [27]:

$$y^4 - 16y^3 + 96y^2 - 256y + 256$$

Otro ejemplo,

In [28]:

```
# Ejercicio 28
expr4 = (3 * c + 2 * d) ** 2
expanded_expr4 = expand(expr4)
expanded_expr4
```

Out [28]:

$$9c^2 + 12cd + 4d^2$$

3.3.2 Utilidad de SymPy en diversas áreas

- **Enseñanza y aprendizaje de matemáticas:** SymPy constituye una herramienta valiosa en entornos educativos para ilustrar conceptos matemáticos de manera interactiva. Permite realizar cálculos paso a paso, mostrando el proceso subyacente de las operaciones.
- **Investigación científica:** En campos como la física teórica y la ingeniería, SymPy resulta indispensable para realizar cálculos simbólicos complejos. Facilita la manipulación de ecuaciones diferenciales y expresiones algebraicas en la formulación de modelos teóricos.
- **Verificación de resultados numéricos:** SymPy puede utilizarse para verificar resultados numéricos al compararlos con expresiones simbólicas equivalentes. Esto ayuda a asegurar la precisión de los resultados en cálculos más avanzados.
- **Desarrollo de software matemático:** SymPy puede integrarse en proyectos más grandes para proporcionar capacidades matemáticas simbólicas. Su naturaleza de código abierto facilita su incorporación en diversas aplicaciones.[6]
- **Automatización de tareas matemáticas:** SymPy puede ser utilizado para automatizar tareas matemáticas repetitivas, como la simplificación de expresiones o la resolución de sistemas de ecuaciones.

Consideremos los ejemplos de uso frecuente: La siguiente implementación ilustra conceptos matemáticos de manera interactiva:

In [29]:

```
# Ejercicio 29
from sympy import symbols, Eq, solve

x, y = symbols("x y")
ecuacion = Eq(x**2 + y**2, 1)
```

[6] Chávez Reyes, Carmen & León Quintanar. (2007). "La Biblia de las Matemáticas". México D.F., México. Editorial Letrarte S.A.

```
soluciones = solve(ecuacion, y)
soluciones
```

Out [29]:

```
[-sqrt(1 - x**2), sqrt(1 - x**2)]
```

Se presenta cálculos simbólicos complejos en investigación científica:

In [30]:

```
# Ejercicio 30
from sympy import symbols, diff, sin

x = symbols("x")
funcion = x**2 * sin(x)
derivada = diff(funcion, x)
derivada
```

Out [30]:

```
x**2*cos(x) + 2*x*sin(x)
```

Por ejemplo, verificación de resultados numéricos:

In [31]:

```
# Ejercicio 31
from sympy import symbols, Eq, solve
import numpy as np

x = symbols("x")
ecuacion = Eq(x**2 - 4, 0)
solucion_simbolica = solve(ecuacion, x)[0]
solucion_numerica = np.sqrt(4)
solucion_simbolica, solucion_numerica
```

Out [31]:

```
(-2, np.float64(2.0))
```

Por ejemplo, desarrollo de software matemático:

In [32]:

```
# Ejercicio 32
from sympy import symbols, integrate

x = symbols("x")
funcion = x**2
area_bajo_curva = integrate(funcion, (x, 0, 1))

# f"Área bajo la curva: "
{area_bajo_curva}
```

Out [32]:

```
{1/3}
```

Por ejemplo, automatización de tareas matemáticas:

In [33]:

```
# Ejercicio 33
from sympy import symbols, simplify

x, y = symbols("x y")
expresion = (x**2 + 2 * x + 1) / (x + 1)
simplificada = simplify(expresion)
simplificada
```

Out [33]:

$$x + 1$$

Por ejemplo, resolución de sistemas de ecuaciones:

In [34]:

```
# Ejercicio 34
from sympy import symbols, Eq, solve

x, y = symbols("x y")
ecuacion1 = Eq(x + y, 5)
ecuacion2 = Eq(x - y, 1)
solucion = solve((ecuacion1, ecuacion2), (x, y))
solucion
```

Out [34]:

```
{x: 3, y: 2}
```

Por ejemplo, ilustración de conceptos matemáticos con pasos interactivos:

In [35]:

```
# Ejercicio 35
from sympy import symbols, factor, apart

x = symbols("x")
expresion = x**2 + 2 * x + 1
factorizada = factor(expresion)
fraccion = apart(factorizada)
# Expresión factorizada:
display(factorizada)

# Expresión en fracción parcial:
fraccion
```

Out [35]:

```
(x + 1)**2
```

```
x**2 + 2*x + 1
```

Por ejemplo, cálculos simbólicos en física teórica:

In [36]:

```
# Ejercicio 36
from sympy import symbols, integrate, cos, pi

theta = symbols("theta")
funcion = cos(theta)
integral_resultante = integrate(funcion, (theta, 0, pi / 2))

# Función
display(funcion)

# Resultado de la Integral
integral_resultante
```

Out [36]:

```
cos(theta)
```

```
1
```

Por ejemplo, integración en el desarrollo de software matemático:

In [37]:

```
# Ejercicio 37
from sympy import symbols, integrate, sin

x = symbols("x")
funcion = sin(x)
integral_resultante = integrate(funcion, x)
integral_resultante
```

Out [37]:

```
-cos(x)
```

Por ejemplo, verificación de resultados numéricos en física e ingeniería:

In [38]:

```
# Ejercicio 38
from sympy import symbols, Eq, solve
import numpy as np

t = symbols("t")
ecuacion = Eq(2 * t**2 + 3 * t, 5)
solucion_simbolica = solve(ecuacion, t)
solucion_numerica = np.roots([2, 3, -5])

# Solución simbólica:
print(solucion_simbolica)

# Solución numérica:
solucion_numerica
```

Out [38]:

```
[-5/2, 1]
```

```
array([-2.5, 1. ])
```

SymPy ofrece una amplia gama de funcionalidades para realizar cálculos simbólicos en Python. Su capacidad para manipular expresiones algebraicas, resolver ecuaciones y realizar cálculos diferencial e integral lo convierte en una herramienta esencial para científicos, ingenieros y estudiantes de matemáticas.

3.4 SciPy - Python científico

Scipy constituye un módulo de Python que extiende las capacidades de NumPy y proporciona funcionalidades adicionales para la computación científica. Construida sobre NumPy, Scipy ofrece módulos especializados para tareas como optimización, álgebra lineal, estadísticas, procesamiento de señales, interpolación y más. En esta sección, examinaremos las características clave de Scipy, su relación con NumPy, y cómo puede ser implementada para resolver problemas en diversos campos de la ciencia y la ingeniería.[7]

SciPy, abreviatura de "*Scientific Python*", constituye una biblioteca de código abierto que complementa a NumPy y proporciona herramientas adicionales para la computación científica. Fue diseñada para ser implementada en conjunto con NumPy y ofrece funcionalidades especializadas para tareas más avanzadas y específicas. La biblioteca está organizada en submódulos, cada uno centrado en un dominio particular de la ciencia. Se presenta un ejemplo de interpolación con SciPy:

In [39]:

```python
# Ejercicio 39
import numpy as np
from scipy.interpolate import interp1d
import matplotlib.pyplot as plt

# Datos de ejemplo
x = np.linspace(0, 10, num=11, endpoint=True)
y = np.cos(-(x**2) / 9.0)

# Función de interpolación
f = interp1d(x, y, kind="cubic")

# Nuevos puntos para la interpolación
x_new = np.linspace(0, 10, num=41, endpoint=True)

# Interpolación de los nuevos puntos
y_new = f(x_new)

# Graficar resultados
plt.plot(x, y, "o", label="Datos originales")
plt.plot(x_new, y_new, "-", label="Interpolación cúbica")
plt.legend()
plt.show()
```

Out [39]:

[7] Bressert, E. (2013). “SciPy and NumPy”. Unites States of America. O´Reilly Media Inc. Primera Edición.

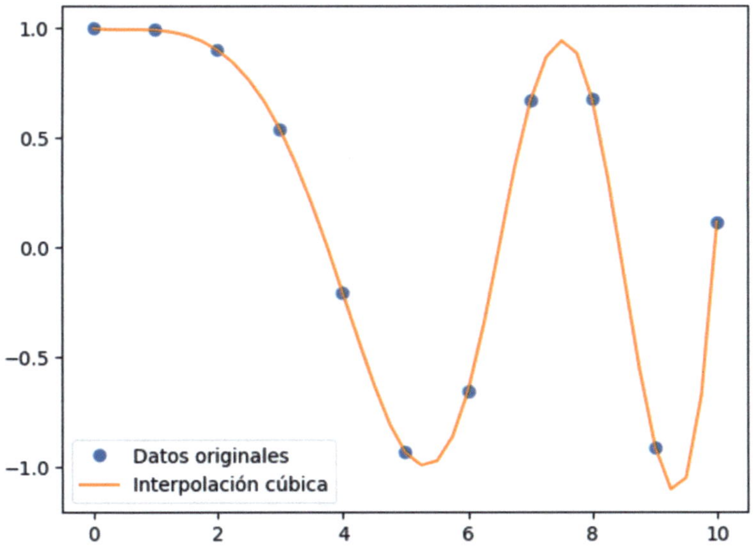

Procedemos a examinar una solución de un sistema de ecuaciones:

In [40]:

```
# Ejercicio 40
import numpy as np
from scipy.linalg import solve

# Resolver un sistema de ecuaciones lineales: Ax = b
A = np.array([[3, 1], [1, 2]])
b = np.array([9, 8])

# Resolver para x
x = solve(A, b)

print("Solución del sistema de ecuaciones lineales:")
print(x)
```

Out [40]:

```
Solucion del sistema de ecuaciones lineales:
[2. 3.]
```

Consideremos un ejemplo de optimización:

In [41]:

```
# Ejercicio 41
from scipy.optimize import minimize
```

```

# Definir una función objetivo
def objetivo(x):
    return x[0] ** 2 + x[1] ** 2 + x[2] ** 2

# Punto inicial para la optimización
x0 = [1, 2, 3]

# Realizar la minimización
resultado = minimize(objetivo, x0, method="BFGS")

# Mostrar el resultado
print("Resultado de la optimización:")
print(resultado)
```

Out [41]:

```
Resultado de la optimizacion:
  message: Optimization terminated successfully.
  success: True
   status: 0
      fun: 2.507973590471810e-16
        x: [-1.276e-08 -8.682e-09 -3.551e-09]
      nit: 3
      jac: [-1.062e-08 -2.462e-09 7.800e-09]
 hess_inv: [[ 9.643e-01 -7.143e-02 -1.071e-01]
            [-7.143e-02 8.571e-01 -2.143e-01]
            [-1.071e-01 -2.143e-01 6.786e-01]]
     nfev: 16
     njev: 4
```

3.4.1 Principales módulos y funcionalidades de Scipy

- **Optimización:** Scipy ofrece módulos como scipy.optimize que proporcionan herramientas para la optimización de funciones, incluyendo la minimización y maximización.
- **Álgebra lineal:** El módulo scipy.linalg extiende las capacidades de álgebra lineal de NumPy, ofreciendo funciones para descomposiciones, sistemas de ecuaciones lineales y valores propios.
- **Estadísticas:** Aquí, scipy.stats proporciona funciones estadísticas, distribuciones de probabilidad y pruebas de hipótesis.
- **Procesamiento de señales:** Aquí, scipy.signal ofrece funciones para el procesamiento de señales, incluyendo filtrado y análisis espectral.
- **Interpolación:** Aquí, scipy.interpolate proporciona métodos de interpolación para aproximar funciones a partir de datos discretos.

- **Transformadas:** Aquí, scipy.fftpack implementa transformadas de Fourier rápidas, necesarias en aplicaciones como procesamiento de señales y análisis de imágenes.
- **Integración numérica:** Aquí, scipy.integrate proporciona funciones para realizar integración numérica, incluyendo integrales definidas e integrales de ecuaciones diferenciales.

Aquí un ejemplo de optimización:

In [42]:

```
# Ejercicio 42
from scipy.optimize import minimize

# Definir la función objetivo
def funcion_objetivo(x):
    return x[0] ** 2 + 2 * x[1] ** 2 + 3 * x[2] ** 2

# Punto inicial para la optimización
punto_inicial = [1, 2, 3]

# Realizar la minimización
resultado_optimizacion = minimize(funcion_objetivo, punto_inicial,
    method="Nelder-Mead")

# Mostrar el resultado
print("Resultado de la optimización:")
print(resultado_optimizacion)
```

Out [42]:

```
Resultado de la optimizacion:
       message: Optimization terminated successfully.
       success: True
        status: 0
           fun: 4.357316049416288e-09
             x: [ 3.043e-05 6.851e-06 -3.335e-05]
           nit: 87
          nfev: 154
 final_simplex: (array([[ 3.043e-05, 6.851e-06, -3.335e-05],
                       [-4.923e-06, -5.778e-05, 3.652e-05],
                       [ 1.009e-04, 2.095e-05, -1.563e-05],
                       [-5.960e-05, 3.726e-05, 4.987e-05]]),
                           array([ 4.357e-09, 1.070e-08, 1.180e
                           -08, 1.379e-08]))
```

Aquí uno de álgebra lineal:

In [43]:

```python
# Ejercicio 43
import numpy as np
from scipy.linalg import lu

# Crear una matriz
A = np.array([[2, 1], [4, 3]])

# Descomposición LU
P, L, U = lu(A)

# Mostrar resultados
print("Matriz de permutación P:")
print(P)
print("Matriz triangular inferior L:")
print(L)
print("Matriz triangular superior U:")
print(U)
```

Out [43]:

```
Matriz de permutacion P:
[[0. 1.]
 [1. 0.]]
Matriz triangular inferior L:
[[1.  0. ]
 [0.5 1. ]]
Matriz triangular superior U:
[[ 4.   3. ]
 [ 0.  -0.5]]
```

Aquí uno de estadística:

In [44]:

```python
# Ejercicio 44
from scipy.stats import ttest_ind

# Generar dos conjuntos de datos
datos1 = np.random.normal(0, 1, size=100)
datos2 = np.random.normal(1, 1, size=100)

# Realizar una prueba t de dos muestras
estadistica_t, valor_p = ttest_ind(datos1, datos2)

# Mostrar resultados
print("Estadística t:", estadistica_t)
```

```
print("Valor p:", valor_p)
```

Out [44]:

```
Estadistica t: -5.702063016622261
Valor p: 4.2553375839031994e-08
```

Aquí uno de procesamiento de señales:

In [45]:

```
# Ejercicio 45
import numpy as np
from scipy.signal import spectrogram
import matplotlib.pyplot as plt

# Generar una señal
t = np.linspace(0, 1, 1000, endpoint=False)
senal = np.sin(2 * np.pi * 5 * t) + 0.5 * np.random.normal(size=len(t)
    )

# Calcular el espectrograma
frecuencias, tiempos, espectro = spectrogram(senal)

# Graficar el espectrograma
plt.pcolormesh(tiempos, frecuencias, 10 * np.log10(espectro), shading=
    "auto")
plt.ylabel("Frecuencia [Hz]")
plt.xlabel("Tiempo [s]")
plt.colorbar(label="Intensidad [dB]")
plt.show()
```

Out [45]:

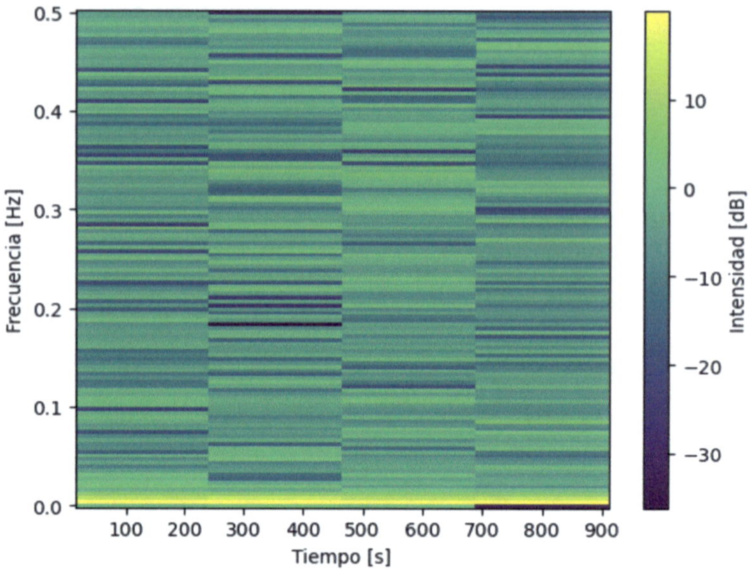

Ahora un ejemplo de interpolación:

In [46]:

```
# Ejercicio 46
from scipy.interpolate import RegularGridInterpolator
import matplotlib.pyplot as plt
import numpy as np

# Datos de ejemplo
x = np.array([1, 2, 3, 4])
y = np.array([5, 6, 7, 8])
z = np.array([[10, 20, 30, 40], [15, 25, 35, 45], [20, 30, 40, 50],
    [25, 35, 45, 55]])

# Crear función de interpolación 2D usando RegularGridInterpolator en
    lugar de interp2d
# RegularGridInterpolator requiere que los puntos sean pasados como
    una tupla de arrays
points = (y, x) # Note: RegularGridInterpolator expects points in (y,
    x) order
# Transpose z because RegularGridInterpolator expects z[y_idx, x_idx]
f = RegularGridInterpolator(points, z)

# Nuevos puntos para la interpolación
x_nuevos = np.linspace(1, 4, 100)
y_nuevos = np.linspace(5, 8, 100)

# Crear una malla de puntos para la evaluación
X_nuevos, Y_nuevos = np.meshgrid(x_nuevos, y_nuevos)
pts = np.vstack((Y_nuevos.flatten(), X_nuevos.flatten())).T # Puntos
```

```
        en formato (y, x)

# Evaluar la interpolación en los nuevos puntos
z_nuevos = f(pts).reshape(X_nuevos.shape)

# Graficar puntos originales
plt.subplot(1, 2, 1)
plt.scatter(x, y, c="red", label="Puntos originales")
plt.xlabel("X")
plt.ylabel("Y")
plt.title("Puntos Originales")
plt.legend()

# Graficar interpolación 2D
plt.subplot(1, 2, 2)
plt.contourf(X_nuevos, Y_nuevos, z_nuevos, cmap="viridis")
plt.colorbar(label="Valor interpolado")
plt.xlabel("X")
plt.ylabel("Y")
plt.title("Interpolación 2D")

# Ajustar el diseño de los subgráficos
plt.tight_layout()

# Mostrar los gráficos
plt.show()
```

Out [46]:

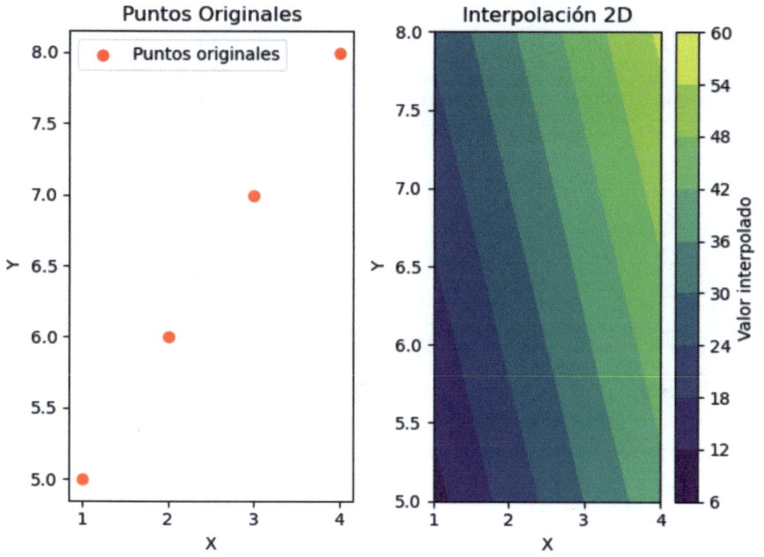

Ahora uno de transformadas:

In [47]:

```
# Ejercicio 47
import numpy as np
from scipy.fftpack import fft, fftfreq
import matplotlib.pyplot as plt

# Generar una señal y su transformada de Fourier
t = np.linspace(0, 1, 1000, endpoint=False)
senal = np.sin(2 * np.pi * 5 * t) + 0.5 * np.random.normal(size=len(t)
    )
transformada = fft(senal)

# Calcular las frecuencias correspondientes
frecuencias = fftfreq(len(t), t[1] - t[0])

# Graficar el espectro de frecuencias
plt.plot(frecuencias, np.abs(transformada))
plt.xlabel("Frecuencia [Hz]")
plt.ylabel("Amplitud")
plt.title("Transformada de Fourier")
plt.show()
```

Out [47]:

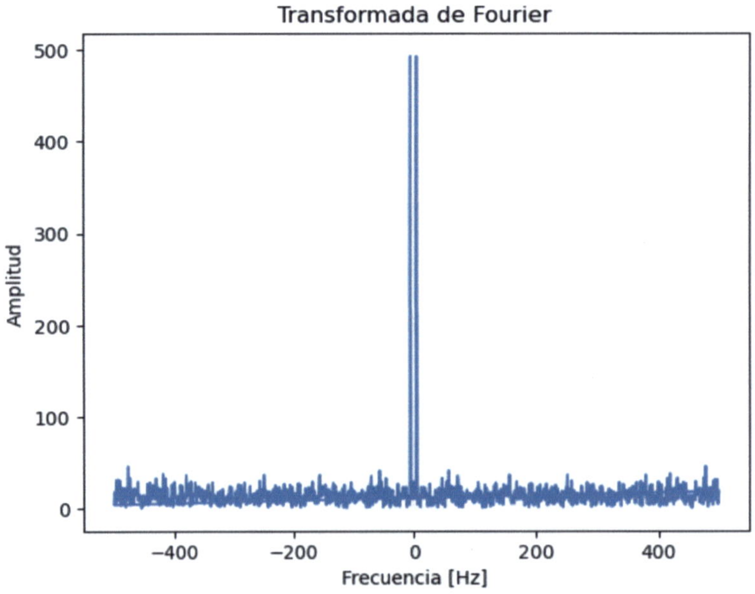

Y ahora un ejemplo de integración numérica:

In [48]:

```
# Ejercicio 48
from scipy.integrate import quad
```

```

# Definir la función a integrar
def funcion_a_integrar(x):
    return x**3 + 5 * x**2 - 1

# Realizar la integración definida en el intervalo [0, 3]
resultado_integracion, error = quad(funcion_a_integrar, 0, 3)

# Mostrar el resultado
print("Resultado de la integración numérica:", resultado_integracion)
```

Out [48]:

```
Resultado de la integracion numerica: 62.25
```

3.4.2 Relación con NumPy

Scipy está estrechamente integrada con NumPy y se construye sobre su base y de hecho, muchos de los objetos que Scipy utiliza son arreglos de NumPy. La integración de ambas librerías proporciona una poderosa suite de herramientas para la computación científica en Python.

Mientras que NumPy se centra en la manipulación eficiente de arreglos multidimensionales y operaciones elementales, Scipy se especializa en operaciones más avanzadas y específicas de dominio. Los algoritmos implementados en Scipy están optimizados y se benefician de la eficiencia de NumPy en la manipulación de datos. Un ejemplo de optimización:

In [49]:

```
# Ejercicio 49
import numpy as np
from scipy.optimize import minimize

# Función objetivo utilizando NumPy
def objetivo_numpy(x):
    return np.sum(x**3)

# Punto inicial para la optimización utilizando NumPy
x_inicial = np.array([1, 2, 3])

# Realizar la minimización con Scipy y NumPy
resultado_optimizacion = minimize(objetivo_numpy, x_inicial, method="
    BFGS")

# Mostrar el resultado
print("Resultado de la optimización:")
```

```
print(resultado_optimizacion)
```

Out [49]:

```
Resultado de la optimizacion:
  message: Desired error not necessarily achieved due to
      precision loss.
  success: False
   status: 2
      fun: -60719658916.57604
        x: [-2.018e+03 -3.744e+03  1.444e+02]
      nit: 2
      jac: [ 1.222e+07  4.206e+07  6.246e+04]
 hess_inv: [[ 9.542e-01 -2.774e-01  8.779e-02]
            [-2.774e-01  8.056e-02 -2.570e-02]
            [ 8.779e-02 -2.570e-02  1.330e-01]]
     nfev: 464
     njev: 113
```

Ahora un ejemplo relacionado con álgebra lineal:

In [50]:

```
# Ejercicio 50
import numpy as np
from scipy.linalg import solve

# Crear matrices utilizando NumPy
A = np.array([[3, 2], [1, 3]])
b = np.array([9, 7])

# Resolver un sistema de ecuaciones lineales con Scipy
x_solucion = solve(A, b)

print("Solución del sistema de ecuaciones lineales utilizando NumPy y
    Scipy:")
print(x_solucion)
```

Out [50]:

```
Solucion del sistema de ecuaciones lineales utilizando NumPy y
     Scipy:
[1.85714286 1.71428571]
```

Ahora estadística con Numpy y SciPy:

In [51]:

```
# Ejercicio 51
import numpy as np
from scipy.stats import describe

# Generar datos utilizando NumPy
datos = np.random.normal(loc=0, scale=1, size=200)

# Calcular estadísticas descriptivas con Scipy
resultados = describe(datos)

print("Media calculada con NumPy y Scipy:", resultados.mean)
print("Desviación estándar calculada con NumPy y Scipy:", np.sqrt(
    resultados.variance))
```

Out [51]:

```
Media calculada con NumPy y Scipy: -0.06081587875744023
Desviacion estandar calculada con NumPy y Scipy:
    0.9952723393831721
```

Ahora sobre transformadas:

In [52]:

```
# Ejercicio 52
import numpy as np
from scipy.fftpack import fft, fftfreq
import matplotlib.pyplot as plt

# Generar una señal utilizando NumPy
t = np.linspace(0, 1, 250, endpoint=False)
senal = np.sin(3 * np.pi * 0.5 * t) + 0.5 * np.random.normal(size=len(
    t))

# Calcular la transformada de Fourier con Scipy y NumPy
transformada = fft(senal)
frecuencias = fftfreq(len(t), t[1] - t[0])

# Graficar el espectro de frecuencias
plt.plot(frecuencias, np.abs(transformada))
plt.xlabel("Frecuencia [Hz]")
plt.ylabel("Amplitud")
plt.title("Transformada de Fourier con NumPy y Scipy")
plt.show()
```

Out [52]:

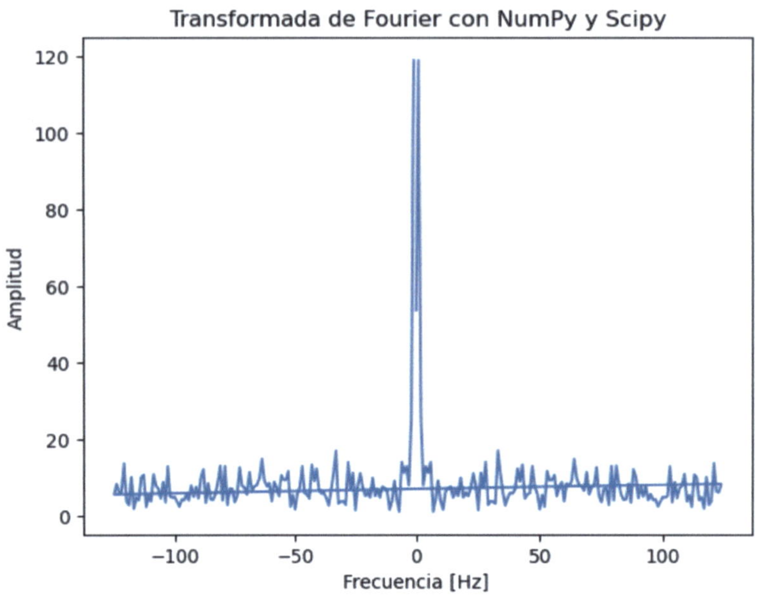

3.4.3 Aplicaciones prácticas de Scipy

- **Análisis de datos científicos:** Aquí, Scipy es utilizado en el análisis de datos científicos en disciplinas como la física, la biología y la ingeniería. Proporciona herramientas para ajuste de curvas, análisis estadístico y manipulación avanzada de datos.
- **Procesamiento de imágenes y señales:** En imágenes y señales, Scipy es útil para aplicar filtros, realizar transformadas y analizar características.
- **Investigación y desarrollo en ingeniería**: Los ingenieros utilizan Scipy para modelar y resolver problemas complejos que involucran ecuaciones diferenciales, optimización y análisis estadístico.
- **Simulación numérica:** Scipy se utiliza en la simulación numérica para modelar fenómenos físicos y realizar experimentos virtuales antes de la implementación práctica.

Aquí unos ejemplos de análisis de datos:

In [53]:

```
# Ejercicio 53
import numpy as np
import matplotlib.pyplot as plt
from scipy.optimize import curve_fit

# Generar datos de ejemplo
x = np.array([3.5, 1, 3, 1, 5])
y = np.array([2.5, 3.5, 4.5, 5.5, 6.5])
```

```

# Definir una función de ajuste
def funcion_ajuste(x, a, b):
    return a * x + b

# Realizar el ajuste de curvas con Scipy
parametros_optimos, covarianza = curve_fit(funcion_ajuste, x, y)

# Graficar los datos y la curva ajustada
plt.scatter(x, y, label="Datos")
plt.plot(x, funcion_ajuste(x, *parametros_optimos), color="red", label
    ="Curva Ajustada")
plt.xlabel("X")
plt.ylabel("Y")
plt.legend()
plt.show()
```

Out [53]:

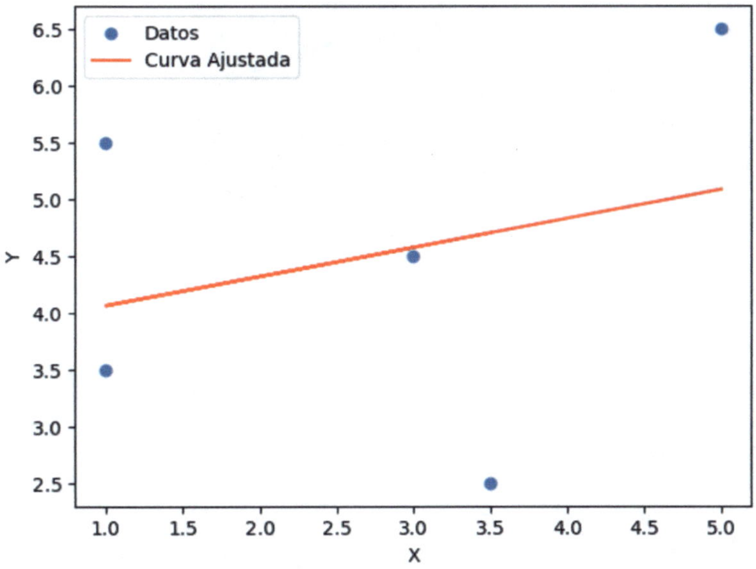

Ahora suavización de datos, que se utiliza para suavizar sonidos o imágenes:

In [54]:

```
# Ejercicio 54
import numpy as np
import matplotlib.pyplot as plt
from scipy.ndimage import gaussian_filter

# Crear una imagen de ejemplo
imagen = np.random.random((100, 100))

# Aplicar un filtro de suavizado gaussiano con Scipy
```

```
imagen_suavizada = gaussian_filter(imagen, sigma=2)

# Graficar la imagen original y la suavizada
plt.subplot(1, 2, 1)
plt.imshow(imagen, cmap="gray")
plt.title("Imagen Original")

plt.subplot(1, 2, 2)
plt.imshow(imagen_suavizada, cmap="gray")
plt.title("Imagen Suavizada")
plt.show()
```

Out [54]:

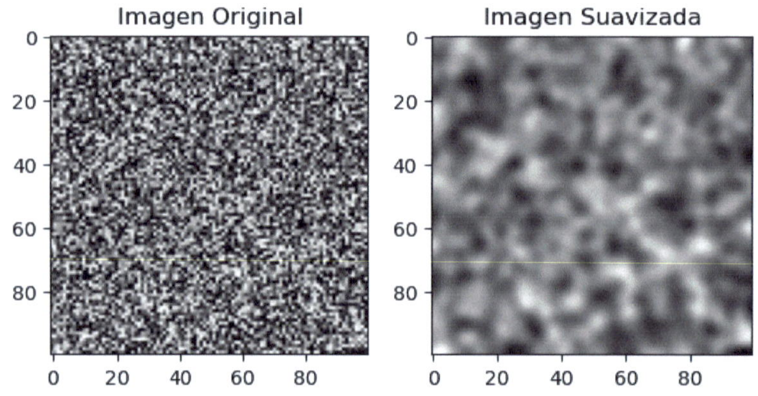

Ahora una de ecuaciones diferenciales, para ingenierías:

In [55]:

```
# Ejercicio 55
import numpy as np
from scipy.optimize import minimize
from scipy.integrate import odeint
import matplotlib.pyplot as plt

# Modelar un sistema dinámico con ecuaciones diferenciales
def modelo_sistema(y, t):
    dydt = -y + 1.0 # Ecuación diferencial simple como ejemplo
    return dydt

# Condiciones iniciales
y0 = 0.5

# Resolver la ecuación diferencial con Scipy
tiempo = np.linspace(0, 5, 100)
solucion = odeint(modelo_sistema, y0, tiempo)

# Graficar la solución
```

```
plt.plot(tiempo, solucion[:, 0], label="Modelo")
plt.xlabel("Tiempo")
plt.ylabel("Variable de Estado")
plt.legend()
plt.show()
```

Out [55]:

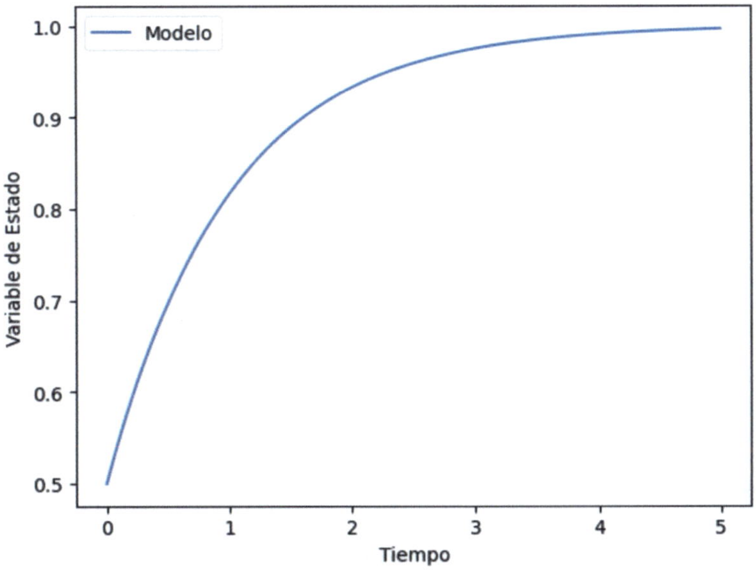

Ahora un modelo de crecimiento por simulación:

In [56]:

```
# Ejercicio 56
import numpy as np
from scipy.integrate import odeint
import matplotlib.pyplot as plt

# Modelo de crecimiento exponencial
def modelo_crecimiento(y, t):
    dydt = 0.1 * y # Tasa de crecimiento
    return dydt

# Condiciones iniciales
poblacion_inicial = 100

# Simulación numérica con Scipy
tiempo_simulacion = np.linspace(0, 20, 100)
poblacion_simulada = odeint(modelo_crecimiento, poblacion_inicial,
    tiempo_simulacion)

# Graficar la simulación
plt.plot(tiempo_simulacion, poblacion_simulada, label="Población
```

```
         Simulada")
plt.xlabel("Tiempo")
plt.ylabel("Población")
plt.legend()
plt.show()
```

Out [56]:

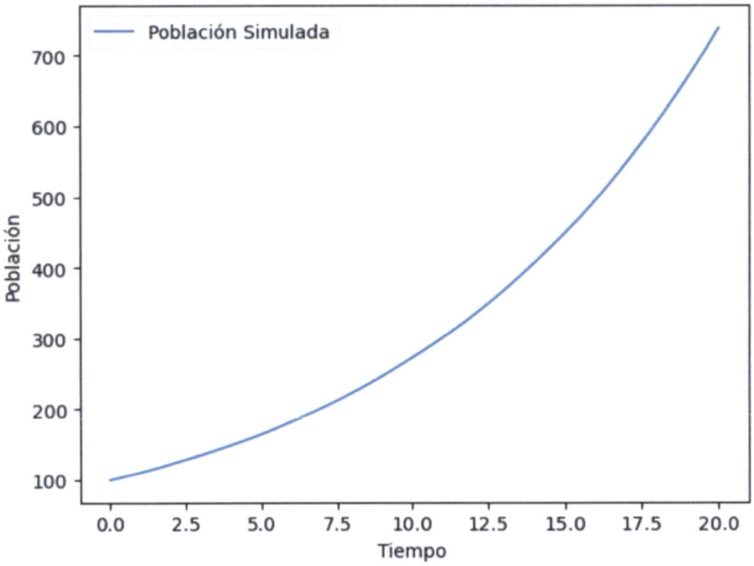

Scipy complementa de manera integral la funcionalidad de NumPy en el ecosistema de Python para la computación científica. Su conjunto de herramientas especializadas y optimizadas facilita la resolución de problemas complejos en una variedad de disciplinas científicas y de ingeniería.

El desarrollo activo de Scipy y la colaboración continua de la comunidad garantizan que la biblioteca se mantenga al día con las últimas tendencias en la investigación científica y las necesidades prácticas de los usuarios.

3.5 Pandas - Manipulación y análisis de datos tabulares

En el campo de Machine Learning, la manipulación y análisis eficientes de datos constituyen elementos relevantes para un correcto modelado de los datos en funciones que son implementadas en la vida real. La librería Pandas se presenta como una herramienta clave para trabajar con datos tabulares, proporcionando estructuras de datos flexibles y funciones poderosas para realizar diversas operaciones. En esta sección, examinaremos cómo Pandas facilita la manipulación y el análisis de datos tabulares, aspectos relevantes para el desarrollo de modelos de Machine Learning.

Pandas constituye un módulo de código abierto que proporciona estructuras de datos formateadas como tablas, de alto rendimiento y capacidades de análisis de datos. Su funcionalidad central se basa en dos estructuras de datos principales: Series y DataFrame.

- **Series:** Constituye un array unidimensional etiquetado, parecido a una columna en una hoja de cálculo. Puede contener datos de cualquier tipo, ya sean enteros, flotantes, cadenas, entre otros.
- **DataFrame:** Representa una estructura bidimensional que corresponde a una tabla con filas y columnas etiquetadas. Es similar a una hoja de cálculo o una tabla SQL, y constituye la estructura tabular principal de Pandas para el análisis de datos tabulares.

Veamos dos ejemplos de uso de Pandas: Un ejemplo de manipulación de series con Pandas sería:

In [57]:

```
# Ejercicio 57
import pandas as pd

# Crear una Serie de ventas diarias
ventas_diarias = pd.Series([100, 150, 120, 200, 180, 250, 210], name="
    Ventas Diarias")

# Acceder a elementos y realizar operaciones
print("Ventas del tercer día:", ventas_diarias[2])
print("Promedio de ventas:", ventas_diarias.mean())

# Agregar etiquetas a la Serie
ventas_diarias.index = [
    "Lunes",
    "Martes",
    "Miércoles",
    "Jueves",
    "Viernes",
    "Sábado",
    "Domingo",
]
print("\nVentas Diarias con Etiquetas:")
print(ventas_diarias)
```

Out [57]:

```
Ventas del tercer dia: 120
Promedio de ventas: 172.85714285714286

Ventas Diarias con Etiquetas:
```

```
Lunes        100
Martes       150
Miercoles    120
Jueves       200
Viernes      180
Sabado       250
Domingo      210
Name: Ventas Diarias, dtype: int64
```

Ahora, un ejemplo de manipulación de DataFrames:

In [58]:

```python
# Ejercicio 58
import pandas as pd

# Crear un DataFrame de ventas semanales
data = { "Lunes": [100], "Martes": [150], "Miércoles": [120], "Jueves"
    : [200], "Viernes": [180],
    "Sábado": [250], "Domingo": [210]}
ventas_semanales_df = pd.DataFrame(data)

# Añadir una columna con la suma de las ventas diarias
ventas_semanales_df["Total"] = ventas_semanales_df.sum(axis=1)

# Mostrar el DataFrame
print("DataFrame de Ventas Semanales:")
print(ventas_semanales_df)
```

Out [58]:

```
DataFrame de Ventas Semanales:
   Lunes  Martes  Miercoles  Jueves  Viernes  Sabado  Domingo  Total
0    100     150        120     200      180     250      210   1210
```

Estos ejemplos, ilustran cómo se debe trabajar con Series y DataFrames en Pandas. En el primer ejemplo, creamos y manipulamos una Serie de ventas diarias, mientras que, en el segundo ejemplo, creamos un DataFrame de ventas semanales y realizamos una operación para calcular el total de ventas. Pandas muestra una gran flexibilidad para trabajar con datos tabulares, de manera eficiente. Ahora, veamos unas operaciones comunes con Pandas.

Para filtrado de datos:

In [59]:

```
# Ejercicio 59
import pandas as pd

# Crear un DataFrame de ventas mensuales
data = { "Mes": ["Enero", "Febrero", "Marzo", "Abril", "Mayo"], "
    Ventas": [150, 200, 120, 250, 180]}
ventas_mensuales_df = pd.DataFrame(data)

# Filtrar meses con ventas superiores a 150
ventas_altas_df = ventas_mensuales_df[ventas_mensuales_df["Ventas"] >
    150]
print("Meses con Ventas Superiores a 150:")
print(ventas_altas_df)
```

Out [59]:

```
Meses con Ventas Superiores a 150:
       Mes  Ventas
1  Febrero     200
3    Abril     250
4     Mayo     180
```

Para operaciones de agrupación:

In [60]:

```
# Ejercicio 60
import pandas as pd

# Crear un DataFrame de ventas por categoría
data = { "Categoria": ["A", "B", "A", "B", "A", "B"], "Ventas": [150,
    200, 120, 250, 180, 300]}
ventas_categoria_df = pd.DataFrame(data)

# Calcular la suma de ventas por categoría
ventas_por_categoria = ventas_categoria_df.groupby("Categoria")["
    Ventas"].sum()
print("Ventas Totales por Categoría:")
print(ventas_por_categoria)
```

Out [60]:

```
Ventas Totales por Categoria:
Categoria
A    450
B    750
Name: Ventas, dtype: int64
```

Para manejo de datos faltantes:

In [61]:

```python
# Ejercicio 61
import pandas as pd

# Crear un DataFrame con datos faltantes
data = {
    "Producto": ["A", "B", "C", "D"],
    "Ventas": [150, None, 120, 250],
    "Inventario": [50, 30, None, 80],
}
datos_df = pd.DataFrame(data)

# Mostrar DataFrame antes de manejar datos faltantes
print("DataFrame Original:")
print(datos_df)

# Rellenar valores faltantes con la media de cada columna numérica
# Solo calculamos la media para las columnas numéricas
datos_df["Ventas"].fillna(datos_df["Ventas"].mean(), inplace=True)
datos_df["Inventario"].fillna(datos_df["Inventario"].mean(), inplace=
    True)

# Mostrar DataFrame después de manejar datos faltantes
print("\nDataFrame Después de Rellenar Datos Faltantes:")
print(datos_df)
```

Out [61]:

```
DataFrame Original:
  Producto Ventas Inventario
0        A  150.0       50.0
1        B    NaN       30.0
2        C  120.0        NaN
3        D  250.0       80.0

DataFrame Despues de Rellenar Datos Faltantes:
  Producto      Ventas Inventario
0        A  150.000000  50.000000
1        B  173.333333  30.000000
2        C  120.000000  53.333333
3        D  250.000000  80.000000
```

3.5.1 Integración con Machine Learning

Pandas desempeña un rol significativo en la preparación de datos para aplicaciones de Machine Learning. La capacidad de cargar, de limpia y de transformación de datos de manera eficiente, hace que Pandas sea una elección popular entre los científicos de datos y de aquellos que modelan en Machine Learning.

Ahora un ejemplo de preparación de datos para Machine Learning.

In [62]:

```
# Ejercicio 62
import pandas as pd
from sklearn.model_selection import train_test_split
from sklearn.preprocessing import StandardScaler
from sklearn.ensemble import RandomForestClassifier
from sklearn.metrics import accuracy_score

# Cargar un conjunto de datos (por ejemplo, el conjunto de datos Iris)
iris = pd.read_csv(
    "https://archive.ics.uci.edu/ml/machine-learning-databases/iris/
        iris.data",
    header=None,
    names=["sepal_length", "sepal_width", "petal_length", "petal_width
        ", "class"],
)

# Dividir el conjunto de datos en características (X) y etiquetas (y)
X = iris.drop("class", axis=1)
y = iris["class"]

# Dividir los datos en conjuntos de entrenamiento y prueba
X_train, X_test, y_train, y_test = train_test_split(
    X, y, test_size=0.2, random_state=42
)

# Escalar las características para mejorar el rendimiento del modelo
scaler = StandardScaler()
X_train_scaled = scaler.fit_transform(X_train)
X_test_scaled = scaler.transform(X_test)

# Entrenar un clasificador de bosque aleatorio
clf = RandomForestClassifier(random_state=42)
clf.fit(X_train_scaled, y_train)

# Hacer predicciones en el conjunto de prueba
y_pred = clf.predict(X_test_scaled)

# Evaluar el rendimiento del modelo
accuracy = accuracy_score(y_test, y_pred)
```

```
print(f"Precisión del Modelo: {accuracy}")
```

Out [62]:

```
Precision del Modelo: 1.0
```

Recuerda que en el anterior capitulo hicimos un ejemplo similar que dio de precisión 0.0, bueno este ejemplo es el mejoramiento para una precisión de 1. Ahora otro ejemplo de análisis exploratorio de datos para Machine Learning:

In [63]:

```
# Ejercicio 63
import pandas as pd
import matplotlib.pyplot as plt
import seaborn as sns
from sklearn.datasets import load_diabetes

# Cargar el conjunto de datos Diabetes
diabetes = load_diabetes()
data = pd.DataFrame(data=diabetes.data, columns=diabetes.feature_names
    )
data["target"] = diabetes.target

# Visualizar la correlación entre las características y la variable
    objetivo
correlation_matrix = data.corr()
plt.figure(figsize=(10, 8))
sns.heatmap(correlation_matrix, annot=True, cmap="coolwarm",
    linewidths=0.5)
plt.title("Correlación entre Características y Variable Objetivo")
plt.show()

# Visualizar la distribución de la variable objetivo
plt.figure(figsize=(8, 6))
sns.histplot(data["target"], bins=30, kde=True, color="skyblue")
plt.title("Distribución de la Variable Objetivo")
plt.xlabel("Valor de la Variable Objetivo")
plt.ylabel("Frecuencia")
plt.show()
```

Out [63]:

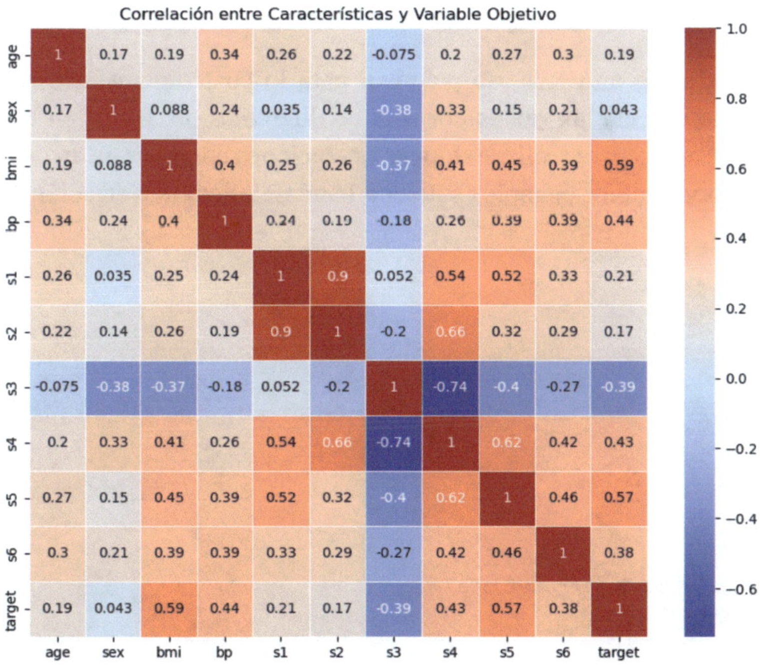

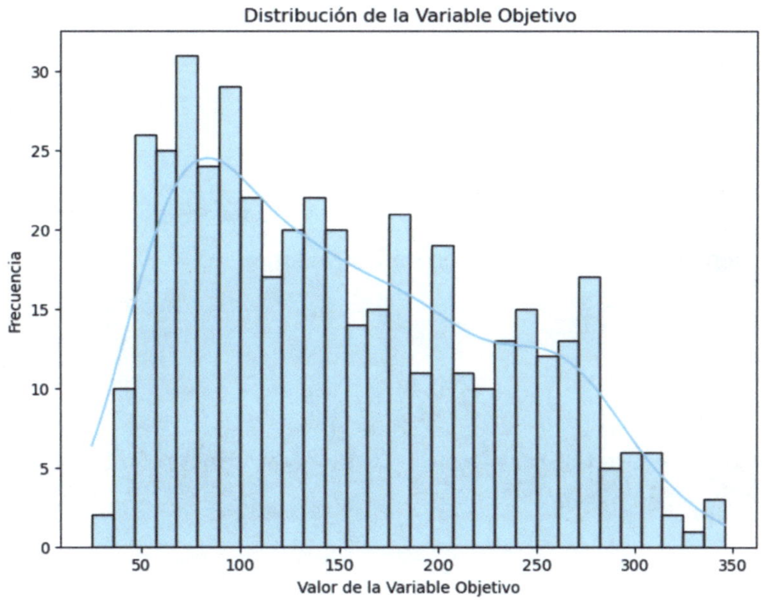

Estos ejemplos muestran cómo Pandas se integra en tareas comunes de preparación de datos y análisis, las cuales son esenciales en el contexto de Machine Learning. El primer ejemplo utiliza un conjunto de datos sobre el Iris para entrenar y evaluar un clasificador, mientras que el segundo realiza un análisis exploratorio de datos, sobre datos de Diabetes.[8]

[8] Venero B. (1999). "Análisis Matemático 2". Lima, Perú. Ediciones Gemar.

3.5.2 Explorando Pandas en un escenario práctico

Vamos a aplicar Pandas en un escenario práctico, para lo cual supongamos que tenemos datos, que representa las ventas por mes de diferentes productos en una tienda. Utilizaremos Pandas para realizar algunas operaciones comunes de análisis de datos. Ahora veamos algunos ejemplos solo con Pandas: Ahora una creación de un DataFrame básico:

In [64]:

```
# Ejercicio 64
import pandas as pd

# Crear un DataFrame básico con información de estudiantes
data = { "Nombre": ["Juan", "Ana", "Luis"], "Edad": [20, 22, 21], "
    Grado": ["Primero", "Segundo", "Tercero"]}

estudiantes_df = pd.DataFrame(data)
print(estudiantes_df)
```

Out [64]:

```
  Nombre  Edad    Grado
0   Juan    20  Primero
1    Ana    22  Segundo
2   Luis    21  Tercero
```

Ahora un ejemplo para filtrar datos en un DataFrame:

In [65]:

```
# Ejercicio 65
# Filtrar estudiantes mayores de 20 años
estudiantes_mayores_df = estudiantes_df[estudiantes_df["Edad"] > 20]
print(estudiantes_mayores_df)
```

Out [65]:

```
  Nombre  Edad    Grado
1    Ana    22  Segundo
2   Luis    21  Tercero
```

Ahora un ejemplo de operaciones de agrupación en un DataFrame:

In [66]:

```
# Ejercicio 66
# Calcular la edad promedio por grado
edad_promedio_por_grado = estudiantes_df.groupby("Grado")["Edad"].mean
    ()
print(edad_promedio_por_grado)
```

Out [66]:

```
Grado
Primero    20.0
Segundo    22.0
Tercero    21.0
Name: Edad, dtype: float64
```

Ahora un ejemplo de manejo de datos faltantes en un DataFrame:

In [67]:

```
# Ejercicio 67
# Introducir datos faltantes
estudiantes_df.loc[1, "Edad"] = None
print("DataFrame con Datos Faltantes:")
print(estudiantes_df)

# Rellenar valores faltantes con la media de la columna
estudiantes_df["Edad"].fillna(estudiantes_df["Edad"].mean(), inplace=
    True)
print("\nDataFrame Después de Rellenar Datos Faltantes:")
print(estudiantes_df)
```

Out [67]:

```
DataFrame con Datos Faltantes:
  Nombre  Edad    Grado
0   Juan  20.0  Primero
1    Ana   NaN  Segundo
2   Luis  21.0  Tercero

DataFrame Despues de Rellenar Datos Faltantes:
  Nombre  Edad    Grado
0   Juan  20.0  Primero
1    Ana  20.5  Segundo
2   Luis  21.0  Tercero
```

Ahora un ejemplo de concatenar y fusionar DataFrames:

In [68]:

```
# Ejercicio 68
# Crear un segundo DataFrame
data_nuevos_estudiantes = { "Nombre": ["María", "Pedro"], "Edad": [19,
    23], "Grado": ["Segundo", "Tercero"]}
nuevos_estudiantes_df = pd.DataFrame(data_nuevos_estudiantes)

# Concatenar DataFrames verticalmente
estudiantes_completos_df = pd.concat(
    [estudiantes_df, nuevos_estudiantes_df], ignore_index=True
)
print(estudiantes_completos_df)
```

Out [68]:

```
  Nombre  Edad   Grado
0   Juan    20  Primero
1    Ana    22  Segundo
2   Luis    21  Tercero
3  Maria    19  Segundo
4  Pedro    23  Tercero
```

Ahora un ejemplo para aplicar funciones a elementos de un DataFrame:

In [69]:

```
# Ejercicio 69
# Aplicar una función que agrega "Sr." al nombre
estudiantes_df["Nombre"] = estudiantes_df["Nombre"].apply(
    lambda nombre: f"Sr. {nombre}"
)
print(estudiantes_df)
```

Out [69]:

```
      Nombre  Edad   Grado
0  Sr. Juan  20.0  Primero
1   Sr. Ana  20.5  Segundo
2  Sr. Luis  21.0  Tercero
```

Ahora un ejemplo para pivotar un DataFrame:

In [70]:

```
# Ejercicio 70
# Crear un DataFrame de calificaciones
data_calificaciones = {
    "Nombre": ["Juan", "Ana", "Luis", "Juan", "Ana", "Luis"],
    "Asignatura": [ "Matemáticas", "Matemáticas", "Matemáticas", "
        Historia", "Historia", "Historia"],
    "Calificación": [90, 85, 92, 78, 80, 88],
}

calificaciones_df = pd.DataFrame(data_calificaciones)

# Pivotar el DataFrame para tener nombres como índice, asignaturas
     como columnas y calificaciones como valores
calificaciones_pivot_df = calificaciones_df.pivot(
    index="Nombre", columns="Asignatura", values="Calificación"
)
print(calificaciones_pivot_df)
```

Out [70]:

```
Asignatura Historia Matematicas
Nombre
Ana              80          85
Juan             78          90
Luis             88          92
```

Ahora un ejemplo para trabajar con fechas en un DataFrame:

In [71]:

```
# Ejercicio 71
# Crear un DataFrame con fechas
data_fechas = { "Fecha": ["2022-01-01", "2022-01-02", "2022-01-03"], "
     Ventas": [100, 120, 150]}

ventas_fechas_df = pd.DataFrame(data_fechas)

# Convertir la columna 'Fecha' a formato datetime
ventas_fechas_df["Fecha"] = pd.to_datetime(ventas_fechas_df["Fecha"])

# Calcular la diferencia de días entre las fechas y la primera fecha
ventas_fechas_df["Dias_Diferencia"] = (
    ventas_fechas_df["Fecha"] - ventas_fechas_df["Fecha"].min()
).dt.days
print(ventas_fechas_df)
```

Out [71]:

```
        Fecha  Ventas  Dias_Diferencia
0  2022-01-01     100                0
1  2022-01-02     120                1
2  2022-01-03     150                2
```

Ahora un ejemplo de codificación de variables categóricas:

In [72]:

```
# Ejercicio 72
# Crear un DataFrame con variables categóricas
data_categorias = { "Categoria": ["A", "B", "A", "C", "B", "C"], "
    Valor": [10, 15, 12, 8, 14, 9]}
categorias_df = pd.DataFrame(data_categorias)

# Codificar la variable categórica usando one-hot encoding
categorias_codificadas_df = pd.get_dummies(categorias_df, columns=["
    Categoria"])
print(categorias_codificadas_df)
```

Out [72]:

```
   Valor  Categoria_A  Categoria_B  Categoria_C
0     10         True        False        False
1     15        False         True        False
2     12         True        False        False
3      8        False        False         True
4     14        False         True        False
5      9        False        False         True
```

Ahora un ejemplo de manejo avanzado de datos con Pandas:

In [73]:

```
# Ejercicio 73
# Crear un DataFrame con datos más complejos
data_avanzada = {
    "ID": [1, 2, 3, 4, 5],
    "Nombre": ["Juan", "Ana", "Luis", "María", "Pedro"],
    "Ventas_2021": [150, 200, 120, 250, 180],
    "Ventas_2022": [200, 180, 210, 220, 240],
    "Categoria": ["A", "B", "A", "C", "B"],
}
df_avanzado = pd.DataFrame(data_avanzada)

# Realizar una operación de ventana para calcular la diferencia en
    ventas entre años
```

```python
df_avanzado["Dif_Ventas"] = df_avanzado.groupby("Categoria")["
    Ventas_2022"].diff()
print(df_avanzado)
```

Out [73]:

```
   ID Nombre Ventas_2021 Ventas_2022 Categoria Dif_Ventas
0   1   Juan         150         200         A        NaN
1   2    Ana         200         180         B        NaN
2   3   Luis         120         210         A       10.0
3   4  Maria         250         220         C        NaN
4   5  Pedro         180         240         B       60.0
```

Estos ejemplos van desde operaciones básicas hasta tareas más avanzadas utilizando Pandas en un contexto diverso. La librería Pandas se muestra como una herramienta indispensable para el análisis y manipulación eficiente de datos tabulares. Su facilidad de uso, que se combina con un amplio grupo de funciones, lo convierte en la elección predilecta para científicos de datos y profesionales de Machine Learning.

3.6 Matplotlib - Visualización de datos

La visualización de datos resulta relevante en el análisis de datos y de extrema importancia para el desarrollo de modelos de ML, dado que permite al desarrollador observar de manera visual el comportamiento real de los datos, lo que le posibilita mejorar los modelos. En este contexto, Matplotlib constituye una de las librerías más populares en Python para visualización de datos, ofreciendo múltiples herramientas para crear gráficos, diagramas, vistas y representaciones de datos de manera efectiva. En esta sección, examinaremos las capacidades de Matplotlib y proporcionaremos un ejemplo práctico para demostrar cómo crear visualizaciones impactantes.[9]

Matplotlib constituye un módulo de visualización de datos que permite a los desarrolladores y científicos de datos crear gráficos de alta calidad en Python. Proporciona una amplia variedad de tipos de gráficos y diagramas, desde simples gráficos de línea hasta visualizaciones más complejas como diagramas de dispersión, histogramas y gráficos de barras. Matplotlib se integra eficientemente con otras librerías científicas de Python como NumPy y Pandas, facilitando la creación de gráficos a partir de datos almacenados en estas estructuras.

En este apartado no se verán códigos con Python en Matplotlib, dado que existe un capítulo solo de visualización, más adelante, donde se podrán ver todos

[9] McKinney, W. (2013). "Python for Data Analysis". United States of America. O'Reilly Media Inc. Primera Edición.

los scripts que generan gráficos en Matplotlib.

3.6.1 Características clave de Matplotlib

- **Diversidad de gráficos:** Matplotlib soporta una amplia gama de gráficos, incluyendo gráficos de líneas, barras, dispersión, áreas, histogramas y más. Esto permite representar datos de diversas maneras según las necesidades del análisis.
- **Personalización:** La librería ofrece un alto grado de personalización para ajustar la apariencia de los gráficos. Los colores, tamaños, etiquetas y estilos pueden ser modificados para adaptarse al estilo preferido.
- **Interactividad:** Matplotlib permite crear gráficos interactivos que pueden ser explorados de manera dinámica. Esto es útil para visualizar datos en tiempo real o para explorar conjuntos de datos complejos.
- **Compatibilidad con Jupyter:** Matplotlib se integra perfectamente con Jupyter Notebooks, proporcionando una forma eficiente de combinar código, visualizaciones y texto explicativo en un solo documento.

3.6.2 Ventajas de Matplotlib

- **Facilidad de uso:** Matplotlib es conocido por su sintaxis sencilla y fácil de entender, lo que hace más fácil su uso tanto para principiantes como para usuarios avanzados.
- **Amplia comunidad y documentación:** Al ser una librería ampliamente utilizada, Matplotlib tiene una comunidad activa y una extensa documentación, lo que simplifica la resolución de problemas y la adopción de nuevas funcionalidades.
- **Compatibilidad con NumPy y Pandas:** Matplotlib se integra naturalmente con otros módulos populares como NumPy y Pandas, lo que hace más fácil la visualización de datos almacenados en estas estructuras.
- **Personalización avanzada:** Tiene un alto grado de personalización.

Matplotlib constituye una herramienta relevante en el kit de herramientas de cualquier científico de datos o desarrollador de Machine Learning. Su capacidad para crear visualizaciones impactantes y significativas contribuye de manera considerable al proceso de exploración y comprensión de los datos. A través de este capítulo, hemos examinado las características clave de Matplotlib y proporcionado un ejemplo práctico de su implementación en la creación de un gráfico de dispersión. Al incorporar Matplotlib en tus proyectos de Machine Learning, podrás comunicar efectivamente los patrones y las tendencias presentes en los datos, facilitando las tomas de decisiones informadas.

3.7 Seaborn - Visualización estadística

La visualización se usa en el análisis de datos y en la creación de modelos de Machine Learning. En este contexto, la librería Seaborn se destaca como una herramienta valiosa que mejora y simplifica la creación de visualizaciones estadísticas en comparación con Matplotlib y también complementando a Matplotlib. En esta sección, examinaremos las características distintivas de Seaborn y proporcionaremos un ejemplo práctico para ilustrar su implementación en la creación de gráficos de barras. En capítulos posteriores se abordará su aplicación práctica.

Seaborn constituye un módulo de visualización de datos que trabaja sobre Matplotlib y proporciona una interfaz de alta calidad para la creación de gráficos estadísticos. Esta librería se especializa en la producción de visualizaciones atractivas y comprensibles, facilitando la exploración y presentación de datos en el análisis estadístico y Machine Learning.

Esta librería será examinada con mayor detalle en capítulos posteriores para la elaboración de otros gráficos, por lo que no será desarrollada exhaustivamente en esta sección.

3.7.1 Características claves de Seaborn

- **Interfaz simplificada:** Seaborn simplifica la creación de gráficos al establecer funciones de alto nivel que requieren menos código en comparación con Matplotlib. Esto facilita la generación de visualizaciones atractivas con menos esfuerzo.
- **Paletas de colores mejoradas:** Seaborn incluye paletas de colores estéticamente agradables que mejoran la apariencia de los gráficos. La elección de colores sirve para transmitir información de manera efectiva, y Seaborn optimiza esta tarea.
- **Facilidad de agregación de datos:** Seaborn hace fácil la agregación de datos y la creación de gráficos estadísticos basados en diferentes variables. Permite explorar relaciones complejas entre múltiples variables de manera intuitiva.
- **Visualización de distribuciones:** Seaborn destaca en la visualización de distribuciones, proporcionando funciones especializadas para crear histogramas, gráficos de densidad y otros diagramas que muestran la forma de la distribución de los datos.

3.7.2 Ventajas de Seaborn

- **Simplicidad y eficiencia:** Seaborn simplifica la creación de visualizaciones estadísticas, lo que permite generar gráficos atractivos con menos líneas de código.
- **Estilo atractivo:** La librería ofrece paletas de colores mejoradas y estilos

predeterminados que mejoran la apariencia de los gráficos.

- **Exploración intuitiva de datos:** Seaborn facilita la exploración de relaciones entre variables y el entendimiento de distribuciones de datos, mediante funciones especializadas.
- **Integración con Pandas:** Seaborn se integra fácilmente con estructuras de datos de Pandas, lo que simplifica la manipulación y la vista de datos almacenados en DataFrames.

Seaborn emerge como una herramienta valiosa para aquellos que buscan una experiencia mejorada en la visualización de datos estadísticos. Al proporcionar una interfaz simplificada y funciones especializadas, Seaborn facilita la creación de gráficos atractivos y la exploración de patrones en los datos.

3.8 Plotly - Visualización interactiva

En el análisis de datos y en Machine Learning, representar visualmente la información de manera interactiva y en gráficos tridimensionales puede servir para la comprensión profunda de los datos. Plotly, es una librería conocida por sus capacidades de visualización interactiva y gráficos en 3D, y se convierte en una herramienta valiosa en este contexto. En esta sección, exploraremos las características distintivas de Plotly.

Plotly es una librería de visualización de datos, que muestra la capacidad de crear gráficos interactivos y visualizaciones en 3D, por lo que su versatilidad y uso sencillo la convierten en una elección popular para aquellos que buscan presentar datos de manera dinámica y atractiva. Plotly opera sobre Matplotlib y ofrece funciones específicas para gráficos interactivos, gráficos en 3D y Dashboards.

También, los scripts de esta librería serán vistos más adelante en todo el libro, dado los extensos gráficos que pueden formarse.

3.8.1 Características claves de Plotly

- **Visualización interactiva:** Plotly permite la creación de gráficos interactivos que permiten a los usuarios explorar datos, hacer zoom y obtener información detallada directamente desde la visualización.
- **Gráficos en 3D:** La capacidad de Plotly para crear diagramas en tres dimensiones es útil cuando se trabaja con conjuntos de datos complejos que involucran múltiples variables.
- **Dashboards dinámicos:** Plotly se integra con Dash, una librería para la creación de aplicaciones web interactivas. Esto posibilita la construcción de dashboards dinámicos basados en los gráficos de Plotly.
- **Amplia variedad de gráficos:** Plotly soporta una amplia variedad de tipos de diagramas, desde gráficos de dispersión hasta diagramas de contorno y

mapas de calor.

3.8.2 Ventajas de Plotly

- **Interactividad dinámica:** La principal fortaleza de Plotly radica en su capacidad para crear gráficos interactivos que permiten una exploración detallada de los datos.
- **Versatilidad:** Plotly es versátil y se adapta a diferentes tipos de gráficos, desde simples diagramas de dispersión hasta complejas visualizaciones en 3D.
- **Integración con Dash:** La integración de Plotly con Dash permite la construcción de dashboards interactivos que pueden ser desplegados en aplicaciones web.
- **Facilidad de uso:** La sintaxis sencilla de Plotly Express facilita la creación rápida de gráficos impresionantes sin la necesidad de líneas extensas de código.

Plotly destaca como una herramienta poderosa para aquellos que buscan llevar sus visualizaciones al siguiente nivel. Su capacidad para generar gráficos interactivos y visualizaciones en 3D, muestra una dimensión adicional a la exploración de datos y la presentación de resultados.

3.9 Bokeh - Visualización interactiva

Cuando se trata de la visualización de datos en proyectos de Machine Learning, la presentación de resultados de manera interactiva y estética resulta relevante. Bokeh constituye una librería especializada en visualizaciones interactivas y ofrece una amplia gama de herramientas para crear gráficos atractivos y dinámicos. Bokeh representa una librería de visualización de datos que resalta por su capacidad para crear diagramas interactivos y estéticamente estilizados.

Su objetivo principal consiste en proporcionar una forma sencilla de construir visualizaciones interactivas directamente desde Python, sin necesidad de conocimientos avanzados en desarrollo web. Bokeh se enfoca en la simplicidad y en proporcionar herramientas efectivas para la creación de gráficos que permitan a los usuarios explorar y comprender datos de manera dinámica. Ahora un ejemplo de funciones:

In [74]:

```
# Ejercicio 74
from bokeh.plotting import figure, show
from bokeh.io import output_notebook
import numpy as np
```

```

# Habilitar salida en el cuaderno de Jupyter
output_notebook()

# Crear datos para la gráfica
x = np.linspace(0, 2 * np.pi, 100)
y = np.sin(x)

# Crear la figura
p = figure(title="Interactive Line Plot", height=300, width=600)

# Añadir la línea a la gráfica
p.line(x, y, line_width=2, line_color="blue", legend_label="Función
    Seno")

# Configurar el estilo de la gráfica
p.title.text_font_size = "16px"
p.legend.location = "top_right"

# Mostrar la gráfica interactiva
show(p)
```

Out [74]:

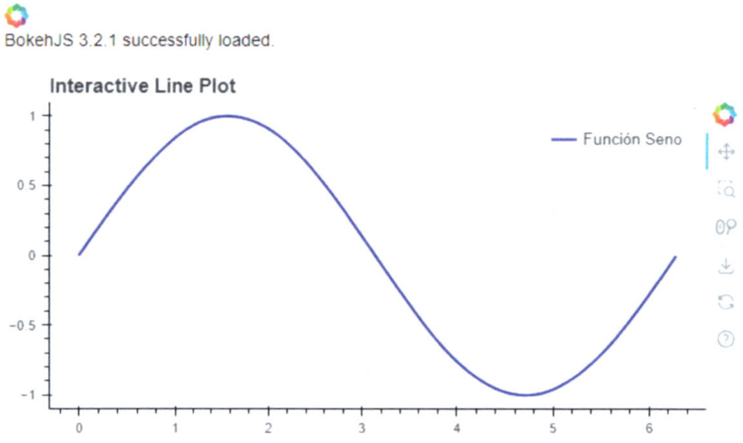

Ahora un ejemplo de un gráfico de burbujas:

In [75]:

```
# Ejercicio 75
from bokeh.plotting import figure, show
from bokeh.io import output_notebook
import numpy as np

# Habilitar salida en el cuaderno de Jupyter
output_notebook()

```

```
# Crear datos para la gráfica de dispersión de burbujas
x = np.random.rand(50)
y = np.random.rand(50)
size = np.random.rand(50) * 20
color = "green"

# Crear la figura
p = figure(title="Gráfico de Dispersión de Burbujas", height=400,
    width=600)

# Añadir las burbujas a la gráfica
p.circle(x, y, size=size, color=color, alpha=0.6)

# Configurar el estilo de la gráfica
p.title.text_font_size = "16px"

# Mostrar la gráfica interactiva
show(p)
```

Out [75]:

BokehJS 3.2.1 successfully loaded.

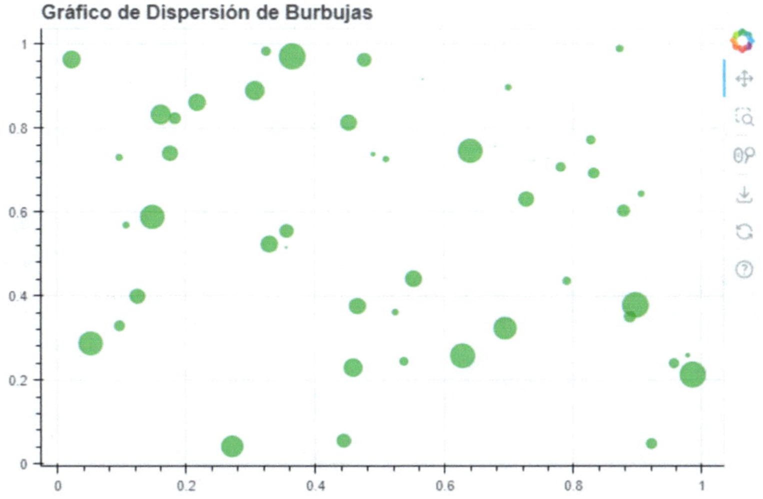

3.9.1 Características claves de Bokeh

- **Visualizaciones interactivas:** Bokeh permite la creación de diagramas interactivos que ofrecen a los usuarios la capacidad de hacer zoom, desplazarse y obtener información detallada directamente desde la visualización.
- **Estética agradable:** Bokeh se preocupa por la estética de las visualizaciones, proporcionando herramientas para personalizar colores, estilos y etiquetas, lo que resulta en gráficos visualmente atractivos.
- **Herramientas de interactividad:** Bokeh ofrece diversas herramientas in-

teractivas integradas, como la capacidad de seleccionar y resaltar puntos de datos, agregar etiquetas emergentes y más.

- **Compatibilidad con Jupyter Notebooks:** Bokeh se puede integrar fácilmente con Jupyter Notebooks, lo que facilita la creación de visualizaciones interactivas en el entorno de desarrollo interactivo.

Ahora un gráfico lineal:

In [76]:

```python
# Ejercicio 76
from bokeh.plotting import figure, show
from bokeh.io import output_notebook

# Habilitar la salida en el cuaderno de Jupyter
output_notebook()

# Crear datos para el gráfico
x = [1, 2, 3, 4, 5]
y = [2, 4, 6, 8, 10]

# Option 1: Use direct arrays (simpler approach)
# Crear la figura
p = figure(
    title="Gráfico Interactivo con Bokeh",
    height=300,
    width=600,
    tools="pan,box_zoom,reset",
)

# Agregar la línea al gráfico
p.line(x, y, line_width=2, line_color="blue", legend_label="Línea de
    Ejemplo")

# Agregar puntos de datos al gráfico - using direct arrays instead of
    source
p.scatter(x=x, y=y, size=10, color="blue", legend_label="Puntos de
    Ejemplo")

# Configurar el estilo del gráfico
p.title.text_font_size = "16px"
p.legend.location = "top_left"
p.xaxis.axis_label = "Eje X"
p.yaxis.axis_label = "Eje Y"

# Mostrar el gráfico interactivo
show(p)

# Option 2 (alternative): If you want to use a ColumnDataSource:
# Uncomment the following code:
```

```
# source = ColumnDataSource(data=dict(x_column=x, y_column=y))
# p.scatter(x='x_column', y='y_column', size=10, color='blue', source=
    source, legend_label="Puntos de Ejemplo")
```

Out [76]:

BokehJS 3.2.1 successfully loaded.

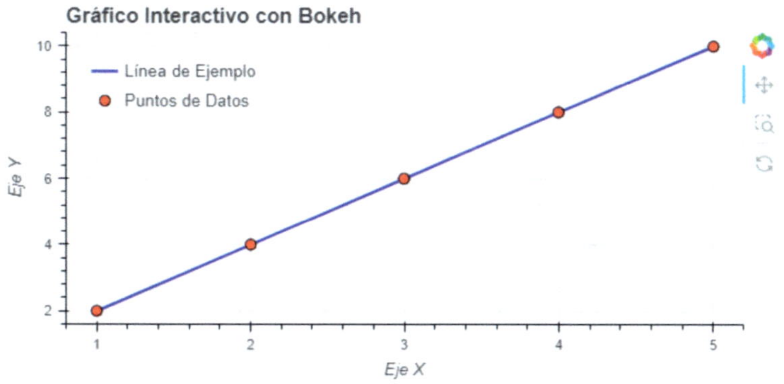

Ahora un gráfico de puntos en 3d:

In [77]:

```
# Ejercicio 77
import plotly.graph_objs as go
from plotly.subplots import make_subplots

# Crear datos para el gráfico 3D
x = [1, 2, 3, 4, 5, 2, 4, 6, 8, 10]
y = [2, 4, 6, 8, 10, 5, 3, 8, 2, 7]
z = [5, 3, 8, 2, 7, 1, 2, 3, 4, 5]

# Crear la figura 3D
fig = make_subplots(rows=1, cols=1, specs=[[{"type": "scatter3d"}]])

# Agregar el gráfico de dispersión 3D
scatter3d = go.Scatter3d(
    x=x, y=y, z=z, mode="markers", marker=dict(size=10, color="blue")
)
fig.add_trace(scatter3d)

# Configurar el diseño del gráfico
fig.update_layout(
    scene=dict(
        aspectmode="cube",
        xaxis=dict(title="Eje X"),
        yaxis=dict(title="Eje Y"),
        zaxis=dict(title="Eje Z"),
    ),
```

```
    title="Gráfico 3D Interactivo con Plotly",
)

# Mostrar el gráfico interactivo
fig.show()
```

Out [77]:

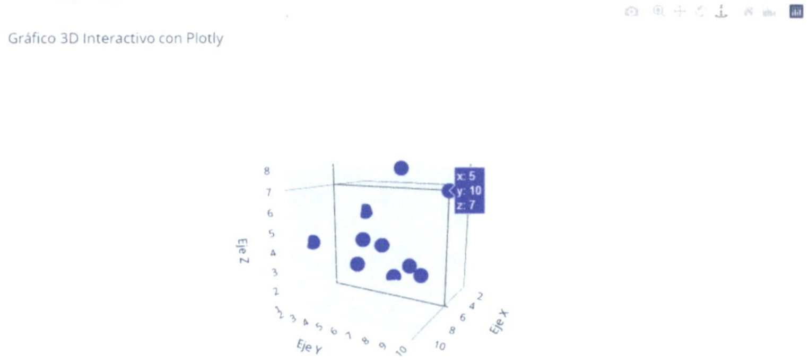

3.9.2 Ventajas de Bokeh

- **Facilidad de uso:** Bokeh simplifica la creación de visualizaciones interactivas, haciendo que los usuarios sin experiencia en desarrollo web, puedan desarrollar gráficos dinámicos.
- **Compatibilidad con Notebooks:** Bokeh se integra sin problemas con Jupyter Notebooks, facilitando la creación de visualizaciones interactivas en un entorno interactivo.
- **Personalización estética:** Bokeh ofrece opciones de personalización para mejorar la estética de los gráficos, lo que es esencial para presentar resultados de manera atractiva.
- **Interactividad dinámica:** Las herramientas interactivas de Bokeh permiten a los usuarios explorar datos directamente desde el gráfico, mejorando la comprensión de los patrones y tendencias.

Ahora un ejemplo que toma en cuenta lo anterior:

In [78]:

```
# Ejercicio 78
from bokeh.plotting import figure, show
from bokeh.io import output_notebook
from bokeh.models import Ellipse
import numpy as np

# Habilitar la salida en el cuaderno de Jupyter
output_notebook()
```

```python

# Crear datos para el gráfico (múltiples puntos para una elipse significativa)
x = np.random.normal(6, 1, 100)
y = np.random.normal(3, 1, 100)

# Calcular los parámetros de la elipse
center_x, center_y = np.mean(x), np.mean(y)
width, height = np.std(x) * 2, np.std(y) * 2
angle = 0 # Ángulo de rotación (en radianes)

# Crear la figura
p = figure(title="Ventajas de Bokeh", height=300, width=600, tools="pan,box_zoom,reset")

# Agregar puntos de datos al gráfico
p.scatter(
    x, y, size=8, fill_color="red", line_color="black", legend_label="Puntos de Datos"
)

# Agregar la elipse al gráfico
ellipse = Ellipse(
    x=center_x,
    y=center_y,
    width=width,
    height=height,
    angle=angle,
    line_color="green",
    fill_alpha=0.2,
)
p.add_glyph(ellipse)

# Configurar el estilo del gráfico
p.title.text_font_size = "16px"
p.legend.location = "top_left"
p.xaxis.axis_label = "Eje X"
p.yaxis.axis_label = "Eje Y"

# Mostrar el gráfico interactivo
show(p)
```

Out [78]:

BokehJS 3.2.1 successfully loaded.

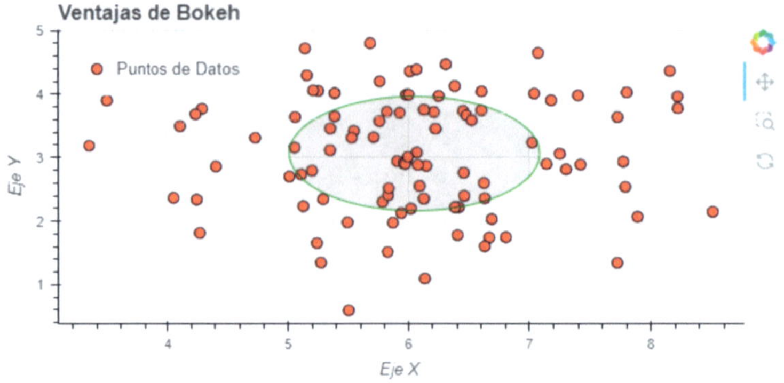

Bokeh es una herramienta valiosa cuando se busca agregar interactividad y estética a las visualizaciones de datos en proyectos de Machine Learning. Al incorporar Bokeh en los proyectos, se ofrecen visualizaciones atractivas y dinámicas que mejoran la experiencia de los usuarios, ya que se puede explorar y entender los resultados de tus modelos de Machine Learning de manera más interactiva.

3.10 Dash - Aplicaciones Web interactivas

En la actualidad de la ciencia de datos y Machine Learning, la presentación de resultados y modelos de manera interactiva se ha vuelto esencial. Dash, una librería en Python, ofrece una solución efectiva para construir aplicaciones web interactivas con facilidad. En esta sección, exploraremos las características clave de Dash y proporcionaremos un ejemplo práctico que ilustra cómo crear una aplicación web interactiva con Dash.

Dash es una librería open-source desarrollada por Plotly que permite a los usuarios construir aplicaciones web interactivas utilizando Python. Lo que diferencia a Dash es su enfoque en la simplicidad y la capacidad para desarrollar interfaces de usuario dinámicas sin la necesidad de conocer lenguajes de programación web como HTML, CSS o JavaScript. Con Dash, los data cientistas y desarrolladores pueden desplegar modelos de ML, visualizaciones de datos y resultados de manera interactiva y accesible.

Un ejemplo de gráfico de barras para webs:

In [79]:

```
# Ejercicio 79
import dash
import dash_core_components as dcc
import dash_html_components as html

```

```
# Inicializar la aplicación Dash
app = dash.Dash(__name__)

# Diseñar el layout de la aplicación
app.layout = html.Div(
    children=[
        html.H1("Bienvenido a Dash!"),
        dcc.Graph(
            id="grafico-ejemplo",
            figure={
                "data": [
                    {
                        "x": [1, 2, 3, 4],
                        "y": [10, 15, 13, 17],
                        "type": "bar",
                        "name": "Grupo A",
                    },
                    {
                        "x": [1, 2, 3, 4],
                        "y": [16, 5, 11, 9],
                        "type": "bar",
                        "name": "Grupo B",
                    },
                ],
                "layout": {"title": "Gráfico de Barras Ejemplo"},
            },
        ),
    ]
)


# Ejecutar la aplicación
if __name__ == "__main__":
    app.run(debug=True, port=8051) # Changed from app.run_server() to
        app.run()
```

Out [79]:

¡Bienvenido a Dash!

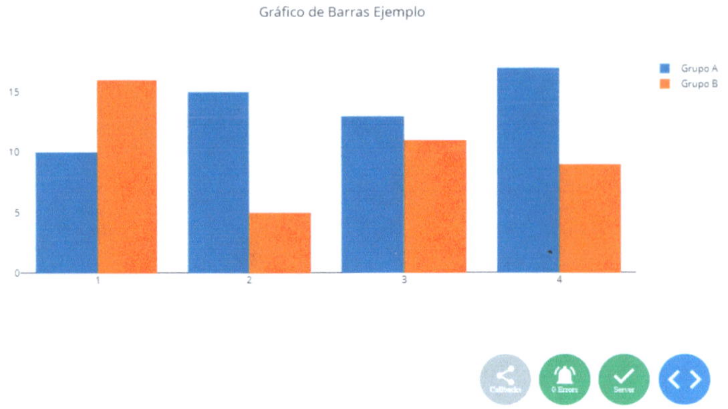

Ahora una calculadora interactiva de cubos:

In [80]:

```python
# Ejercicio 80
import dash
from dash import dcc, html
from dash.dependencies import Input, Output

# Inicializar la aplicación Dash
app = dash.Dash(__name__)

# Diseñar el layout de la aplicación
app.layout = html.Div(
    children=[
        html.H1("Calculadora de Cubos"),
        dcc.Input(id="input-numero", type="number", value=0),
        html.Div(id="output-resultado"),
    ]
)

# Definir la lógica de la aplicación
@app.callback(Output("output-resultado", "children"), [Input("input-
    numero", "value")])
def calcular_cubo(numero):
    if numero is not None: # Añadido para manejar el caso de número
        nulo
        return f"El cubo de {numero} es {numero**3}"
    return "Introduce un número"


# Ejecutar la aplicación
if __name__ == "__main__":
    app.run(debug=True, port=8051)
```

Out [80]:

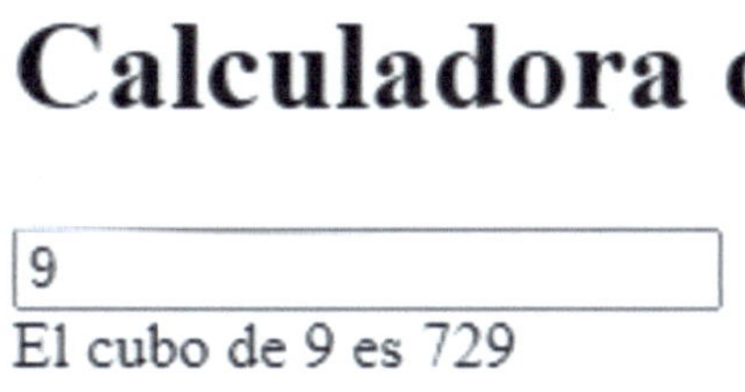

3.10.1 Características claves de Dash

- **Simplicidad:** Dash utiliza una sintaxis simple y basada en Python, lo que facilita a los usuarios la construcción de aplicaciones web sin tener que aprender nuevos lenguajes.
- **Interactividad:** Las aplicaciones creadas con Dash son inherentemente interactivas. Los elementos como gráficos, botones y deslizadores pueden actualizarse dinámicamente en respuesta a la interacción del usuario.
- **Componentes modulares:** Dash utiliza componentes modulares para construir aplicaciones. Esto hace que exista una fácil organización y reutilización de código.
- **Integración con Plotly:** Dash está integrado con Plotly, lo que significa que los diagramas y visualizaciones desarrollados con Plotly, pueden incorporarse directamente en las aplicaciones Dash.

Ahora in un ejemplo interactivo:

In [81]:

```
# Ejercicio 81
import dash
from dash import dcc, html
from dash.dependencies import Input, Output
import plotly.express as px
import pandas as pd
import numpy as np

# Datos de ejemplo
df = pd.DataFrame({"x": np.random.randn(100), "y": np.random.randn(100)})

# Inicializar la aplicación Dash
app = dash.Dash(__name__)

# Diseñar el layout de la aplicación
app.layout = html.Div(
    [
        html.H1("Gráfico Interactivo con Plotly"),
```

```
            dcc.Dropdown(
                id="color-dropdown",
                options=[
                    {"label": "Rojo", "value": "red"},
                    {"label": "Verde", "value": "green"},
                    {"label": "Azul", "value": "blue"},
                ],
                value="red",
            ),
            dcc.Graph(id="scatter-plot"),
        ]
)

# Callback para actualizar el gráfico
@app.callback(Output("scatter-plot", "figure"), [Input("color-dropdown", "value")])
def update_graph(color):
    fig = px.scatter(df, x="x", y="y", color_discrete_sequence=[color])
    return fig


# Ejecutar la aplicación
if __name__ == "__main__":
    app.run(debug=True, port=8051)
```

Out [81]:

Gráfico Interactivo con Plotly

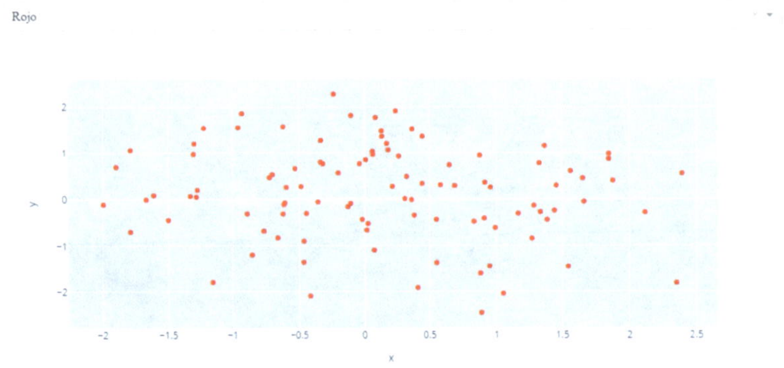

Ahora una aplicación para convertir Fahrenheit en Celsius:

In [82]:

```
# Ejercicio 82
import dash
from dash import dcc, html
from dash.dependencies import Input, Output

```

```python
# Inicializar la aplicación Dash
app = dash.Dash(__name__)

# Diseñar el layout de la aplicación
app.layout = html.Div(
    [
        html.H1("Conversor de Temperatura"),
        dcc.Input(
            id="input-temp",
            type="number",
            placeholder="Introduce la temperatura en grados C",
        ),
        html.Button("Convertir a Fahrenheit", id="convert-button"),
        html.Div(id="output-temp"),
    ]
)

# Callback para realizar la conversión
@app.callback(
    Output("output-temp", "children"),
    [Input("convert-button", "n_clicks")],
    [dash.dependencies.State("input-temp", "value")],
)
def convert_temperature(n_clicks, value):
    if n_clicks and value is not None:
        fahrenheit = (value * 9 / 5) + 32
        return f"{value} grados C es igual a {fahrenheit} grados F"
    return ""


# Ejecutar la aplicación
if __name__ == "__main__":
    app.run(debug=True, port=8051)
```

Out [82]:

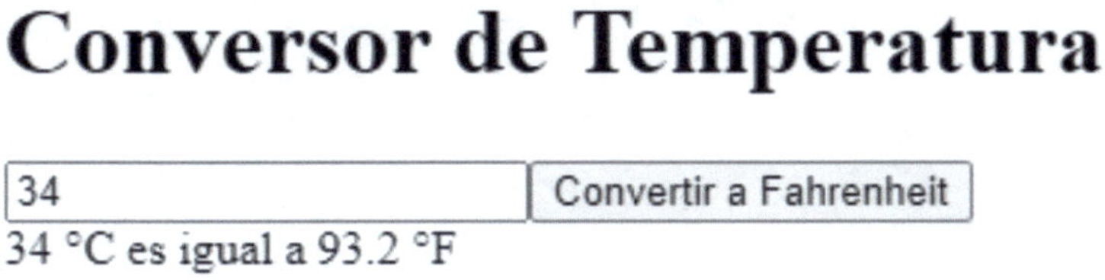

3.10.2 Ventajas de Dash

- **Despliegue sencillo:** Dash facilita el despliegue de aplicaciones web interactivas, lo que da a los usuarios, la posibilidad de compartir y presentar resultados de manera efectiva.
- **Sintaxis en Python:** Al estar basado en Python, Dash elimina la necesi-

dad de comprender lenguajes web adicionales, haciendo que la creación de aplicaciones sea accesible para los científicos de datos y desarrolladores.

- **Integración con Plotly:** La integración directa con Plotly permite la creación de gráficos y visualizaciones atractivas y dinámicas.
- **Interactividad incorporada:** Dash facilita la creación de aplicaciones web interactivas sin la necesidad de escribir código JavaScript.

Dash nace como una herramienta para la creación de aplicaciones web interactivas en el contexto de proyectos de Machine Learning. Su enfoque en la simplicidad y la sintaxis en Python hace que la construcción de interfaces de usuario dinámicas sea accesible para una amplia audiencia.

3.11 Folium - Visualización de datos geoespaciales

En el ámbito de Machine Learning, la visualización de datos geoespaciales sirve en la identificación de las localizaciones, muy utilizado para proyectos. Folium, una librería de Python, se destaca como una herramienta efectiva para la creación de mapas interactivos. En esta sección, exploraremos las capacidades de Folium y proporcionaremos un ejemplo práctico que demuestra cómo crear mapas interactivos con esta librería. Folium es un módulo de Python que permite la creación de mapas interactivos utilizando Leaflet, una librería de JavaScript para mapas. Folium facilita la visualización de datos geográficos al proporcionar una interfaz simple y orientada a Python para generar mapas. Ahora un ejemplo del mapa:

In [83]:

```
# Ejercicio 83
import folium

# Crear un mapa centrado en un punto medio
mapa = folium.Map(location=[39.8283, -98.5795], zoom_start=4)

# Lista de ubicaciones (latitud, longitud, y etiqueta)
ubicaciones = [
    (40.7128, -74.0060, "Nueva York"),
    (34.0522, -118.2437, "Los Ángeles"),
    (41.8781, -87.6298, "Chicago"),
]

# Agregar marcadores al mapa
for lat, lon, ciudad in ubicaciones:
    folium.Marker(
        location=[lat, lon], popup=ciudad, icon=folium.Icon(icon="cloud
            ")
    ).add_to(mapa)
```

```

    # Guardar el mapa en un archivo HTML
mapa.save("mapa_usa_ciudades.html")
```

Out [83]:

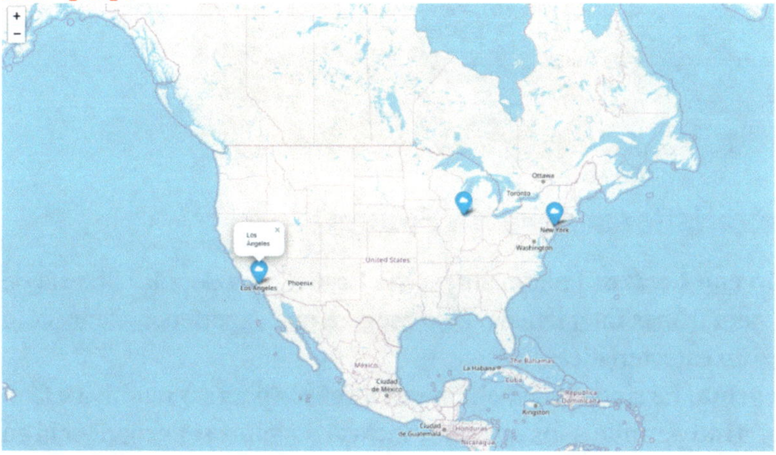

Ahora para mostrar el centro de una ciudad:

In [84]:

```
# Ejercicio 84
import folium

# Crear un mapa centrado en una ubicación específica (Ejemplo: Ciudad
    de México)
mapa = folium.Map(location=[19.432608, -99.133209], zoom_start=12)

# Agregar un marcador para la ubicación
folium.Marker([19.432608, -99.133209], popup="Ciudad de México").
    add_to(mapa)

# Guardar el mapa en un archivo HTML
mapa.save("mapa_ciudad_mexico.html")
```

Out [84]:

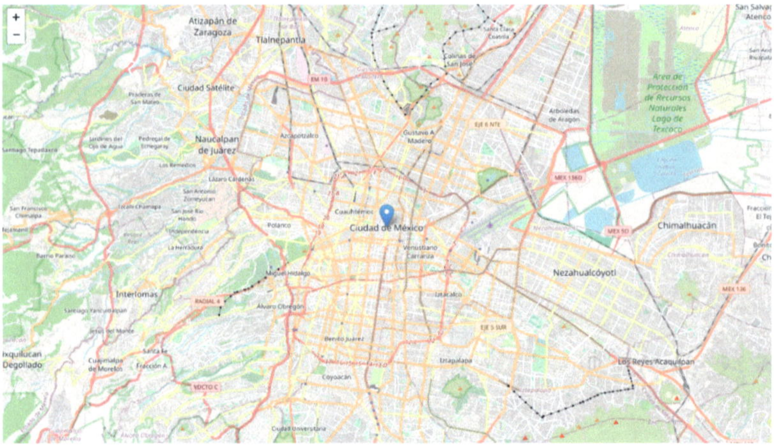

3.11.1 Características clave de Folium

- **Integración con Leaflet:** Folium aprovecha Leaflet, una popular librería de JavaScript para mapas interactivos. Esto asegura una experiencia de usuario fluida y rica en características.
- **Sintaxis sencilla:** La sintaxis de Folium está diseñada para ser intuitiva y fácil de entender. Esto permite a los usuarios, incluso aquellos sin experiencia en desarrollo web, crear mapas interactivos de manera eficiente.
- **Marcadores y elementos gráficos:** Folium permite agregar marcadores, polígonos, líneas y otros elementos gráficos al mapa, brindando flexibilidad en la representación de información geoespacial.

3.11.2 Ventajas de Folium

- **Simplicidad en la creación de mapas:** Folium simplifica significativamente la creación de mapas interactivos, permitiendo a los usuarios centrarse en la representación de datos geoespaciales sin preocuparse por la complejidad subyacente de Leaflet.
- **Interactividad incorporada:** Los mapas creados con Folium son interactivos por naturaleza. Los usuarios pueden hacer zoom y hacer clic en marcadores para acceder a información adicional.
- **Personalización:** Folium ofrece opciones de personalización, como la adición de capas, control sobre los tipos de mapas y la capacidad de incluir elementos gráficos adicionales.

Folium encuentra aplicaciones prácticas en proyectos de Machine Learning que involucran datos geoespaciales. Puede ser utilizado para visualizar la distribución geográfica de datos, la ubicación de eventos o fenómenos específicos, y para mostrar resultados de modelos que tienen una dimensión geográfica.

En los próximos capítulos, continuaremos utilizando módulos y librerías usadas para el desarrollo de softwares basados en Machine Learning.

3.12 Resumen

En resumen, se tienen los siguientes puntos relevantes del capítulo:

3.1. Módulos de Python más usados en Machine Learning

Se presentan módulos como:

- **NumPy:** Utilizado para manipulación eficiente de datos numéricos en algoritmos de Machine Learning.
- **Pandas:** Pra manipulación y análisis de datos tabulares, simplificando la limpieza y preparación de datos.
- **Sympy:** Librería de álgebra simbólica útil para cálculos simbólicos y manipulación algebraica avanzada.
- **Scipy:** Complementa a NumPy con funcionalidades adicionales para cálculos científicos avanzados.
- **Matplotlib, Seaborn, Plotly y Bokeh:** Librerías de visualización de datos para gráficos estáticos, estadísticos, interactivos y dashboards.
- **Dash:** Facilita la creación de aplicaciones web interactivas, útiles para construir paneles de control y aplicaciones basadas en datos.
- **Folium:** Especializada en visualización de datos geoespaciales en mapas interactivos.

3.2. Librería de NumPy

Destaca la importancia de la librería NumPy en el desarrollo de aplicaciones de Machine Learning, enfocándose en la manipulación eficiente de datos numéricos. NumPy, cuyo nombre proviene de "Numerical Python", es una librería de código abierto de alta relevancia en Machine Learning. Introduce el objeto array, permitiendo representar y manipular datos en forma de matrices. Se destaca la capacidad de NumPy para realizar operaciones matemáticas de manera vectorizada, mejorando la eficiencia en comparación con las listas estándar de Python.

3.3. Librería Pandas

Python proporciona una visión de la librería Pandas, destacando su importancia en el campo de Machine Learning para la manipulación y análisis eficientes de datos tabulares. Se presentan dos estructuras principales de Pandas: Series y DataFrame. Se muestran ejemplos de manipulación de Series y DataFrames, así como operaciones comunes con Pandas, como filtrado de datos, operaciones de agrupación y manejo de datos faltantes. Se explora la integración de Pandas con Machine Learning a través de ejemplos de preparación de datos y análisis, utilizando conjuntos de datos como Iris y Diabetes. Se demuestra cómo cargar, limpiar y transformar datos eficientemente con Pandas. Además, se resaltan operaciones prácticas como la creación de DataFrames, filtrado de datos, operaciones de agrupación, manejo de datos faltantes, concatenación y fusión de DataFrames.

3.4. Librería SymPy

SymPy es una biblioteca de álgebra simbólica para Python que se especializa en realizar cálculos matemáticos simbólicos en lugar de cálculos numéricos. A diferencia de las librerías numéricas como NumPy, SymPy se centra en manipular expresiones matemáticas simbólicas, lo que implica trabajar con variables, funciones y fórmulas de manera algebraica. SymPy también permite la impresión elegante de expresiones matemáticas y su representación gráfica. Además, se puede integrar en diversos proyectos para proporcionar capacidades matemáticas simbólicas, siendo especialmente útil en áreas como álgebra, cálculo, geometría y física teórica.[10]

3.5. Librería SciPy

Scipy es una biblioteca de Python que amplía las capacidades de NumPy y proporciona funcionalidades adicionales para la computación científica. Construida sobre NumPy, Scipy ofrece módulos especializados para tareas como optimización, álgebra lineal, estadísticas, procesamiento de señales, interpolación, entre otros.

3.6. Librería Matplotlib

Es esencial para visualización de datos en Python, destacando en el análisis de datos de modelos de Machine Learning. Tiene diversidad de gráficos: Líneas, barras, dispersión, áreas, histogramas, etc.; Todo esto permite la personalización como ajuste de colores, tamaños, etiquetas y estilos. Es esencial en proyectos de Machine Learning para explorar y comunicar patrones y tendencias.

3.7. Librería Seaborn

La Librería mejora y simplifica visualizaciones estadísticas en comparación con Matplotlib. Colocando una interfaz simplificada; Menos código para gráficos estadísticos; Paletas de colores mejoradas; Estéticamente agradables; Facilidad de agregación de datos; Exploración intuitiva de relaciones complejas; Visualización de distribuciones; Especialización en histogramas, densidad, etc.

[10] Baldor J.A. (1998). "Geometría Plana del Espacio: Con una Introducción a la Trigonometría". México DF, México. Publicaciones Cultural. Decima Quinta Reimpresión.

3.8. Librería Plotly

Permite la visualización interactiva y gráficos en 3D; La exploración, zoom y detalles desde la visualización; Gráficos en 3D; Útil para conjuntos de datos complejos; Dashboards dinámicos; Integración con Dash para aplicaciones web; Facilidad de uso con sintaxis sencilla.

3.9. Librería Bokeh

Permite la visualizaciones interactivas y estéticas; Visualizaciones interactivas; Zoom, desplazamiento y detalles desde el gráfico; Estética agradable; Personalización de colores, estilos y etiquetas; Herramientas de interactividad; Selección, resaltado y etiquetas emergentes; Facilidad de uso para usuarios sin experiencia en desarrollo web; Personalización estética e integración con Jupyter Notebooks.

3.10. Librería Dash

Es una herramienta esencial para la presentación interactiva de resultados y modelos en la ciencia de datos y Machine Learning. Dash, desarrollada por Plotly, permite crear aplicaciones web interactivas en Python sin la necesidad de conocer HTML, CSS o JavaScript. Se proporcionan ejemplos prácticos, como un gráfico de barras y una calculadora interactiva de cubos, para ilustrar su uso. Las características clave incluyen interactividad, componentes modulares y la integración con Plotly. Se proporciona un ejemplo de gráfico interactivo con Plotly y otro de una aplicación para convertir Fahrenheit a Celsius. Dash se destaca por su despliegue sencillo, su sintaxis en Python y su integración con Plotly, lo que permite el desarrollo de aplicaciones web interactivas sin la necesidad de conocimientos.

3.11. Librería Folium

Que se utiliza para la visualización de datos geoespaciales. Folium utiliza Leaflet, un módulo de JavaScript, para desarrollar mapas interactivos en Python. Se proporcionan ejemplos prácticos, como la creación de un mapa de ciudades en Estados Unidos y el centro de una ciudad en México. Las características clave incluyen la integración con Leaflet, una sintaxis sencilla y la capacidad de agregar marcadores y elementos gráficos. Las ventajas de Dash y Folium incluyen la simplicidad en la creación de aplicaciones, la sintaxis en Python, la integración con otras librerías (como Plotly y Leaflet), y la interactividad incorporada en las aplicaciones generadas.

3.13 Problemas y sus Soluciones

Se tienen los siguientes problemas y soluciones:

Pregunta 1. ¿Cuál es una librería en Python para la manipulación eficiente de datos numéricos en algoritmos de Machine Learning?

A) Matplotlib.
B) Pandas.
C) Scipy.
D) NumPy.
E) Seaborn.
F) Dash.

Pregunta 2. ¿Qué módulo de Python es clave para la manipulación y análisis de datos tabulares?

A) Matplotlib.
B) Pandas.
C) Scipy.
D) NumPy.
E) Seaborn.
F) Dash.

Pregunta 3. ¿Qué librería de Python permite realizar cálculos simbólicos?

A) Matplotlib.
B) Pandas.
C) Scipy.
D) NumPy.
E) Seaborn.
F) SymPy.

Pregunta 4. ¿Qué módulo de Scipy se utiliza para optimización y solución de ecuaciones lineales?

A) scipy.linalg.
B) scipy.stats.
C) scipy.signal.
D) scipy.interpolate.
E) scipy.fftpack.
F) scipy.integrate.

Pregunta 5. ¿Para qué se utiliza principalmente Matplotlib en Python?

A) Optimización de funciones.
B) Cálculos estadísticos.
C) Visualización de datos.
D) Manipulación de datos tabulares.
E) Cálculos simbólicos.
F) Creación de aplicaciones web.

Pregunta 6. ¿Cuál es el propósito principal de la librería Dash en Python?

A) Visualización de datos.
B) Análisis estadístico.
C) Creación de aplicaciones web interactivas.
D) Manipulación de datos numéricos.
E) Cálculos algebraicos.
F) Procesamiento de señales.

Pregunta 7. ¿Qué característica principal tiene la librería Pandas?

A) Gráficos interactivos.
B) Cálculos simbólicos.
C) Estructuras de datos para manipulación tabular.
D) Visualización estadística.
E) Creación de aplicaciones web.
F) Optimización de funciones.

Pregunta 8. ¿Qué ofrece Seaborn que la diferencia de Matplotlib?

A) Cálculos numéricos.
B) Mejora en la creación de gráficos estadísticos.
C) Manipulación de datos tabulares.
D) Visualizaciones en 3D.
E) Desarrollo de aplicaciones web.
F) Cálculos algebraicos.

Pregunta 9. ¿Cuál es una característica principal de NumPy?

A) Creación de dashboards.
B) Manipulación eficiente de arreglos numéricos.
C) Cálculos simbólicos.
D) Gráficos estadísticos.

E) Desarrollo de aplicaciones web.
F) Visualización de datos geoespaciales.

Pregunta 10. ¿Para qué se utiliza la librería Folium en Python?

A) Análisis de datos tabulares.
B) Visualización de datos geoespaciales.
C) Cálculos numéricos.
D) Creación de gráficos estadísticos.
E) Desarrollo de aplicaciones web.
F) Manipulación de arreglos numéricos.

Pregunta 11. ¿Qué tipo de gráficos se pueden crear con Matplotlib?

A) Interactivos.
B) Estadísticos.
C) Tabulares.
D) Numéricos.
E) Todos los anteriores.
F) Ninguno de los anteriores.

Pregunta 12. ¿Qué característica principal tiene Scipy sobre NumPy?

A) Mejor manejo de arreglos.
B) Funciones adicionales para cálculo científico.
C) Creación de gráficos.
D) Manipulación de datos tabulares.
E) Cálculos simbólicos.
F) Desarrollo de aplicaciones web.

Pregunta 13. ¿En qué se especializa la librería Statsmodels en Python?

A) Visualización de datos.
B) Análisis estadístico y económico.
C) Manipulación de datos tabulares.
D) Cálculos numéricos.
E) Cálculos simbólicos.
F) Creación de aplicaciones web.

Pregunta 14. ¿Cuál es la principal ventaja de usar Pandas sobre las listas de Python para análisis de datos?

A) Mejor manejo de memoria.
B) Mayor velocidad de ejecución.
C) Gráficos integrados.
D) Manipulación de arreglos numéricos.
E) Cálculos estadísticos.
F) Desarrollo web.

Pregunta 15. ¿Qué librería se utiliza para el procesamiento de señales en Python?

A) Matplotlib.
B) Pandas.
C) Scipy.signal.
D) NumPy.
E) Seaborn.
F) Dash.

Pregunta 16. ¿Qué función de NumPy se utiliza comúnmente para crear arreglos de números aleatorios?

A) numpy.random.
B) numpy.array.
C) numpy.linspace.
D) numpy.arange.
E) numpy.zeros.
F) numpy.ones.

Pregunta 17. ¿Para qué se utiliza principalmente el módulo scipy.integrate?

A) Visualización de datos.
B) Análisis estadístico.
C) Integración y cálculo de áreas bajo curvas.
D) Creación de aplicaciones web.
E) Manipulación de datos numéricos.
F) Procesamiento de señales.

Pregunta 18. ¿Qué tipo de operaciones permite realizar la librería SymPy?

A) Gráficos estadísticos.
B) Manipulación de datos tabulares.
C) Cálculos matemáticos simbólicos.
D) Visualización en 3D.

E) Desarrollo de aplicaciones web.
F) Optimización de funciones.

Pregunta 19. ¿Qué librería se utiliza para la creación de interfaces gráficas en aplicaciones de Python?

A) Matplotlib.
B) Pandas.
C) Scipy.
D) NumPy.
E) Sympy.
F) Dash.

Pregunta 20. ¿Cuál es la principal diferencia entre Seaborn y Matplotlib?

A) Seaborn se enfoca más en la estética y facilidad para gráficos estadísticos.
B) Seaborn es más rápida.
C) Seaborn es para cálculos numéricos.
D) Matplotlib no permite gráficos interactivos.
E) Matplotlib es exclusivamente para 3D.
F) Seaborn no soporta gráficos en 3D.

3.14 Problemas

Se tienen los siguientes problemas:

Pregunta 1. ¿Cuál de las siguientes librerías se utiliza para manipulación eficiente de datos numéricos en Python?

A) Pandas.
B) Matplotlib.
C) NumPy.
D) Seaborn.
E) Dash.
F) SymPy.

Pregunta 2. ¿Qué módulo de Python se usa para el análisis y manipulación de datos tabulares?

A) Matplotlib.
B) NumPy.
C) Dash.
D) Folium.
E) Pandas.
F) Seaborn.

Pregunta 3. ¿Para qué se utiliza principalmente la librería SymPy en Python?

A) Visualización de datos.
B) Machine Learning.
C) Álgebra simbólica.
D) Manipulación de datos numéricos.
E) Creación de aplicaciones web.
F) Computación científica.

Pregunta 4. ¿Cuál de las siguientes es una característica principal de la librería NumPy?

A) Creación de aplicaciones web.
B) Visualización interactiva de datos.
C) Operaciones de álgebra lineal.
D) Procesamiento de señales.
E) Estadísticas avanzadas.
F) Manipulación de arreglos numéricos.

Pregunta 5. ¿Qué librería tiene herramientas para la visualización de datos?

A) Pandas.
B) NumPy.
C) Seaborn.
D) Dash.
E) SymPy.
F) SciPy.

Pregunta 6. ¿Cuál es el propósito principal de la librería Pandas?

A) Visualización de datos.
B) Computación numérica.
C) Manipulación de datos tabulares.
D) Álgebra simbólica.
E) Creación de mapas interactivos.
F) Desarrollo web.

Pregunta 7. ¿Para qué se utiliza principalmente SciPy en Python?

A) Visualización de datos.
B) Computación científica.
C) Desarrollo web.
D) Machine Learning.
E) Álgebra simbólica.
F) Manipulación de arreglos numéricos.

Pregunta 8. ¿Qué librería se especializa en la creación de aplicaciones web interactivas en Python?

A) Pandas.
B) Seaborn.
C) Dash.
D) NumPy.
E) Matplotlib
F) Folium.

Pregunta 9. ¿Cuál de las siguientes librerías se utiliza para la visualización de datos geoespaciales?

A) Dash.
B) Pandas.

C) SciPy.
D) Seaborn.
E) Folium.
F) SymPy.

Pregunta 10. ¿Cuál de estas librerías es conocida por su capacidad de crear gráficos interactivos y visualizaciones en 3D?

A) Dash.
B) Seaborn.
C) Plotly.
D) Matplotlib.
E) NumPy.
F) Pandas.

Pregunta 11. ¿Qué módulo se usa para la visualización avanzada de datos, gráficos y diagramas de dispersión?

A) Pandas.
B) Seaborn.
C) Folium.
D) Dash.
E) Plotly.
F) SymPy.

Pregunta 12. ¿Qué librería de Python cuenta con operaciones matriciales eficientes y cálculos numéricos rápidos?

A) Pandas.
B) Seaborn.
C) NumPy.
D) Matplotlib.
E) SciPy.
F) Dash.

Pregunta 13. ¿Para qué se utiliza la librería Matplotlib en Python?

A) Desarrollo web.
B) Visualización de datos.
C) Computación científica.
D) Manipulación de datos tabulares.
E) Álgebra simbólica.

F) Machine Learning.

Pregunta 14. ¿Cuál de las siguientes librerías se utiliza para el análisis y modelado estadístico en Python?

A) Pandas.
B) Seaborn.
C) NumPy.
D) SciPy.
E) Matplotlib.
F) Dash.

Pregunta 15. ¿Qué librería de Python proporciona herramientas para la manipulación de series temporales y datos de series temporales?

A) Pandas.
B) Seaborn.
C) NumPy.
D) SciPy.
E) Plotly.
F) Folium.

Pregunta 16. ¿Para qué se utiliza principalmente la librería Dash en Python?

A) Visualización de datos en tiempo real.
B) Computación numérica.
C) Creación de aplicaciones web interactivas.
D) Manipulación de datos tabulares.
E) Análisis estadístico.
F) Creación de mapas interactivos.

Pregunta 17. ¿Cuál de las siguientes librerías proporciona una interfaz para la creación de diagramas complejos y gráficos estadísticos?

A) Pandas.
B) Seaborn.
C) Matplotlib.
D) NumPy.
E) Plotly.
F) SciPy.

Pregunta 18. ¿Qué librería de Python es más adecuada para trabajar con datos estructurados, como tablas de datos y series temporales?

A) Seaborn.
B) Matplotlib.
C) Dash.
D) Folium.
E) NumPy.
F) Pandas.

Pregunta 19. ¿Cuál es la principal aplicación de la librería Folium en Python?

A) Visualización de datos geoespaciales.
B) Análisis estadístico.
C) Creación de aplicaciones web.
D) Computación científica.
E) Manipulación de datos tabulares.
F) Visualización interactiva de datos.

Pregunta 20. ¿Para qué se utiliza la librería Plotly en Python?

A) Álgebra simbólica.
B) Visualización interactiva de datos.
C) Computación numérica.
D) Manipulación de datos tabulares.
E) Análisis estadístico.
F) Desarrollo web.

Capítulo 4 Visualización de Datos

Objetivos

- Crear diagramas de dispersión en 2D y 3D.
- Elaborar gráficos de barras.
- Generar diagramas de líneas para series temporales.
- Construir histogramas y diagramas de cajas.
- Diseñar gráficos de sectores para proporciones.
- Desarrollar mapas de calor y curvas de nivel.
- Producir diagramas de violín y densidad.
- Crear diagramas de áreas y volúmenes.
- Representar redes y diagramas de red.
- Implementar gráficos de radar y Marimekko.
- Generar gráficos de burbujas y árboles.
- Crear diagramas de Venn para conjuntos.

La visualización de datos constituye una operación analítica esencial para comprender tendencias de comportamiento, identificar patrones subyacentes y comunicar resultados de manera efectiva. En este capítulo, examinaremos diversas técnicas de visualización que resultan pertinentes en el contexto del Machine Learning. Emplearemos la librería Matplotlib en Python para crear gráficos 2D y 3D, diagramas, mapas y representaciones adicionales. La visualización de datos desempeña un rol trascendental en el campo del Machine Learning, dado que trasciende la mera presentación estética de la información para facilitar una comprensión profunda de los contenidos inherentes a los conjuntos de datos. Los diagramas y gráficos nos permiten explorar la distribución de los datos, identificar patrones emergentes, analizar la relación entre variables y evaluar la calidad de nuestros modelos predictivos.

Información Relevante

¿Por qué estudiar visualización de Datos? La visualización de datos convierte números en insights accionables. Se aplica en dashboards ejecutivos, análisis de redes sociales, monitoreo de sistemas industriales, investigación científica y periodismo de datos. Dominar visualización te permite comunicar hallazgos complejos de manera clara y persuasiva.

4.1 Diagrama de dispersiones

Los gráficos de dispersión constituyen herramientas analíticas especializadas en la visualización de datos dentro del ecosistema del Machine Learning. Estos diagramas permiten examinar la relación entre dos o más variables, identificar patrones emergentes y analizar la distribución espacial de los datos.

4.1.1 Diagrama de dispersión en 2D

El diagrama de dispersión en 2D representa la forma más elemental de visualización para dos variables. Procedemos a emplear la librería Matplotlib para presentar un conjunto de puntos en un plano cartesiano.

Se presenta un ejemplo de implementación en código Python de un diagrama de dispersión básico:

In [1]:

```python
# Ejercicio 1
import matplotlib.pyplot as plt
import warnings
warnings.filterwarnings("ignore")

# Datos
x = [1, 2, 3, 4, 5]
y = [2, 4, 1, 5, 3]

# Crear el diagrama de dispersión
plt.scatter(x, y)

# Configuración del gráfico
plt.title("Diagrama de Dispersión Básico")
plt.xlabel("Eje X")
plt.ylabel("Eje Y")

# Mostrar el gráfico
plt.show()
```

Out [1]:

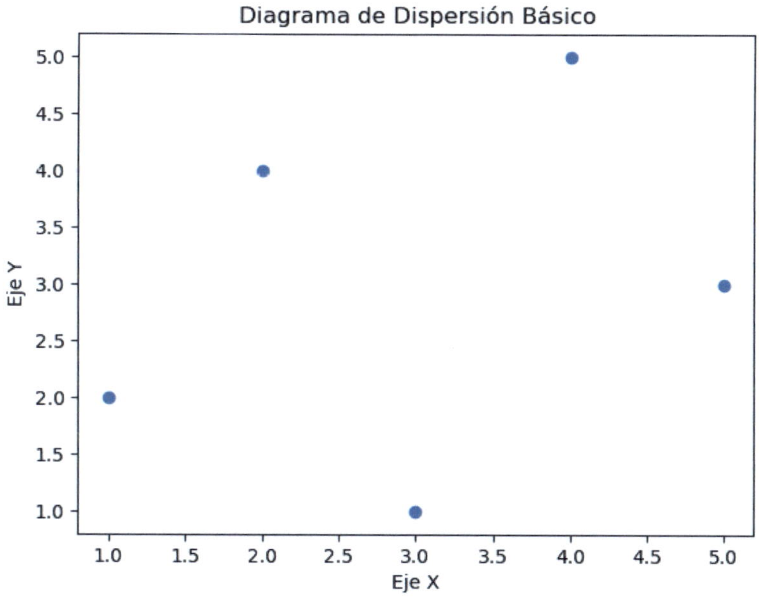

Ahora un diagrama de dispersión con colores y etiquetas:

In [2]:

```python
# Ejercicio 2
import matplotlib.pyplot as plt
import numpy as np

# Datos
x = np.random.rand(50)
y = np.random.rand(50)
colors = np.random.rand(50)
sizes = 100 * np.random.rand(50)

# Crear el diagrama de dispersión con colores y tamaños variables
plt.scatter(x, y, c=colors, s=sizes, alpha=0.5)

# Configuración del gráfico
plt.title("Diagrama de Dispersión con Colores y Tamaños Variables")
plt.xlabel("Eje X")
plt.ylabel("Eje Y")
plt.show()
```

Out [2]:

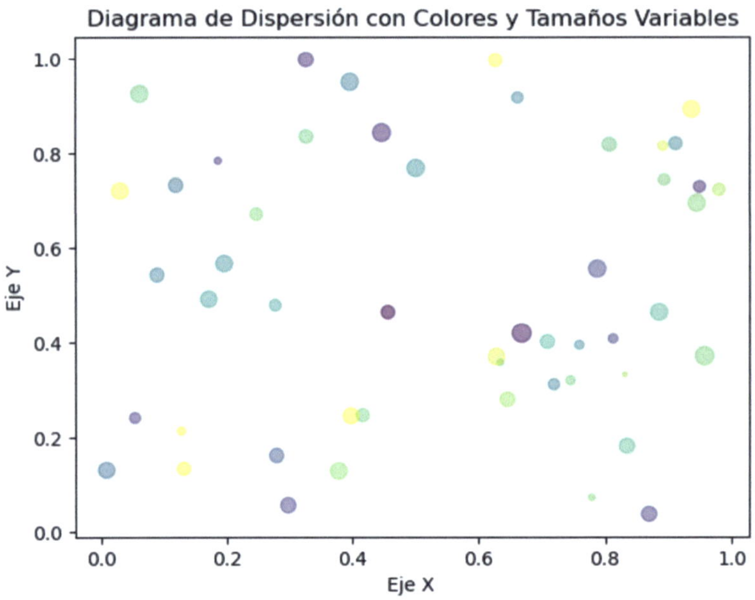

Subsecuentemente, examinamos un diagrama de dispersión incorporando una línea de tendencia:

In [3]:

```
# Ejercicio 3
import matplotlib.pyplot as plt
import numpy as np

# Datos
x = np.linspace(0, 10, 100)
y = 2 * x + 1 + np.random.normal(0, 2, 100)

# Crear el diagrama de dispersión con línea de tendencia
plt.scatter(x, y, label="Datos")
plt.plot(x, 2 * x + 1, color="red", linewidth=2, label="Línea de
    Tendencia")

# Configuración del gráfico
plt.title("Diagrama de Dispersión con Línea de Tendencia")
plt.xlabel("Eje X")
plt.ylabel("Eje Y")
plt.legend()
plt.show()
```

Out [3]:

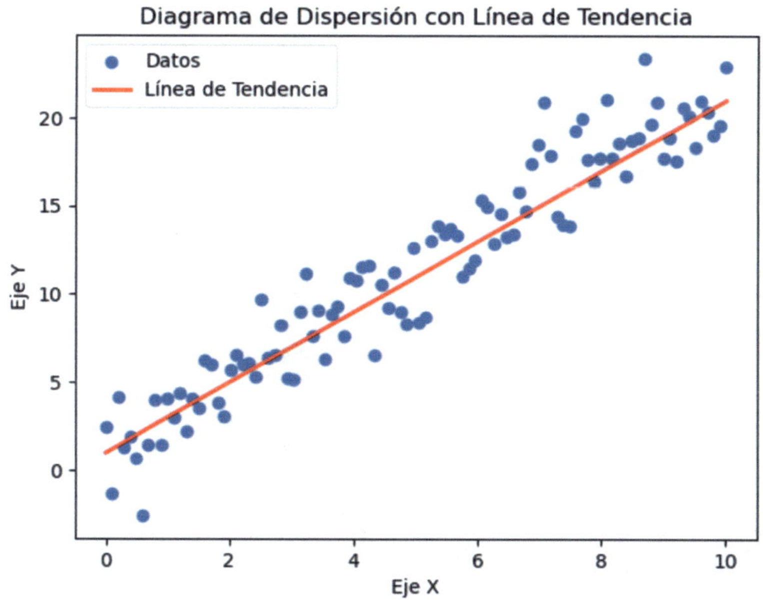

Presentamos un diagrama de dispersión integrado con un mapa de calor:

In [4]:

```
# Ejercicio 4
import matplotlib.pyplot as plt
import numpy as np

# Datos
x = np.random.rand(100)
y = np.random.rand(100)
z = x + y

# Crear el diagrama de dispersión con mapa de calor
plt.scatter(x, y, c=z, cmap="viridis", s=100)

# Configuración del gráfico
plt.title("Diagrama de Dispersión con Mapa de Calor")
plt.xlabel("Eje X")
plt.ylabel("Eje Y")
plt.colorbar(label="Suma de Ejes X e Y")
plt.show()
```

Out [4]:

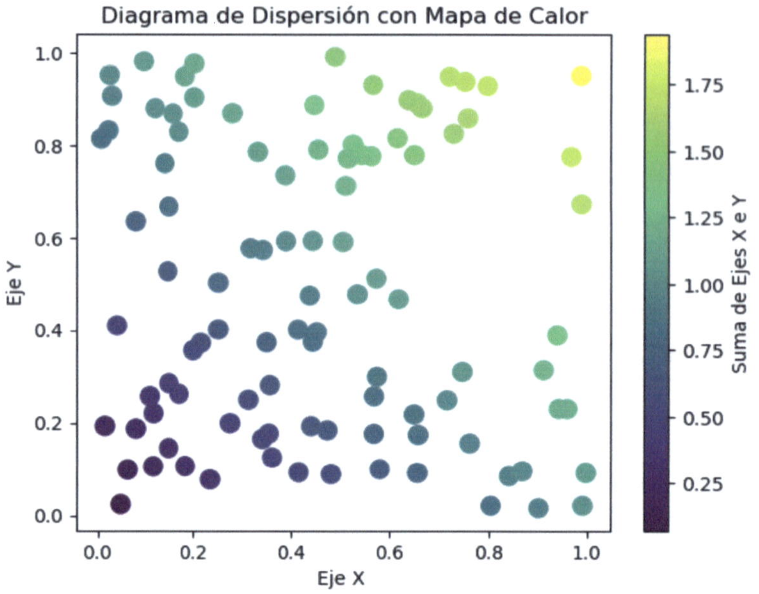

Estos ejemplos ilustran una progresión desde un diagrama elemental hasta implementaciones más complejas que incluyen líneas de tendencia y mapas de calor. Es conveniente ajustar los parámetros según las necesidades específicas y características particulares de los datos.

4.1.2 Diagrama de dispersión en 3D

Cuando trabajamos con conjuntos de datos que involucran tres variables, la representación tridimensional resulta pertinente para el análisis de los comportamientos multivariados. Procedemos a expandir el ejemplo anterior para incluir una tercera variable y construir un diagrama de dispersión en 3D.

In [5]:

```
# Ejercicio 5
import matplotlib.pyplot as plt

# Datos
x = [1, 2, 3, 4, 5]
y = [2, 4, 1, 5, 3]
z = [0, 1, 0, 1, 0]

# Crear el diagrama de dispersión 3D
fig = plt.figure()
ax = fig.add_subplot(111, projection="3d")

# Scatter plot
ax.scatter(x, y, z)

```

```
# Configuración del gráfico
ax.set_title("Diagrama de Dispersión 3D Básico")
ax.set_xlabel("Eje X")
ax.set_ylabel("Eje Y")
ax.set_zlabel("Eje Z")

# Ajustar la vista para ver desde arriba
ax.view_init(elev=30, azim=5)
plt.show()
```

Out [5]:

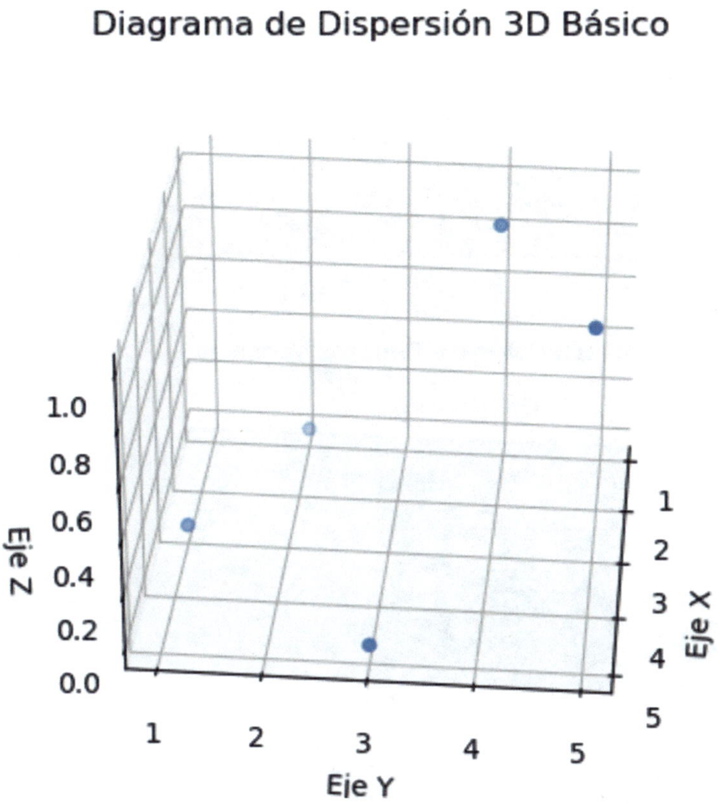

Subsecuentemente, presentamos la construcción de un diagrama de dispersión en 3D, incorporando variaciones cromáticas y diferenciación dimensional en los puntos:

In [6]:

```
# Ejercicio 6
import matplotlib.pyplot as plt
import numpy as np

# Datos
x = np.random.rand(50)
```

```
y = np.random.rand(50)
z = np.random.rand(50)
colors = np.random.rand(50)
sizes = 100 * np.random.rand(50)

# Crear el diagrama de dispersión 3D con colores y tamaños variables
fig = plt.figure()
ax = fig.add_subplot(111, projection="3d")
ax.scatter(x, y, z, c=colors, s=sizes, alpha=0.5)

# Configuración del gráfico
ax.set_title("Diagrama de Dispersión 3D con Colores y Tamaños Variables")
ax.set_xlabel("Eje X")
ax.set_ylabel("Eje Y")
ax.set_zlabel("Eje Z")

# Ajustar la vista para ver desde arriba
ax.view_init(elev=30, azim=5)
plt.show()
```

Out [6]:

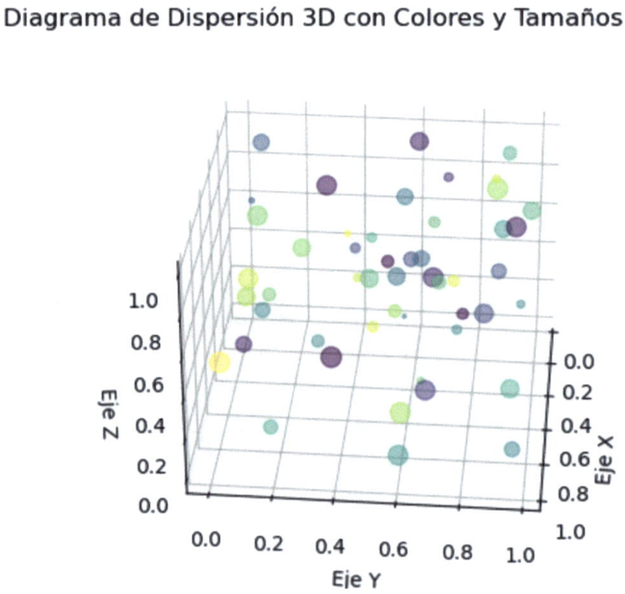

Se presenta un gráfico tridimensional que representa un conjunto de puntos mediante la aproximación de un plano que los caracteriza:

In [7]:

```
# Ejercicio 7
from scipy.optimize import curve_fit

```

```
# Definimos la función polinomial 2D
def poly_2d(xy, a, b, c):
    x, y = xy
    return a * x + b * y + c

# Definimos nuevamente los datos de muestra para asegurar la continuidad
x = np.linspace(0, 10, 100)
y = np.linspace(0, 10, 100)
x, y = np.meshgrid(x, y)
z = 2 * x + 3 * y + 1 + np.random.normal(0, 2, (100, 100))

# Aplanamos los datos para el proceso de ajuste
x_flat = x.flatten()
y_flat = y.flatten()
z_flat = z.flatten()

# Realizamos el ajuste polinomial pasando x_flat y y_flat como un array 2D
popt, _ = curve_fit(poly_2d, [x_flat, y_flat], z_flat)

# Usamos los parámetros óptimos encontrados para evaluarlo en la malla
z_fit = poly_2d([x, y], *popt).reshape(x.shape)

# Crear el diagrama de dispersión 3D con superficie de ajuste corregido
fig = plt.figure()
ax = fig.add_subplot(111, projection="3d")

# Superficie de ajuste en color azul y más transparente
surface = ax.plot_surface(x, y, z_fit, color="black", alpha=1, linewidth=0.5)

# Puntos de datos más transparentes y de color rojo
ax.scatter(x, y, z, color="yellow", alpha=0.05)

# Configuración del gráfico
ax.set_title("Ajuste de Superficie Polinomial a Datos 3D")
ax.set_xlabel("Eje X")
ax.set_ylabel("Eje Y")
ax.set_zlabel("Eje Z")

# Ajustar la vista para ver desde arriba
ax.view_init(elev=30, azim=5)
plt.show()
```

Out [7]:

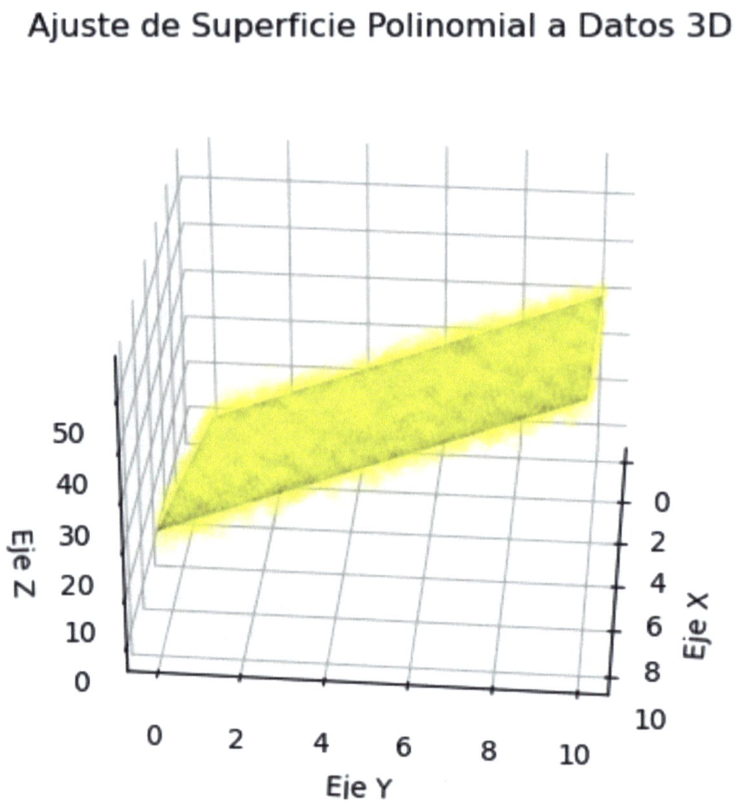

Examinamos un gráfico en 3D donde se visualiza un conjunto de puntos empleando una escala cromática gradiente que refleja la magnitud de los valores representados:

In [8]:

```
# Ejercicio 8
import matplotlib.pyplot as plt
import numpy as np

# Datos en tres dimensiones
x = np.random.rand(100)
y = np.random.rand(100)
z = np.random.rand(100)
c = x + y + z # Suma de las coordenadas para el mapa de calor

# Crear el diagrama de dispersión con mapa de calor en 3D
fig = plt.figure()
ax = fig.add_subplot(111, projection="3d")
scatter = ax.scatter(x, y, z, c=c, cmap="viridis", s=100)

# Configuración del gráfico
ax.set_title("Diagrama de Dispersión 3D con Mapa de Calor")
```

```python
ax.set_xlabel("Eje X")
ax.set_ylabel("Eje Y")
ax.set_zlabel("Eje Z")

# Añadir la barra de color
cbar = fig.colorbar(scatter, ax=ax, label="Suma de Ejes X, Y, Z")

# Ajustar la vista para ver desde arriba
ax.view_init(elev=30, azim=5)
plt.show()
```

Out [8]:

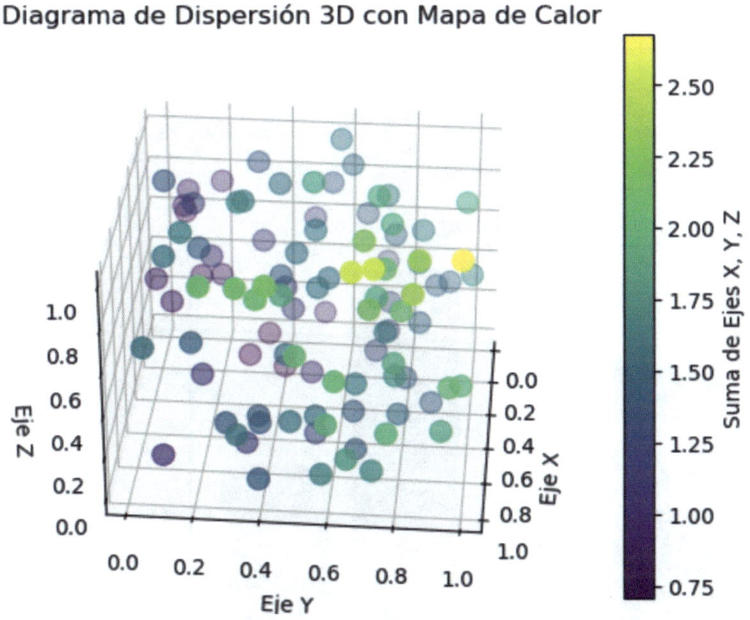

4.2 Gráficos de barras

Los gráficos de barras constituyen un instrumento visual analítico en el examen de datos, facilitando la comparación de magnitudes entre variables o categorías de manera clara y efectiva. En este apartado, exploraremos la metodología para crear gráficos de barras bidimensionales y tridimensionales empleando la librería Matplotlib en Python. El gráfico de barras en 2D resulta idóneo para representar datos categorizados y comparar la magnitud de variables en un eje único. Cuando trabajamos con conjuntos de datos que incorporan una tercera variable, es posible extender nuestras representaciones a 3D para obtener una perspectiva más integral.

Los gráficos de barras en 2D y 3D representan herramientas analíticas relevantes en el análisis exploratorio de datos y en la presentación visual de resultados. Se presenta un conjunto ejemplificativo:

In [9]:

```
# Ejercicio 9
import matplotlib.pyplot as plt

# Datos
x = [1, 2, 3, 4, 5]
y = [2, 4, 1, 5, 3]

# Crear el gráfico de barras
plt.bar(x, y, color="blue")

# Configuración del gráfico
plt.title("Gráfico de Barras")
plt.xlabel("Eje X")
plt.ylabel("Eje Y")
plt.show()
```

Out [9]:

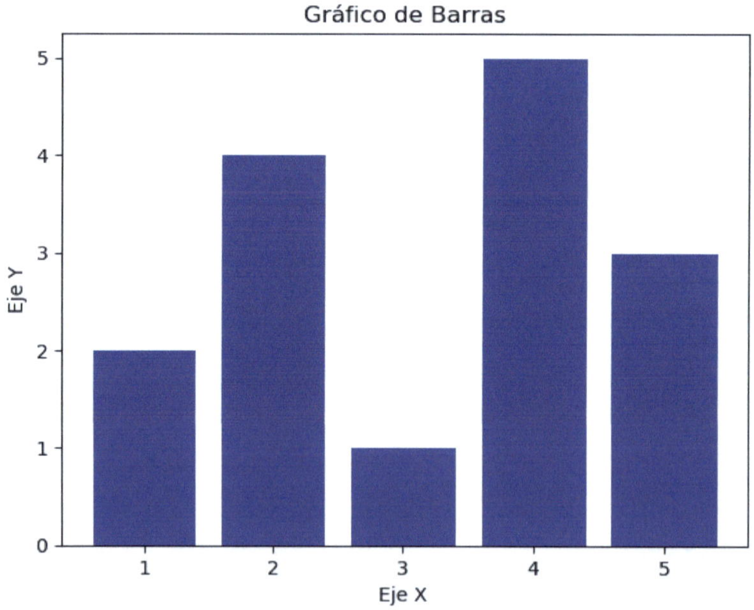

Subsecuentemente, presentamos un ejemplo donde es posible observar las barras organizadas conjuntamente y con diferenciación cromática:

In [10]:

```
# Ejercicio 10
import matplotlib.pyplot as plt
import numpy as np

```

```
# Datos
x = [1, 2, 3, 4, 5]
y = [2, 4, 1, 5, 3]

# Colores graduados según la altura de las barras
colores = np.arange(len(x))

# Crear el gráfico de barras con personalización adicional
fig, ax = plt.subplots()
barras = ax.bar(x, y, color=plt.cm.viridis(colores / len(x)))

# Etiquetas en las barras
for bar, label in zip(barras, y):
    ax.text(
        bar.get_x() + bar.get_width() / 2,
        bar.get_height() + 0.1,
        label,
        ha="center",
        va="bottom",
        color="black",
    )

# Configuración del gráfico
ax.set_title("Gráfico de Barras Sofisticado")
ax.set_xlabel("Eje X")
ax.set_ylabel("Eje Y")
ax.grid(axis="y", linestyle="--", alpha=0.7)

# Personalización del fondo del gráfico
ax.set_facecolor("#F5F5F5")

# Añadir sombras a las barras
for bar in barras:
    bar.set_edgecolor("black")
    bar.set_linewidth(1)

# Mostrar el gráfico
plt.show()
```

Out [10]:

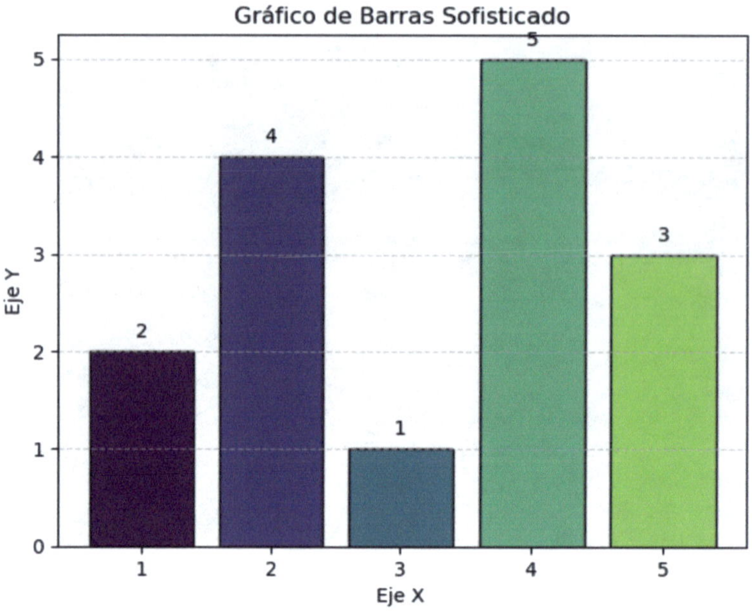

Se ilustra un gráfico donde los datos se representan proporcionalmente mediante barras, donde cada proporción se visualiza como una barra superpuesta sobre las anteriores:

In [11]:

```
# Ejercicio 11
import matplotlib.pyplot as plt
import numpy as np

# Datos
x = [1, 2, 3, 4, 5]
y = [2, 4, 1, 5, 3]

# Crear el gráfico de barras originales
plt.bar(x, y, color="blue", label="Barras Originales")

# Crear barras adicionales sobre las originales
y_adicional = [1, 2, 3, 4, 5]
plt.bar(x, y_adicional, color="red", alpha=0.5, label="Barras
    Adicionales")

# Configuración del gráfico
plt.title("Gráfico de Barras con Barras Adicionales")
plt.xlabel("Eje X")
plt.ylabel("Eje Y")

# Añadir leyenda
plt.legend()
```

```
# Mostrar el gráfico
plt.show()
```

Out [11]:

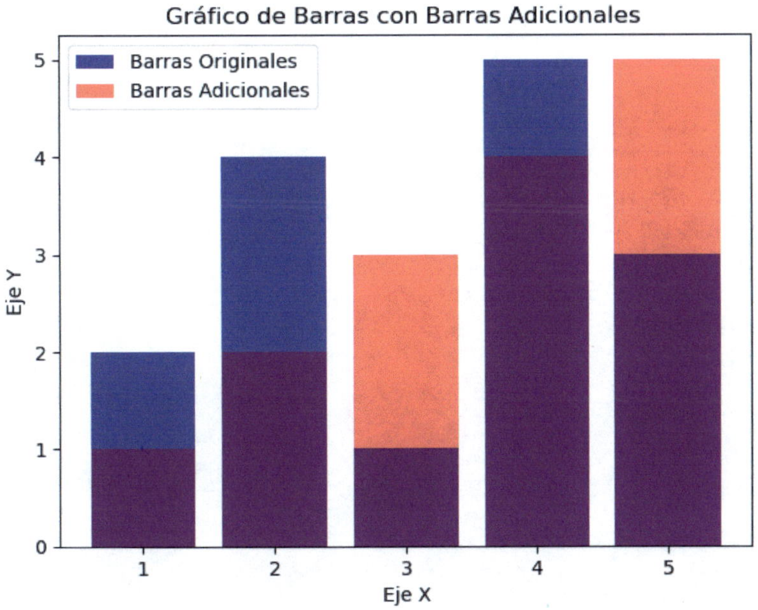

Procedemos a examinar un conjunto de datos representado mediante gráfico de barras apiladas verticalmente:

In [12]:

```
# Ejercicio 12
import matplotlib.pyplot as plt
import numpy as np

# Datos
x = [1, 2, 3, 4, 5]
y = [2, 4, 1, 5, 3]

# Crear el gráfico de barras originales
fig, ax = plt.subplots()
barras_originales = ax.bar(
    x, y, color="blue", label="Barras Originales", edgecolor="black",
        linewidth=1
)

# Datos para barras adicionales
y_adicional = [1, 3, 2, 4, 5]

# Crear barras adicionales encima de las originales
```

```
barras_adicionales = ax.bar(
    x,
    y_adicional,
    bottom=y,
    color="red",
    alpha=0.5,
    label="Barras Adicionales",
    edgecolor="black",
    linewidth=1,
)

# Etiquetas en las barras
for bar, label in zip(barras_adicionales, [y1 + y2 for y1, y2 in zip(y
    , y_adicional)]):
    ax.text(
        bar.get_x() + bar.get_width() / 2,
        label + 0.1,
        label,
        ha="center",
        va="bottom",
        color="black",
    )

# Configuración del gráfico
ax.set_title("Gráfico de Barras con Barras Adicionales")
ax.set_xlabel("Eje X")
ax.set_ylabel("Eje Y")
ax.set_xticks(x) # Asegurarse de que los ticks correspondan con las
    barras
ax.set_yticks(range(0, max(y) + max(y_adicional) + 2)) # Ajustar la
    escala del eje Y

# Añadir leyenda
ax.legend()

# Personalización del fondo del gráfico
ax.set_facecolor("#F5F5F5")
fig.patch.set_facecolor("#EEEEEE")

# Mostrar el gráfico
plt.show()
```

Out [12]:

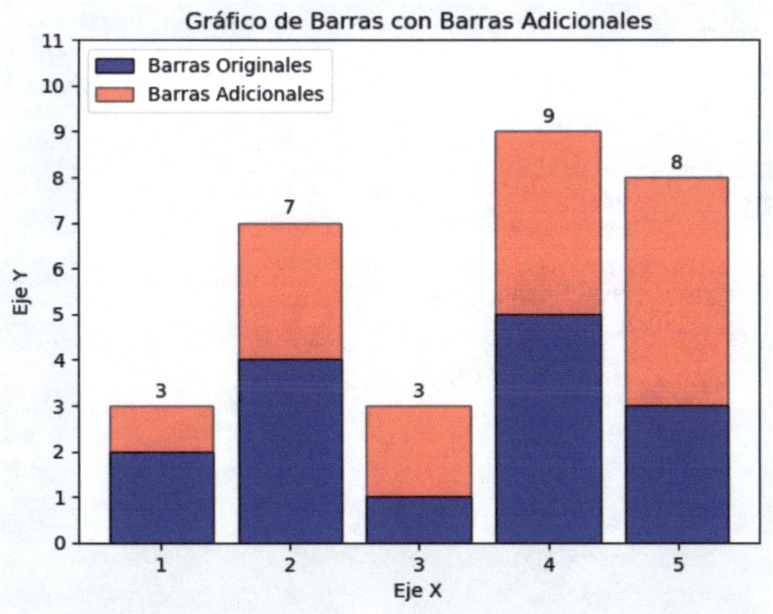

Seguidamente, se presenta un gráfico que ilustra un conjunto de datos mediante barras dispuestas horizontalmente adyacentes:

In [13]:

```
# Ejercicio 13
import matplotlib.pyplot as plt
import numpy as np

# Datos
x = [1, 2, 3, 4, 5]
y_originales = [2, 4, 1, 5, 3]
y_adicional = [1, 2, 3, 4, 5]

# Anchura de las barras
ancho_barra = 0.35

# Crear el gráfico de barras con barras originales y adicionales una
    al lado de la otra
fig, ax = plt.subplots()
barra_originales = ax.bar(
    x, y_originales, width=ancho_barra, color="blue", label="Barras
        Originales"
)
barra_adicional = ax.bar(
    np.array(x) + ancho_barra,
    y_adicional,
    width=ancho_barra,
    color="red",
    alpha=0.5,
```

```
    label="Barras Adicionales",
)

# Configuración del gráfico
ax.set_title("Gráfico de Barras con Barras Adicionales")
ax.set_xlabel("Eje X")
ax.set_ylabel("Eje Y")

# Ajustar el eje x para centrar las barras
ax.set_xticks(np.array(x) + ancho_barra / 2)
ax.set_xticklabels(x)

# Añadir leyenda
ax.legend()

# Mostrar el gráfico
plt.show()
```

Out [13]:

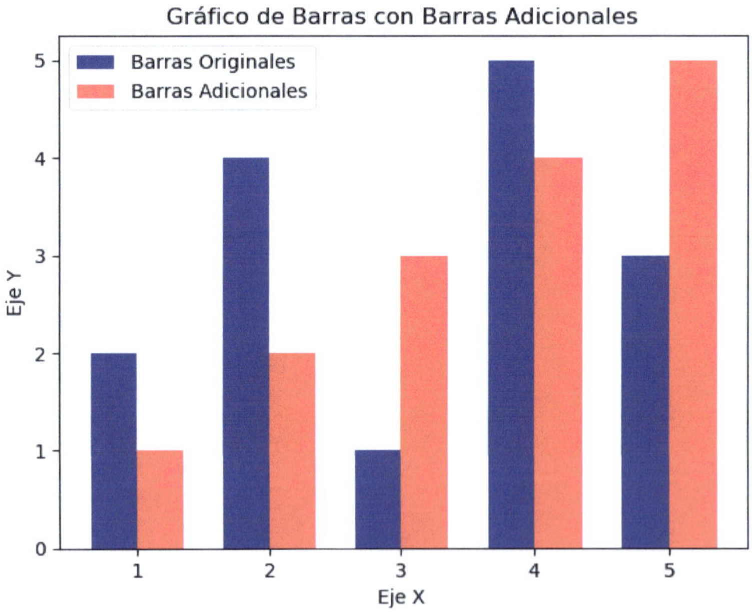

Examinamos una representación gráfica que emplea barras superpuestas con diferentes grados de transparencia para facilitar la visualización comparativa:

In [14]:

```
# Ejercicio 14
import matplotlib.pyplot as plt
import numpy as np

# Datos
```

```
x = [1, 2, 3, 4, 5]
y = [2, 4, 1, 5, 3]

# Crear el gráfico de barras originales
fig, ax = plt.subplots()
barras_originales = ax.bar(
    x, y, color="blue", label="Barras Originales", edgecolor="black", linewidth=1
)

# Datos para barras adicionales
y_adicional = [1, 3, 2, 4, 5]

# Crear barras adicionales al lado de las originales
ancho_barra = 0.35
x_posicion_adicional = [i + ancho_barra for i in x]
barras_adicionales = ax.bar(
    x_posicion_adicional,
    y_adicional,
    color="red",
    alpha=0.5,
    label="Barras Adicionales",
    edgecolor="black",
    linewidth=1,
)

# Etiquetas en las barras
for bar, label in zip(barras_adicionales, [y1 + y2 for y1, y2 in zip(y, y_adicional)]):
    ax.text(
        bar.get_x() + bar.get_width() / 2,
        label + 0.1,
        label,
        ha="center",
        va="bottom",
        color="black",
    )

# Configuración del gráfico
ax.set_title("Gráfico de Barras con Barras Adicionales")
ax.set_xlabel("Eje X")
ax.set_ylabel("Eje Y")
ax.set_xticks(
    [i + ancho_barra / 2 for i in x]
) # Asegurarse de que los ticks correspondan con las barras
ax.set_yticks(range(0, max(y) + max(y_adicional) + 2)) # Ajustar la escala del eje Y

# Añadir leyenda
ax.legend()

```

```
# Personalización del fondo del gráfico
ax.set_facecolor("#F5F5F5")
fig.patch.set_facecolor("#EEEEEE")

# Mostrar el gráfico
plt.show()
```

Out [14]:

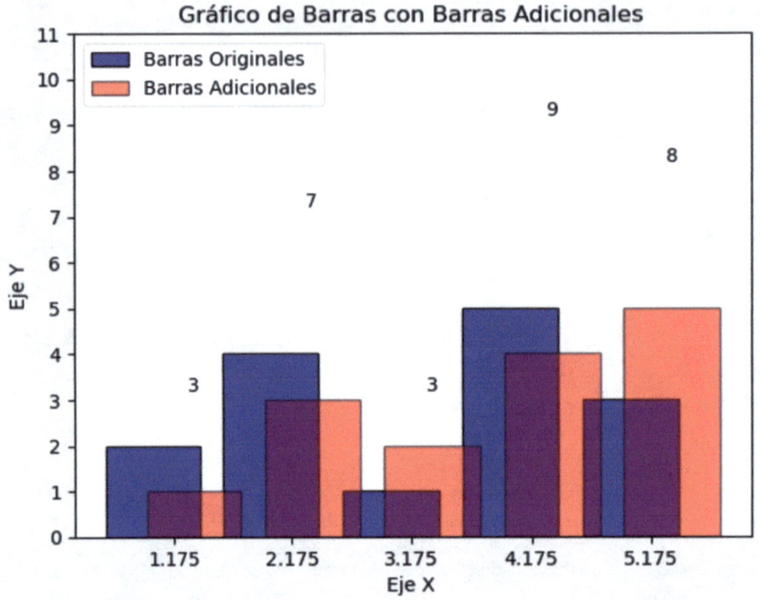

Subsecuentemente, se presenta un gráfico donde las barras representan los datos mediante orientación horizontal en lugar de la disposición vertical convencional:

In [15]:

```
# Ejercicio 15
import matplotlib.pyplot as plt
import numpy as np

# Datos
x = [1, 2, 3, 4, 5]
y = [2, 4, 1, 5, 3]

# Crear el gráfico de barras horizontales
fig, ax = plt.subplots()
barras = ax.barh(x, y, color="blue")

# Configuración del gráfico
ax.set_title("Gráfico de Barras Horizontales")
ax.set_xlabel("Eje Y") # Cambiar la etiqueta del eje a Y
ax.set_ylabel("Eje X") # Cambiar la etiqueta del eje a X
```

```

# Etiquetas en las barras
for bar, label in zip(barras, y):
    ax.text(
        bar.get_width() + 0.1,
        bar.get_y() + bar.get_height() / 2,
        label,
        ha="left",
        va="center",
        color="black",
    )

# Mostrar el gráfico
plt.show()
```

Out [15]:

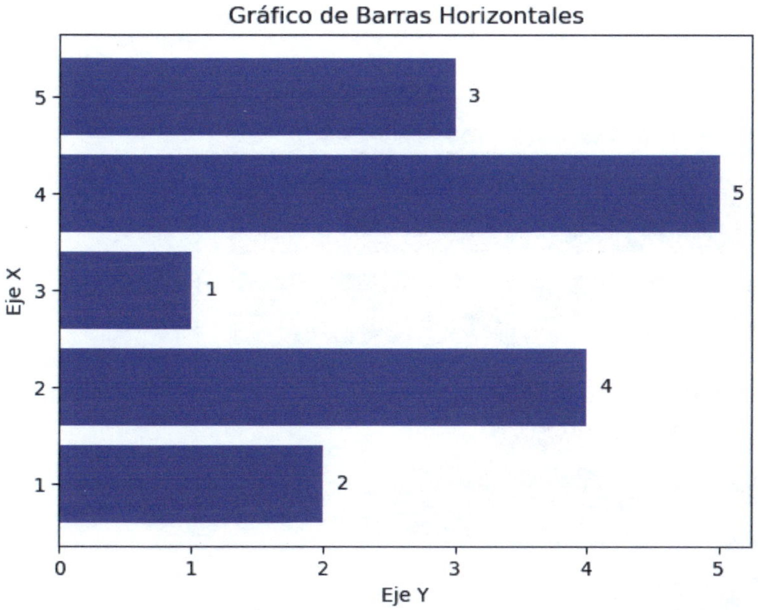

Posteriormente, la representación gráfica ilustra un conjunto de datos mediante barras horizontales dispuestas adyacentemente para variables equivalentes:

In [16]:

```
# Ejercicio 16
import matplotlib.pyplot as plt
import numpy as np

# Datos
x = [1, 2, 3, 4, 5]
y = [2, 4, 1, 5, 3]

```

```
# Crear el gráfico de barras horizontales originales
plt.barh(x, y, color="blue", label="Barras Originales")

# Crear barras adicionales sobre las originales
y_adicional = [1, 2, 3, 4, 5]
plt.barh(x, y_adicional, color="red", alpha=0.5, label="Barras
    Adicionales")

# Configuración del gráfico
plt.title("Gráfico de Barras con Barras Adicionales")
plt.xlabel("Eje Y") # Cambiar la etiqueta del eje a Y
plt.ylabel("Eje X") # Cambiar la etiqueta del eje a X

# Añadir leyenda
plt.legend()

# Mostrar el gráfico
plt.show()
```

Out [16]:

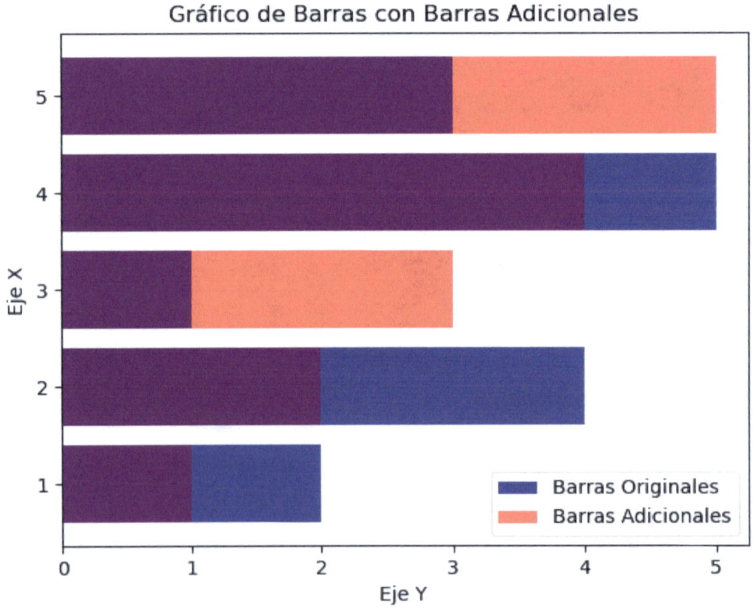

Se presenta un gráfico que representa un conjunto de datos donde las barras horizontales incorporan superposición con transparencias graduales:

In [17]:

```
# Ejercicio 17
import matplotlib.pyplot as plt
import numpy as np

```

```python
# Datos
x = [1, 2, 3, 4, 5]
y = [2, 4, 1, 5, 3]

# Crear el gráfico de barras horizontales originales
fig, ax = plt.subplots()
barras_originales = ax.barh(
    x, y, color="blue", label="Barras Originales", edgecolor="black", linewidth=1
)

# Datos para barras adicionales
y_adicional = [1, 3, 2, 4, 5]

# Crear barras adicionales al lado de las originales
ancho_barra = 0.35
y_posicion_adicional = [i + ancho_barra for i in x]
barras_adicionales = ax.barh(
    y_posicion_adicional,
    y_adicional,
    color="red",
    alpha=0.5,
    label="Barras Adicionales",
    edgecolor="black",
    linewidth=1,
)

# Etiquetas en las barras
for bar, label in zip(barras_adicionales, [x1 + x2 for x1, x2 in zip(y, y_adicional)]):
    ax.text(
        bar.get_width() + 0.1,
        bar.get_y() + bar.get_height() / 2,
        label,
        ha="left",
        va="center",
        color="black",
    )

# Configuración del gráfico
ax.set_title("Gráfico de Barras con Barras Adicionales")
ax.set_xlabel("Eje Y") # Cambiar la etiqueta del eje a Y
ax.set_ylabel("Eje X") # Cambiar la etiqueta del eje a X
ax.set_yticks(
    [i + ancho_barra / 2 for i in x]
) # Asegurarse de que los ticks correspondan con las barras
ax.set_xticks(range(0, max(y) + max(y_adicional) + 2)) # Ajustar la escala del eje X

# Añadir leyenda
ax.legend()
```

```

# Personalización del fondo del gráfico
ax.set_facecolor("#F5F5F5")
fig.patch.set_facecolor("#EEEEEE")

# Mostrar el gráfico
plt.show()
```

Out [17]:

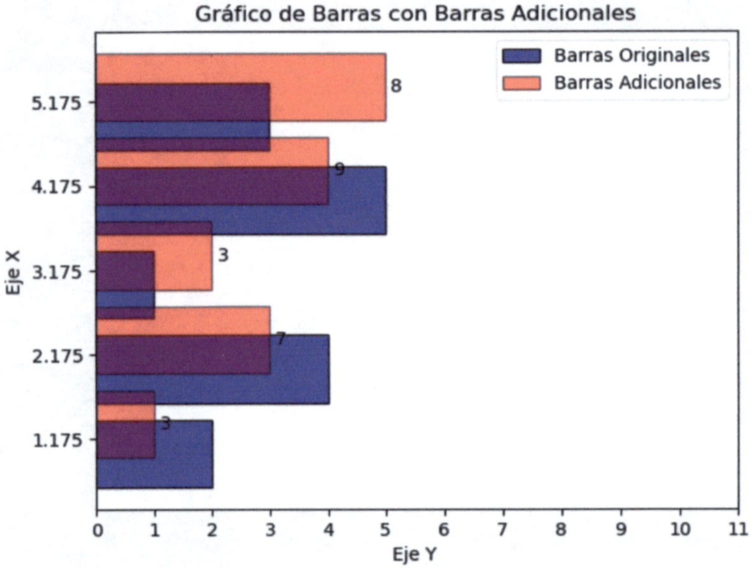

Subsecuentemente, examinamos un gráfico de barras verticales que integra puntos en la parte superior de cada barra, conectados mediante líneas representativas de las tendencias de los datos:

In [18]:

```
# Ejercicio 18
import matplotlib.pyplot as plt

# Datos
x = [1, 2, 3, 4, 5]
y = [2, 4, 1, 5, 3]

# Crear el gráfico de barras
plt.bar(x, y, color="blue", label="Barras")

# Añadir líneas
plt.plot( x, y, color="red", marker="o", linestyle="-", linewidth=2,
    markersize=8, label="Líneas")

# Configuración del gráfico
```

```
plt.title("Gráfico de Barras con Líneas")
plt.xlabel("Eje X")
plt.ylabel("Eje Y")
plt.legend() # Añadir leyenda
plt.show()
```

Out [18]:

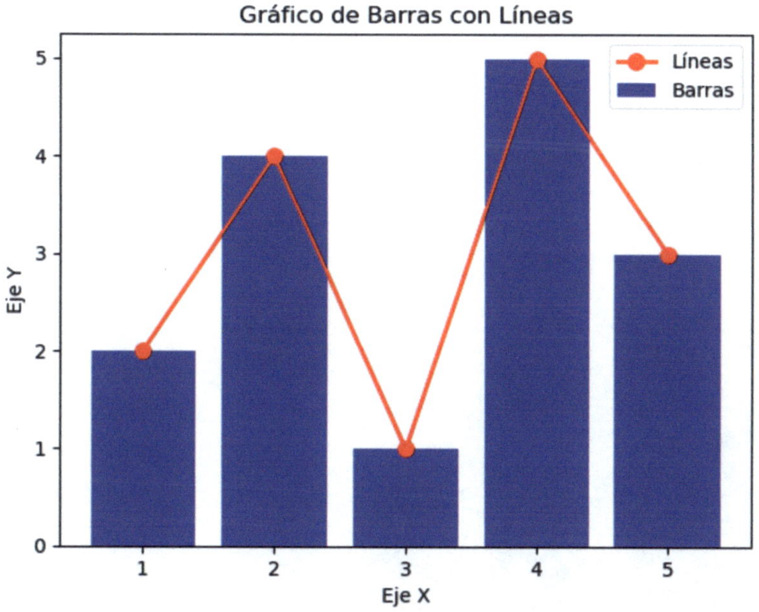

El siguiente gráfico ilustra los datos mediante barras tridimensionales:

In [19]:

```
# Ejercicio 19
import matplotlib.pyplot as plt
import numpy as np

# Datos en tres dimensiones
x = np.array([1, 2, 3, 4, 5])
y = np.array([2, 4, 1, 5, 3])
z = np.zeros_like(x) # Todas las barras empiezan en z=0

# Crear el gráfico de barras en 3D
fig = plt.figure()
ax = fig.add_subplot(111, projection="3d")
ax.bar(x, y, z, color="blue", zdir="y", alpha=0.8)

# Configuración del gráfico 3D
ax.set_title("Gráfico de Barras 3D")
ax.set_xlabel("Eje X")
ax.set_ylabel("Eje Y")
```

```
ax.set_zlabel("Eje Z")

# Ajustar la vista para ver desde arriba
ax.view_init(elev=10, azim=80)

# Mostrar el gráfico
plt.show()
```

Out [19]:

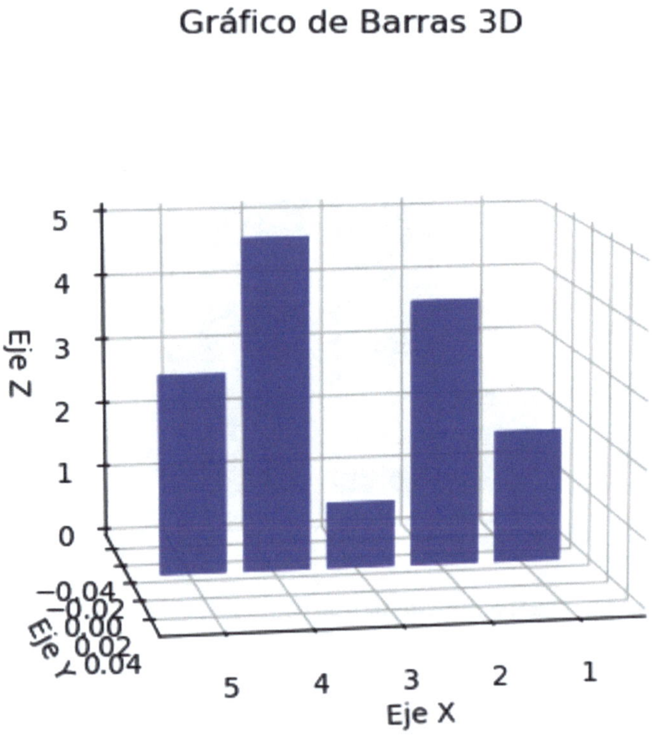

La siguiente representación gráfica presenta datos en un espacio tridimensional, donde las barras se distribuyen en diversas posiciones espaciales en lugar de seguir una secuencia contigua:

In [20]:

```
# Ejercicio 20
import matplotlib.pyplot as plt
import numpy as np

# Datos en tres dimensiones
x = np.array([1, 2, 3, 4, 5])
y = np.array([2, 4, 1, 5, 3])
z = np.zeros_like(x) # Todas las barras empiezan en z=0
```

```
dx = dy = 0.5 # Ancho y profundidad de las barras

# Colores graduados para cada barra
colors = ["r", "g", "b", "y", "c"]

# Crear el gráfico de barras en 3D
fig = plt.figure()
ax = fig.add_subplot(111, projection="3d")

# Crear las barras con colores individuales y efecto degradado
for i in range(len(x)):
    ax.bar3d(x[i], y[i], z[i], dx, dy, y[i], color=colors[i], alpha=0.8)

# Configuración del gráfico 3D
ax.set_title("Gráfico de Barras 3D")
ax.set_xlabel("Eje X")
ax.set_ylabel("Eje Y")
ax.set_zlabel("Eje Z")

# Personalizar el fondo y los colores de los ejes (CORRECTED)
ax.xaxis.set_pane_color((1.0, 1.0, 1.0, 1.0))
ax.yaxis.set_pane_color((1.0, 1.0, 1.0, 1.0))
ax.zaxis.set_pane_color((1.0, 1.0, 1.0, 1.0))

# Establecer la posición de la cámara para una mejor visualización 3D
ax.view_init(elev=30, azim=5)

# Mostrar el gráfico
plt.show()
```

Out [20]:

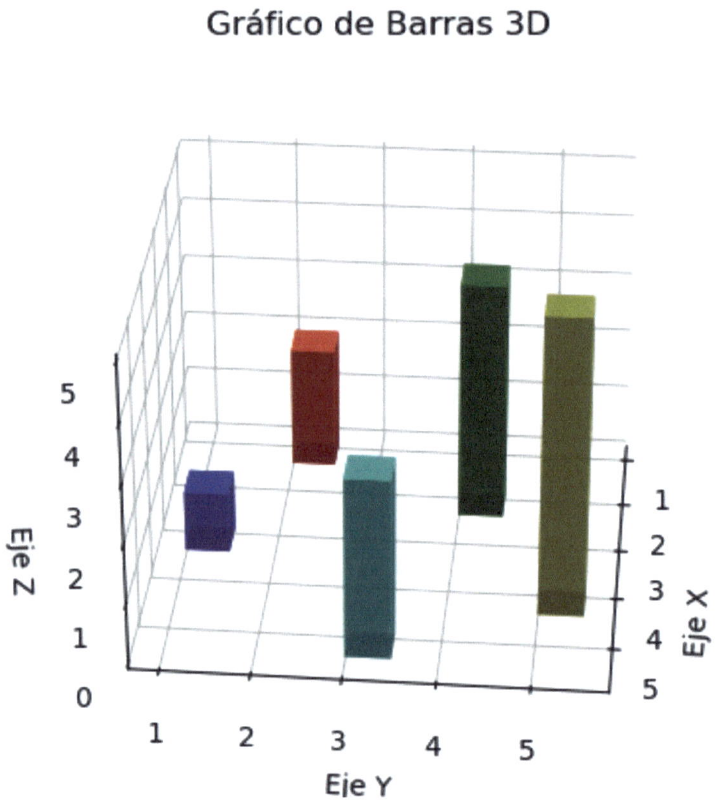

Subsecuentemente, se ilustra un conjunto de datos representado mediante un gráfico tridimensional con barras de distribución uniforme:

In [21]:

```
# Ejercicio 21
import matplotlib.pyplot as plt
import numpy as np

# Datos en tres dimensiones
x = np.array([1, 1, 1, 1, 1])
y = np.array([1, 2, 3, 4, 2])
z = np.zeros_like(x)
dx = dy = 0.5
colors = ["r", "g", "b", "y", "c"]

fig = plt.figure()
ax = fig.add_subplot(111, projection="3d")

for i in range(len(x)):
    ax.bar3d(x[i], y[i], z[i], dx, dy, y[i], color=colors[i], alpha=0.8)

ax.set_title("Gráfico de Barras 3D en una Línea Recta")
```

```
ax.set_xlabel("Eje X")
ax.set_ylabel("Eje Y")
ax.set_zlabel("Eje Z")

# Versión moderna para personalizar el fondo
ax.xaxis.set_pane_color((0.0, 1.0, 1.0, 1.0))
ax.yaxis.set_pane_color((1.0, 1.0, 1.0, 1.0))
ax.zaxis.set_pane_color((1.0, 1.0, 1.0, 1.0))

ax.view_init(elev=5, azim=5)
plt.show()
```

Out [21]:

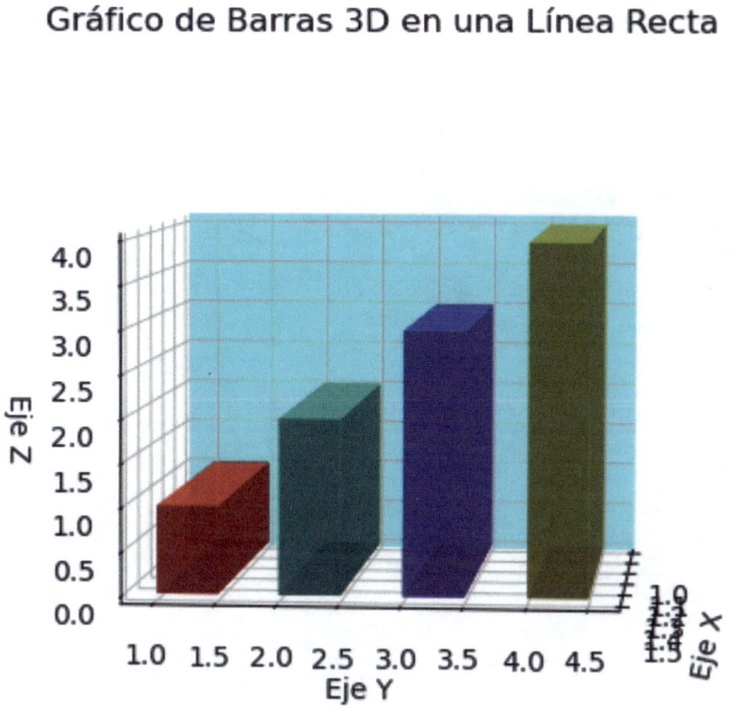

La siguiente representación gráfica emplea cilindros como elementos sustitutos de las barras convencionales:

In [22]:

```
# Ejercicio 22
# Ajustando el código para crear cilindros 3D en lugar de círculos en
    el gráfico
def draw_cylinder(ax, center_x, center_y, diameter, height, color):
    """
```

```
    This function adds a cylinder to the 3D plot.
    """
    radius = diameter / 2
    z = np.linspace(0, height, 100)
    theta = np.linspace(0, 2 * np.pi, 100)
    theta_grid, z_grid = np.meshgrid(theta, z)
    x_grid = radius * np.cos(theta_grid) + center_x
    y_grid = radius * np.sin(theta_grid) + center_y
    ax.plot_surface(x_grid, y_grid, z_grid, color=color)

# Datos en tres dimensiones
x = np.array([1, 2, 3, 4, 5]) # Posiciones en x para los centros de los cilindros
y = np.array([1, 1, 1, 1, 1]) # Posiciones en y para los centros de los cilindros
dz = np.array([2, 3, 4, 2, 3]) # Altura de los cilindros
colors = ["r", "g", "b", "y", "c"] # Colores de los cilindros

# Crear el gráfico de cilindros en 3D
fig = plt.figure()
ax = fig.add_subplot(111, projection="3d")

# Agregar cilindros al gráfico
for cx, cy, h, col in zip(x, y, dz, colors):
    draw_cylinder(ax, cx, cy, 1, h, col) # Dibujar cilindro con diámetro 1

# Configuración del gráfico 3D
ax.set_title("Gráfico de Cilindros 3D")
ax.set_xlabel("Eje X")
ax.set_ylabel("Eje Y")
ax.set_zlabel("Altura")

# Establecer la posición de la cámara para una mejor visualización 3D
ax.view_init(elev=5, azim=90)

# Mostrar el gráfico
plt.show()
```

Out [22]:

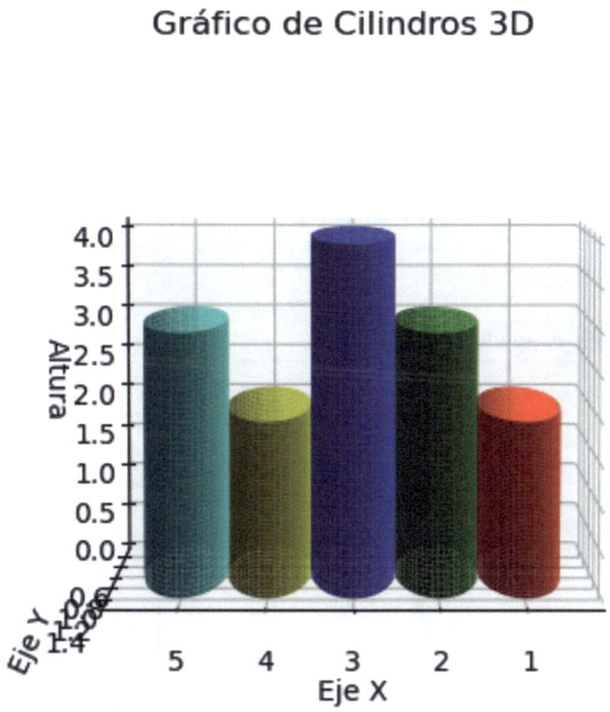

4.3 Gráficos de líneas

Los diagramas de líneas constituyen herramientas visuales especializadas en el análisis de datos y la representación de tendencias a lo largo de una o múltiples variables. Este tipo de visualización resulta particularmente útil para identificar patrones temporales o secuenciales en conjuntos de datos. En este apartado, exploraremos la metodología para crear gráficos de líneas tanto bidimensionales como tridimensionales empleando el módulo Matplotlib. Cuando trabajamos con conjuntos de datos con una tercera variable, la extensión de nuestros gráficos a 3D puede proporcionar una perspectiva más comprehensiva de las relaciones entre variables. Los diagramas de líneas resultan pertinentes para identificar patrones y tendencias en los datos, especialmente cuando se abordan variables que evolucionan secuencialmente. El siguiente gráfico ilustra un conjunto de datos representado mediante una línea en un plano bidimensional:

In [23]:

```
# Ejercicio 23
import matplotlib.pyplot as plt

```

```
x = [1, 2, 3, 4, 5]
y = [2, 4, 1, 5, 3]
plt.plot(x, y, label="Línea")
plt.title("Gráfico de Línea Básico")
plt.xlabel("Eje X")
plt.ylabel("Eje Y")
plt.legend()
plt.show()
```

Out [23]:

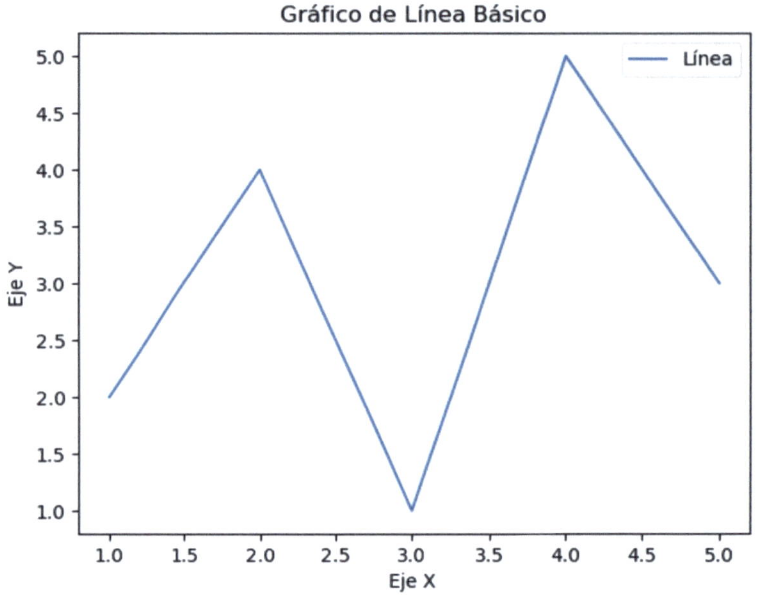

Subsecuentemente, el gráfico presenta líneas segmentadas, donde cada punto de datos se destaca mediante marcadores cromáticos rojos:

In [24]:

```
# Ejercicio 24
import matplotlib.pyplot as plt

x = [1, 2, 3, 4, 5]
y = [2, 4, 1, 5, 3]
plt.plot(
    x, y, marker="o", linestyle="--", color="r", label="Línea con
        Estilo y Marcadores"
)
plt.title("Gráfico de Línea con Estilo y Marcadores")
plt.xlabel("Eje X")
plt.ylabel("Eje Y")
plt.legend()
plt.show()
```

Out [24]:

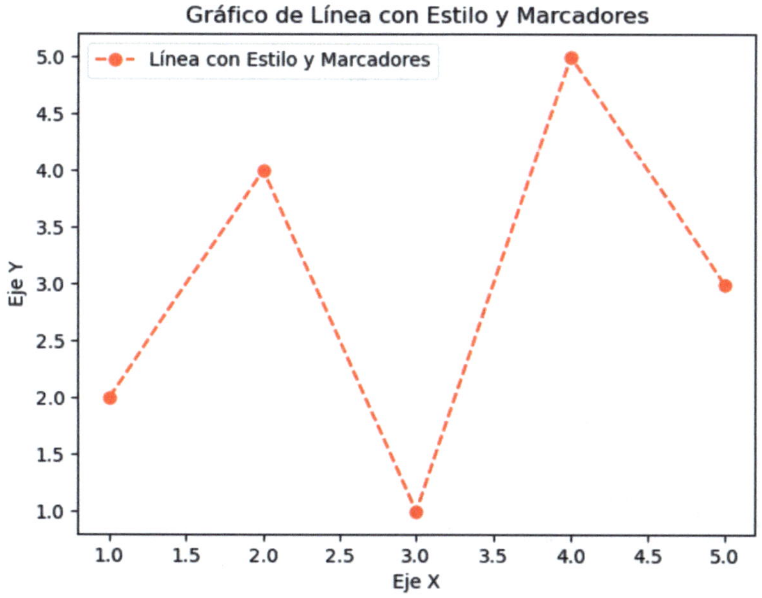

La siguiente representación gráfica ilustra datos mediante dos líneas de diferente coloración, apropiada para visualizaciones de datos múltiples o series temporales:

In [25]:

```
# Ejercicio 25
import matplotlib.pyplot as plt

x = [1, 2, 3, 4, 5]
y1 = [2, 4, 1, 5, 3]
y2 = [1, 3, 2, 4, 1]
plt.plot(x, y1, label="Línea 1", marker="o")
plt.plot(x, y2, label="Línea 2", marker="s")
plt.title("Múltiples Líneas en el Mismo Gráfico")
plt.xlabel("Eje X")
plt.ylabel("Eje Y")
plt.legend()
plt.show()
```

Out [25]:

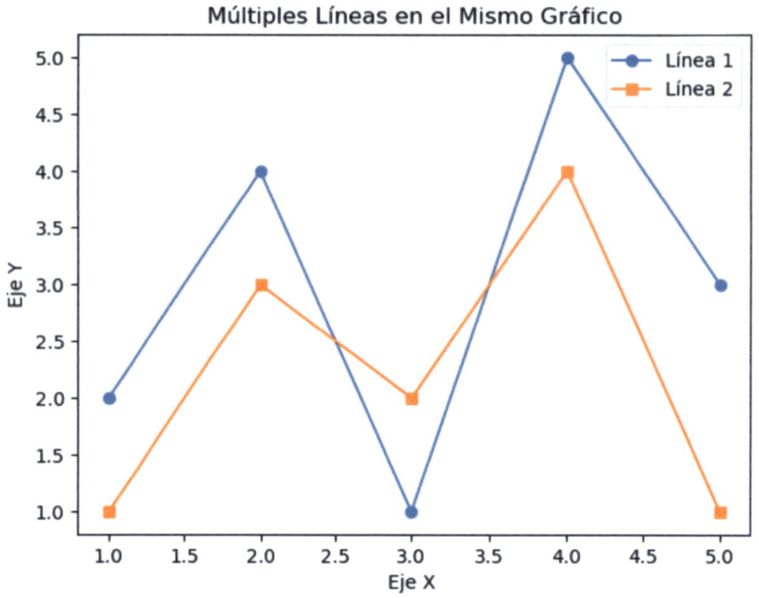

Se presenta un conjunto de datos representado mediante una línea con el área subyacente demarcada:

In [26]:

```python
# Ejercicio 26
import matplotlib.pyplot as plt

x = [1, 2, 3, 4, 5]
y = [2, 4, 1, 5, 3]
plt.fill_between(x, y, color="skyblue", alpha=0.4, label="Área bajo la
    Curva")
plt.plot(x, y, color="blue", label="Línea")
plt.title("Gráfico de Línea con Relleno")
plt.xlabel("Eje X")
plt.ylabel("Eje Y")
plt.legend()
plt.show()
```

Out [26]:

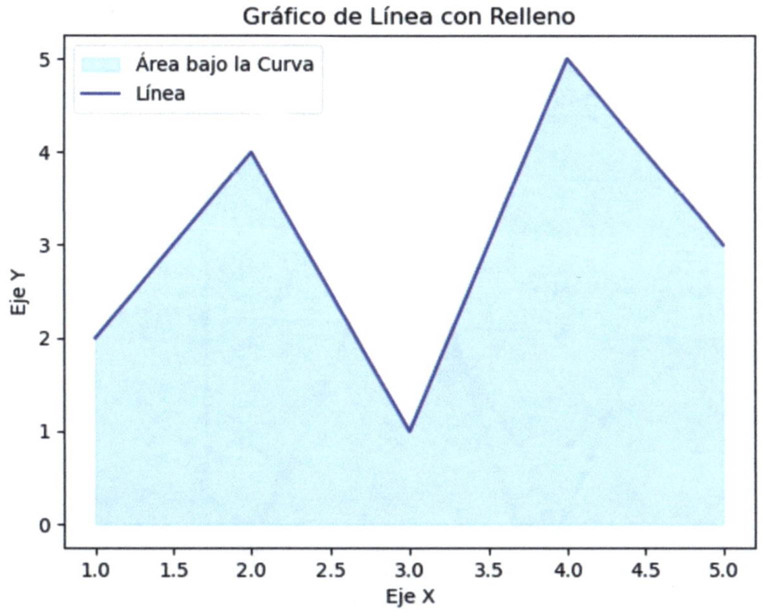

El siguiente ejemplo constituye un diagrama interactivo que permite modificar características cromáticas y otros atributos del conjunto de datos:

In [27]:

```
# Ejercicio 27
import matplotlib.pyplot as plt
from ipywidgets import interactive

x = [1, 2, 3, 4, 5]
y1 = [2, 4, 1, 5, 3]
y2 = [1, 3, 2, 4, 1]

def update_plot(color1, color2):
    plt.plot(x, y1, color=color1, label="Línea 1")
    plt.plot(x, y2, color=color2, label="Línea 2")
    plt.title("Gráfico de Líneas Interactivas")
    plt.xlabel("Eje X")
    plt.ylabel("Eje Y")
    plt.legend()
    plt.show()

colors = ["red", "green", "blue", "yellow", "black"]
interactive(update_plot, color1=colors, color2=colors)
```

Out [27]:

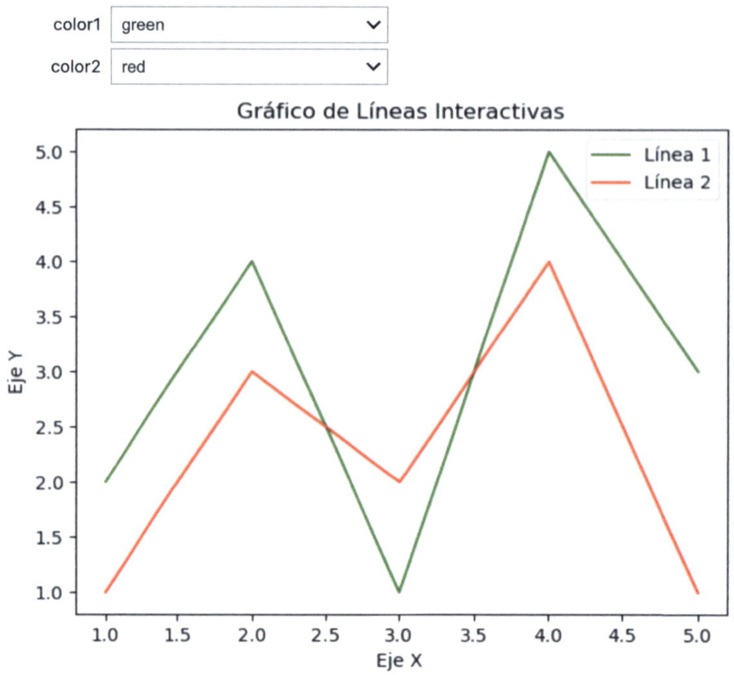

Procedemos a examinar un diagrama que ilustra un conjunto de datos mediante líneas en un espacio tridimensional:

In [28]:

```
# Ejercicio 28
import matplotlib.pyplot as plt
import numpy as np

fig = plt.figure()
ax = fig.add_subplot(111, projection="3d")
x = np.array([1, 2, 3, 4, 5])
y = np.array([2, 4, 1, 5, 3])
z = np.array([0, 0, 0, 0, 0])
ax.plot(x, y, z, label="Línea 3D Básica")
ax.set_xlabel("Eje X")
ax.set_ylabel("Eje Y")
ax.set_zlabel("Eje Z")
ax.legend()
ax.view_init(elev=20, azim=5)
plt.show()
```

Out [28]:

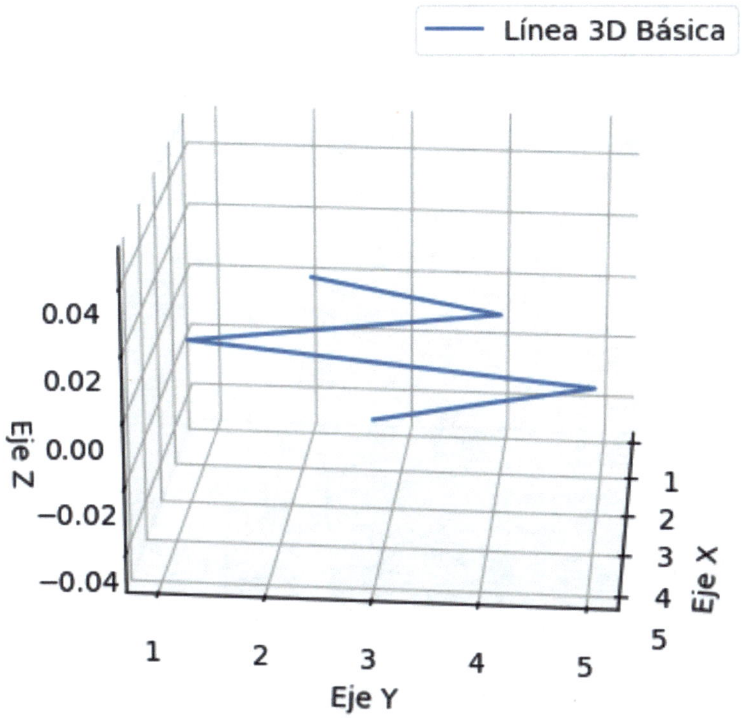

La siguiente representación gráfica presenta datos mediante una línea tridimensional donde los puntos de datos resaltan con marcadores cromáticos rojos:

In [29]:

```
# Ejercicio 29
import matplotlib.pyplot as plt
import numpy as np

fig = plt.figure()
ax = fig.add_subplot(111, projection="3d")
x = np.array([1, 2, 3, 4, 5])
y = np.array([2, 4, 1, 5, 3])
z = np.array([1, 2, 3, 4, 5])
ax.plot(
    x, y, z, marker="o", linestyle="-", color="r", label="Línea 3D con
        Puntos y Colores"
)
ax.set_xlabel("Eje X")
ax.set_ylabel("Eje Y")
ax.set_zlabel("Eje Z")
ax.legend()
ax.view_init(elev=20, azim=5)
plt.show()
```

Out [29]:

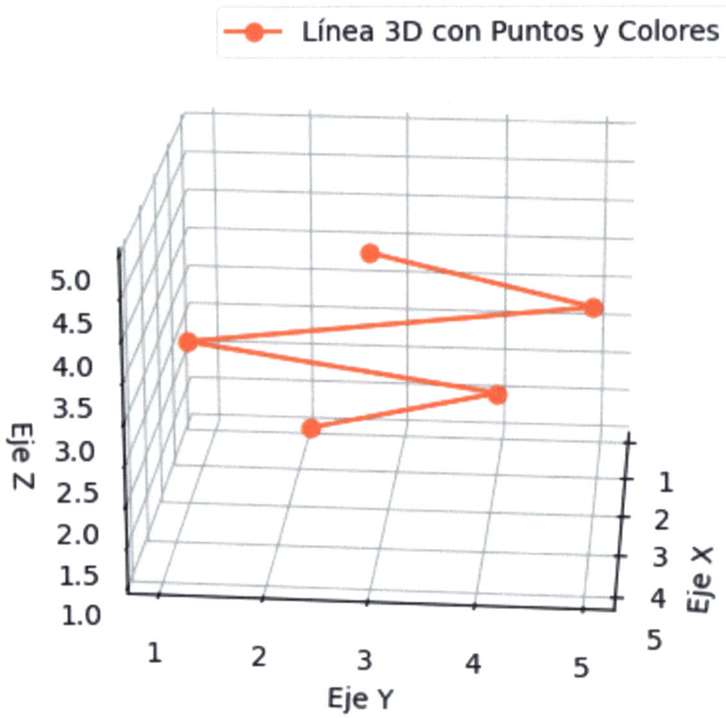

Subsecuentemente, el diagrama ilustra una línea tridimensional con configuración espiral, tipo de representación que resulta efectiva para visualizar curvas complejas en el espacio:

In [30]:

```
# Ejercicio 30
import matplotlib.pyplot as plt
import numpy as np

def plot_spiral_3d():
    fig = plt.figure()
    ax = fig.add_subplot(111, projection="3d")
    theta = np.linspace(-4 * np.pi, 4 * np.pi, 100)
    z = np.linspace(-2, 2, 100)
    r = z**2 + 1
    x = r * np.sin(theta)
    y = r * np.cos(theta)
    ax.plot(x, y, z, label="Espiral 3D")
    ax.legend()
    plt.show()


# Mostrar el primer gráfico
```

```
plot_spiral_3d()
```

Out [30]:

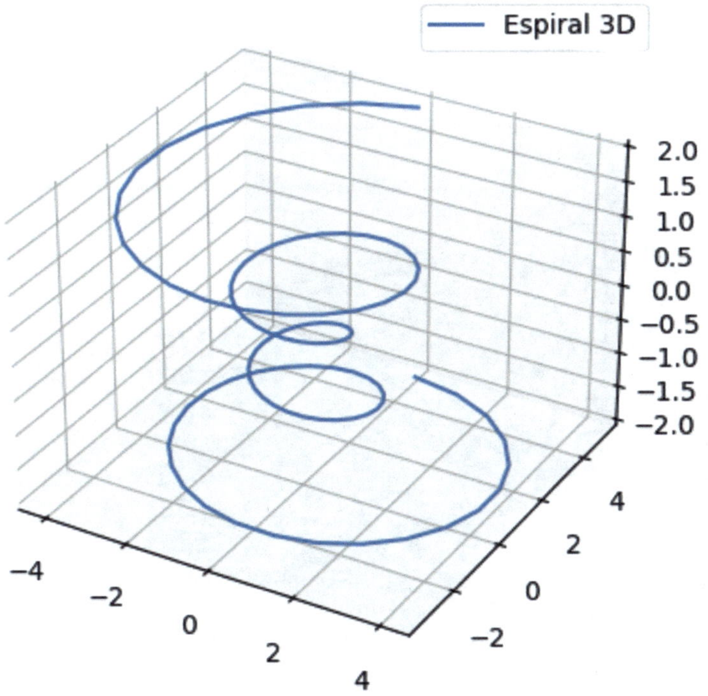

El gráfico presenta un conjunto de líneas interconectadas que siguen un patrón específico en el espacio tridimensional:

In [31]:

```
# Ejercicio 31
def plot_cube_diagonals():
    fig = plt.figure()
    ax = fig.add_subplot(111, projection="3d")
    points = np.array(
        [
            [-1, -1, -1],
            [1, -1, -1],
            [1, 1, -1],
            [-1, 1, -1],
            [-1, -1, 1],
            [1, -1, 1],
            [1, 1, 1],
            [-1, 1, 1],
        ]
    )
    for p in points:
```

```
        for q in points:
            ax.plot3D(*zip(p, q), color="b")
    return fig

# Mostrar el gráfico
cube_diagonals = plot_cube_diagonals()
```

Out [31]:

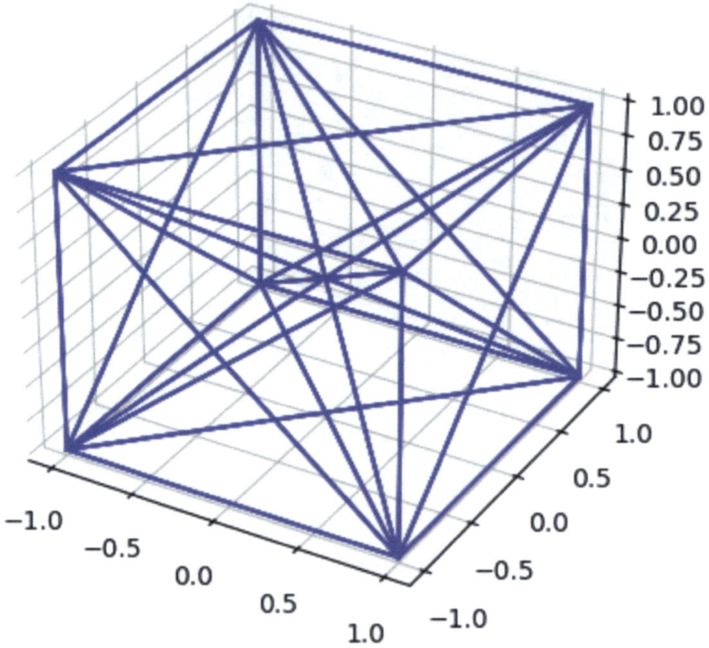

La siguiente representación gráfica ilustra un paraboloide mediante líneas características en un espacio tridimensional:

In [32]:

```
# Ejercicio 32
def plot_3d_sine_wave():
    fig = plt.figure()
    ax = fig.add_subplot(111, projection="3d")
    x = np.linspace(-5, 5, 100)
    y = np.linspace(-5, 5, 100)
    X, Y = np.meshgrid(x, y)
    Z = X**2 + Y**2
    ax.plot_surface(X, Y, Z, rstride=1, cstride=1, cmap="viridis",
        edgecolor="none")
    return fig

```

```
# Mostrar el gráfico
sine_wave_3d = plot_3d_sine_wave()
```

Out [32]:

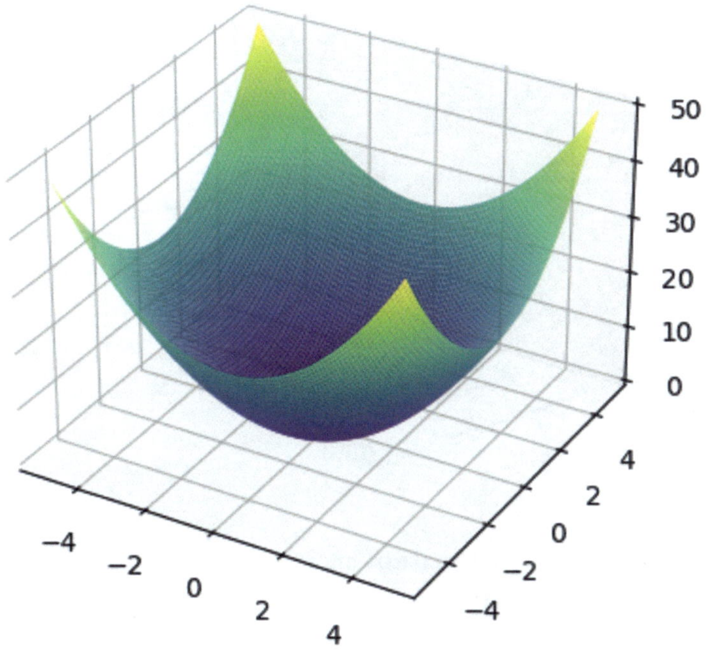

El siguiente gráfico, muestra un conjunto de datos unidos por líneas, pero todas estas líneas no están unidas entre sí, sino solamente en pares de a dos:

In [33]:

```
# Ejercicio 33
def plot_random_3d_lines():
    fig = plt.figure()
    ax = fig.add_subplot(111, projection="3d")
    for _ in range(10):
        x = np.random.standard_normal(2)
        y = np.random.standard_normal(2)
        z = np.random.standard_normal(2)
        ax.plot(x, y, z)
    return fig

# Mostrar el gráfico
random_3d_lines = plot_random_3d_lines()
```

Out [33]:

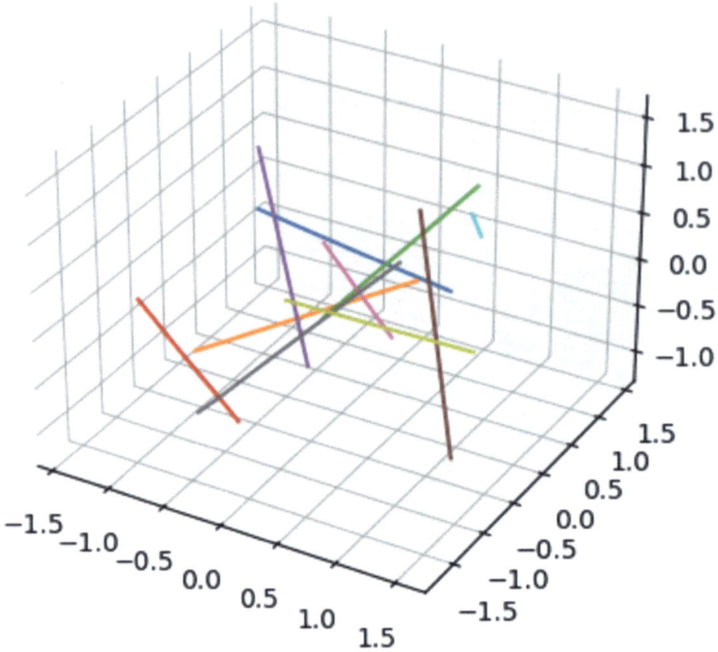

Subsecuentemente, el gráfico ilustra datos interconectados que convergen desde un centro común hacia múltiples puntos:

In [34]:

```
# Ejercicio 34
def plot_star_pattern_3d():
    fig = plt.figure()
    ax = fig.add_subplot(111, projection="3d")
    for _ in range(30):
        x = np.random.uniform(-1, 1)
        y = np.random.uniform(-1, 1)
        z = np.random.uniform(-1, 1)
        ax.plot([0, x], [0, y], [0, z], color="g")
    return fig

# Mostrar el gráfico
star_pattern_3d = plot_star_pattern_3d()
```

Out [34]:

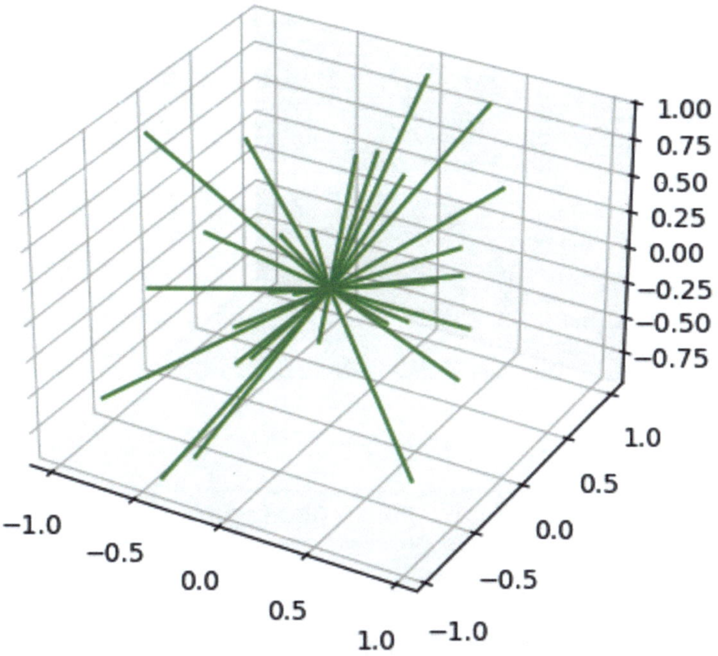

La representación presenta un conjunto de líneas que configuran una esfera, destacando un punto aleatorio en la superficie esférica:

In [35]:

```
# Ejercicio 35
def plot_3d_sphere():
    fig = plt.figure()
    ax = fig.add_subplot(111, projection="3d")

    # Crear una esfera
    phi, theta = np.mgrid[0.0 : np.pi : 100j, 0.0 : 2.0 * np.pi : 100j
        ]
    x = np.sin(phi) * np.cos(theta)
    y = np.sin(phi) * np.sin(theta)
    z = np.cos(phi)
    ax.plot_surface(x, y, z, color="c", alpha=0.7, rstride=10, cstride
        =10)

    # Generar un punto aleatorio sobre la superficie de la esfera
    random_phi = np.random.uniform(0, np.pi)
    random_theta = np.random.uniform(0, 2 * np.pi)
    random_x = np.sin(random_phi) * np.cos(random_theta)
    random_y = np.sin(random_phi) * np.sin(random_theta)
    random_z = np.cos(random_phi)
    ax.scatter(random_x, random_y, random_z, color="r", s=100, label="
```

```
            Punto Aleatorio")

    # Asegurar que los ejes estén en la misma escala y la esfera se
        vea correctamente
    ax.set_box_aspect([np.ptp(arr) for arr in [x, y, z]])
    ax.set_xlabel("X")
    ax.set_ylabel("Y")
    ax.set_zlabel("Z")
    ax.legend()
    return fig

# Mostrar el gráfico
sphere_3d = plot_3d_sphere()
plt.show()
```

Out [35]:

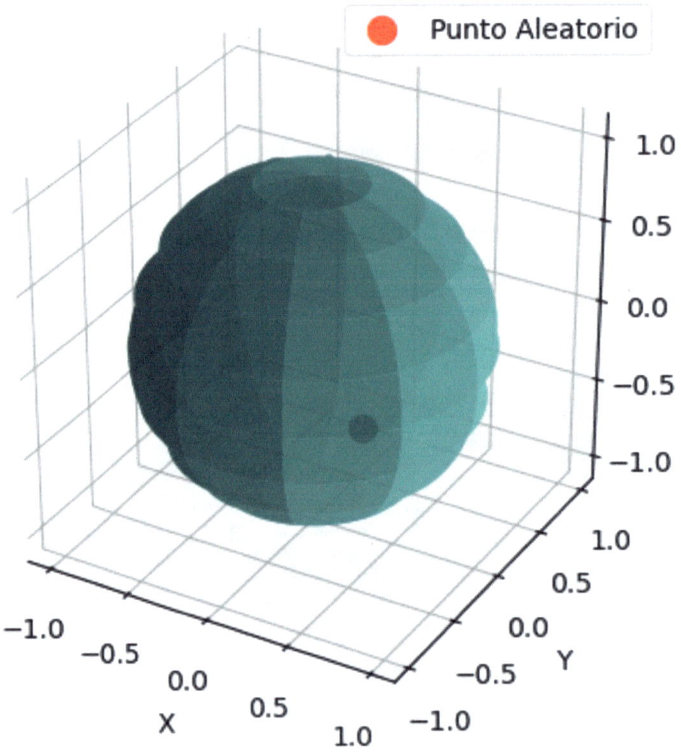

4.4 Histogramas

Los histogramas constituyen herramientas estadísticas especializadas para visualizar la distribución de datos y examinar la distribución de frecuencias de ocurrencia de diferentes valores en un conjunto de datos. En este apartado, exploraremos la metodología para crear histogramas bidimensionales y tridimensionales empleando la librería Matplotlib en Python. Procedemos a analizar la construcción de un histograma elemental unidimensional. Un histograma en 1D segmenta el rango de valores en intervalos discretos y contabiliza la frecuencia de datos que se sitúan dentro de cada intervalo específico.[1]

Cuando trabajamos con dos variables, es posible emplear un histograma bidimensional para visualizar la relación conjunta entre ellas. En este tipo de histogramas, se establecen intervalos tanto para la variable x como para la variable y, contabilizándose la frecuencia de datos en cada celda. En estas representaciones, la altura de las barras expresa la frecuencia de datos en la tercera dimensión. Los histogramas bidimensionales y tridimensionales representan herramientas analíticas para explorar la distribución de variables y examinar la estructura subyacente de los datos. La siguiente figura ilustra un histograma bidimensional con datos simulados que se distribuyen según una distribución normal:

In [36]:

```
# Ejercicio 36
import matplotlib.pyplot as plt
import numpy as np

# Datos de ejemplo
data1 = np.random.normal(0, 1, 1000)

def plot_simple_histogram():
    plt.figure()
    plt.hist(data1, bins=30, alpha=0.7, color="blue")
    plt.title("Histograma Simple")
    plt.xlabel("Valor")
    plt.ylabel("Frecuencia")
    plt.show()

plot_simple_histogram()
```

Out [36]:

[1]McKinney, W. (2013). "Python for Data Analysis". United States of America. O'Reilly Media Inc. Primera Edición.

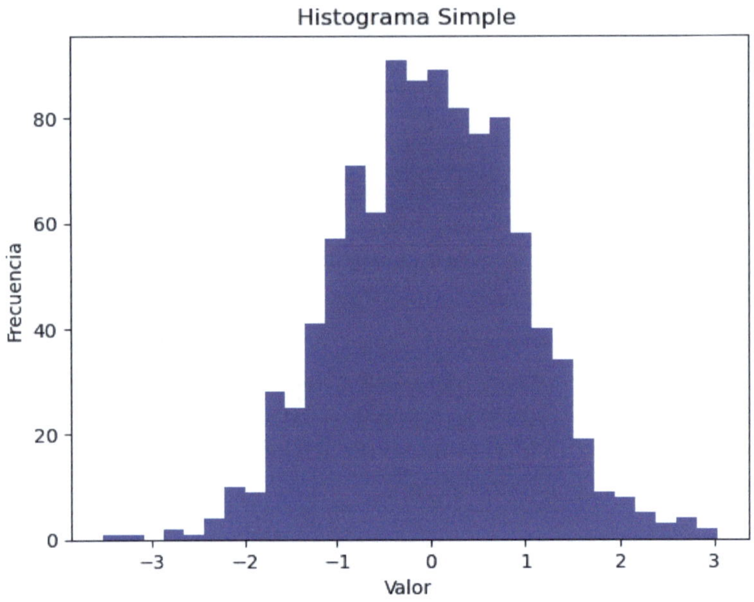

Subsecuentemente, la figura presenta dos distribuciones de probabilidades que fueron simuladas mediante distribuciones normales con diferentes medias, representadas como barras no superpuestas:

In [37]:

```
# Ejercicio 37
def plot_histogram_multiple_datasets():
    data2 = np.random.normal(1, 2, 10000)
    plt.figure()
    plt.hist([data1, data2], bins=30, alpha=0.7, color=["blue", "green
        "])
    plt.title("Histograma con Múltiples Conjuntos de Datos")
    plt.xlabel("Valor")
    plt.ylabel("Frecuencia")
    plt.show()

plot_histogram_multiple_datasets()
```

Out [37]:

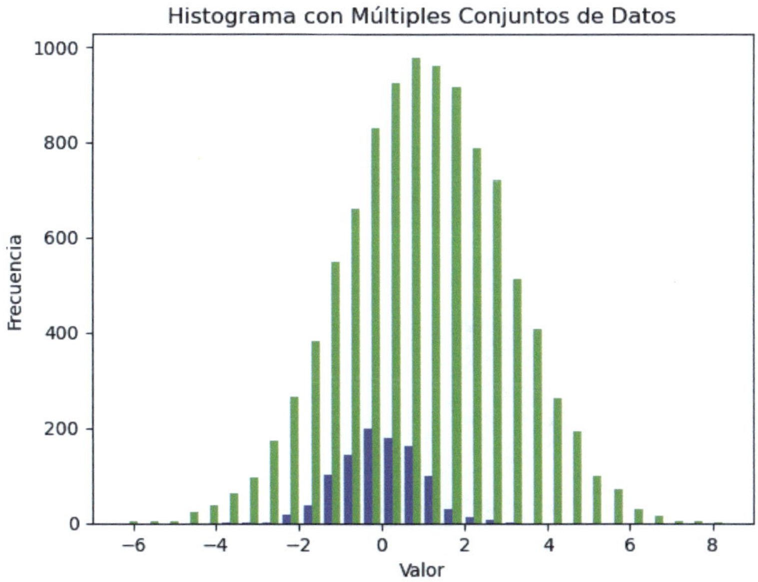

La representación gráfica ilustra un conjunto de datos que exhibe dos distribuciones de probabilidades mediante barras consolidadas y adyacentes:

In [38]:

```
# Ejercicio 38
def plot_stacked_histogram():
    data2 = np.random.normal(1, 2, 10000)
    plt.figure()
    plt.hist([data1, data2], bins=30, stacked=True, color=["blue", "
        green"])
    plt.title("Histograma Apilado")
    plt.xlabel("Valor")
    plt.ylabel("Frecuencia")
    plt.show()

plot_stacked_histogram()
```

Out [38]:

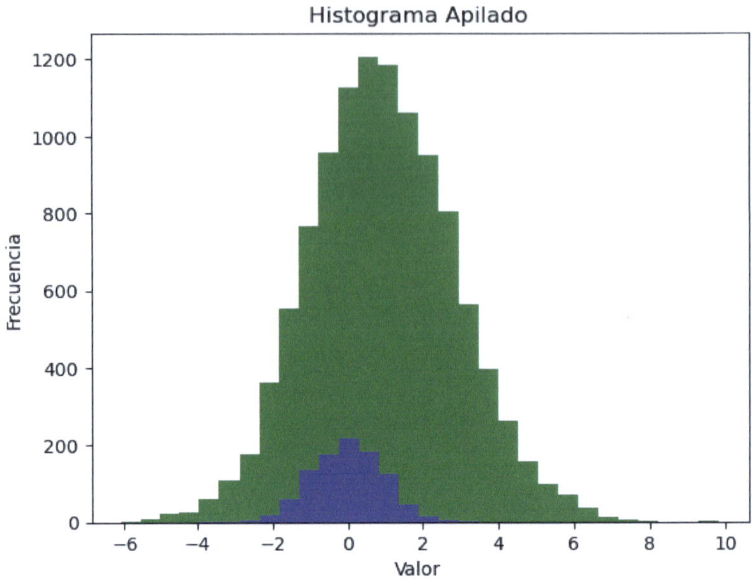

Procedemos a examinar dos distribuciones de probabilidades superpuestas, donde la distribución sobrepuesta presenta transparencia para visualizar el histograma subyacente:

In [39]:

```
# Ejercicio 39
def plot_histogram_different_bins():
    data2 = np.random.normal(1, 2, 1000)
    plt.figure()
    plt.hist(data1, bins=20, alpha=0.7, color="blue")
    plt.hist(data2, bins=40, alpha=0.7, color="green")
    plt.title("Histograma con Diferentes Bins")
    plt.xlabel("Valor")
    plt.ylabel("Frecuencia")
    plt.show()

plot_histogram_different_bins()
```

Out [39]:

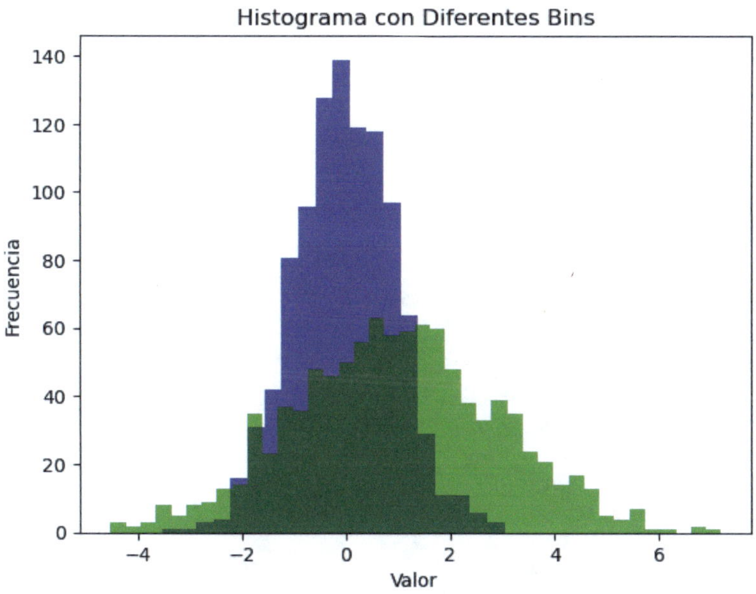

En este diagrama, se representa un conjunto de datos que exhibe una distribución de probabilidades normal, empleando una línea continua para visualizar la continuidad distribucional:

In [40]:

```
# Ejercicio 40
import seaborn as sns
import numpy as np
import matplotlib.pyplot as plt

data1 = np.random.randn(10000)

def plot_histogram_with_density():
    plt.figure()
    sns.histplot(data1, bins=30, kde=True, color="blue")
    plt.title("Histograma con Densidad y Curva de Ajuste")
    plt.xlabel("Valor")
    plt.ylabel("Densidad")
    plt.show()

plot_histogram_with_density()
```

Out [40]:

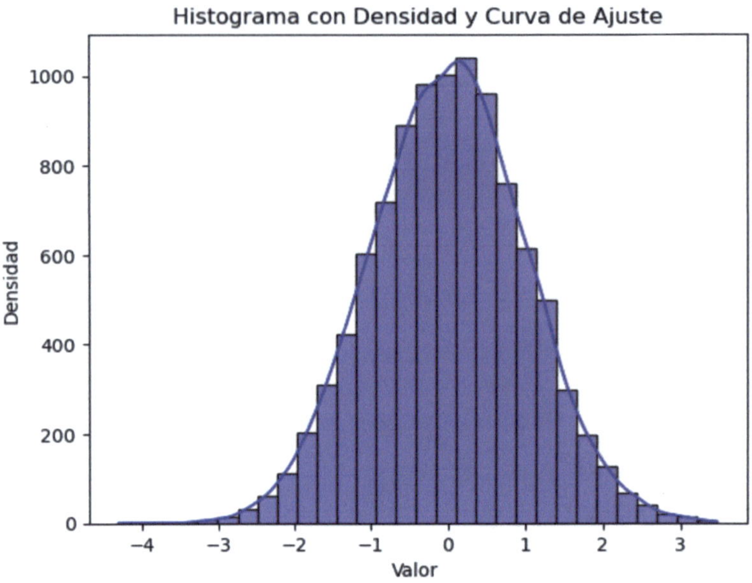

Seguidamente, la representación gráfica presenta un conjunto de datos que incorpora además las distribuciones Chi-cuadrado y Normal, destacadas mediante líneas para facilitar su comparación visual:

In [41]:

```
# Ejercicio 41
import matplotlib.pyplot as plt
import numpy as np
import seaborn as sns
from scipy.stats import norm, chi2

data1 = np.random.normal(0, 1, 1000)

def plot_stylized_complex_histogram():
    plt.figure(figsize=(10, 6))

    # Histograma de los datos
    sns.histplot(data1, bins=30, kde=False, color="blue", fill=True,
        stat="density")

    # Rango para las curvas
    x = np.linspace(np.min(data1), np.max(data1), 100)

    # Curva de la distribución normal
    plt.plot(
        x, norm.pdf(x, np.mean(data1), np.std(data1)), label="Normal",
            color="blue"
    )

```

```
    # Curva de la distribución chi-cuadrado
    plt.plot(x, chi2.pdf(x, df=2), label="Chi-Cuadrado", color="black"
        )

    # Línea vertical para la media
    plt.axvline(np.mean(data1), color="k", linestyle="dashed",
        linewidth=1)
    min_ylim, max_ylim = plt.ylim()
    plt.text(np.mean(data1) * 1.1, max_ylim * 0.9, f"Media: {np.mean(
        data1):.2f}")
    plt.title("Histograma Estilizado y Complejo con Curvas de
        Distribución")
    plt.xlabel("Valor")
    plt.ylabel("Densidad")
    plt.legend()
    plt.show()

plot_stylized_complex_histogram()
```

Out [41]:

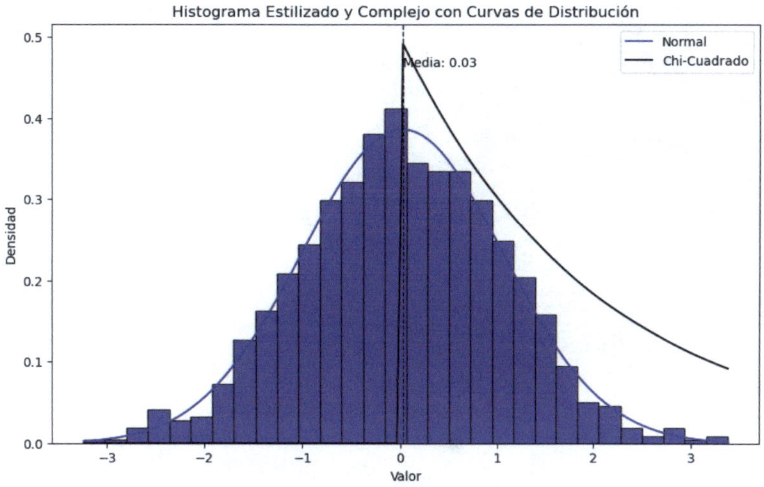

Subsecuentemente, el diagrama ilustra una distribución de probabilidades bivariada representada en un espacio tridimensional:

In [42]:

```
# Ejercicio 42
import matplotlib.pyplot as plt
import numpy as np

data = np.random.normal(size=(100, 3))
fig = plt.figure()
ax = fig.add_subplot(111, projection="3d")
hist, xedges, yedges = np.histogram2d(data[:, 0], data[:, 1], bins=20)
```

```
xpos, ypos = np.meshgrid(xedges[:-1] + 0.25, yedges[:-1] + 0.25)
xpos = xpos.flatten("F")
ypos = ypos.flatten("F")
zpos = np.zeros_like(xpos)
dx = dy = 0.5 * np.ones_like(zpos)
dz = hist.flatten()
ax.bar3d(xpos, ypos, zpos, dx, dy, dz, color="b", zsort="average")
plt.title("Histograma 3D Simple")
plt.show()
```

Out [42]:

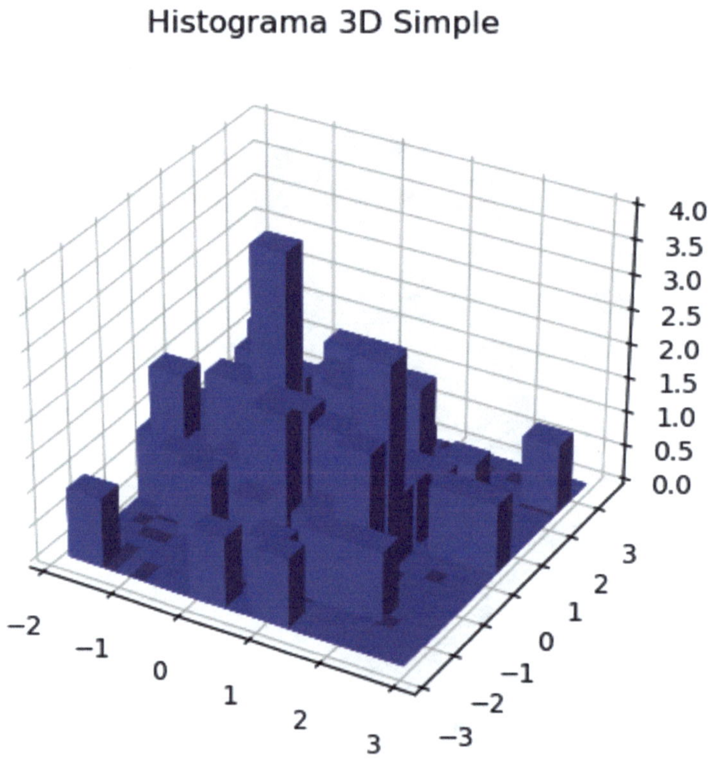

La representación gráfica presenta un conjunto de datos de dos variables donde se visualiza la distribución de probabilidades en tres dimensiones empleando una coloración alternativa:

In [43]:

```
# Ejercicio 43
fig = plt.figure()
ax = fig.add_subplot(111, projection="3d")
hist, xedges, yedges = np.histogram2d(data[:, 0], data[:, 1], bins
    =[20, 10])
xpos, ypos = np.meshgrid(xedges[:-1] + 0.25, yedges[:-1] + 0.25)
xpos = xpos.flatten("F")
```

```
ypos = ypos.flatten("F")
zpos = np.zeros_like(xpos)
dx = 0.5 * np.ones_like(zpos)
dy = 0.5 * np.ones_like(zpos)
dz = hist.flatten()
ax.bar3d(xpos, ypos, zpos, dx, dy, dz, color="r", zsort="average")
plt.title("Histograma 3D con Diferentes Bins")
plt.show()
```

Out [43]:

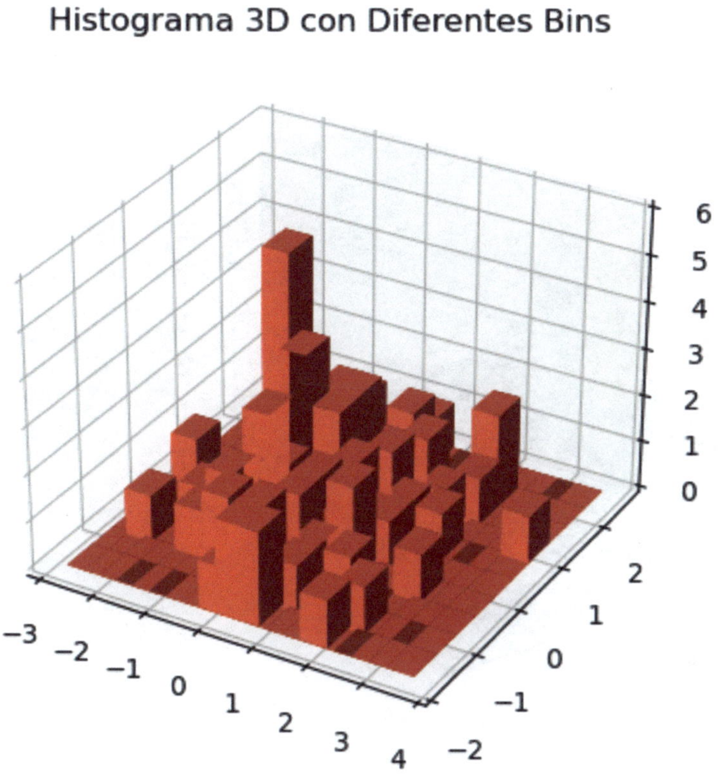

Posteriormente, la representación gráfica ilustra un conjunto de datos bivariado en un gráfico tridimensional donde las barras presentan diferenciación cromática que destaca aquellas que contienen mayor densidad de datos:

In [44]:

```
# Ejercicio 44
fig = plt.figure()
ax = fig.add_subplot(111, projection="3d")
hist, xedges, yedges = np.histogram2d(data[:, 0], data[:, 1], bins=15)
xpos, ypos = np.meshgrid(xedges[:-1], yedges[:-1])
xpos = xpos.flatten("F")
ypos = ypos.flatten("F")
```

```
zpos = np.zeros_like(xpos)
dx = dy = np.ones_like(zpos)
dz = hist.flatten()
colors = plt.cm.viridis(dz / max(dz))
ax.bar3d(xpos, ypos, zpos, dx, dy, dz, color=colors, zsort="average")
plt.title("Histograma 3D con Colores Graduales")
plt.show()
```

Out [44]:

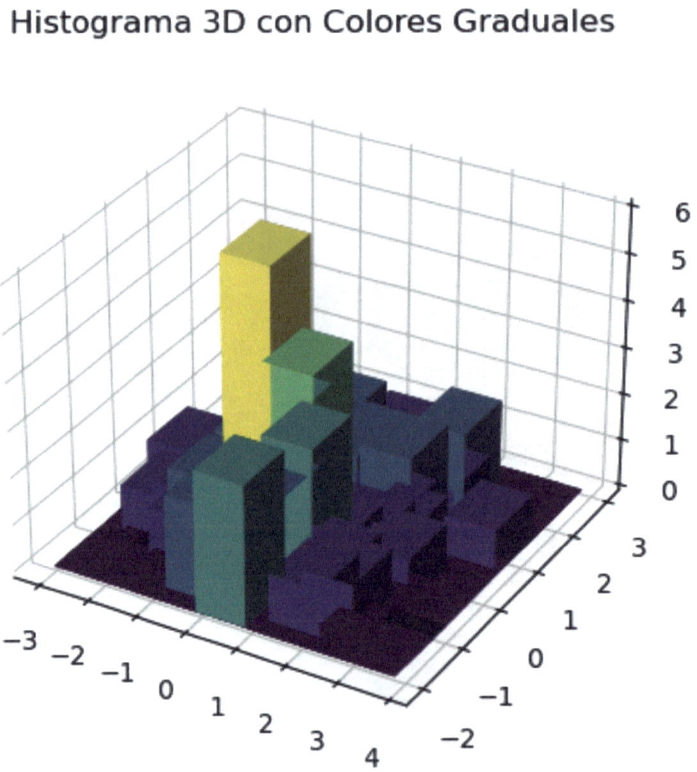

Subsecuentemente, la figura ilustra un conjunto de datos representado por dos variables mediante un histograma con transparencia incrementada para visualizar su aproximación curvilínea:

In [45]:

```
# Ejercicio 45
from matplotlib import cm

fig = plt.figure()
ax = fig.add_subplot(111, projection="3d")
hist, xedges, yedges = np.histogram2d(data[:, 0], data[:, 1], bins=15)
xpos, ypos = np.meshgrid(xedges[:-1], yedges[:-1])
xpos = xpos.flatten("F")
```

```
ypos = ypos.flatten("F")
zpos = np.zeros_like(xpos)
dx = dy = np.ones_like(zpos)
dz = hist.flatten()

# Ajustar el parámetro alpha para hacer el histograma más transparente
ax.bar3d(xpos, ypos, zpos, dx, dy, dz, color="b", zsort="average",
     alpha=0.05)
x = np.linspace(min(data[:, 0]), max(data[:, 0]), 100)
y = np.linspace(min(data[:, 1]), max(data[:, 1]), 100)
X, Y = np.meshgrid(x, y)
Z = np.sin(np.sqrt(X**2 + Y**2))
ax.plot_surface(
    X,
    Y,
    Z,
    rstride=1,
    cstride=1,
    cmap=cm.viridis,
    linewidth=0,
    antialiased=False,
    alpha=0.9,
)
plt.title("Histograma 3D con Curvas Superpuestas")
plt.show()
```

Out [45]:

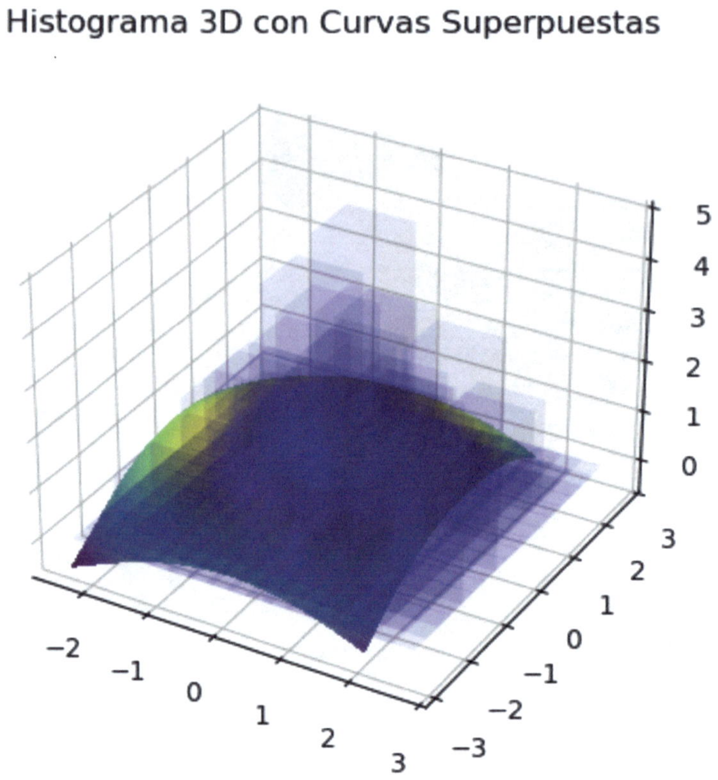

El gráfico presenta un conjunto de datos representado mediante su histograma correspondiente, destacando la función de densidad en la región inferior:

In [46]:

```
# Ejercicio 46
import matplotlib.pyplot as plt
import numpy as np
from scipy.stats import multivariate_normal

# Datos de ejemplo
data = np.random.normal(size=(100, 3))
fig = plt.figure()
ax = fig.add_subplot(111, projection="3d")

# Histograma
hist, xedges, yedges = np.histogram2d(data[:, 0], data[:, 1], bins
    =[20, 10])
xpos, ypos = np.meshgrid(xedges[:-1] + 0.25, yedges[:-1] + 0.25,
    indexing="ij")
xpos = xpos.flatten("F")
ypos = ypos.flatten("F")
zpos = np.zeros_like(xpos)
dx = dy = 0.5 * np.ones_like(zpos)
```

```
dz = hist.flatten()
ax.bar3d(xpos, ypos, zpos, dx, dy, dz, color="r", zsort="average",
    alpha=0.07)

# Curva de la distribución normal
x, y = np.mgrid[
    min(data[:, 0]) : max(data[:, 0]) : 0.01, min(data[:, 1]) : max(
        data[:, 1]) : 0.01
]
pos = np.dstack((x, y))
rv = multivariate_normal(
    [np.mean(data[:, 0]), np.mean(data[:, 1])],
    [[np.std(data[:, 0]), 0], [0, np.std(data[:, 1])]],
)
ax.plot_surface(x, y, rv.pdf(pos), cmap="viridis", linewidth=0, alpha
    =1)
plt.title("Histograma 3D con Diferentes Bins y Curva de Distribución
    Normal")
plt.show()
```

Out [46]:

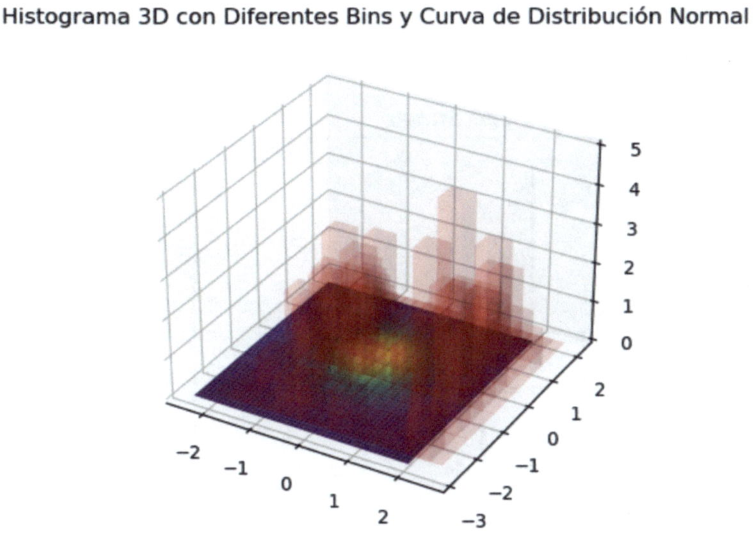

4.5 Diagrama de cajas

Los diagramas de cajas, conocidos como boxplots, constituyen una herramienta analítica para visualizar la distribución estadística de datos. Este tipo de representación gráfica proporciona información sobre la mediana, cuartiles, dispersión y posibles valores atípicos. En este apartado, exploraremos la metodología para crear diagramas de cajas bidimensionales y tridimensionales empleando la biblioteca Matplotlib en Python. Cuando trabajamos con dos variables, es posible construir un diagrama de cajas bidimensional para visualizar la distribución de cada variable y establecer comparaciones.

Los diagramas de cajas representan una herramienta especializada para sintetizar la distribución de los datos y detectar valores atípicos. Pueden emplearse en diversas situaciones analíticas, desde la comparación de variables hasta la visualización de variabilidad en diferentes conjuntos de datos. El siguiente diagrama ilustra un gráfico de cajas elemental:

In [47]:

```
# Ejercicio 47
import matplotlib.pyplot as plt
import numpy as np

# Datos de ejemplo
data = np.random.normal(0, 1, 100)
plt.figure()
plt.boxplot(data)
plt.title("Diagrama de Cajas Simple")
plt.ylabel("Valores")
plt.show()
```

Out [47]:

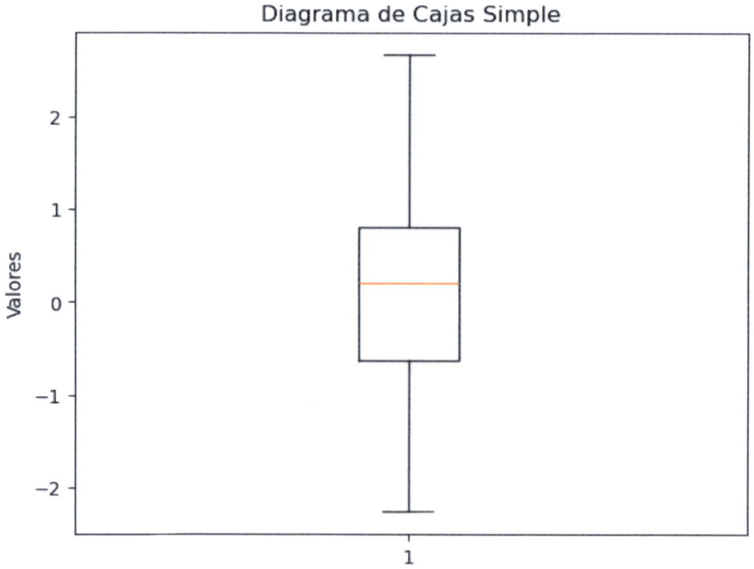

Subsecuentemente, la representación gráfica ilustra un conjunto de datos mediante su diagrama de cajas correspondiente, donde es posible observar las medias y cuartiles:

In [48]:

```
# Ejercicio 48
data2 = np.random.normal(1, 1.5, 100)
data3 = np.random.normal(-1, 2, 100)
plt.figure()
plt.boxplot([data, data2, data3])
plt.title("Múltiples Diagramas de Cajas")
plt.ylabel("Valores")
plt.show()
```

Out [48]:

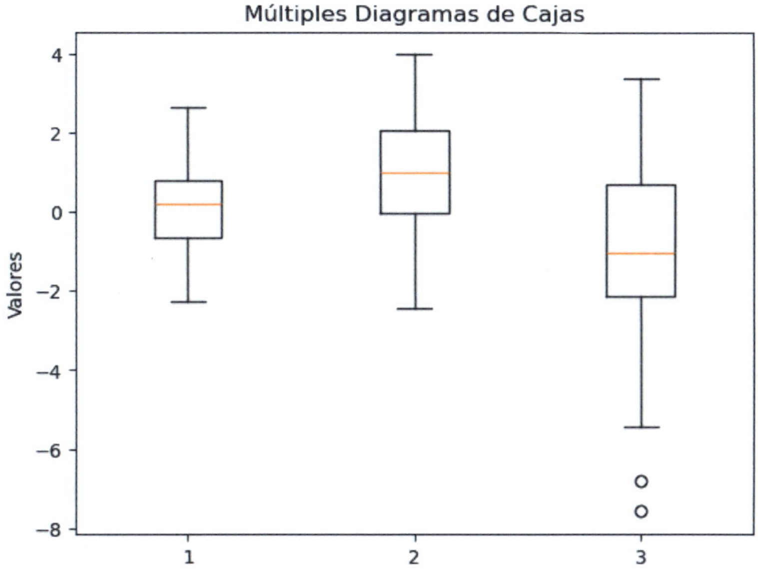

Se presenta un gráfico de cajas elemental que incorpora modificaciones estéticas específicas:

In [49]:

```
# Ejercicio 49
plt.figure()
plt.boxplot(data, notch=True)
plt.title("Diagrama de Cajas con Notches")
plt.ylabel("Valores")
plt.show()
```

Out [49]:

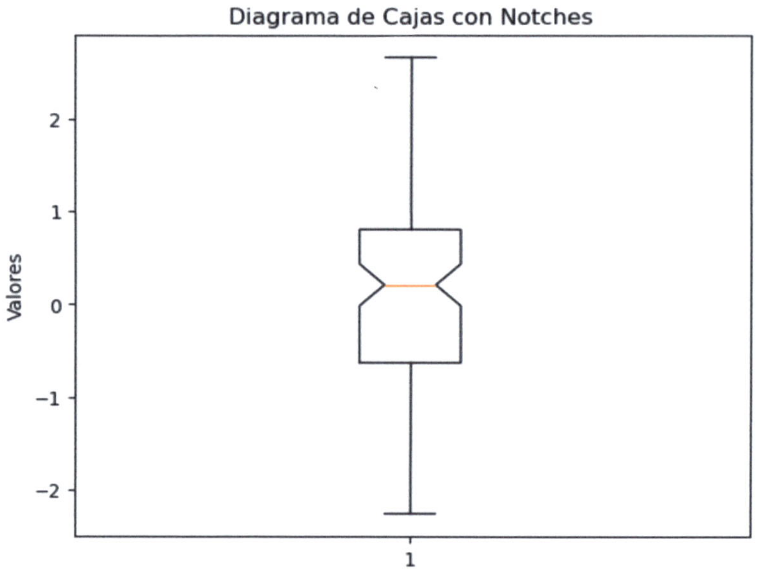

Procedemos a examinar un gráfico de cajas convencional donde la información se representa mediante orientación horizontal:

In [50]:

```
# Ejercicio 50
plt.figure()
plt.boxplot(data, vert=False)
plt.title("Diagrama de Cajas Horizontal")
plt.xlabel("Valores")
plt.show()
```

Out [50]:

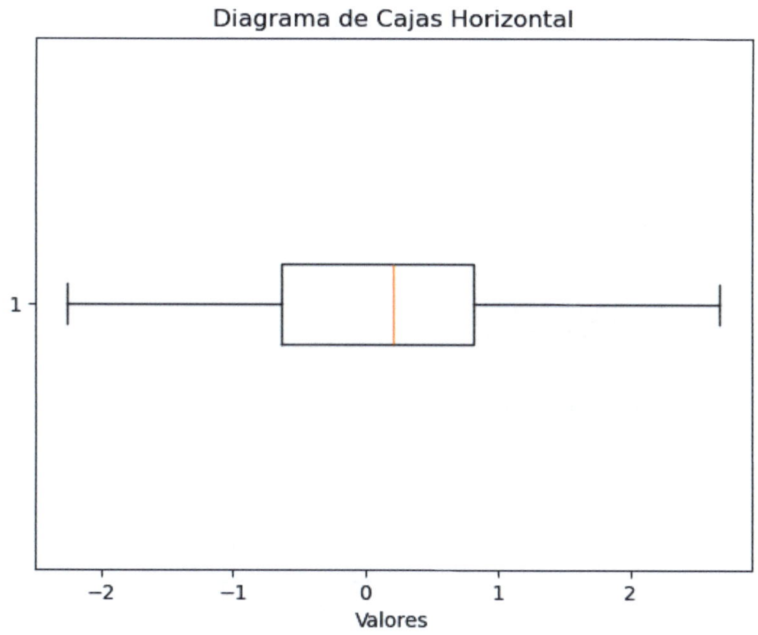

Seguidamente, la figura presenta el diagrama de cajas elemental de un conjunto de datos incorporando diferenciación cromática:

In [51]:

```
# Ejercicio 51
import seaborn as sns

plt.figure()
sns.boxplot(x=data)
plt.title("Diagrama de Cajas con Seaborn")
plt.xlabel("Valores")
plt.show()
```

Out [51]:

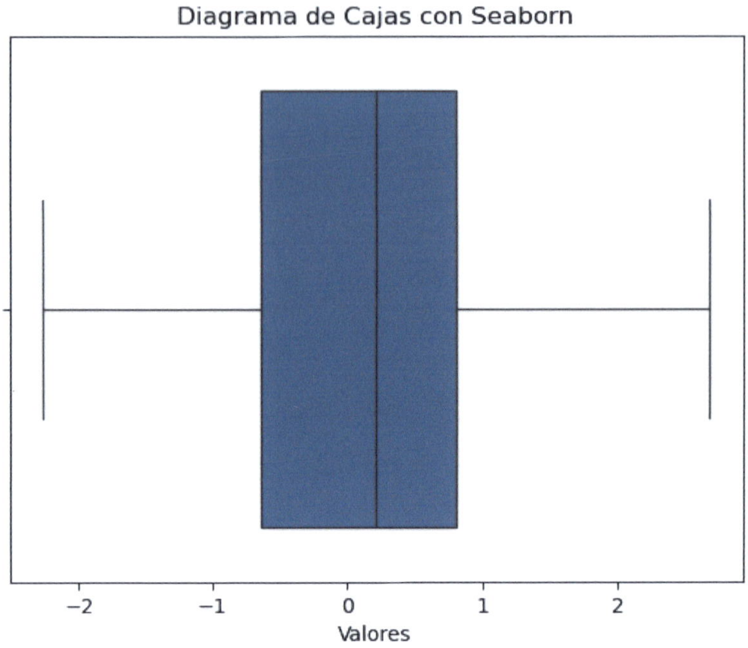

La figura ilustra un diagrama de cajas elemental que incorpora la visualización de datos mediante puntos para examinar la densidad distribucional de cada elemento:

In [52]:

```
# Ejercicio 52
plt.figure()
sns.boxplot(x=data, width=0.5, palette="Set3", linewidth=2.5)
sns.swarmplot(x=data, color=".25")
plt.title("Diagrama de Cajas Estilizado y Complejo")
plt.xlabel("Valores")
plt.show()
```

Out [52]:

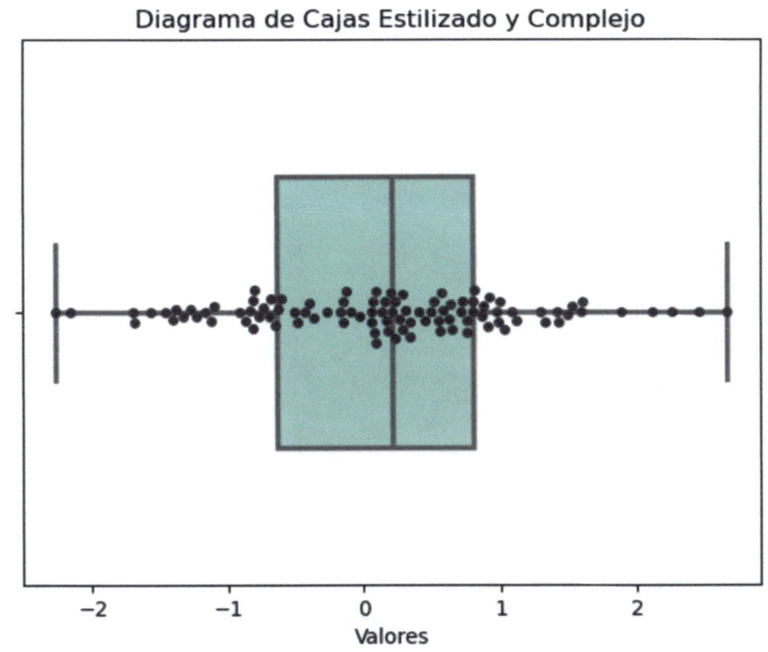

Subsecuentemente, la figura presenta un conjunto de datos representado mediante su diagrama de cajas correspondiente en un espacio tridimensional:

In [53]:

```
# Ejercicio 53
import matplotlib.pyplot as plt
import numpy as np

# Datos de ejemplo
data1 = np.random.normal(0, 1, 100)
data2 = np.random.normal(1, 1.5, 100)
data3 = np.random.normal(-1, 2, 100)
fig = plt.figure()
ax = fig.add_subplot(111, projection="3d")

# Crear múltiples diagramas de cajas
positions = [1, 2, 3] # Posiciones en el eje X para cada diagrama de cajas
for data, pos in zip([data1, data2, data3], positions):
    ax.boxplot(data, positions=[pos], vert=False)
ax.set_yticklabels(["Data1", "Data2", "Data3"])
ax.set_xlabel("Valor")
ax.set_ylabel("Conjunto de Datos")
plt.title("Múltiples Diagramas de Cajas 3D")
plt.show()
```

Out [53]:

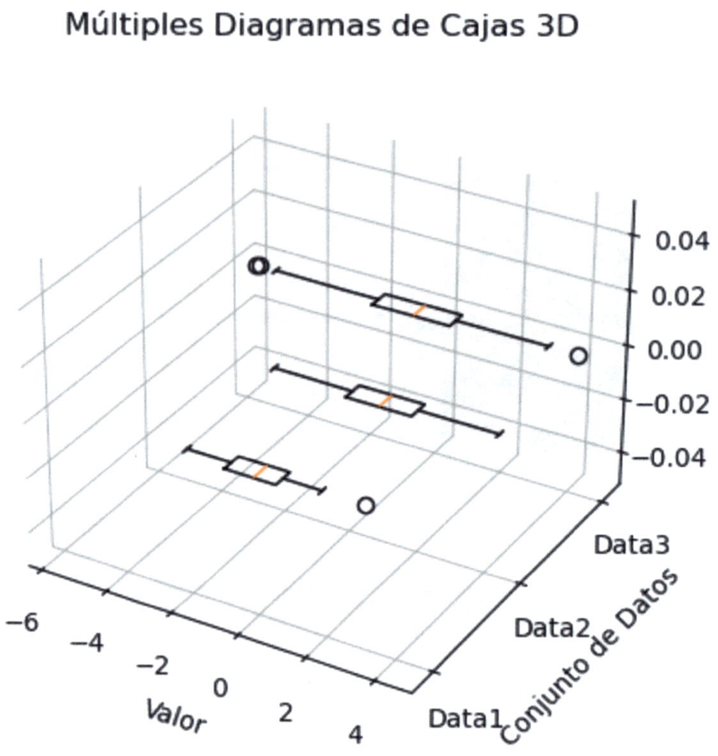

La figura ilustra un conjunto de datos representado mediante diagramas de cajas con diferenciación cromática en los contornos:

In [54]:

```
# Ejercicio 54
fig = plt.figure()
ax = fig.add_subplot(111, projection="3d")

# Diagramas de cajas con colores personalizados
colors = ["blue", "green", "red"]
for data, pos, color in zip([data1, data2, data3], positions, colors):
    ax.boxplot(data, positions=[pos], vert=False, boxprops=dict(color=
        color))
ax.set_yticklabels(["Data1", "Data2", "Data3"])
ax.set_xlabel("Valor")
ax.set_ylabel("Conjunto de Datos")
plt.title("Diagramas de Cajas 3D con Colores Personalizados")
plt.show()
```

Out [54]:

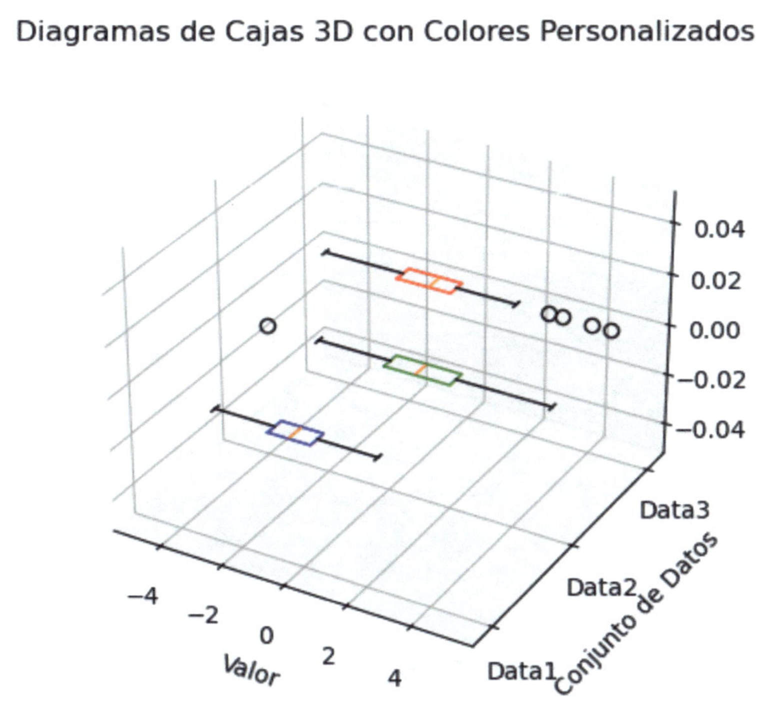

4.6 Gráficos de sectores

Los diagramas de sectores, conocidos como gráficos circulares o pie charts, constituyen una forma efectiva de representar proporciones y distribuciones en un conjunto de datos. En este apartado, exploraremos la metodología para crear gráficos de sectores bidimensionales y tridimensionales empleando la biblioteca Matplotlib en Python. Procedemos a examinar un ejemplo elemental de un gráfico de sectores bidimensional. Supongamos cuatro categorías (A, B, C, D) con valores proporcionales y después extenderemos a más. Utilizaremos la librería Matplotlib para visualizar estas proporciones de la manera más con la mayor precisión posible. Los gráficos de sectores resultan pertinentes cuando se desea destacar las proporciones y la distribución relativa de diferentes categorías en un conjunto de datos. Sin embargo, es conveniente emplearlos con discernimiento, ya que pueden volverse difíciles de interpretar con un gran número de categorías.

Los gráficos de sectores son comúnmente empleados en diversas aplicaciones prácticas. Por ejemplo, podrían representar la distribución porcentual de categorías de gastos en un presupuesto, la composición de recursos en una cartera de inversiones, o la participación de diferentes productos en las ventas totales de una empresa. En el ámbito del Machine Learning, los gráficos de sectores pueden resultar pertinentes para visualizar la distribución de clases en un conjunto de datos de clasificación. Pueden proporcionar una perspectiva de la proporción de muestras en cada clase, lo cual resulta esencial para analizar el desequilibrio de clases, un desafío relevante en la clasificación. Sin embargo, deben emplearse con discernimiento y considerar alternativas de visualización según el contexto específico. El siguiente gráfico ilustra un diagrama de sectores elemental:

In [55]:

```
# Ejercicio 55
import matplotlib.pyplot as plt

# Datos de ejemplo
sizes = [15, 30, 45, 10]
labels = ["A", "B", "C", "D"]
plt.figure()
plt.pie(sizes, labels=labels, autopct="%1.1f%%")
plt.title("Gráfico de Sectores Básico")
plt.show()
```

Out [55]:

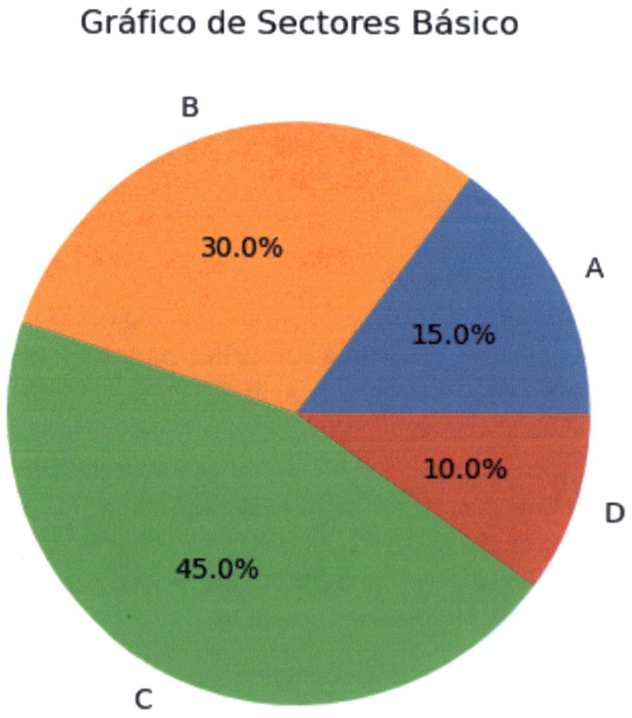

Subsecuentemente, el gráfico presenta un diagrama de sectores convencional donde se logra extraer un sector específico para destacarlo respecto a los demás:

In [56]:

```
# Ejercicio 56
explode = (0, 0.1, 0, 0) # resaltar el segundo sector
plt.figure()
plt.pie(sizes, labels=labels, autopct="%1.1f%%", explode=explode)
plt.title("Gráfico de Sectores con Separación")
plt.show()
```

Out [56]:

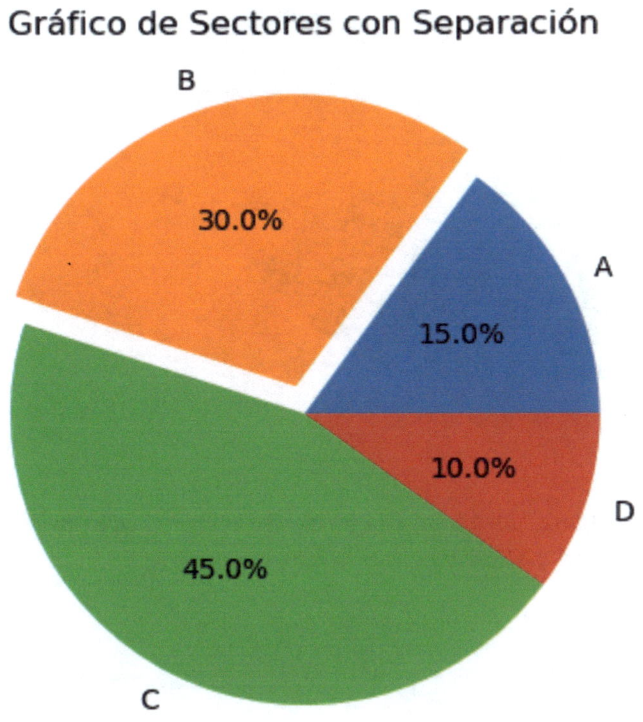

El diagrama de sectores presenta la misma información anterior pero sin destacar un sector individual e incorporando efectos de sombra por consideraciones estéticas:

In [57]:

```
# Ejercicio 57
plt.figure()
plt.pie(sizes, labels=labels, autopct="%1.1f%%", shadow=True)
plt.title("Gráfico de Sectores con Sombra")
plt.show()
```

Out [57]:

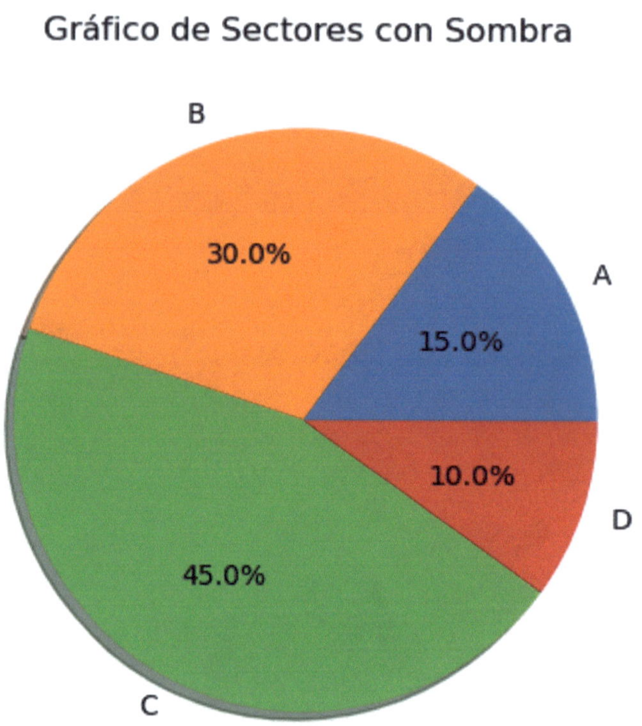

Seguidamente, la figura ilustra un diagrama de sectores que incorpora una paleta cromática sofisticada y elementos estilísticos mejorados:

In [58]:

```
# Ejercicio 58
colors = ["gold", "yellowgreen", "lightcoral", "lightskyblue"]
plt.figure()
plt.pie(sizes, labels=labels, colors=colors, autopct="%1.1f%%")
plt.title("Gráfico de Sectores con Colores Personalizados")
plt.show()
```

Out [58]:

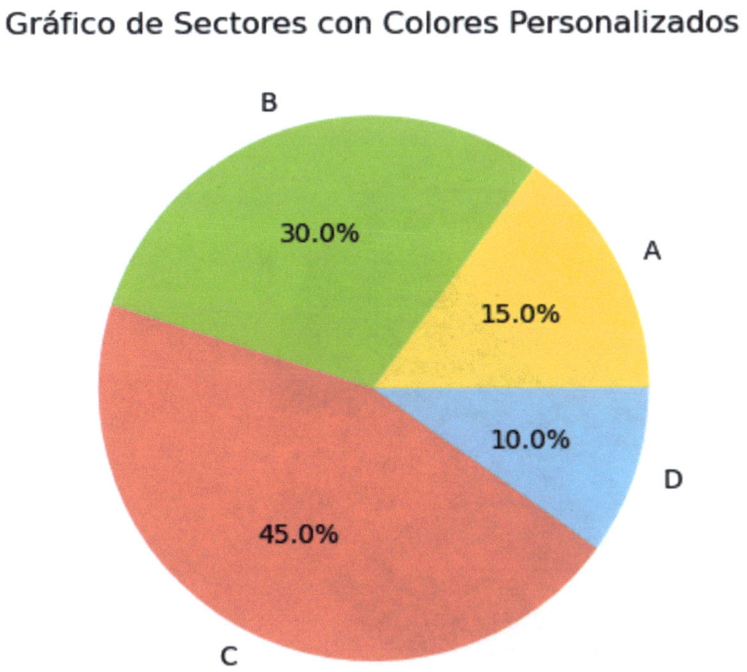

Procedemos a examinar un diagrama de sectores elemental que integra una leyenda explicativa que contiene la información más pertinente:

In [59]:

```
# Ejercicio 59
plt.figure()
plt.pie(sizes, labels=labels, autopct="%1.1f%%")
plt.legend(labels, title="Categorías")
plt.title("Gráfico de Sectores con Leyenda")
plt.show()
```

Out [59]:

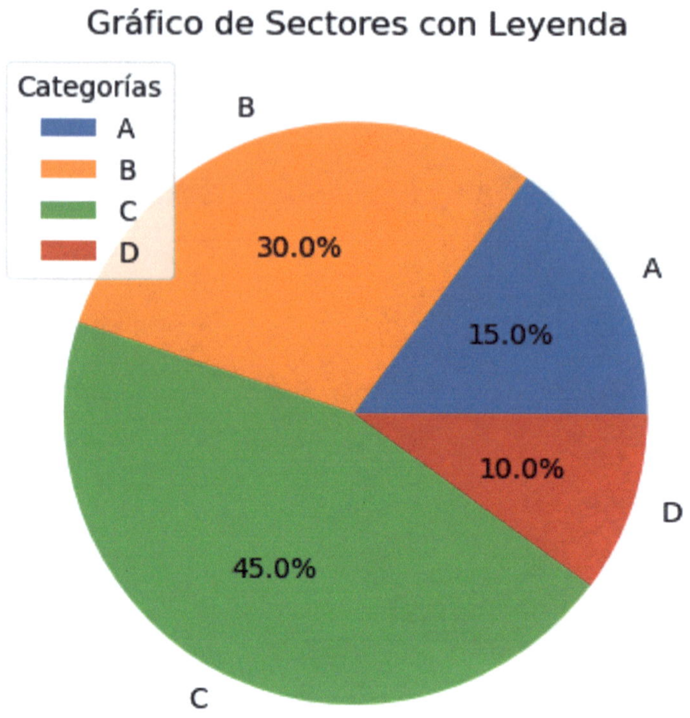

Subsecuentemente, el diagrama de sectores logra separar cada uno de los segmentos para destacarlos individualmente, incorporando además efectos de sombra en cada fragmento para optimización estilística:

In [60]:

```
# Ejercicio 60
import matplotlib.pyplot as plt

# Datos de ejemplo
sizes = [15, 30, 45, 10]
labels = ["A", "B", "C", "D"]
explode = (0.1, 0, 0.1, 0)
plt.figure()
wedges, texts, autotexts = plt.pie(
    sizes,
    labels=labels,
    autopct="%1.1f%%",
    explode=explode,
    shadow=True,
    startangle=140,
)

```

```
# Cambiar el color del texto y de los porcentajes
for text in texts:
    text.set_color("blue")
for autotext in autotexts:
    autotext.set_color("white")
plt.legend(labels, title="Categorías", loc="best")
plt.title("Gráfico de Sectores")
plt.show()
```

Out [60]:

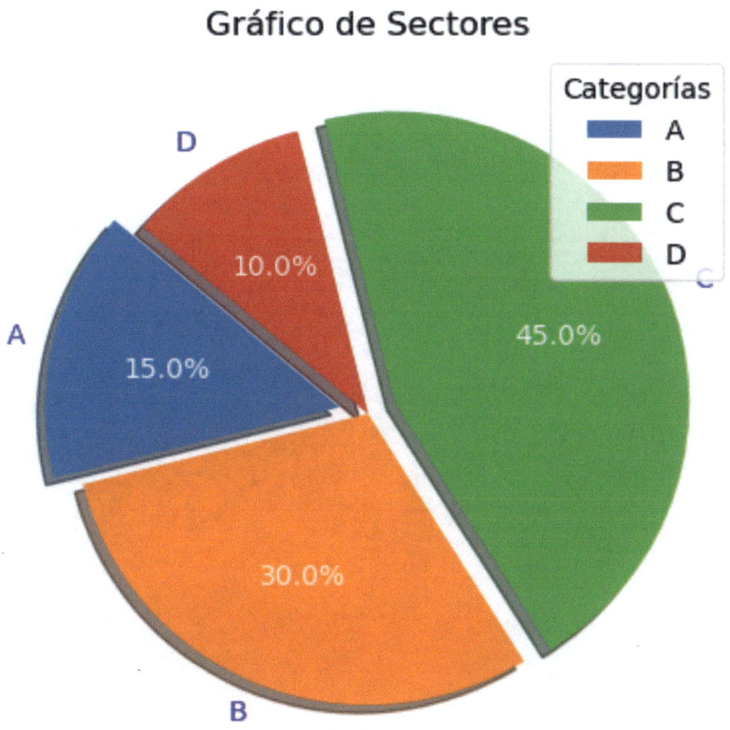

El diagrama de sectores constituye una aproximación tridimensional que incorpora elementos geométricos adicionales, como un triángulo, para demostrar la posibilidad de integrar otras figuras y lograr una estilización más sofisticada:

In [61]:

```
# Ejercicio 61
import matplotlib.pyplot as plt
import numpy as np
from mpl_toolkits.mplot3d.art3d import Poly3DCollection

# Datos de ejemplo
sizes = [20, 30, 50]
```

```
fig = plt.figure()
ax = fig.add_subplot(111, projection="3d")

# Calcular ángulos y coordenadas para los segmentos de la "tarta"
angles = np.linspace(0, 2 * np.pi, len(sizes), endpoint=False)
colors = ["red", "green", "blue"]

# Configurar el radio y altura para el gráfico de torta
radius = 1
height = 0

# Dibujar cada segmento de la torta en 3D
wedges = []
for i, (size, color) in enumerate(zip(sizes, colors)):
    theta = np.linspace(angles[i], angles[i] + 2 * np.pi / len(sizes), 30)
    x = np.cos(theta)
    y = np.sin(theta)
    z = np.full_like(theta, height)
    wedge = Poly3DCollection([list(zip(x, y, z))], color=color, alpha=0.8)
    ax.add_collection3d(wedge)

# Configurar límites y etiquetas
ax.set_xlim(-1, 1)
ax.set_ylim(-1, 1)
ax.set_zlim(0, max(sizes))
plt.title("Gráfico de Sectores 3D Básico")
plt.show()
```

Out [61]:

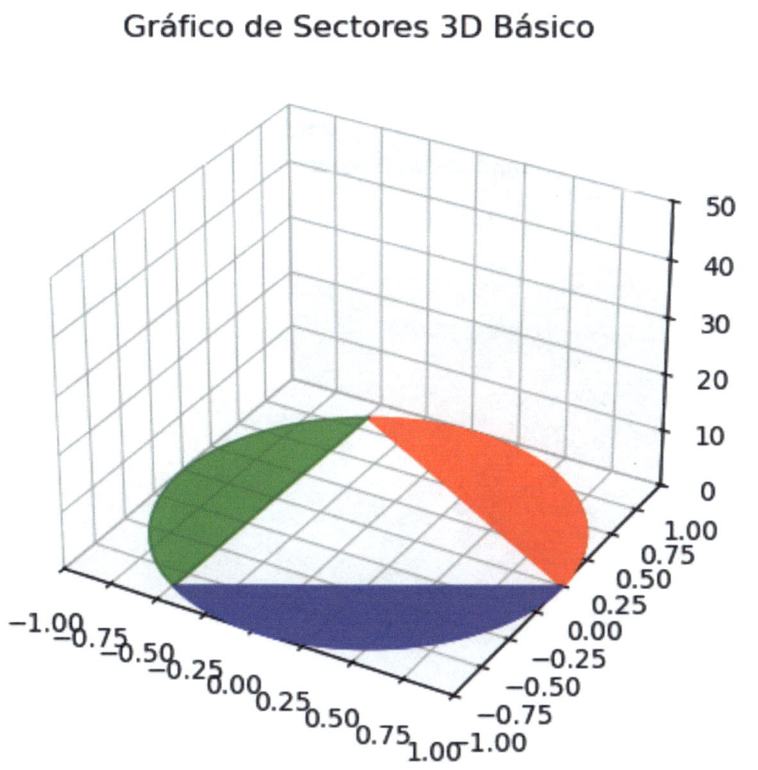

4.7 Mapas de calor

Los mapas de calor constituyen herramientas gráficas especializadas que permiten visualizar la densidad de puntos en un espacio bidimensional o tridimensional. Resultan pertinentes para identificar patrones de concentración, variación y distribución de datos. En esta sección, exploraremos la metodología para crear mapas de calor bidimensionales y tridimensionales empleando la biblioteca Matplotlib en Python. Los mapas de calor representan herramientas analíticas relevantes en diversas aplicaciones prácticas y proyectos de Ciencia de Datos y Machine Learning, dado que facilitan la visualización de índices y métricas. En el ámbito del Machine Learning, son empleados para visualizar la distribución de datos, identificar áreas densamente pobladas y detectar posibles anomalías.

En Ciencia de Datos, los mapas de calor resultan pertinentes para explorar la correlación entre variables y para analizar datos geoespaciales. Por ejemplo, podríamos emplear un mapa de calor para representar la correlación entre distintos atributos de un conjunto de datos, identificando así relaciones significativas. Al interpretar mapas de calor, resulta esencial comprender la escala cromática empleada y reconocer que la variación en la densidad puede estar representada de manera diferente en distintas áreas del gráfico. Además, la selección de la paleta de colores debe adaptarse al contexto específico de la visualización. En consecuencia, los mapas de calor bidimensionales resultan valiosos para revelar patrones de densidad en datos multidimensionales. Su aplicación trasciende la visualización elemental, constituyendo herramientas esenciales en la exploración y comprensión de conjuntos de datos complejos. El siguiente diagrama ilustra un mapa de calor ejemplificativo:

In [62]:

```
# Ejercicio 62
import seaborn as sns
import numpy as np
import matplotlib.pyplot as plt

# Datos de ejemplo
data = np.random.rand(10, 10)
plt.figure()
sns.heatmap(data)
plt.title("Mapa de Calor 2D Básico")
plt.show()
```

Out [62]:

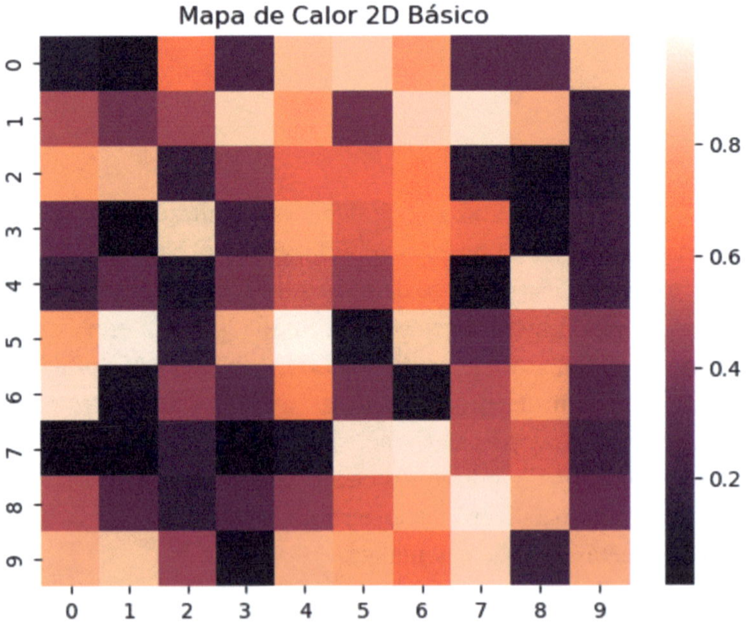

Subsecuentemente, la figura ilustra el mapa de calor incorporando anotaciones numéricas correspondientes:

In [63]:

```
# Ejercicio 63
```

```
plt.figure()
sns.heatmap(data, annot=True)
plt.title("Mapa de Calor 2D con Anotaciones")
plt.show()
```

Out [63]:

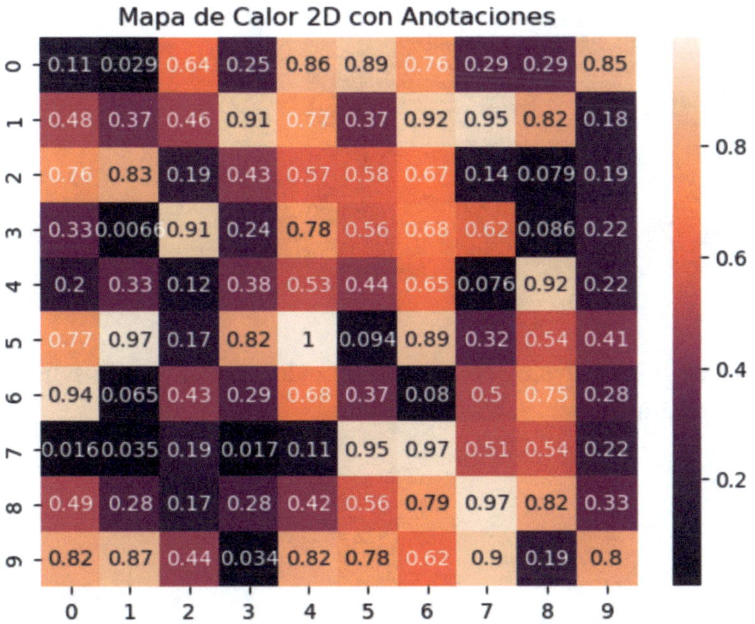

El diagrama presenta un mapa de calor empleando una paleta cromática diferenciada que incorpora transiciones y gradaciones de color:

In [64]:

```
# Ejercicio 64
plt.figure()
sns.heatmap(data, cmap="coolwarm")
plt.title("Mapa de Calor 2D con Diferentes Colores")
plt.show()
```

Out [64]:

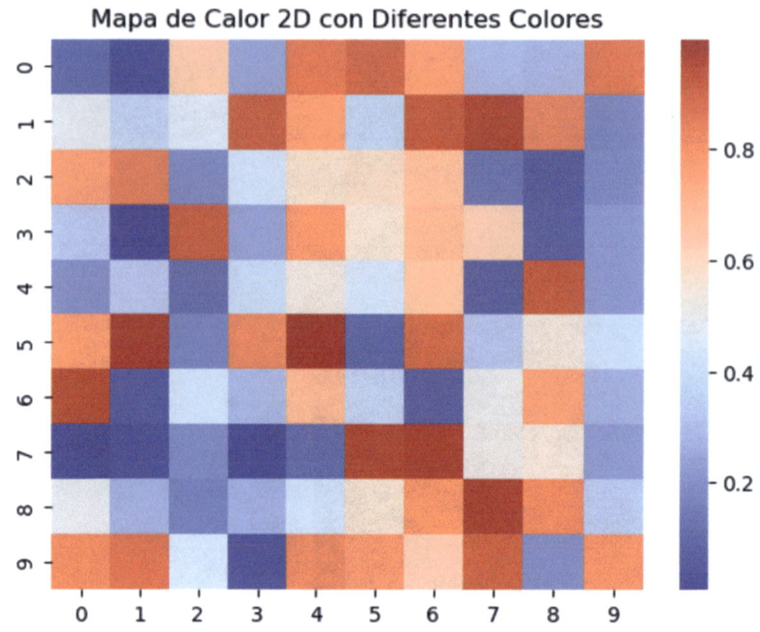

Seguidamente, el gráfico ilustra otro mapa de calor caracterizado por una transición cromática centralizada:

In [65]:

```
# Ejercicio 65
plt.figure()
sns.heatmap(data, center=0.5)
plt.title("Mapa de Calor 2D con Cambio de Centro de Color")
plt.show()
```

Out [65]:

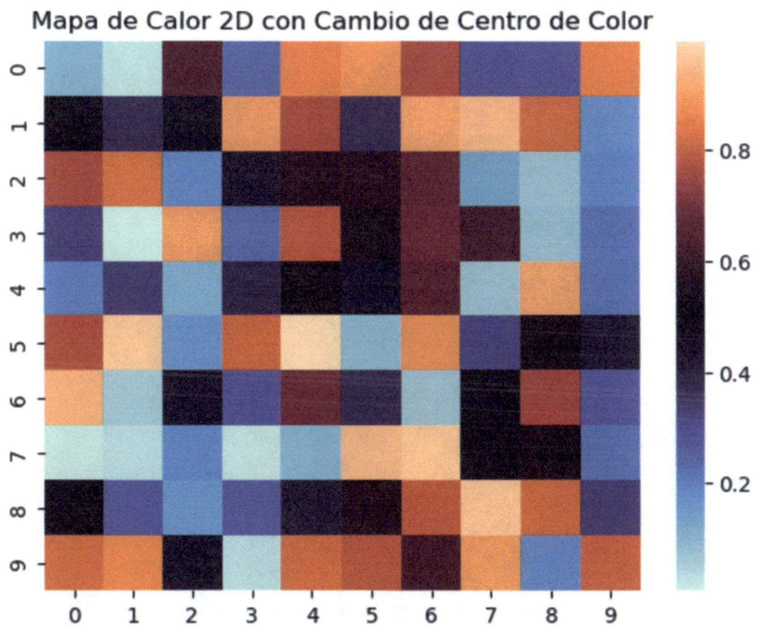

Procedemos a examinar una figura que ilustra anotaciones numéricas superpuestas al mapa de calor, representación particularmente empleada para visualizar correlaciones entre variables, donde la codificación cromática indica la magnitud de las relaciones:

In [66]:

```
# Ejercicio 66
plt.figure()
sns.heatmap(data, cmap="coolwarm", annot=True, linewidths=0.5)
plt.title("Mapa de Calor 2D Estilizado y Complejo")
plt.show()
```

Out [66]:

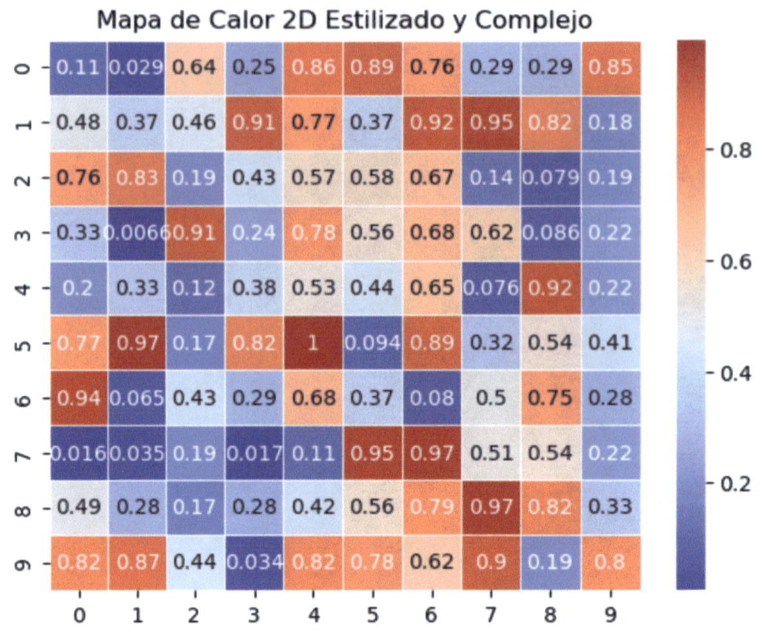

Subsecuentemente, la figura presenta los mapas de calor anteriormente referidos en un espacio tridimensional, permitiendo visualizar las gradaciones cromáticas como curvas de nivel:

In [67]:

```
# Ejercicio 67
x = np.arange(data.shape[1])
y = np.arange(data.shape[0])
x, y = np.meshgrid(x, y)
fig = plt.figure()
ax = fig.add_subplot(111, projection="3d")
ax.plot_surface(x, y, data, cmap="viridis")
plt.title("Mapa de Calor 3D Básico")
plt.show()
```

Out [67]:

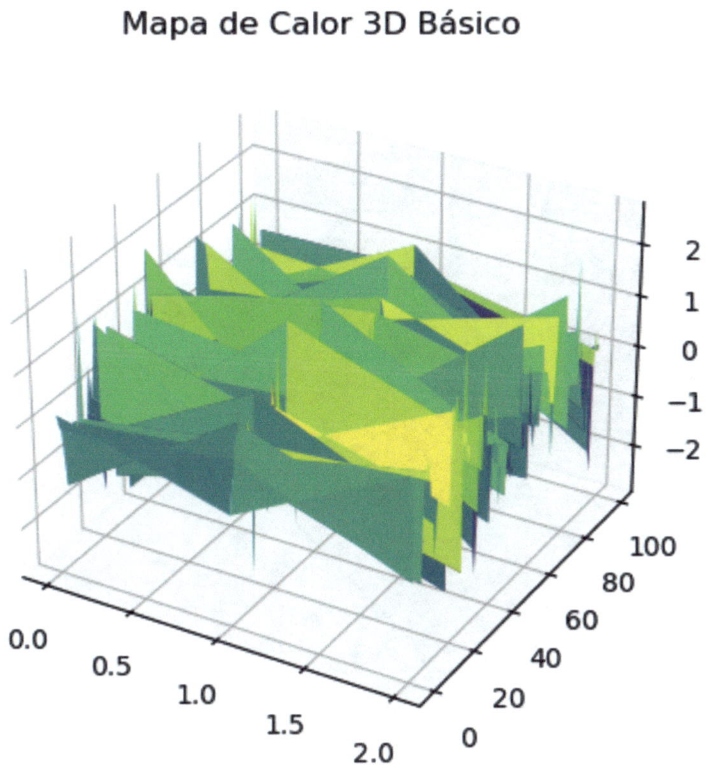

La figura ilustra el mapa de calor tridimensional caracterizado por efectos de transparencia en las gradaciones:

In [68]:

```
# Ejercicio 68
fig = plt.figure()
ax = fig.add_subplot(111, projection="3d")
ax.plot_surface(x, y, data, cmap="viridis", edgecolor="none", alpha
    =0.7)
plt.title("Mapa de Calor 3D con Cambios en la Opacidad")
plt.show()
```

Out [68]:

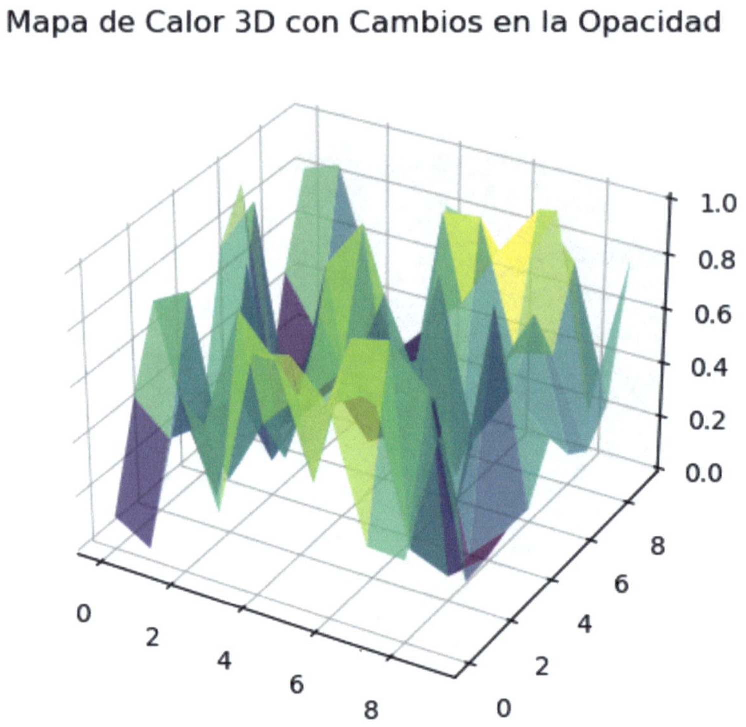

Seguidamente, la representación gráfica presenta los mismos mapas de calor empleando una paleta cromática alternativa para optimizar la representación informativa:

In [69]:

```
# Ejercicio 69
fig = plt.figure()
ax = fig.add_subplot(111, projection="3d")
ax.plot_surface(x, y, data, cmap="coolwarm", edgecolor="none")
plt.title("Mapa de Calor 3D con Diferentes Colores")
plt.show()
```

Out [69]:

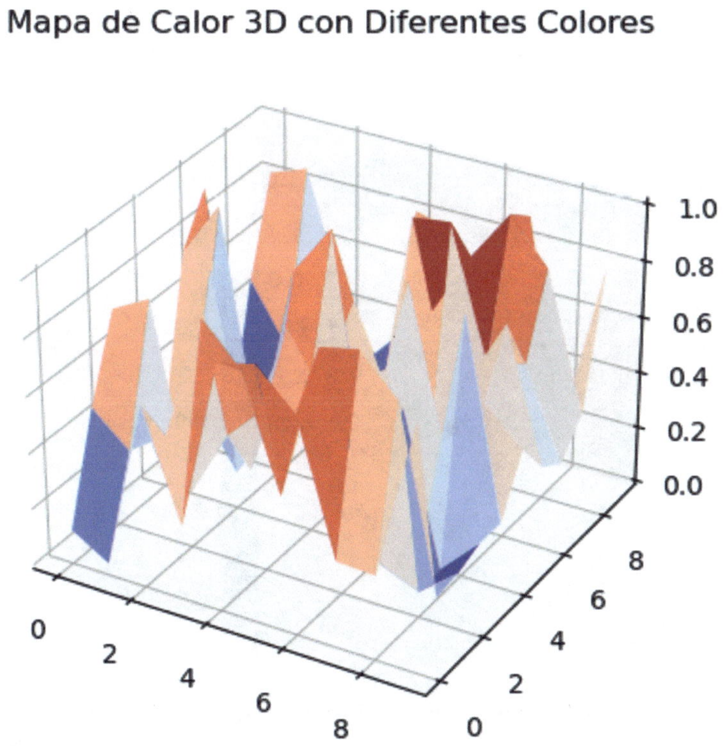

Procedemos a examinar la misma configuración de mapa de calor incorporando una barra de gradaciones cromáticas para mejorar la interpretación de la información:

In [70]:

```python
# Ejercicio 70
fig = plt.figure()
ax = fig.add_subplot(111, projection="3d")
surf = ax.plot_surface(x, y, data, cmap="coolwarm", edgecolor="none")
fig.colorbar(surf)
plt.title("Mapa de Calor 3D Estilizado")
plt.show()
```

Out [70]:

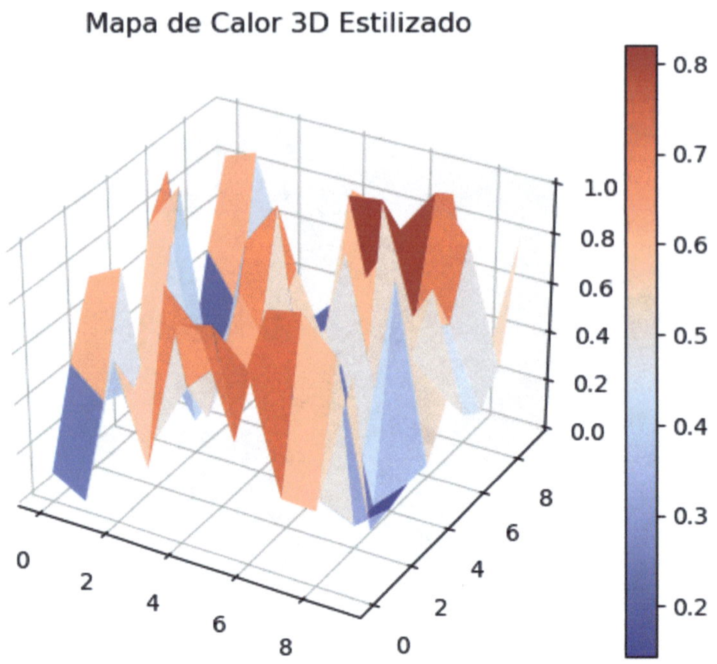

La figura presenta los mapas de calor anteriormente ilustrados complementados con líneas de contorno en el plano de fondo para representar las variaciones topográficas de un terreno irregular:

In [71]:

```
# Ejercicio 71
import matplotlib.pyplot as plt
import numpy as np

# Datos de ejemplo
data = np.random.rand(10, 10)
fig = plt.figure()
ax = fig.add_subplot(111, projection="3d")
x = np.arange(data.shape[1])
y = np.arange(data.shape[0])
x, y = np.meshgrid(x, y)

# Crear la superficie
ax.plot_surface(x, y, data, cmap="coolwarm", edgecolor="none")

# Añadir líneas de contorno en un nivel visible bajo la superficie
contour_level = np.min(data) - 0.1
ax.contour(
    x, y, data, levels=10, cmap="coolwarm", linestyles="solid", offset
        =contour_level
)

```

```
# Configurar límites del eje Z para incluir las curvas de contorno
ax.set_zlim(contour_level, np.max(data))
plt.title("Mapa de Calor 3D con Líneas de Contorno")
plt.show()
```

Out [71]:

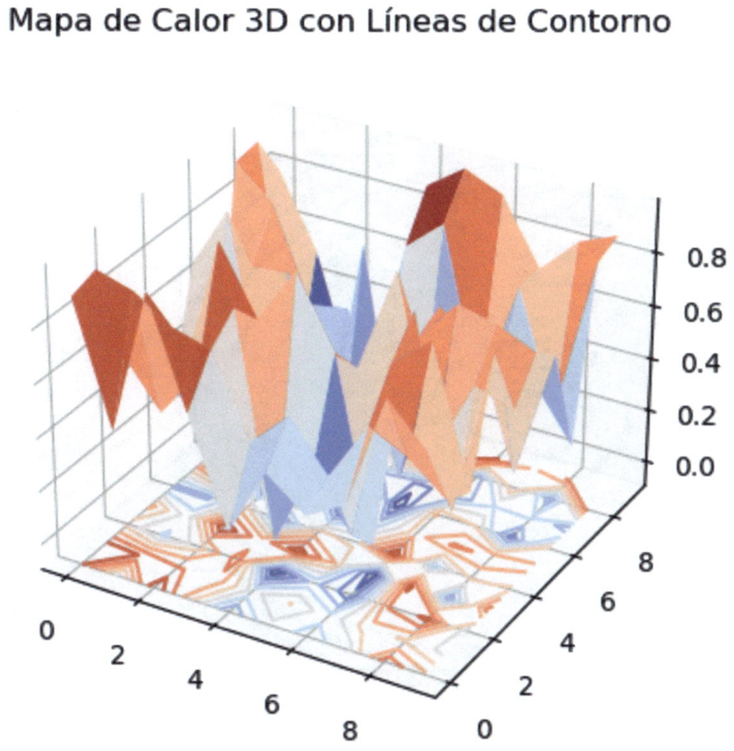

4.8 Diagrama de curvas de nivel

Las siguientes representaciones gráficas constituyen una extensión de las anteriores, donde se ilustran de manera más comprehensiva los contornos de curvas de nivel, resultando particularmente pertinentes para representar datos espaciales. Procedemos a examinar un gráfico que representa circunferencias como curvas de nivel:

In [72]:

```
# Ejercicio 72
import matplotlib.pyplot as plt
import numpy as np

x = np.linspace(-3.0, 3.0, 100)
y = np.linspace(-3.0, 3.0, 100)
X, Y = np.meshgrid(x, y)
```

```
Z = np.sin(np.sqrt(X**2 + Y**2))
plt.figure()
plt.contour(X, Y, Z)
plt.title("Curvas de Nivel 2D Básicas")
plt.show()
```

Out [72]:

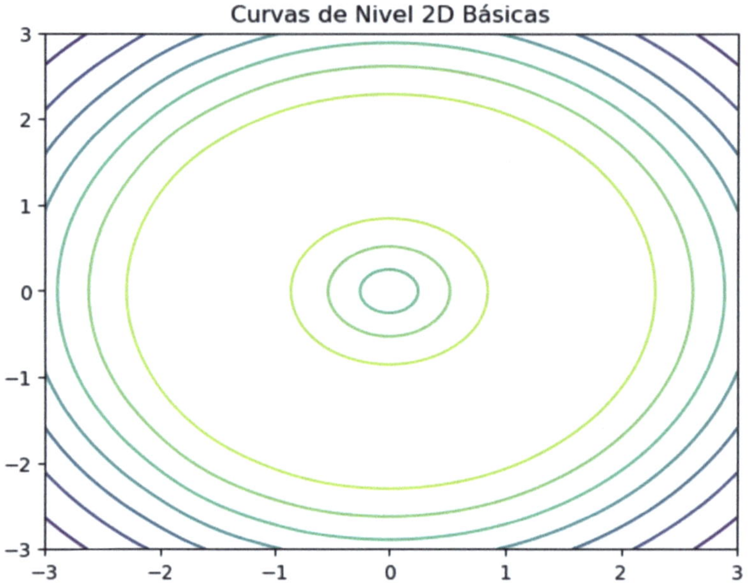

Subsecuentemente, el gráfico presenta los mismos contornos circulares con mayor densidad de líneas para incrementar la precisión representacional:

In [73]:

```
# Ejercicio 73
plt.figure()
plt.contour(X, Y, Z, 20, cmap="viridis")
plt.title("Curvas de Nivel 2D con Mapa de Colores")
plt.show()
```

Out [73]:

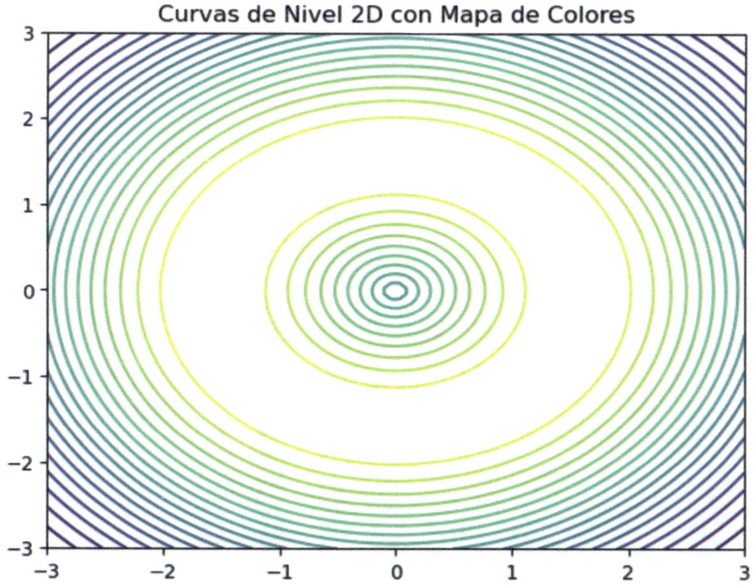

El gráfico ilustra las curvas de nivel bidimensionales mediante rellenos sólidos, análogos a representaciones de densidad:

In [74]:

```
# Ejercicio 74
plt.figure()
plt.contourf(X, Y, Z, 20, cmap="viridis")
plt.title("Curvas de Nivel 2D Rellenas")
plt.colorbar()
plt.show()
```

Out [74]:

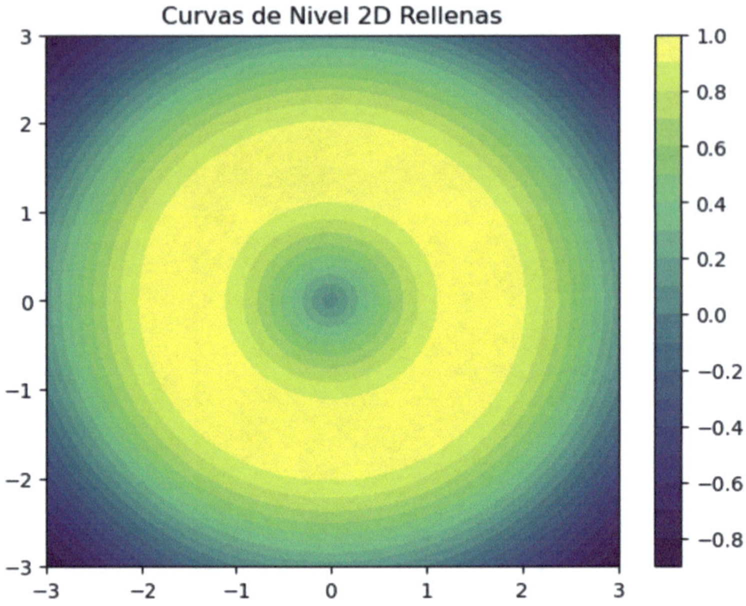

Seguidamente, el gráfico presenta las curvas de nivel incorporando sus valores numéricos correspondientes, representación particularmente pertinente para análisis topográficos:

In [75]:

```
# Ejercicio 75
plt.figure()
contours = plt.contour(X, Y, Z, 20, cmap="coolwarm")
plt.clabel(contours, inline=True, fontsize=8)
plt.title("Curvas de Nivel 2D con Etiquetas")
plt.show()
```

Out [75]:

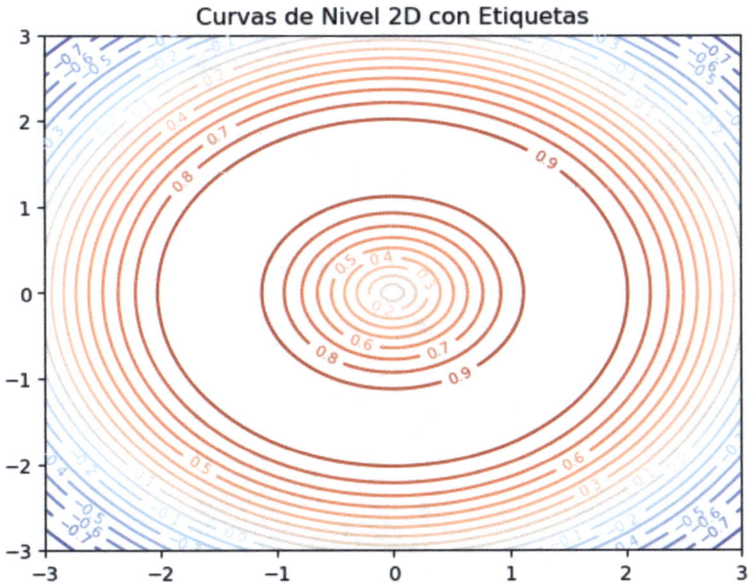

Procedemos a examinar una combinación de curvas de nivel y rellenos sólidos con el objetivo de destacar áreas específicas:

In [76]:

```
# Ejercicio 76
plt.figure()
plt.contourf(X, Y, Z, 20, cmap="coolwarm")
plt.contour(X, Y, Z, 20, colors="black", linewidths=0.5)
plt.title("Combinación de Contornos Rellenos y Líneas")
plt.show()
```

Out [76]:

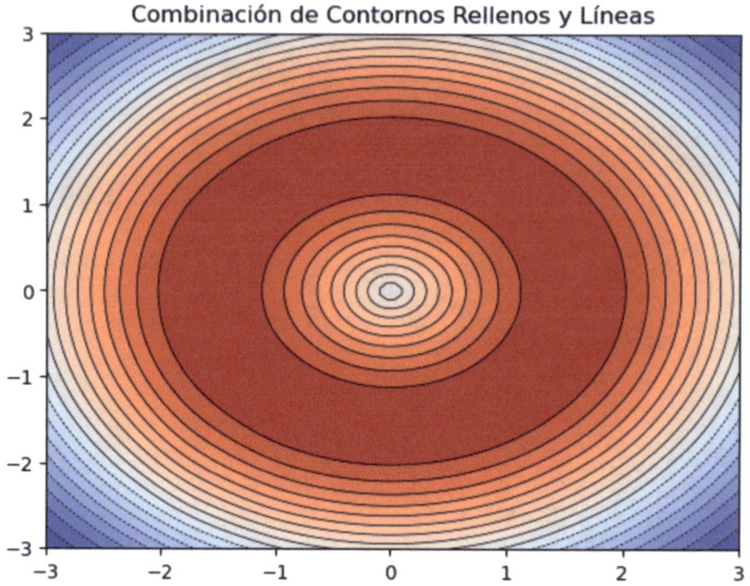

Subsecuentemente, el gráfico presenta un conjunto de curvas de nivel más sofisticadas que incorporan diferenciación cromática y gradaciones estilísticas:

In [77]:

```
# Ejercicio 77
plt.figure()
plt.contourf(X, Y, Z, 20, cmap="coolwarm", alpha=0.6)
plt.contour(X, Y, Z, 20, colors="black", linewidths=0.5)
plt.colorbar()
plt.title("Curvas de Nivel 2D Estilizadas y Complejas")
plt.show()
```

Out [77]:

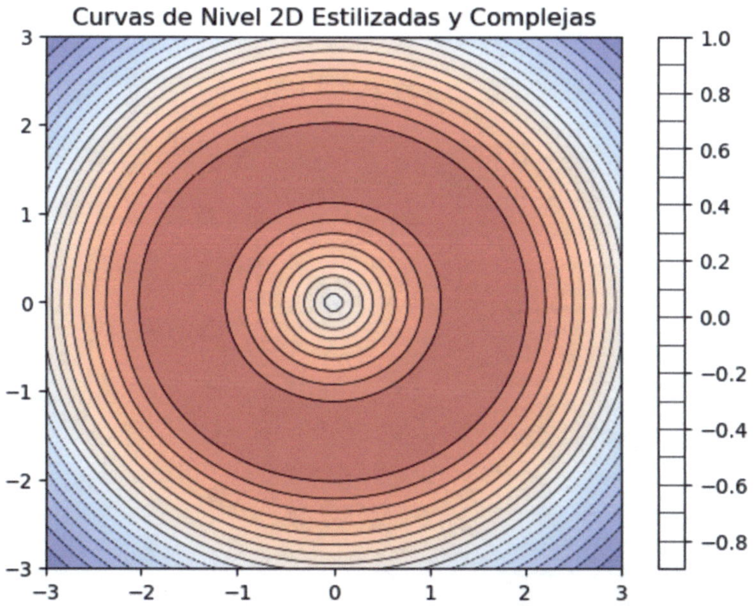

El gráfico ilustra un conjunto de curvas de nivel derivadas de una función específica, representadas en un espacio tridimensional:

In [78]:

```
# Ejercicio 78
fig = plt.figure()
ax = fig.add_subplot(111, projection="3d")
ax.contour(X, Y, Z, 10, cmap="viridis")
ax.set_title("Curvas de Nivel 3D Básicas")
plt.show()
```

Out [78]:

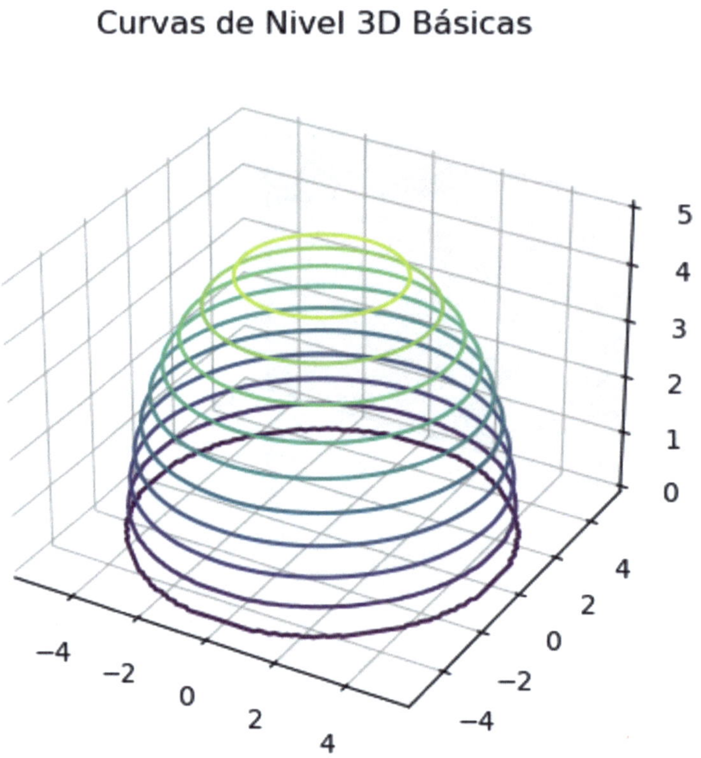

Seguidamente, el gráfico presenta las mismas configuraciones circulares proyectadas en el plano de fondo del gráfico tridimensional, simulando únicamente curvas de nivel topográficas:

In [79]:

```
# Ejercicio 79
import matplotlib.pyplot as plt
import numpy as np

# Crear datos de ejemplo
x = np.linspace(-3.0, 3.0, 100)
y = np.linspace(-3.0, 3.0, 100)
X, Y = np.meshgrid(x, y)
Z = np.sin(np.sqrt(X**2 + Y**2))
fig = plt.figure()
ax = fig.add_subplot(111, projection="3d")

# Añadir curvas de nivel
ax.contour(
    X, Y, Z, 50, cmap="coolwarm", offset=-2
) # Ajustar offset según sea necesario

# Ajustar límites del eje Z si es necesario
```

```
ax.set_zlim(-2, 2)
ax.set_title("Curvas de Nivel 3D con Diferentes Alturas")
plt.show()
```

Out [79]:

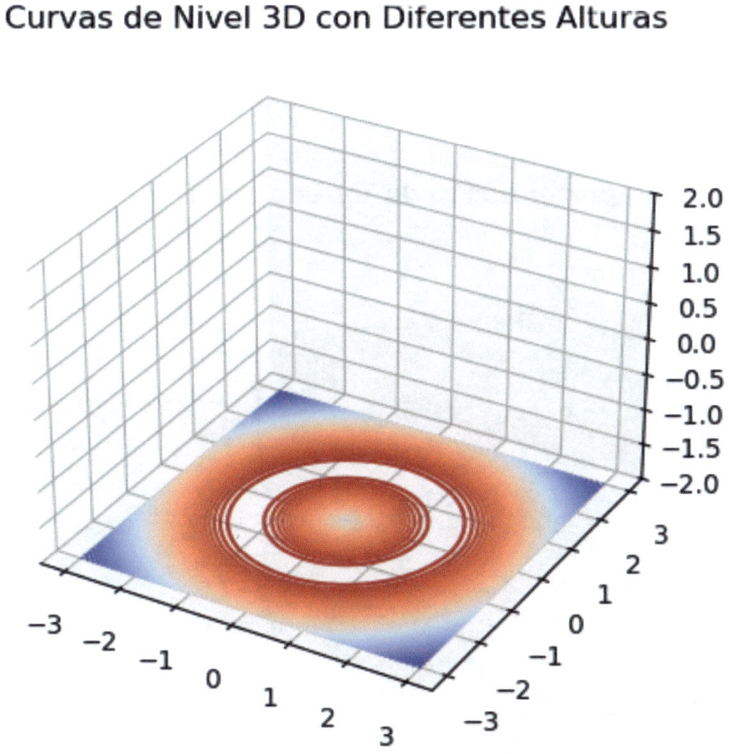

Procedemos a examinar un gráfico que ilustra la función determinante de las curvas de nivel, complementada simultáneamente con sus representaciones en contornos proyectadas en el plano de fondo:

In [80]:

```
# Ejercicio 80
import matplotlib.pyplot as plt
import numpy as np

# Crear datos de ejemplo
x = np.linspace(-3.0, 3.0, 100)
y = np.linspace(-3.0, 3.0, 100)
X, Y = np.meshgrid(x, y)
Z = np.sin(np.sqrt(X**2 + Y**2))
fig = plt.figure()
ax = fig.add_subplot(111, projection="3d")

# Añadir curvas de nivel
```

```
ax.contour(X, Y, Z, 50, cmap="coolwarm", offset=-2)

# Utilizar plot_surface para representar el terreno
surf = ax.plot_surface(X, Y, Z, cmap="coolwarm", alpha=0.5)

# Ajustar límites del eje Z si es necesario
ax.set_zlim(-2, 2)
ax.set_title("Curvas de Nivel y Representación de Terreno en 3D")
plt.show()
```

Out [80]:

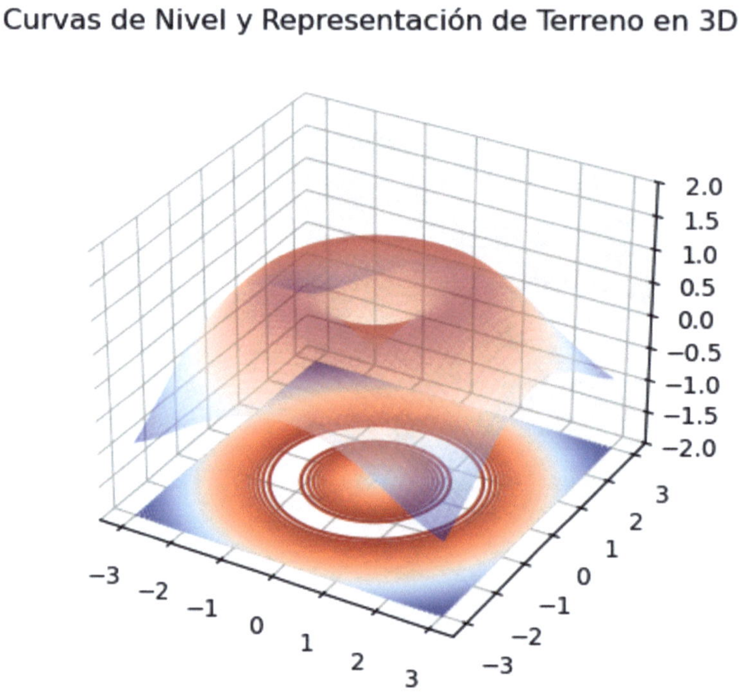

El gráfico presenta una función que incorpora componentes trigonométricas y polinómicas, generando un tipo de terreno irregular, complementado con curvas de contorno proyectadas que representan los niveles altitudinales en un plano horizontal:

In [81]:

```
# Ejercicio 81
import matplotlib.pyplot as plt
import numpy as np

# Crear datos de ejemplo
x = np.linspace(-3.0, 3.0, 100)
y = np.linspace(-3.0, 3.0, 100)
X, Y = np.meshgrid(x, y)
```

```
Z = np.sin(np.sqrt(X**2 + Y**2)) + 0.5 * np.sin(
    np.sqrt(2) * X
) # Modificar la función Z para un terreno irregular
fig = plt.figure()
ax = fig.add_subplot(111, projection="3d")

# Añadir curvas de nivel con la opción 'extend' para simular un
    terreno irregular
contour = ax.contour(X, Y, Z, 50, cmap="coolwarm", offset=-2, extend="
    both")

# Utilizar plot_surface para representar el terreno
surf = ax.plot_surface(X, Y, Z, cmap="coolwarm", alpha=0.5)

# Ajustar límites del eje Z si es necesario
ax.set_zlim(-2, 2)
ax.set_title("Curvas de Nivel y Representación de Terreno Irregular en
    3D")
plt.show()
```

Out [81]:

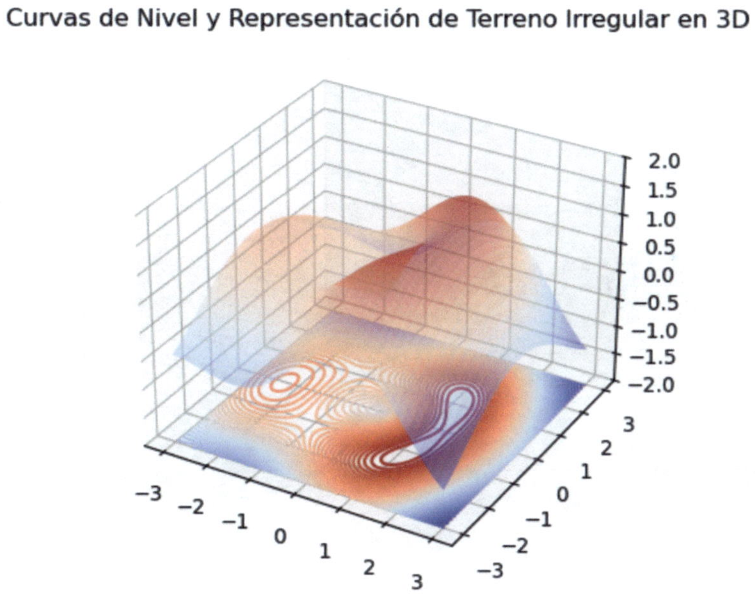

4.9 Diagrama de violín

El gráfico de violines constituye una herramienta analítica especializada para visualizar la distribución de datos en combinación con información estadística. Este tipo de representación gráfica integra las características de un diagrama de cajas (boxplot) y un gráfico de densidad, proporcionando una representación comprehensiva de la variabilidad y la configuración distribucional. En esta sección, exploraremos la metodología para crear diagramas de violín bidimensionales y su extensión a representaciones tridimensionales. Aunque la biblioteca Seaborn no ofrece funcionalidad directa para diagramas de violín tridimensionales, es posible extender el concepto mediante la visualización de múltiples diagramas de violín en diferentes planos para representar la tercera dimensión. Los diagramas de violines resultan pertinentes cuando se desea comparar la distribución de datos entre múltiples categorías o variables. Por ejemplo, podríamos emplear un diagrama de violín para visualizar la distribución de puntajes de diferentes grupos en un conjunto de datos de evaluación. Al interpretar un diagrama de violín, es conveniente recordar que el ancho del "*violín*"no representa la densidad de datos absoluta, sino la densidad relativa en esa región específica. Además, los puntos extremos del violín indican los valores mínimos y máximos, mientras que la línea central representa la mediana. El siguiente gráfico ilustra cuatro diagramas de violín elementales:

In [82]:

```python
# Ejercicio 82
import seaborn as sns
import matplotlib.pyplot as plt

# Crear datos de ejemplo
data = sns.load_dataset("tips")

# Violin plot simple
sns.violinplot(x="day", y="total_bill", data=data)
plt.title("Violin Plot Básico")
plt.show()
```

Out [82]:

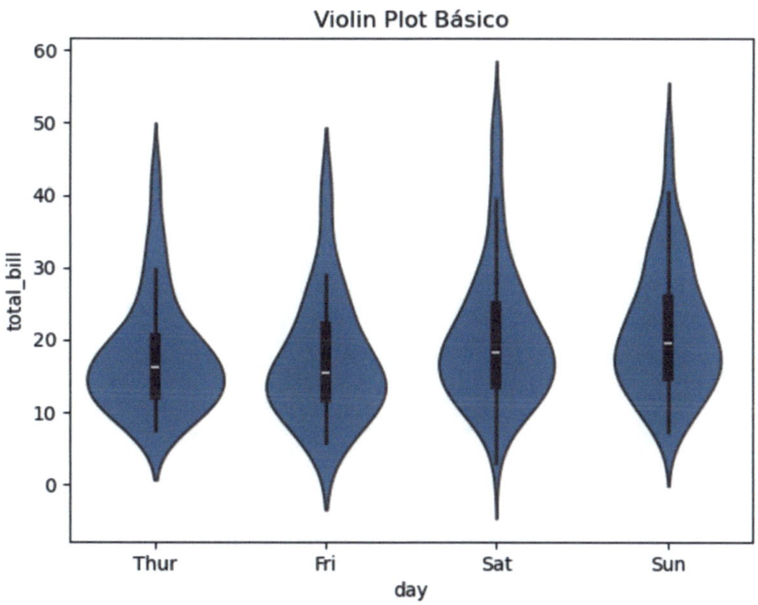

Subsecuentemente, el gráfico presenta los mismos cuatro diagramas de violín incorporando modificaciones cromáticas para destacarlos mediante tonalidades más luminosas:

In [83]:

```
# Ejercicio 83
# Violin plot con colores personalizados
colores_personalizados = ["#FF0000", "#00FF00", "#0000FF", "#FFFF00"]

# Reemplaza "grey" con la paleta de colores personalizada
sns.violinplot(x="day", y="total_bill", data=data, palette=
    colores_personalizados)
plt.title("Violin Plot con Colores Personalizados")
plt.show()
```

Out [83]:

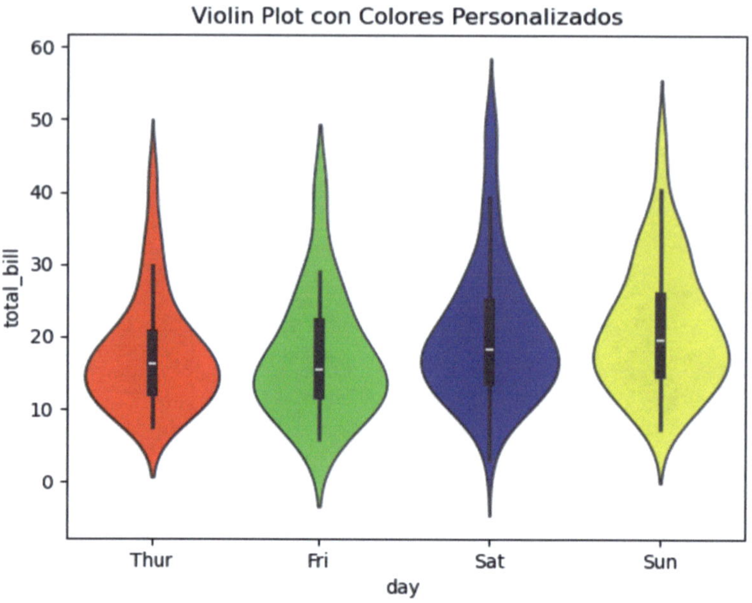

El gráfico ilustra cuatro violines con diferenciación cromática en la mitad de las representaciones, indicando datos de categorías distintas:

In [84]:

```
# Ejercicio 84
# Violin plot con separación por género
sns.violinplot(
    x="day", y="total_bill", hue="sex", data=data, split=True, palette
        ="Set1"
)
plt.title("Violin Plot con Separación por Género")
plt.show()
```

Out [84]:

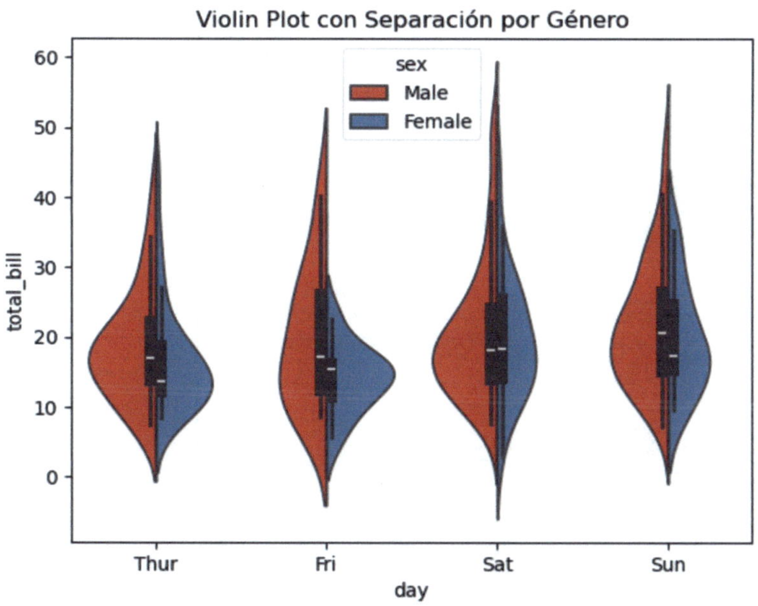

Procedemos a examinar los diagramas de cuatro violines donde es posible observar las representaciones en orientación horizontal, complementadas con puntos que indican las posiciones específicas de los datos en cada violín:

In [85]:

```
# Ejercicio 85
# Violin plot horizontal con jitter para puntos individuales
sns.violinplot(
    x="total_bill", y="day", data=data, orient="h", inner="quartile",
        color="lightblue"
)
sns.stripplot(
    x="total_bill", y="day", data=data, orient="h", color="black",
        jitter=0.2, size=2.5
)
plt.title("Violin Plot Horizontal con Jitter")
plt.show()
```

Out [85]:

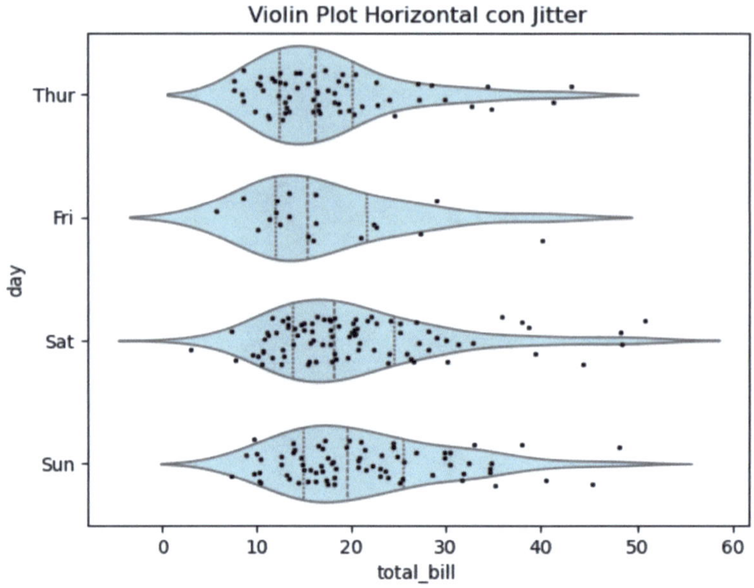

Seguidamente, el gráfico presenta tres violines que han sido segmentados estadísticamente en sus configuraciones con el objetivo de destacar sus cuartiles respectivos:

In [86]:

```
# Ejercicio 86
# Violin plot con múltiples variables
iris = sns.load_dataset("iris")
sns.violinplot(
    x="species", y="sepal_length", data=iris, inner="quartile",
        palette="muted"
)
plt.title("Violin Plot con Múltiples Variables")
plt.show()
```

Out [86]:

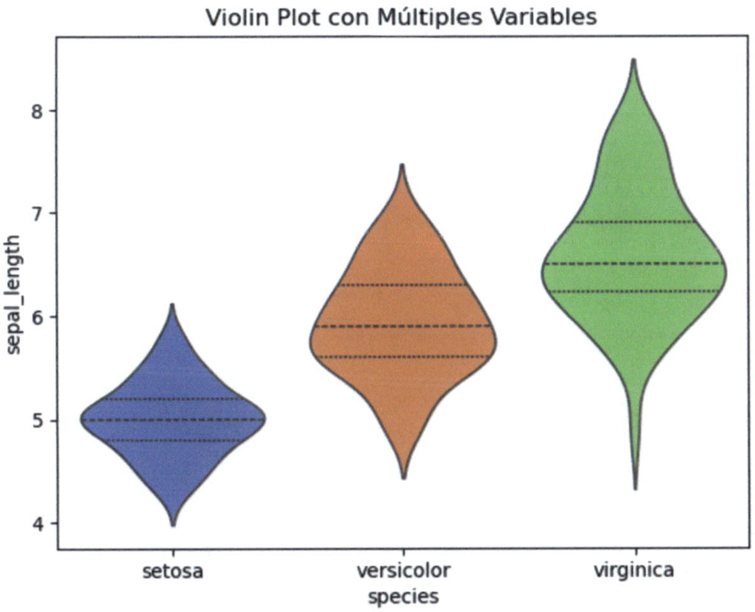

El gráfico ilustra cuatro representaciones en una sola visualización, donde es posible examinar diferentes tipos de violines, destacando en cada gráfico una característica distintiva específica para facilitar el análisis comparativo de cada distribución de datos:

In [87]:

```
# Ejercicio 87
# Violin plot personalizado con subgráficos
fig, axes = plt.subplots(nrows=2, ncols=2, figsize=(12, 8))
sns.violinplot(x="day", y="total_bill", data=data, ax=axes[0, 0])
sns.violinplot( x="day", y="total_bill", hue="sex", data=data, split=
    True, ax=axes[0, 1], palette="Set1")
sns.violinplot( x="total_bill", y="day", data=data, orient="h", inner=
    "quartile", color="lightblue", ax=axes[1, 0])
sns.violinplot( x="species", y="sepal_length", data=iris, inner="
    quartile", palette="muted", ax=axes[1, 1])
plt.suptitle("Violin Plots Personalizados con Subgráficos", y=1.02)
plt.show()
```

Out [87]:

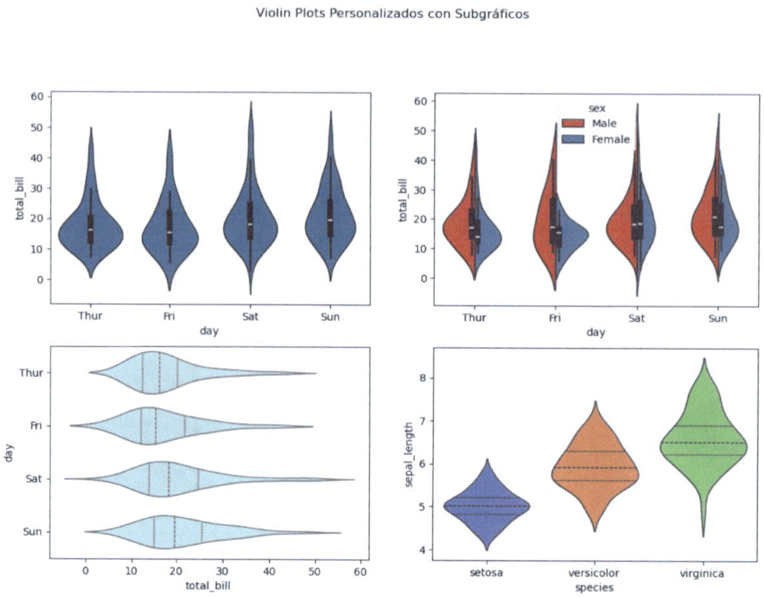

4.10 Diagrama de contornos para mapas

Los gráficos de contorno para mapas constituyen herramientas visuales especializadas que permiten representar la densidad y variación de datos en espacios bidimensionales o tridimensionales, además de destacar mapas o regiones geográficas delimitadas por líneas denominadas contornos. Estas representaciones gráficas proporcionan una perspectiva clara de la distribución de datos, facilitando la identificación de patrones y zonas de concentración. En este apartado, exploraremos la metodología para crear diagramas de contorno bidimensionales y tridimensionales empleando las bibliotecas Seaborn y Matplotlib en Python. Los diagramas de contorno para mapas resultan particularmente pertinentes cuando se desea visualizar la distribución de datos en dos o tres dimensiones y examinar la variabilidad en diferentes regiones del espacio. Resultan especializados para identificar patrones, áreas de concentración y variaciones en la densidad de datos.

En análisis de datos y Machine Learning, los diagramas de contorno para mapas constituyen herramientas analíticas para explorar la estructura subyacente de los conjuntos de datos en espacios geográficos. Por ejemplo, podríamos emplear un diagrama de contorno para mapas para visualizar la distribución de puntajes estudiantiles en evaluaciones en función del tiempo dedicado al estudio y la distribución geográfica por país. El siguiente gráfico ilustra los contornos de un mapa global donde se destacan algunas latitudes específicas:

In [88]:

```
# Ejercicio 88
```

```
import matplotlib.pyplot as plt
import numpy as np
import cartopy.crs as ccrs
import cartopy.feature as cfeature

# Crear datos de altitud global
lons = np.linspace(-180, 179, 360)
lats = np.linspace(-90, 89, 180)
lons, lats = np.meshgrid(lons, lats)
altitudes = np.sin(np.radians(lats))

# Crear gráfico de contornos globales
fig, ax = plt.subplots(subplot_kw={"projection": ccrs.PlateCarree()})
contour = ax.contour(lons, lats, altitudes, levels=20, cmap="viridis")
ax.add_feature(cfeature.BORDERS, linestyle=":")
ax.add_feature(cfeature.COASTLINE)
plt.title("Contornos Globales del Terreno")
plt.show()
```

Out [88]:

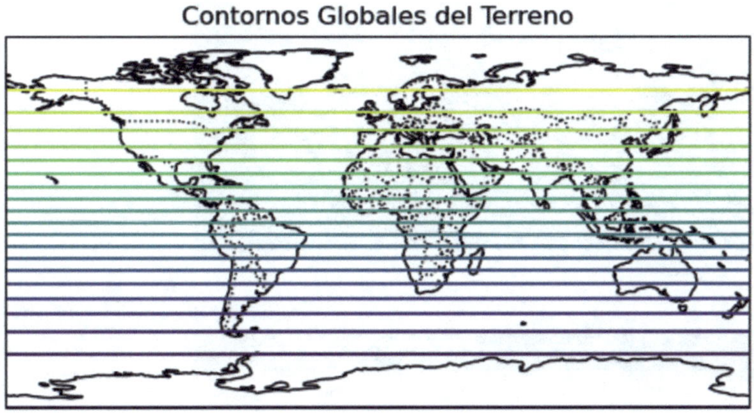

La representación cartográfica subsecuente ilustra el mapa global terrestre, destacando latitudes específicas mediante un gradiente cromático que se extiende de norte a sur:

In [89]:

```
# Ejercicio 89
import matplotlib.pyplot as plt
import numpy as np
import cartopy.crs as ccrs
import cartopy.feature as cfeature

# Crear datos de altitud global
lons = np.linspace(-180, 179, 360)
lats = np.linspace(-90, 89, 180)
```

```
lons, lats = np.meshgrid(lons, lats)
altitudes = np.sin(np.radians(lats))

# Crear gráfico de contornos con mapa topográfico
fig, ax = plt.subplots(subplot_kw={"projection": ccrs.PlateCarree()})
contour = ax.contourf(lons, lats, altitudes, levels=20, cmap="viridis"
    )
ax.add_feature(cfeature.BORDERS, linestyle=":")
ax.add_feature(cfeature.COASTLINE)
ax.add_feature(cfeature.LAND, edgecolor="black")
plt.title("Contornos con Mapa Topográfico")
plt.colorbar(contour, orientation="horizontal", label="Altitud")
plt.show()
```

Out [89]:

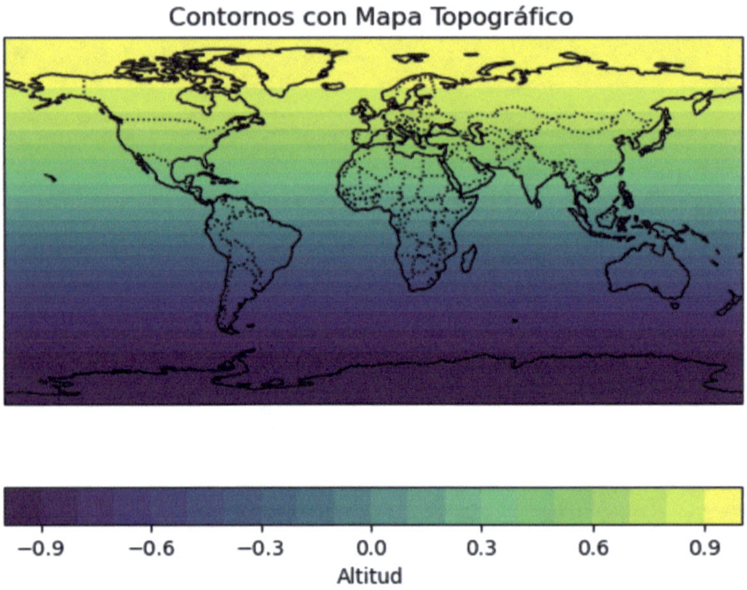

La visualización siguiente presenta líneas de contorno que delimitan patrones de datos específicos, representando los contornos magnéticos terrestres en dirección norte-sur:

In [90]:

```
# Ejercicio 90
import matplotlib.pyplot as plt
import numpy as np
import cartopy.crs as ccrs
import cartopy.feature as cfeature

# Crear datos de temperatura global
lons = np.linspace(-180, 179, 360)
```

```
lats = np.linspace(-90, 89, 180)
lons, lats = np.meshgrid(lons, lats)
temperaturas = np.sin(np.radians(lats)) + np.cos(np.radians(lons))

# Crear gráfico de contornos de temperatura global
fig, ax = plt.subplots(subplot_kw={"projection": ccrs.PlateCarree()})
contour = ax.contour(lons, lats, temperaturas, levels=20, cmap="
    coolwarm")
ax.add_feature(cfeature.BORDERS, linestyle=":")
ax.add_feature(cfeature.COASTLINE)
plt.title("Contornos para Magnetismo Global")
plt.colorbar(contour, orientation="horizontal", label="Temperatura")
plt.show()
```

Out [90]:

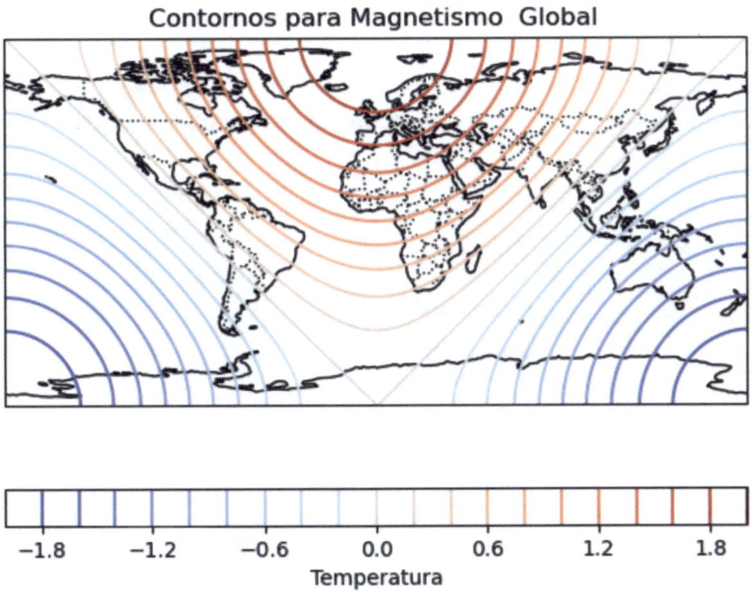

Esta configuración cartográfica integra los contornos territoriales con un conjunto de coordenadas geográficas correspondientes a centros urbanos distribuidos globalmente:

In [91]:

```
# Ejercicio 91
# Cargar datos de ciudades
cities = gpd.read_file(gpd.datasets.get_path("naturalearth_cities"))

# Crear mapa con puntos de ciudades
world.plot()
cities.plot(marker="o", color="red", markersize=10, ax=plt.gca())
plt.title("Mapa con Puntos de Ciudades")
```

```
plt.show()
```

Out [91]:

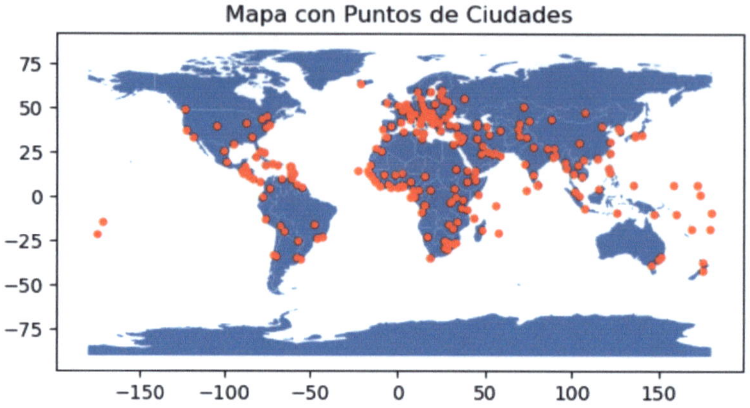

La implementación temática e interactiva de contornos cartográficos posibilita la representación de indicadores nacionales mediante escalas cromáticas graduales:

In [92]:

```
# Ejercicio 92
# Crear mapa temático con colores (densidad de población)
world = world[(world.pop_est > 0) & (world.name != "Antarctica")]
world["pop_est_log"] = np.log(world["pop_est"])
world.plot(column="pop_est_log", cmap="OrRd", legend=True)
plt.title("Mapa Temático con Colores")
plt.show()
```

Out [92]:

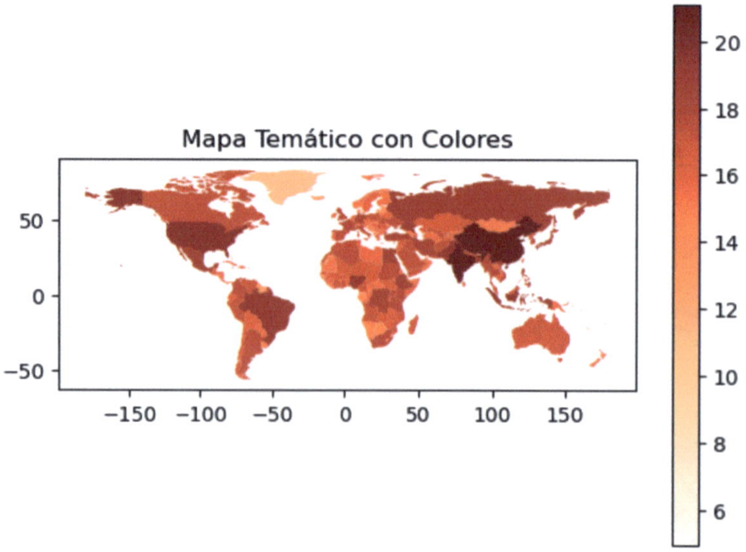

La configuración dual de mapas destaca las fronteras territoriales mediante líneas de contorno, ilustrando metodologías alternativas para la representación cartográfica:

In [93]:

```
# Ejercicio 93
# Crear mapa de contornos con países pintados
world = world[(world.pop_est > 0) & (world.name != "Antarctica")]
world.plot(edgecolor="black", linewidth=0.5)
world.boundary.plot(linewidth=1, color="black")
plt.title("Mapa de Contornos con Países Pintados")
plt.show()
```

Out [93]:

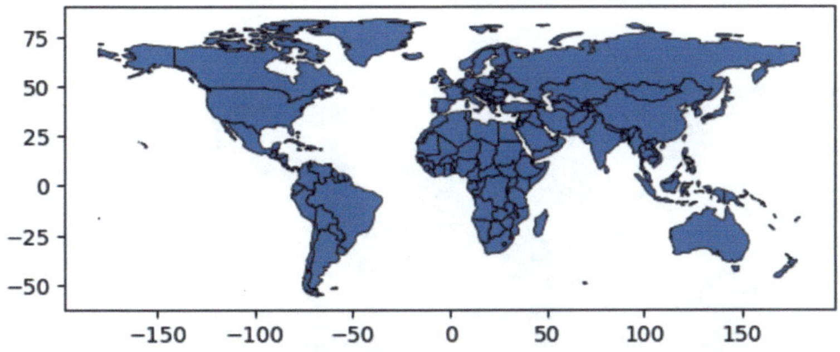

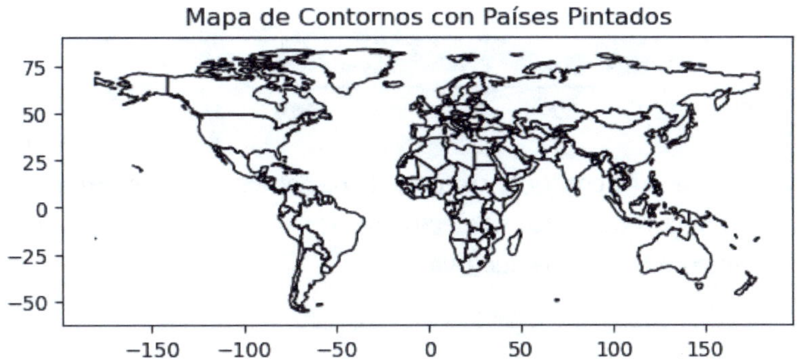

Esta representación territorial incorpora puntos distribuidos aleatoriamente que demuestran la capacidad de destacar coordenadas geográficas específicas según criterios definidos:

In [94]:

```
# Ejercicio 94
import geopandas as gpd
import numpy as np
from shapely.geometry import Point
```

```
import matplotlib.pyplot as plt

# Crear mapa de calor con puntos aleatorios
np.random.seed(42)
random_points = gpd.GeoDataFrame(
    geometry=[
        Point(np.random.uniform(-180, 180), np.random.uniform(-90, 90))
        for _ in range(100)
    ]
)
world = gpd.read_file(gpd.datasets.get_path("naturalearth_lowres"))
world.plot()
random_points.plot(marker="o", color="red", markersize=10, alpha=0.5,
     ax=plt.gca())
plt.title("Mapa de Calor con Puntos Aleatorios")
plt.show()
```

Out [94]:

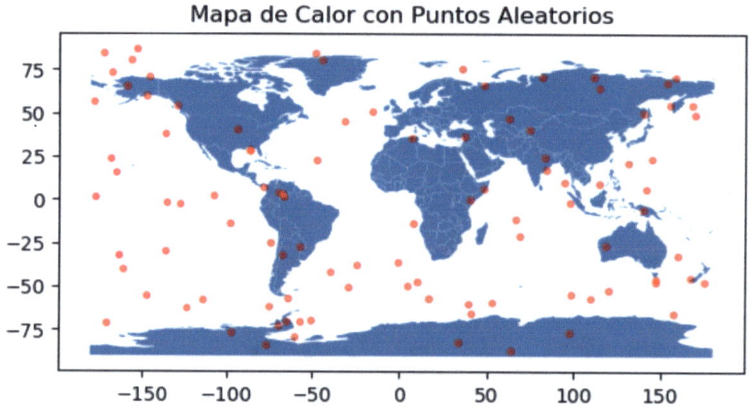

El mapa temático de contornos integra datos demográficos mediante una escala cromática que refleja la densidad poblacional por país, junto con una representación aglomerativa de nomenclaturas nacionales:

In [95]:

```
# Ejercicio 95
import geopandas as gpd
import numpy as np
from shapely.geometry import Point
import matplotlib.pyplot as plt

# Crear mapa de coropletas con países pintados y etiquetas
world = gpd.read_file(gpd.datasets.get_path("naturalearth_lowres"))
world = world[(world.pop_est > 0) & (world.name != "Antarctica")]
world.plot(
    column="pop_est",
```

```
    cmap="YlOrRd",
    legend=True,
    legend_kwds={"label": "Population by Country"},
)
world.boundary.plot(linewidth=1, color="black")
for x, y, label in zip(
    world.geometry.centroid.x, world.geometry.centroid.y, world["name"
        ]
):
    plt.text(x, y, label, fontsize=6, ha="center", va="center", color=
        "black")
plt.title("Mapa de Coropletas con Países Pintados y Etiquetas")
plt.show()
```

Out [95]:

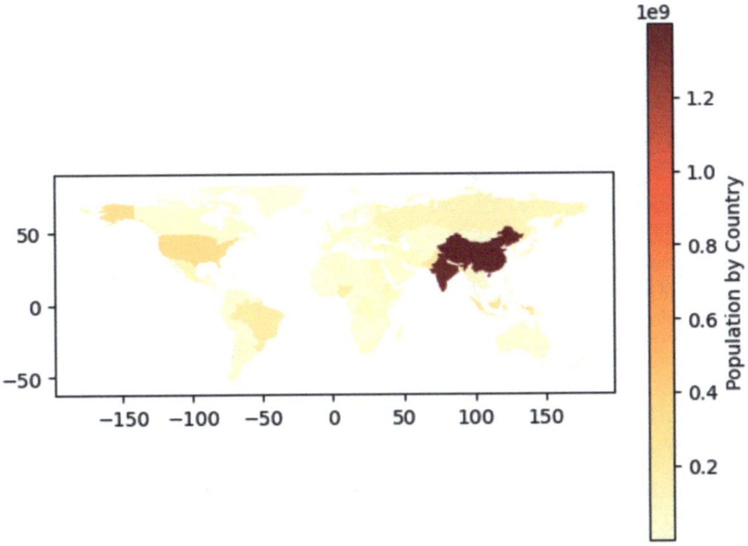

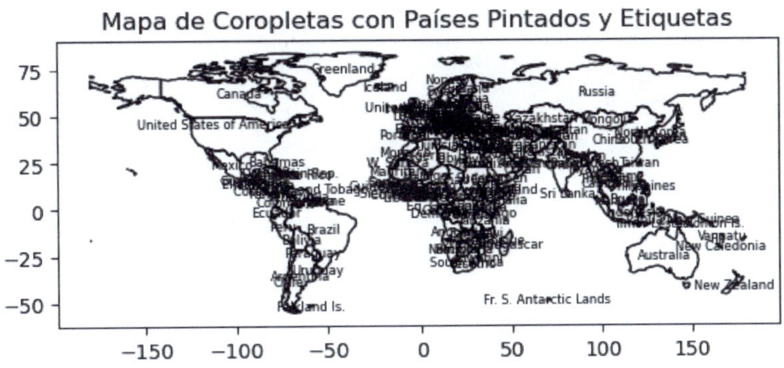

La visualización tridimensional presenta las latitudes teóricas de un elipsoide, configuración geométrica aplicable en la modelización planetaria tridimensional:

In [96]:

```
# Ejercicio 96
import numpy as np
import matplotlib.pyplot as plt

# Definir los parámetros para la esfera
phi = np.linspace(0, 2 * np.pi, 100)
theta = np.linspace(0, np.pi, 100)
phi, theta = np.meshgrid(phi, theta)

# Coordenadas esféricas a cartesianas
r = 1 # Radio de la esfera
x = r * np.sin(theta) * np.cos(phi)
y = r * np.sin(theta) * np.sin(phi)
z = r * np.cos(theta)

# Crear gráfico 3D con contornos
fig = plt.figure()
ax = fig.add_subplot(111, projection="3d", proj_type="ortho")

# Graficar la superficie de la esfera
ax.plot_surface(x, y, z, color="lightblue", alpha=0.6, rstride=5,
    cstride=5)

# Agregar contornos en el gráfico 3D
contour = ax.contour(x, y, z, levels=np.linspace(-1, 1, 10), cmap="
    viridis")

# Título y mostrar gráfico
ax.set_title("Esfera en 3D con Contornos")
plt.show()
```

Out [96]:

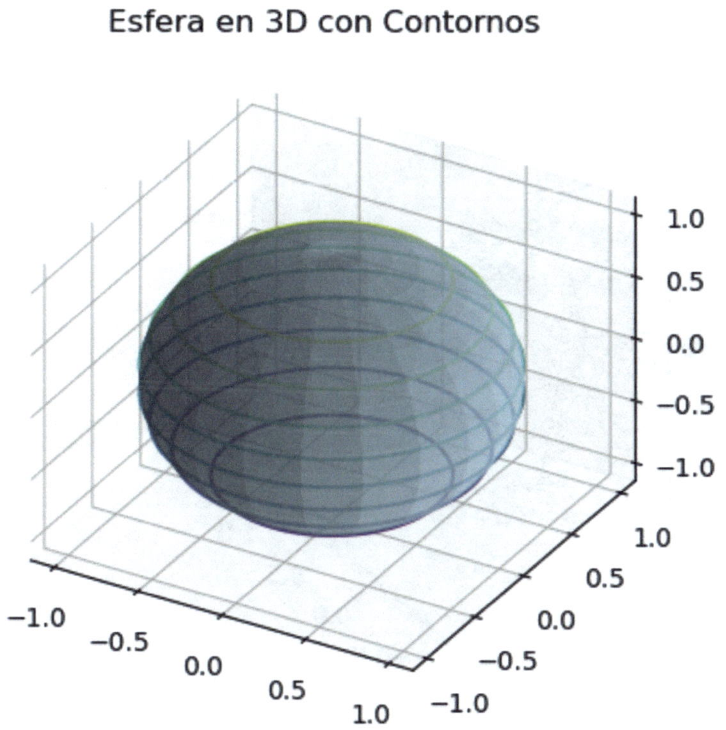

La representación esférica ilustra los contornos latitudinales y longitudinales de un esferoide aplicable en cartografía global, destacando texturas altimétricas:

In [97]:

```
# Ejercicio 97
# Crear datos de altitud global
altitudes = np.sin(phi)

# Crear gráfico 3D con textura de altitud
fig = plt.figure()
ax = fig.add_subplot(111, projection="3d", proj_type="ortho")
ax.plot_surface(
    x, y, z, facecolors=plt.cm.viridis(altitudes), edgecolor="black",
        linewidth=0.1
)
ax.set_title("Mapa Mundial en 3D con Textura de Altitud")
plt.show()
```

Out [97]:

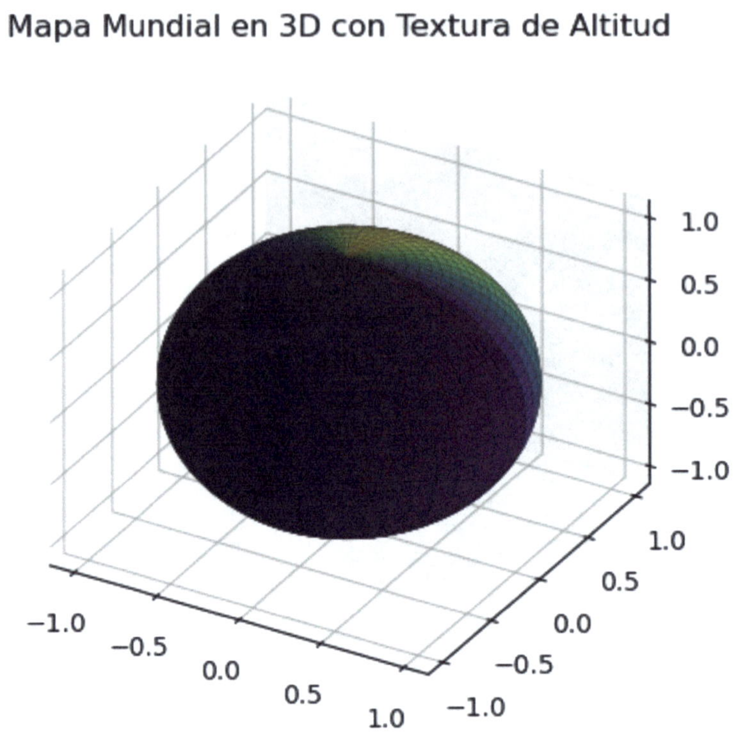

Esta configuración geométrica incorpora elementos de iluminación y sombreado que varían según las transiciones latitudinales y longitudinales:

In [98]:

```
# Ejercicio 98
# Crear gráfico 3D con iluminación y sombreado
fig = plt.figure()
ax = fig.add_subplot(111, projection="3d", proj_type="ortho")
ax.plot_surface( x, y, z, color="skyblue", edgecolor="black", rstride
    =5, cstride=5,
    alpha=0.8, shade=True)
ax.set_title("Mapa Mundial en 3D con Iluminación y Sombreado")
plt.show()
```

Out [98]:

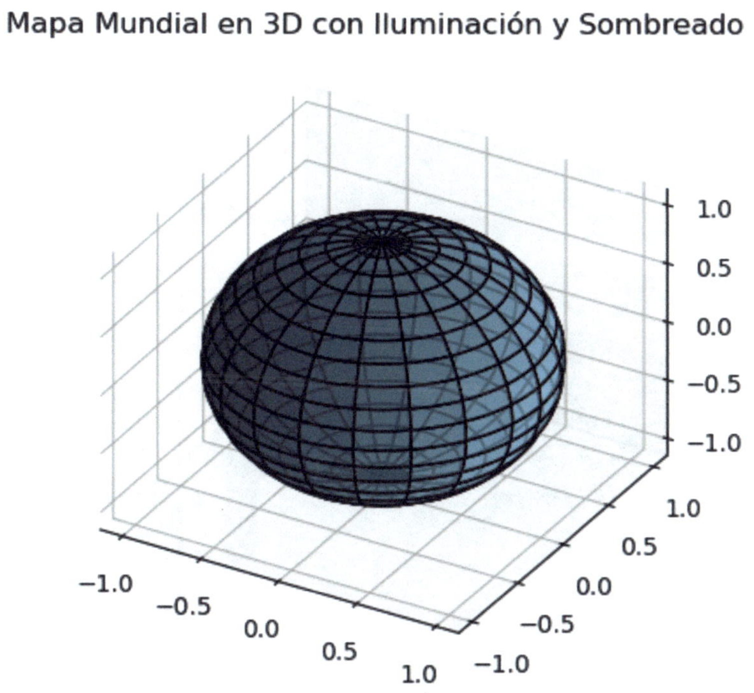

La implementación interactiva del esferoide permite manipulación dinámica de la visualización, complementada con una escala cromática para destacar características específicas del modelo:

In [99]:

```
# Ejercicio 99
import numpy as np
import plotly.graph_objects as go

# Crear una esfera que represente la Tierra
theta = np.linspace(0, 2 * np.pi, 100)
phi = np.linspace(0, np.pi, 50)
theta, phi = np.meshgrid(theta, phi)
x = np.sin(phi) * np.cos(theta)
y = np.sin(phi) * np.sin(theta)
z = np.cos(phi)

# Crear el mapa mundial en 3D
world_map_3d = go.Figure(
    data=[go.Surface(x=x, y=y, z=z, opacity=0.5, colorscale="Viridis")
        ]
)

# Configuración de diseño
world_map_3d.update_layout(
    scene=dict(aspectmode="manual", aspectratio=dict(x=1, y=1, z=1))
```

```
)

# Mostrar el mapa mundial en 3D
world_map_3d.show()
```

Out [99]:

Esta representación territorial emplea líneas de contorno segmentadas para delimitar fronteras nacionales, integrando líneas de referencia horizontal y vertical que identifican coordenadas específicas personalizables:

In [100]:

```
# Ejercicio 100
import matplotlib.pyplot as plt
import cartopy.crs as ccrs
import cartopy.feature as cfeature

# Crear una figura y ejes con proyección PlateCarree (proyección cilíndrica)
fig, ax = plt.subplots(subplot_kw={"projection": ccrs.PlateCarree()})

# Agregar límites de países y límites costeros
ax.add_feature(cfeature.BORDERS, linestyle=":")
ax.add_feature(cfeature.COASTLINE, linestyle="--")

# Configurar el límite de visualización
ax.set_extent([-180, 180, -90, 90])

# Añadir graticules
ax.gridlines()

# Mostrar el mapa
plt.show()
```

Out [100]:

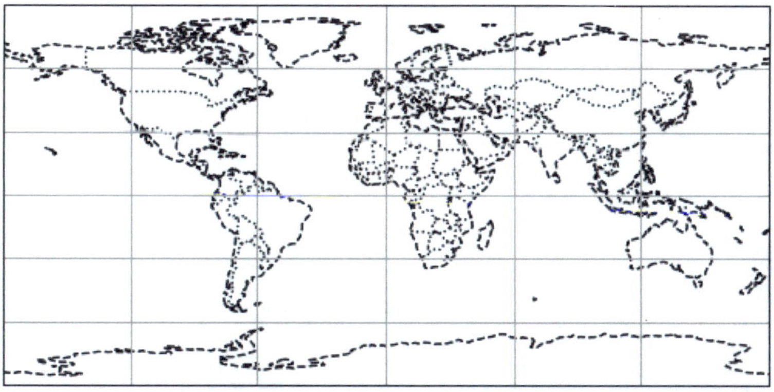

La visualización planetaria diferencia masas oceánicas y terrestres mediante una representación vectorizada sofisticada, optimizada para aplicaciones investigativas especializadas:

In [101]:

```
# Ejercicio 101
from mpl_toolkits.basemap import Basemap
import matplotlib.pyplot as plt
import numpy as np

plt.figure()
m = Basemap(
    projection="merc",
    llcrnrlat=-80,
    urcrnrlat=80,
    llcrnrlon=-180,
    urcrnrlon=180,
    resolution="c",
)
m.drawcoastlines()
m.fillcontinents(color="coral", lake_color="aqua")
m.drawmapboundary(fill_color="aqua")
plt.title("Mapa Básico con Basemap")
plt.show()
```

Out [101]:

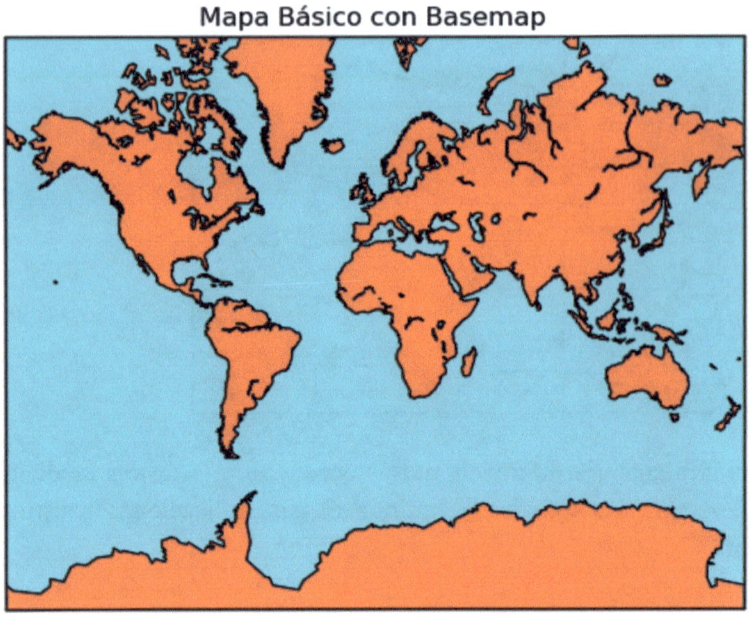

La cartografía de contorno global emplea codificación cromática para distinguir latitudes mediante líneas continuas y discontinuas:

In [102]:

```
# Ejercicio 102
plt.figure()
m = Basemap( projection="merc", llcrnrlat=-60, urcrnrlat=60, llcrnrlon
    =-180, urcrnrlon=180, resolution="c")
m.drawcoastlines()
m.drawcountries()
ny = np.arange(-60, 61, 5)
nx = np.arange(-180, 181, 10)
ny, nx = np.meshgrid(ny, nx)
x, y = m(nx, ny)
m.contour(x, y, ny, 15, colors="blue")
plt.title("Mapa con Líneas de Contorno")
plt.show()
```

Out [102]:

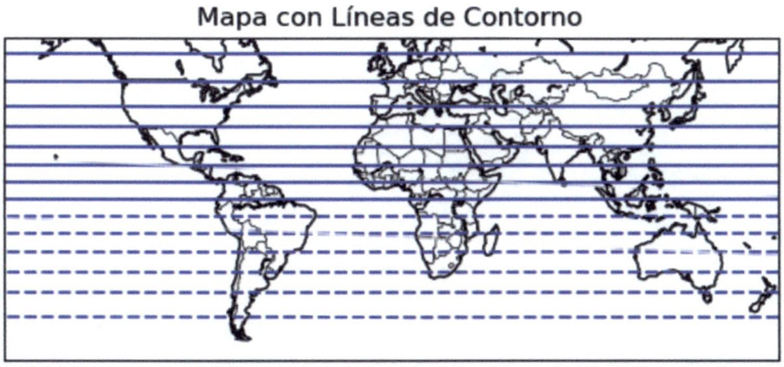

La proyección ortogonal bidimensional presenta una representación esférica del planeta que preserva los contornos territoriales en perspectiva circular:

In [103]:

```
# Ejercicio 103
plt.figure()
m = Basemap(projection="ortho", lat_0=0, lon_0=0)
m.drawcoastlines()
m.drawcountries()
m.fillcontinents(color="coral", lake_color="aqua")
m.drawmapboundary(fill_color="aqua")
plt.title("Mapa con Proyección Ortográfica")
plt.show()
```

Out [103]:

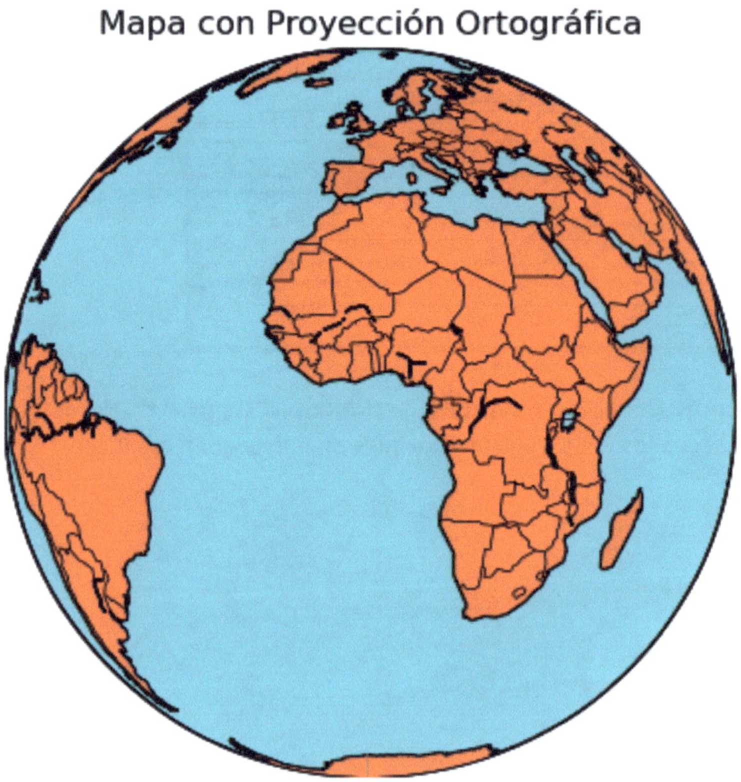

Esta representación cartográfica integra altitudes reales terrestres con características topográficas diferenciadas cromáticamente, generando una visualización realista del relieve planetario:

In [104]:

```
# Ejercicio 104
plt.figure()
m = Basemap(
    projection="merc",
    llcrnrlat=-50,
    urcrnrlat=50,
    llcrnrlon=-180,
    urcrnrlon=180,
    resolution="l",
)
m.drawcoastlines()
m.drawcountries()
m.etopo()
plt.title("Mapa con Contornos de Elevación")
plt.show()
```

Out [104]:

```
Clipping input data to the valid range for imshow with RGB
    data ([0..1] for floats or [0..255] for integers). Got
    range [0.0..1.0000000000000002].
```

La cartografía política cromática emplea líneas de contorno para delimitar territorios planetarios, diferenciando masas marítimas y terrestres:

In [105]:

```
# Ejercicio 105
plt.figure()
m = Basemap(projection="robin", lon_0=0, resolution="c")
m.drawcoastlines()
m.drawcountries()
m.fillcontinents(color="coral", lake_color="aqua")
m.drawmapboundary(fill_color="aqua")
plt.title("Mapa Político Mundial con Contornos")
plt.show()
```

Out [105]:

La representación territorial de Estados Unidos delimita fronteras estatales mediante contornos cromáticos que distinguen superficies marítimas y terrestres:

In [106]:

```
# Ejercicio 106
from mpl_toolkits.basemap import Basemap
import matplotlib.pyplot as plt

plt.figure()

# Define la proyección, el centro y los límites del mapa
m = Basemap(
    projection="lcc",
    lat_0=37.5,
    lon_0=-96,
    llcrnrlon=-119,
    urcrnrlon=-64,
    llcrnrlat=22,
    urcrnrlat=49,
    resolution="i",
)
m.drawcoastlines()
m.drawcountries()
m.drawstates() # Dibuja los estados
m.fillcontinents(color="coral", lake_color="aqua")
m.drawmapboundary(fill_color="aqua")
plt.title("Mapa Enfocado en Estados Unidos")
plt.show()
```

Out [106]:

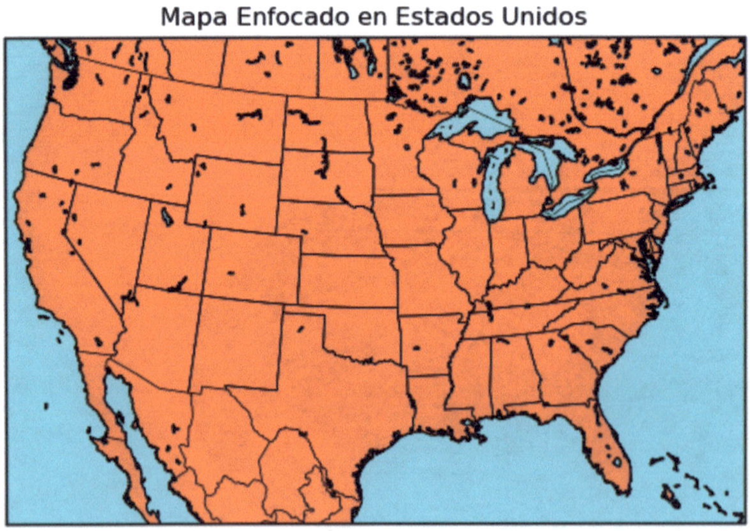

Esta visualización altimétrica de Norteamérica emplea codificación cromática para representar elevaciones reales, destacando la ubicación geográfica precisa de Nueva York:

In [107]:

```
# Ejercicio 107
from mpl_toolkits.basemap import Basemap
import matplotlib.pyplot as plt

plt.figure()

# Crear un mapa centrado en América del Norte
m = Basemap(
    projection="merc",
    llcrnrlat=10,
    urcrnrlat=70,
    llcrnrlon=-170,
    urcrnrlon=-50,
    resolution="i",
)
m.drawcoastlines()
m.drawcountries()
m.drawstates()
m.etopo()

# Coordenadas de Nueva York (Latitud, Longitud)
ny_lat, ny_lon = 40.7128, -74.0060
x, y = m(ny_lon, ny_lat)

# Marcador y texto
m.plot(x, y, "bo", markersize=5) # Marcador azul
plt.text(
    x,
    y,
    " New York City",
    color="black",
    fontsize=10,
    fontweight="bold",
    fontname="Arial",
)
plt.title("Mapa de América del Norte con Punto en Nueva York")
plt.show()
```

Out [107]:

4.11 Diagrama de áreas y volúmenes

Los diagramas de áreas constituyen herramientas visuales efectivas para representar la contribución relativa de múltiples variables a lo largo del tiempo o en una dimensión específica. Estas representaciones gráficas proporcionan una perspectiva clara de cómo las diferentes categorías contribuyen al conjunto completo en un momento determinado. En este segmento, exploraremos la metodología para crear diagramas de áreas bidimensionales y tridimensionales empleando Python, mediante el uso de las bibliotecas Pandas, Matplotlib y NumPy. Los diagramas de áreas resultan especialmente pertinentes cuando se desea destacar cómo diferentes categorías contribuyen a un conjunto completo a lo largo del tiempo o en una dimensión específica. Estas representaciones gráficas son comúnmente empleadas en áreas como finanzas para ilustrar la distribución de carteras de inversión a lo largo de diversos activos financieros.

En el análisis de datos y Machine Learning, los diagramas de áreas pueden proporcionar una perspectiva valiosa sobre la evolución de variables temporales. Por ejemplo, podríamos emplear un diagrama de áreas para visualizar cómo la distribución de las ventas de productos individuales contribuye al total de ventas empresariales en diferentes trimestres.[2] Resulta pertinente considerar el contexto y la naturaleza de los datos al interpretar un gráfico de áreas. La selección entre un diagrama de áreas apilado o no apilado dependerá de los objetivos específicos de visualización. El siguiente gráfico ilustra el comportamiento de una función seno:

[2] Goodrich, M. Tamassia, R. & Goldwasser, M. (2014). "Data Structures and Algorithms in Java". United States of America. Editor John Wiley & Sons Inc. Sexta Edición.

In [108]:

```
# Ejercicio 108
import matplotlib.pyplot as plt
import numpy as np

# Datos de ejemplo
x = np.arange(0, 10, 0.1)
y = np.sin(x)
plt.figure()
plt.fill_between(x, y, color="skyblue", alpha=0.4)
plt.plot(x, y, color="Slateblue", alpha=0.6)
plt.title("Diagrama de Áreas Básico")
plt.show()
```

Out [108]:

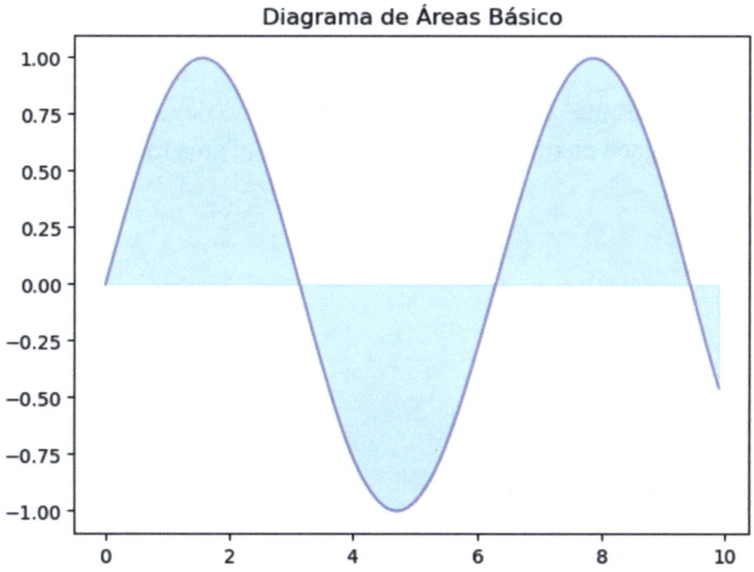

La representación subsecuente ilustra un diagrama de áreas multicapa que destaca dos funciones trigonométricas mediante estratificación visual:

In [109]:

```
# Ejercicio 109
y2 = np.cos(x)
plt.figure()
plt.fill_between(x, y, color="skyblue", alpha=0.5)
plt.fill_between(x, y2, color="olive", alpha=0.5)
plt.title("Diagrama de Áreas con Múltiples Capas")
plt.show()
```

Out [109]:

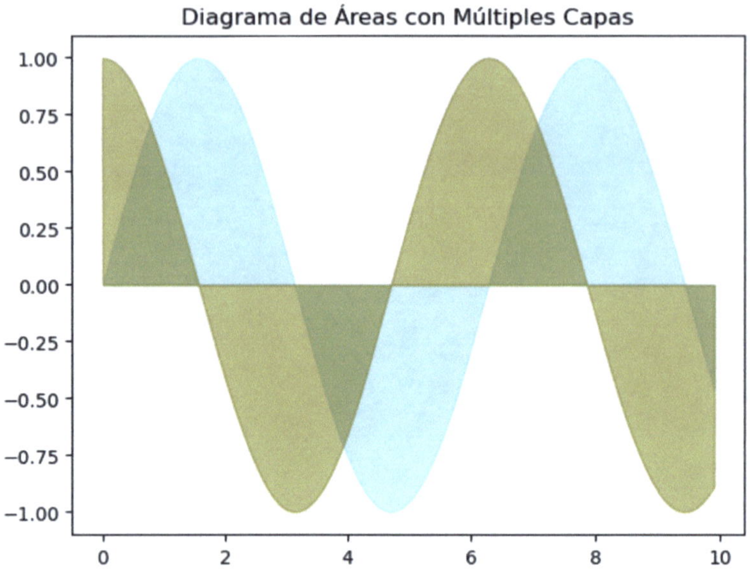

Esta configuración presenta un diagrama de áreas apilado donde las superposiciones gráficas se distinguen claramente en la formación del área total:

In [110]:

```
# Ejercicio 110
plt.figure()
plt.stackplot(x, y, y2, colors=["skyblue", "olive"])
plt.title("Diagrama de Áreas Apiladas")
plt.show()
```

Out [110]:

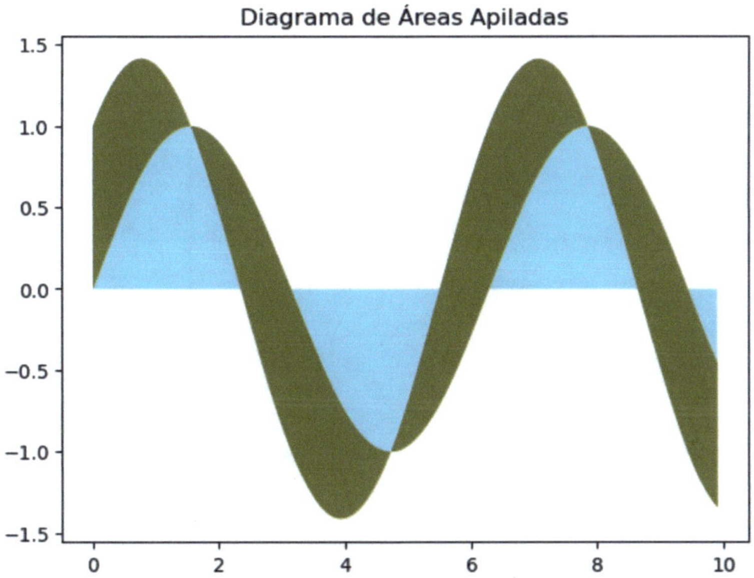

La visualización presenta un diagrama que integra dos funciones trigonométricas con líneas de base diferenciadas para destacar regiones específicas:

In [111]:

```
# Ejercicio 111
plt.figure()
plt.fill_between(x, y, y2, where=(y > y2), color="skyblue", alpha=0.5,
     interpolate=True)
plt.fill_between(x, y, y2, where=(y <= y2), color="olive", alpha=0.5,
    interpolate=True)
plt.title("Diagrama de Áreas con Líneas de Base Diferentes")
plt.show()
```

Out [111]:

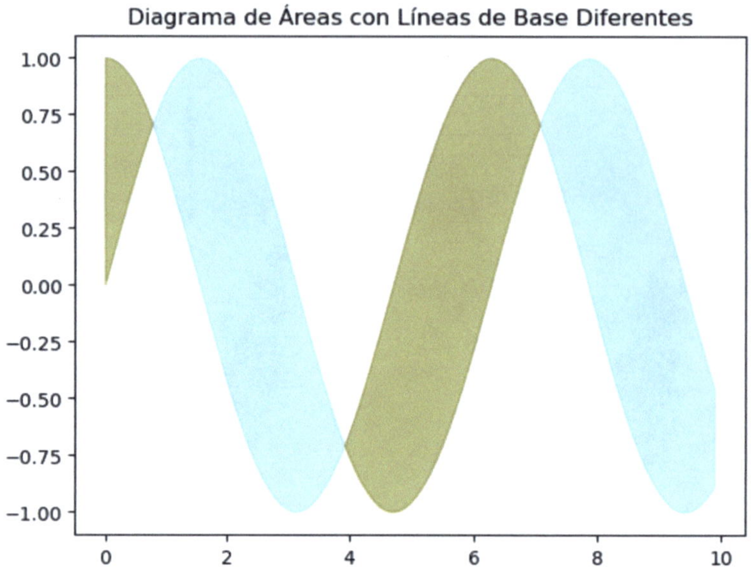

Esta implementación presenta un diagrama de áreas con características estilísticas optimizadas:

In [112]:

```
# Ejercicio 112
plt.figure()
plt.fill_between(x, y, color="skyblue", alpha=0.5)
plt.plot(x, y, color="Slateblue", alpha=0.6, linewidth=2)
plt.title("Diagrama de Áreas Estilizado")
plt.xlabel("Eje X")
plt.ylabel("Eje Y")
plt.grid(True)
plt.show()
```

Out [112]:

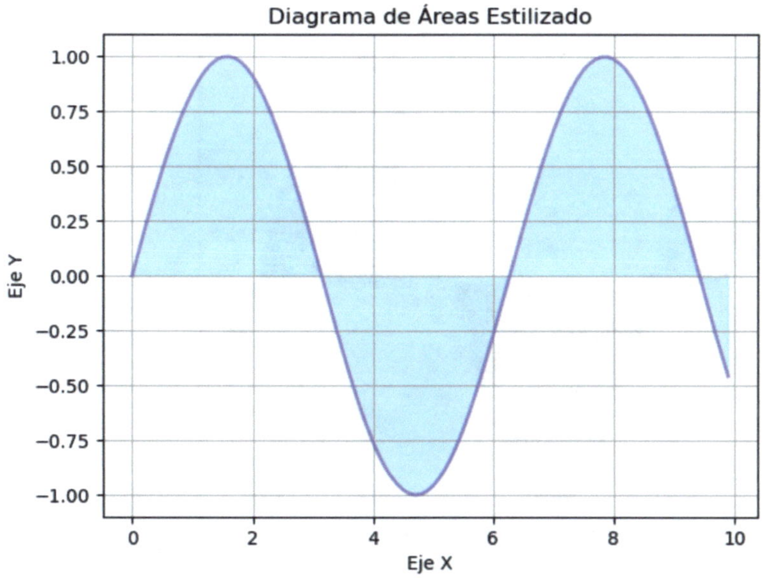

La representación incorpora un diagrama de áreas con transiciones graduales mediante gradientes cromáticos:

In [113]:

```
# Ejercicio 113
from matplotlib.colors import LinearSegmentedColormap

plt.figure()
cm = LinearSegmentedColormap.from_list("my_cm", ["skyblue", "navy"], N
    =100)
for i, alpha in enumerate(np.linspace(0.1, 1, 100, endpoint=True)):
    plt.fill_between(x, y, color=cm(i), alpha=alpha)
plt.plot(x, y, color="Slateblue", alpha=0.6, linewidth=2)
plt.title("Diagrama de Áreas con Gradiente")
plt.show()
```

Out [113]:

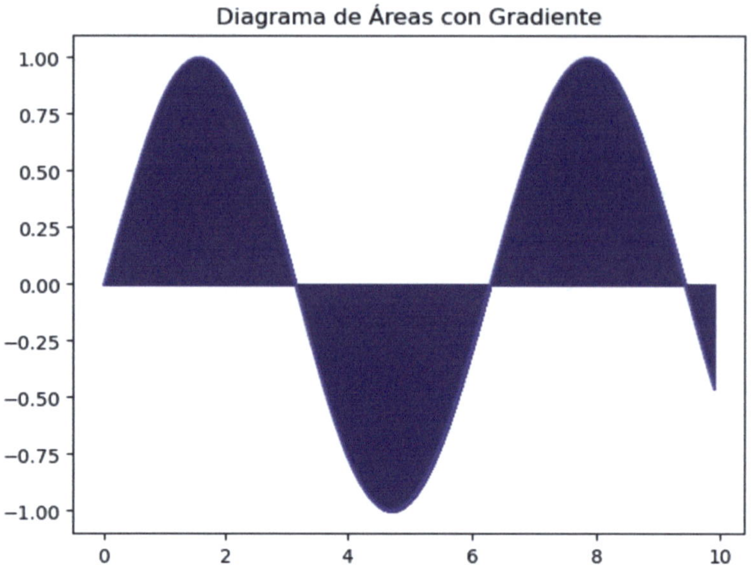

Esta visualización tridimensional presenta un plano vertical en el espacio cartesiano:

In [114]:

```
# Ejercicio 114
import matplotlib.pyplot as plt
import numpy as np

x = np.linspace(-5, 5, 100)
y = np.sin(x)
X, Z = np.meshgrid(x, y)
Y = np.zeros_like(X)
fig = plt.figure()
ax = fig.add_subplot(111, projection="3d")
ax.plot_surface(X, Y, Z, rstride=1, cstride=1, alpha=0.7)
ax.set_title("Diagrama de Áreas 3D Básico")
plt.show()
```

Out [114]:

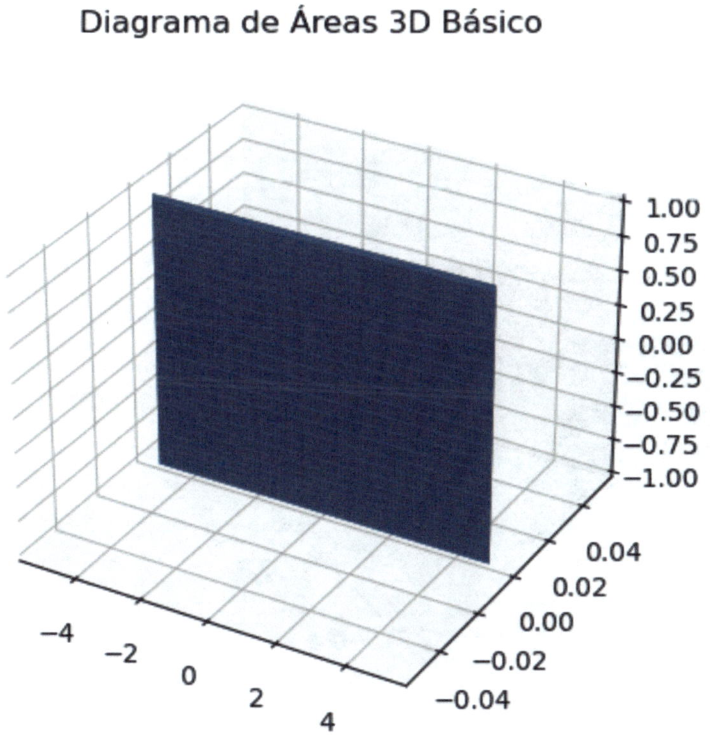

La configuración presenta el diagrama de áreas de dos planos verticales, diferenciados mediante codificación cromática y patrones de relleno, donde uno usa líneas apiladas y el otro simula texturas modulares:

In [115]:

```
# Ejercicio 115
Z2 = Z - 1 # O cualquier transformación que quieras aplicar
fig = plt.figure()
ax = fig.add_subplot(111, projection="3d")
ax.plot_surface(X, Y, Z, rstride=1, cstride=1, alpha=0.7)
ax.plot_surface(X, Y + 1, Z2, rstride=1, cstride=1, alpha=0.7, color="r")
ax.set_title("Diagrama de Áreas 3D Apiladas")
plt.show()
```

Out [115]:

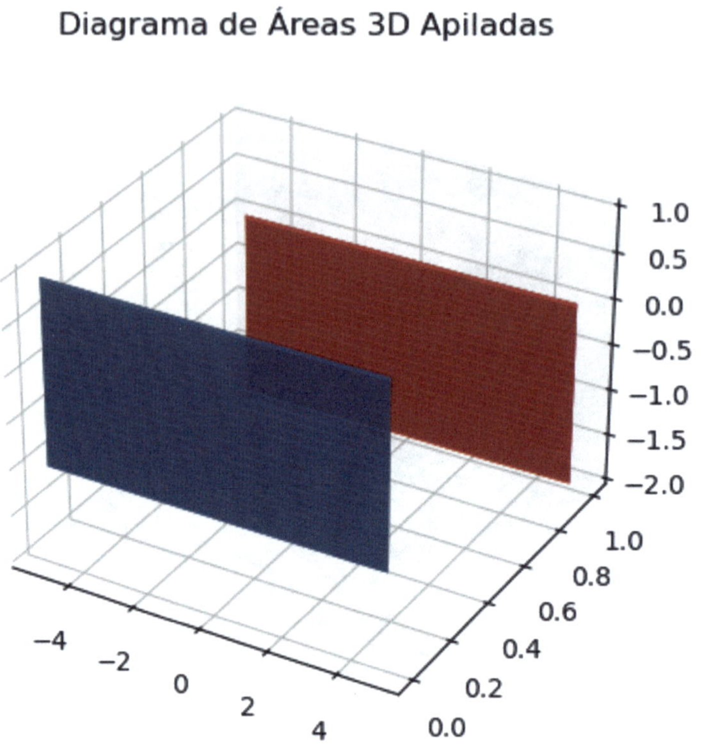

Se ilustra el volumen de un paraboloide, configuración particularmente pertinente para visualizar integrales definidas y cálculos volumétricos:

In [116]:

```
# Ejercicio 116
import numpy as np
import matplotlib.pyplot as plt

x = np.linspace(-5, 5, 50) # Reducir el número de puntos para mejorar
    el rendimiento
y = np.linspace(-5, 5, 50)
X, Y = np.meshgrid(x, y)
Z = np.sqrt(X**2 + Y**2)
fig = plt.figure()
ax = fig.add_subplot(111, projection="3d")

# Crear el gráfico de volumen
dx = dy = 0.1
for i in range(len(x)):
    for j in range(len(y)):
        z = Z[j, i]
        z_base = min(z, 0)
        height = max(z, 0) - z_base
        ax.bar3d(
```

```
                x[i],
                y[j],
                z_base,
                dx,
                dy,
                height,
                color="grey",
                alpha=0.7,
                edgecolor="none",
            )
ax.set_title("Diagrama de Volumen 3D - Superficie Senoidal")
plt.show()
```

Out [116]:

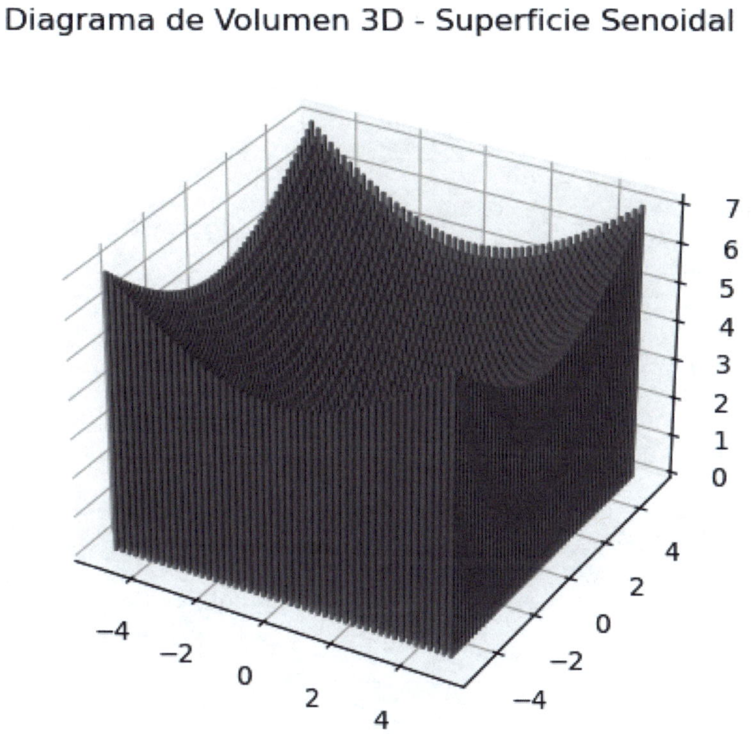

La visualización presenta el volumen de un esferoide y la región subyacente hasta el plano de coordenadas de referencia (0, 0, 0):

In [117]:

```
# Ejercicio 117
import numpy as np
import matplotlib.pyplot as plt

# Crear el dominio para X y Y
x = np.linspace(-5, 5, 100)
```

```
y = np.linspace(-5, 5, 100)
X, Y = np.meshgrid(x, y)

# Calcular Z para la parte superior de una esfera de radio 5
R = 5
Z = np.sqrt(R**2 - X**2 - Y**2)

# Eliminar valores complejos fuera de la esfera (esto ocurre cuando X
    ^2 + Y^2 > R^2)
Z = np.nan_to_num(Z, nan=0.0)

fig = plt.figure()
ax = fig.add_subplot(111, projection="3d")

# Crear el gráfico de volumen para una esfera
dx = dy = 0.2 # Tamaño de los bloques
for i in range(len(x)):
    for j in range(len(y)):
        z = Z[j, i]
        if z <= 0: # Ignorar valores fuera de la esfera
            continue
        z_base = 0
        height = z
        ax.bar3d(
            x[i],
            y[j],
            z_base,
            dx,
            dy,
            height,
            color="skyblue",
            alpha=0.7,
            edgecolor="none",
        )

ax.set_title("Diagrama de Volumen 3D - Esfera")
plt.show()
```

Out [117]:

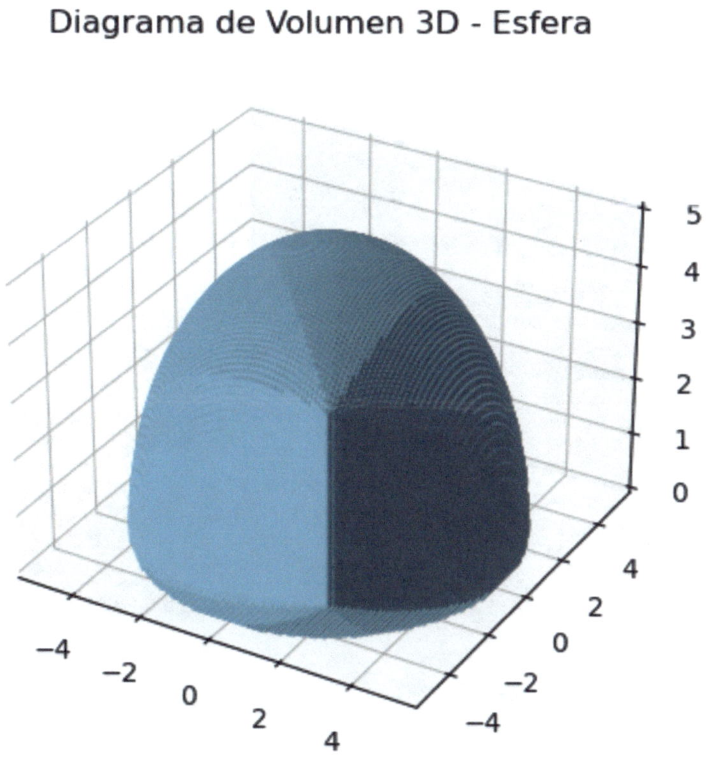

4.12 Diagrama de redes

Los diagramas de red constituyen herramientas especializadas en el ámbito de la visualización de datos, particularmente pertinentes para representar relaciones y conexiones entre diferentes nodos o entidades. En este segmento, exploraremos la metodología para crear diagramas de red bidimensionales y tridimensionales empleando la biblioteca NetworkX junto con Matplotlib en Python.

Los diagramas de red resultan esenciales en diversas áreas disciplinarias, incluyendo ciencia de datos, biología, redes sociales y sistemas complejos. Se emplean para representar relaciones entre variables, como interacciones moleculares en biología, o relaciones de dependencia entre diferentes componentes en sistemas complejos. En ciencia de datos y análisis de redes, el examen de la estructura y conectividad de los nodos puede conducir a descubrimientos analíticamente valiosos.[3] La detección de comunidades, la identificación de nodos centrales y el análisis de la densidad de conexiones constituyen ejemplos de análisis que pueden ejecutarse empleando diagramas de red. El siguiente gráfico ilustra una red elemental con cinco pares de datos:

[3] Provost, Foster & Fawcett, T. (2013). "Data Science for Business". United States of America. O´Reilly Media, Inc. Primera Edición.

In [118]:

```
# Ejercicio 118
import matplotlib.pyplot as plt
import networkx as nx

G = nx.Graph()
G.add_edges_from([(1, 2), (1, 3), (2, 4), (2, 5), (3, 6)])
plt.figure()
nx.draw(
    G,
    with_labels=True,
    node_color="skyblue",
    node_size=700,
    font_size=20,
    font_weight="bold",
)
plt.title("Red Básica")
plt.show()
```

Out [118]:

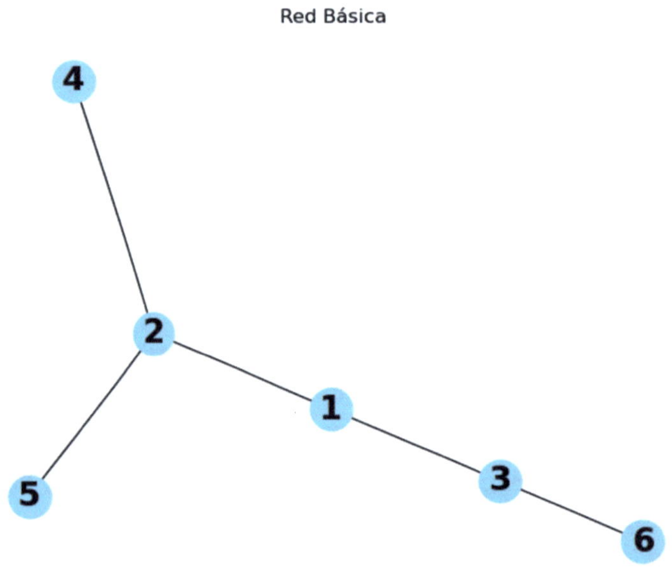

La implementación subsecuente presenta una arquitectura de red dirigida que establece conexiones unidireccionales entre nodos:

In [119]:

```
# Ejercicio 119
G = nx.DiGraph()
G.add_edges_from([(1, 2), (2, 3), (3, 4), (4, 1), (1, 3)])
```

```
plt.figure()
nx.draw(
    G,
    with_labels=True,
    node_color="lightgreen",
    node_size=700,
    font_size=20,
    arrowstyle="->",
    arrowsize=20,
)
plt.title("Red Dirigida")
plt.show()
```

Out [119]:

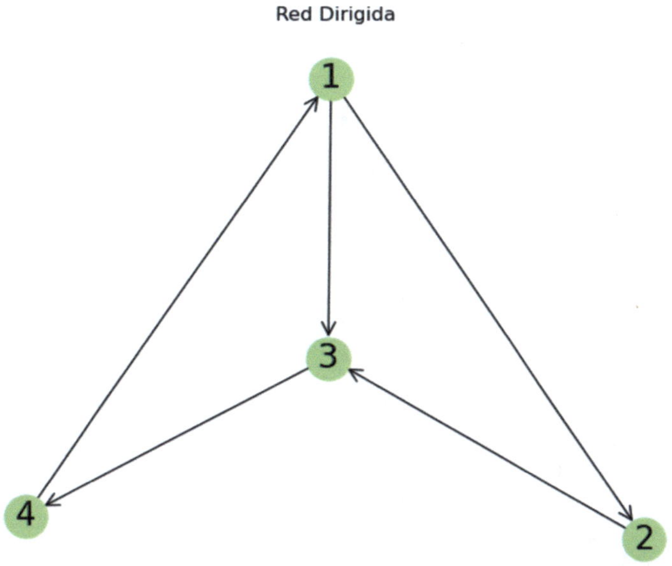

Esta configuración de red emplea identificadores alfabéticos en lugar de numéricos, incorporando además ponderaciones que cuantifican el impacto de las conexiones:

In [120]:

```
# Ejercicio 120
G = nx.Graph()
G.add_edge("A", "B", weight=4)
G.add_edge("B", "C", weight=2)
G.add_edge("A", "C", weight=5)
G.add_edge("C", "D", weight=1)
weights = nx.get_edge_attributes(G, "weight")
plt.figure()
nx.draw(G, with_labels=True, node_color="lightblue", node_size=700,
    font_size=20)
```

```
nx.draw_networkx_edge_labels(G, pos=nx.spring_layout(G), edge_labels=
    weights)
plt.title("Red Ponderada")
plt.show()
```

Out [120]:

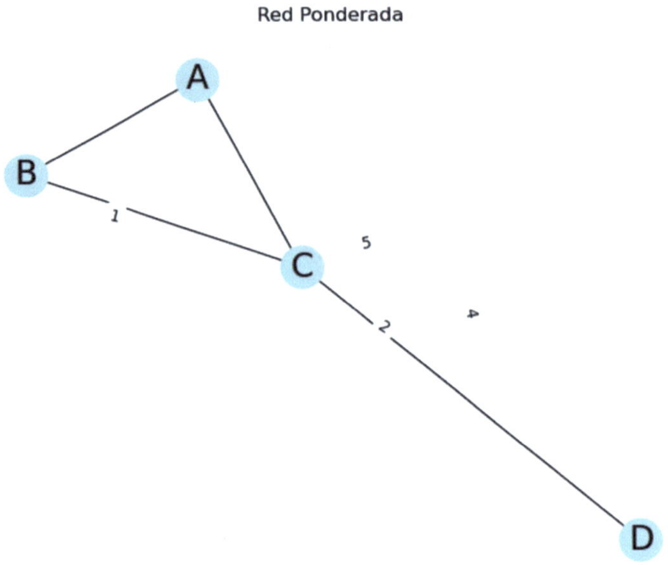

La representación presenta una arquitectura de red personalizada mediante diferenciación cromática y numeración específica para ejemplificar configuraciones topológicas particulares:

In [121]:

```
# Ejercicio 121
G = nx.star_graph(4)
plt.figure()
nx.draw(
    G,
    with_labels=True,
    node_color="orange",
    node_size=700,
    font_size=20,
    edge_color="grey",
    style="dotted",
    width=2,
)
plt.title("Red con Estilo Personalizado")
plt.show()
```

Out [121]:

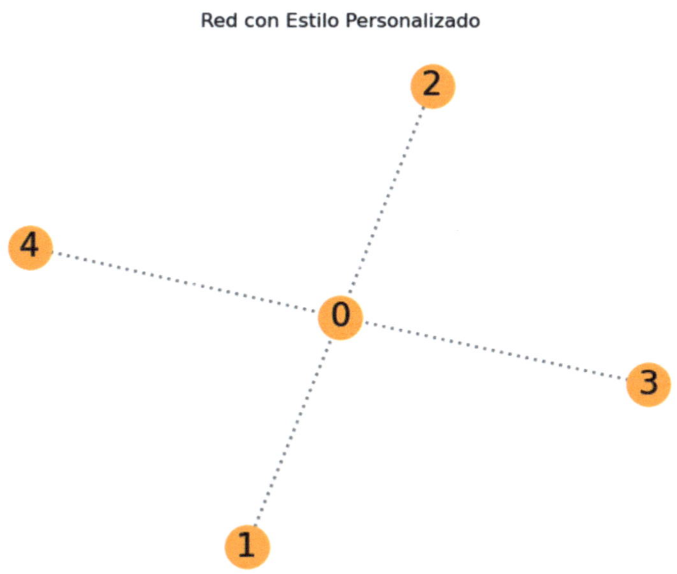

Esta implementación emplea datos aleatorios con distribución geométrica para demostrar la complejidad inherente en la extensión de arquitecturas de red:

In [122]:

```
# Ejercicio 122
G = nx.random_geometric_graph(20, 0.3)
plt.figure()
nx.draw(G, with_labels=True, node_color="pink", node_size=500,
    font_size=15)
plt.title("Red Compleja")
plt.show()
```

Out [122]:

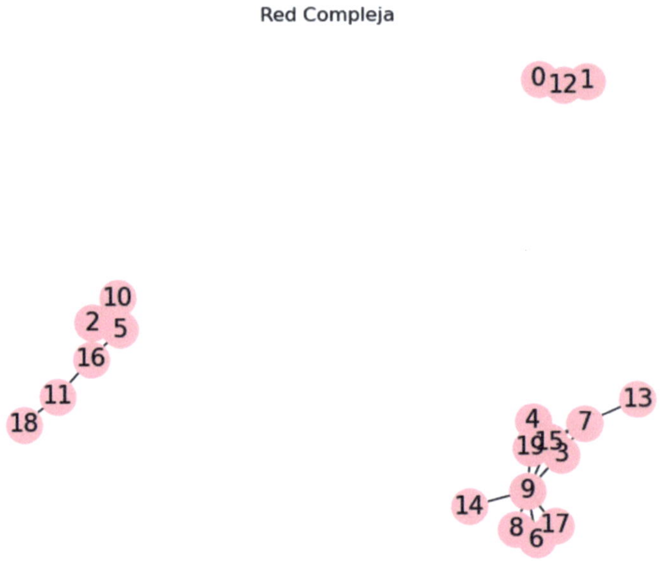

La configuración presenta una red de datos sofisticada que incorpora diferenciación cromática y variaciones escalares en los nodos:

In [123]:

```python
# Ejercicio 123
G = nx.barbell_graph(5, 2)
node_colors = ["skyblue" if i < 5 else "lightgreen" for i in range(len
    (G))]
node_sizes = [700 if i < 5 else 300 for i in range(len(G))]
plt.figure()
nx.draw(
    G,
    with_labels=True,
    node_color=node_colors,
    node_size=node_sizes,
    font_size=15,
    edge_color="grey",
)
plt.title("Red Sofisticada con Colores y Tamaños Personalizados")
plt.show()
```

Out [123]:

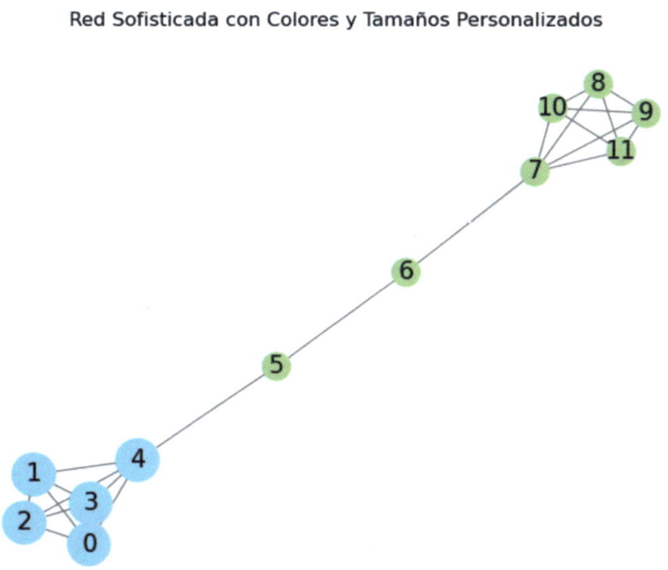

Esta representación ilustra la arquitectura de una red neuronal elemental con tres estratos: una capa de entrada con tres neuronas, una capa intermedia con dos neuronas, y una capa de salida con un nodo terminal:

In [124]:

```
# Ejercicio 124
import matplotlib.pyplot as plt
import networkx as nx

# Crear un gráfico de red neuronal simple
G = nx.DiGraph()
G.add_nodes_from([1, 2, 3], layer=0)
G.add_nodes_from([4, 5], layer=1)
G.add_nodes_from([6], layer=2)
G.add_edges_from([(1, 4), (2, 4), (3, 4), (2, 5), (3, 5), (4, 6), (5, 6)])
pos = nx.multipartite_layout(G, subset_key="layer")
nx.draw(G, pos, with_labels=True, node_size=700, node_color="lightblue", font_size=10)
plt.title("Red Neuronal Simple")
plt.show()
```

Out [124]:

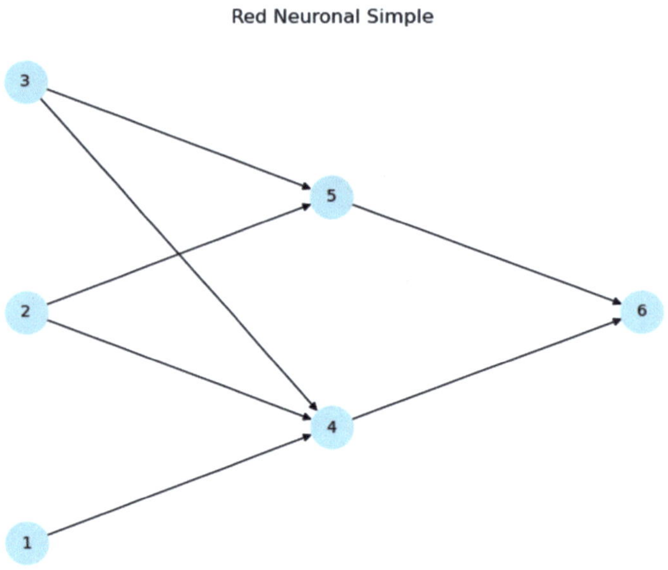

La configuración subsecuente presenta una red neuronal con capas ocultas múltiples, caracterizada por conexiones direccionales diferenciadas cromáticamente:

In [125]:

```
# Ejercicio 125
# Crear una red neuronal con capas ocultas
G = nx.DiGraph()
G.add_nodes_from(range(1, 5), layer=0) # Capa de entrada
G.add_nodes_from(range(5, 8), layer=1) # Capa oculta
G.add_nodes_from(range(8, 10), layer=2) # Capa de salida
G.add_edges_from([(1, 5), (2, 5), (3, 6), (4, 7), (5, 8), (6, 8), (6,
    9), (7, 9)])
pos = nx.multipartite_layout(G, subset_key="layer")
nx.draw(G, pos, with_labels=True, node_size=500, node_color="
    lightgreen", font_size=10)
plt.title("Red Neuronal con Capas Ocultas")
plt.show()
```

Out [125]:

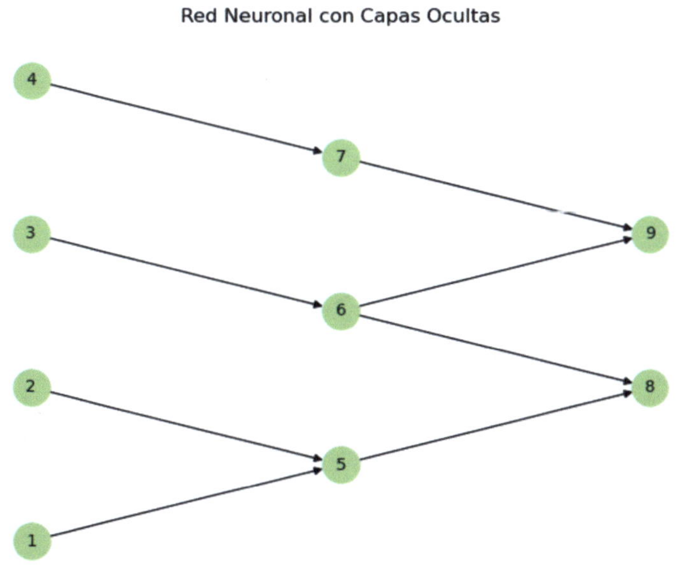

Esta implementación ilustra una red neuronal de arquitectura compleja donde todas las neuronas de cada capa establecen conexiones con las neuronas de las capas subsecuentes:

In [126]:

```
# Ejercicio 126
# Crear una red neuronal más compleja
G = nx.DiGraph()
G.add_nodes_from(range(1, 6), layer=0)
G.add_nodes_from(range(6, 11), layer=1)
G.add_nodes_from(range(11, 15), layer=2)
G.add_nodes_from(range(15, 17), layer=3)
for i in range(1, 6):
    for j in range(6, 11):
        G.add_edge(i, j)
for i in range(6, 11):
    for j in range(11, 15):
        G.add_edge(i, j)
for i in range(11, 15):
    for j in range(15, 17):
        G.add_edge(i, j)
pos = nx.multipartite_layout(G, subset_key="layer")
nx.draw(G, pos, with_labels=True, node_size=300, node_color="lightpink
    ", font_size=8)
plt.title("Red Neuronal Compleja")
plt.show()
```

Out [126]:

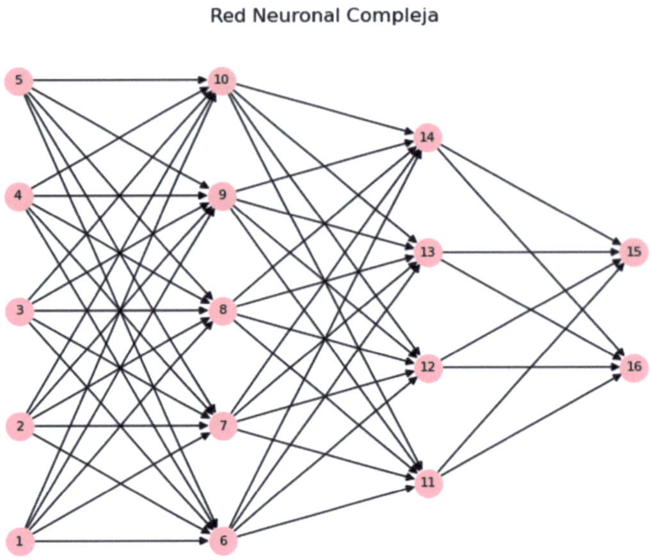

La representación presenta una red basada en teoría de juegos que modela la interacción estratégica elemental entre dos participantes:

In [127]:

```
# Ejercicio 127
# Diagrama simple de teoría de juegos
G = nx.Graph()
G.add_nodes_from(["Jugador 1", "Jugador 2"])
G.add_edges_from([("Jugador 1", "Jugador 2")])
nx.draw(G, with_labels=True, node_color="skyblue", node_size=2000)
plt.title("Diagrama de Juego Simple")
plt.show()
```

Out [127]:

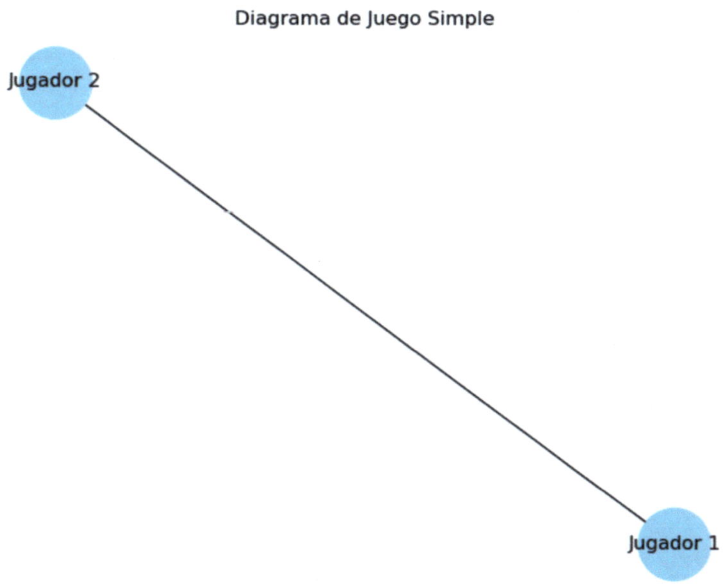

Esta configuración ilustra mediante teoría de juegos dos tipologías estratégicas diferenciadas para dos participantes:

In [128]:

```
# Ejercicio 128
# Juego con múltiples estrategias
G = nx.Graph()
G.add_nodes_from(
    [
        "Jugador 1",
        "Estrategia A",
        "Estrategia B",
        "Jugador 2",
        "Estrategia C",
        "Estrategia D",
    ]
)
G.add_edges_from(
    [
        ("Jugador 1", "Estrategia A"),
        ("Jugador 1", "Estrategia B"),
        ("Jugador 2", "Estrategia C"),
        ("Jugador 2", "Estrategia D"),
    ]
)
pos = {
    "Jugador 1": (0, 1),
    "Estrategia A": (1, 2),
    "Estrategia B": (1, 0),
```

```
    "Jugador 2": (2, 1),
    "Estrategia C": (3, 2),
    "Estrategia D": (3, 0),
}
nx.draw(G, pos, with_labels=True, node_color="orange", node_size=2000)
plt.title("Juego con Múltiples Estrategias")
plt.show()
```

Out [128]:

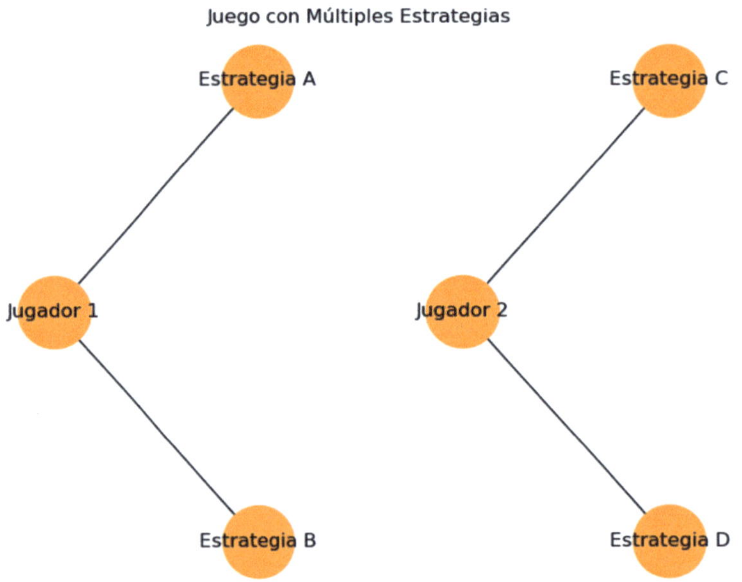

La representación presenta múltiples opciones estratégicas que influencian diferenciadamente cada decisión en una red de complejidad elevada:

In [129]:

```
# Ejercicio 129
# Juego con red compleja
G = nx.Graph()
G.add_nodes_from(range(1, 7))
G.add_edges_from([(1, 2), (1, 3), (2, 4), (2, 5), (3, 5), (4, 6), (5,
    6)])
nx.draw_shell(G, with_labels=True, node_color="violet", node_size
    =2000)
plt.title("Juego con Red Compleja")
plt.show()
```

Out [129]:

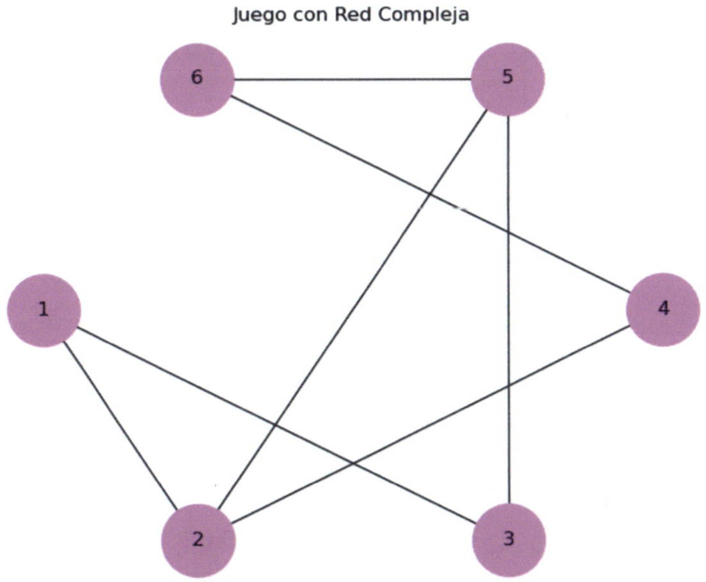

Esta implementación presenta una red neuronal elemental con la particularidad de incorporar tres dimensiones espaciales para los efectos de propagación:

In [130]:

```
# Ejercicio 130
import matplotlib.pyplot as plt
import networkx as nx

# Crear una red neuronal simple
G = nx.DiGraph()
G.add_nodes_from([1, 2, 3, 4, 5, 6])
G.add_edges_from([(1, 4), (2, 4), (3, 4), (2, 5), (3, 5), (4, 6), (5,
    6)])

# Posiciones de los nodos en 3D
pos = {
    1: (0, 0, 0),
    2: (1, 0, 0),
    3: (2, 0, 0),
    4: (0, 1, 0),
    5: (1, 1, 0),
    6: (0.5, 1.5, 0),
}
fig = plt.figure()
ax = fig.add_subplot(111, projection="3d")

# Dibujar la red manualmente
for node in G.nodes:
    ax.scatter(*pos[node], s=100)
```

```
for edge in G.edges:
    start, end = pos[edge[0]], pos[edge[1]]
    ax.plot(*zip(start, end), color="black")
ax.set_title("Red Neuronal Simple en 3D")
plt.show()
```

Out [130]:

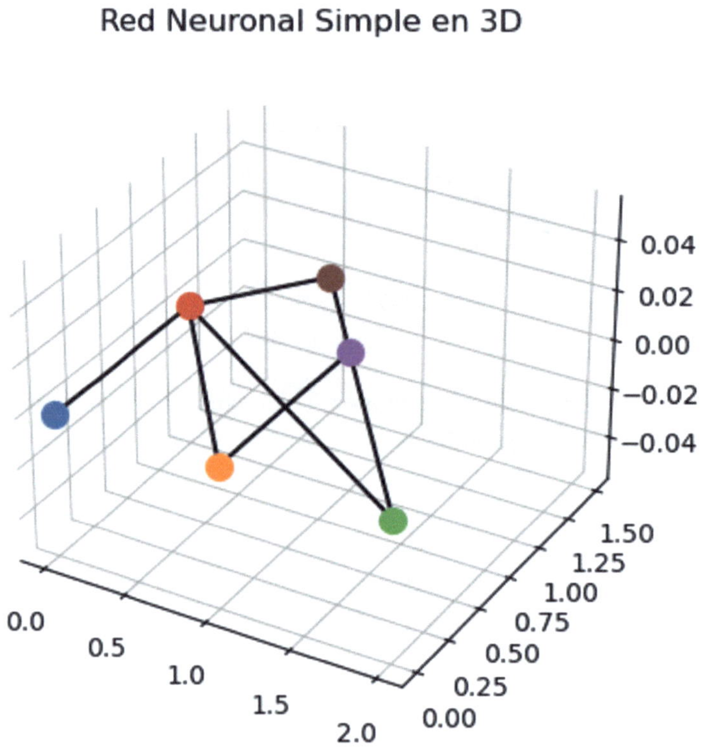

La configuración ilustra una red neuronal con múltiples capas ocultas y efectos diferenciados, representada en un espacio tridimensional:

In [131]:

```
# Ejercicio 131
# Crear una red neuronal con capas ocultas
G = nx.DiGraph()
G.add_nodes_from(range(1, 11))
G.add_edges_from([(1, 5), (2, 5), (3, 6), (4, 7), (5, 8), (6, 8), (6,
    9), (7, 9)])

# Posiciones de los nodos en 3D
pos = {i: (i, 0, 0) for i in range(1, 5)}
pos.update({i: (i - 4, 1, 0) for i in range(5, 8)})
pos.update({8: (1, 2, 0), 9: (2, 2, 0), 10: (1.5, 2.5, 0)})
fig = plt.figure()
```

```
ax = fig.add_subplot(111, projection="3d")

# Dibujar la red manualmente
for node in G.nodes:
    ax.scatter(*pos[node], s=100)
for edge in G.edges:
    start, end = pos[edge[0]], pos[edge[1]]
    ax.plot(*zip(start, end), color="black")
ax.set_title("Red Neuronal con Capas Ocultas en 3D")
plt.show()
```

Out [131]:

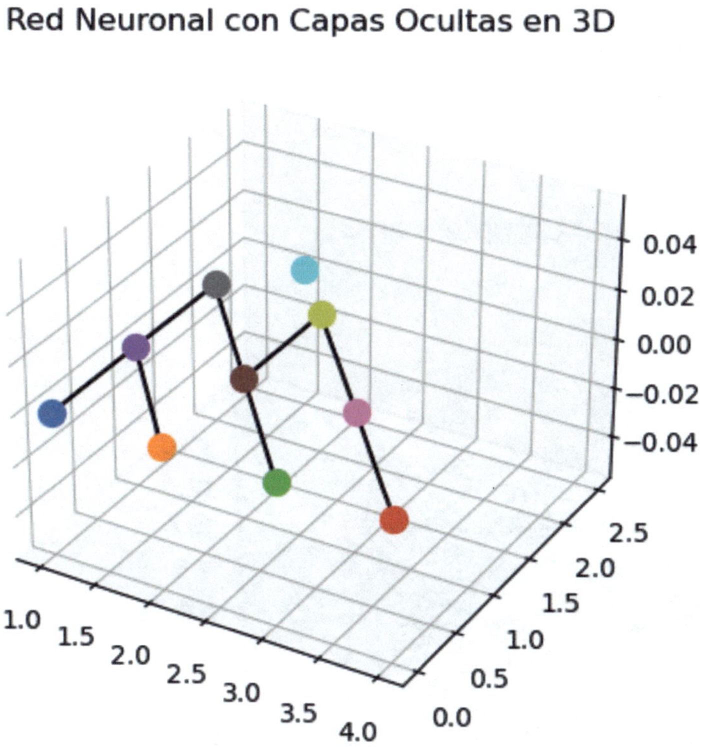

Esta implementación presenta una red neuronal de alta complejidad donde las interacciones interneuronales son múltiples, visualizada en un espacio tridimensional:

In [132]:

```
# Ejercicio 132
# Crear una red neuronal más compleja
G = nx.DiGraph()
G.add_nodes_from(range(1, 17))
G.add_edges_from([(i, j) for i in range(1, 6) for j in range(6, 11)])
G.add_edges_from([(i, j) for i in range(6, 11) for j in range(11, 15)
```

```
    ])
G.add_edges_from([(i, j) for i in range(11, 15) for j in range(15, 17)
    ])

# Posiciones de los nodos en 3D
pos = {i: (np.sin(i), np.cos(i), i) for i in range(1, 17)}
fig = plt.figure()
ax = fig.add_subplot(111, projection="3d")

# Dibujar la red manualmente
for node in G.nodes:
    ax.scatter(*pos[node], s=100)
for edge in G.edges:
    start, end = pos[edge[0]], pos[edge[1]]
    ax.plot(*zip(start, end), color="black")
ax.set_title("Red Neuronal Compleja en 3D")
plt.show()
```

Out [132]:

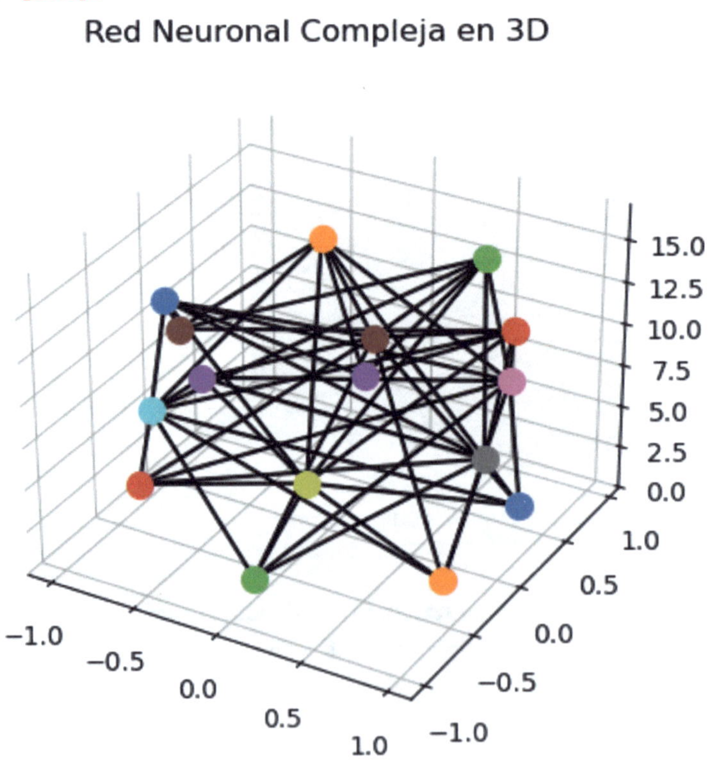

La representación muestra un modelo de juego elemental visualizado en un espacio tridimensional:

In [133]:

```
# Ejercicio 133
# Juego simple en 3D
G = nx.Graph()
G.add_nodes_from(["Jugador 1", "Jugador 2"])
G.add_edges_from([("Jugador 1", "Jugador 2")])
fig = plt.figure()
ax = fig.add_subplot(111, projection="3d")

# Posiciones de los nodos en 3D
pos = {"Jugador 1": (0, 0, 0), "Jugador 2": (1, 1, 1)}

# Dibujar la red manualmente
for node in G.nodes:
    ax.scatter(*pos[node], s=100)
for edge in G.edges:
    start, end = pos[edge[0]], pos[edge[1]]
    ax.plot(*zip(start, end), color="black")
ax.set_title("Juego Simple en 3D")
plt.show()
```

Out [133]:

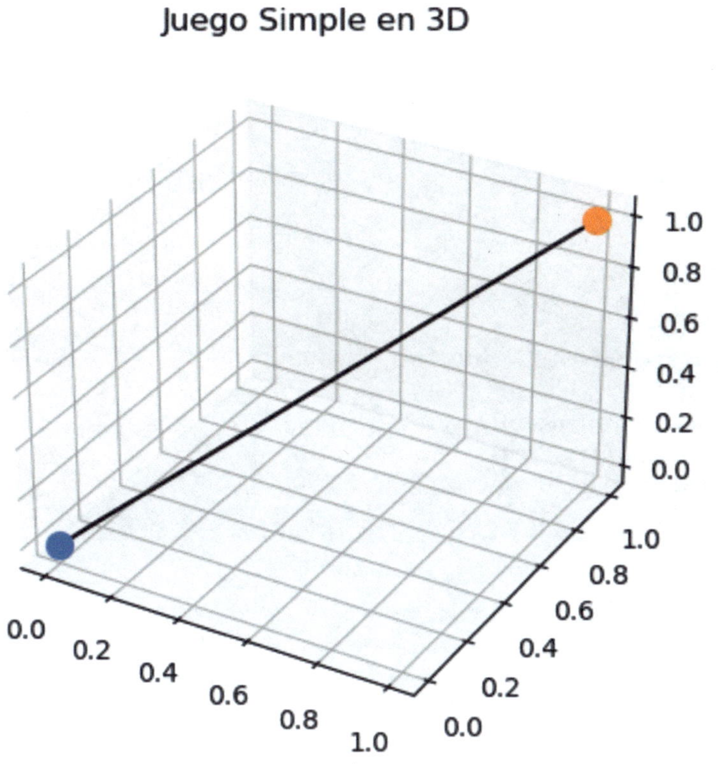

La representación tridimensional presenta un modelo de juego que incorpora estrategias secuenciales interconectadas:

In [134]:

```
# Ejercicio 134
# Juego con red compleja en 3D
G = nx.Graph()
G.add_nodes_from(range(1, 7))
G.add_edges_from([(1, 2), (1, 3), (2, 4), (2, 5), (3, 5), (4, 6), (5,
    6)])
fig = plt.figure()
ax = fig.add_subplot(111, projection="3d")

# Posiciones de los nodos en 3D
pos = {
    1: (0, 0, 0),
    2: (1, 0, 0),
    3: (2, 0, 0),
    4: (0, 1, 0),
    5: (1, 1, 0),
    6: (2, 1, 0),
}

# Dibujar la red manualmente
for node in G.nodes:
    ax.scatter(*pos[node], s=100)
for edge in G.edges:
    start, end = pos[edge[0]], pos[edge[1]]
    ax.plot(*zip(start, end), color="black")
ax.set_title("Juego con Red Compleja en 3D")
plt.show()
```

Out [134]:

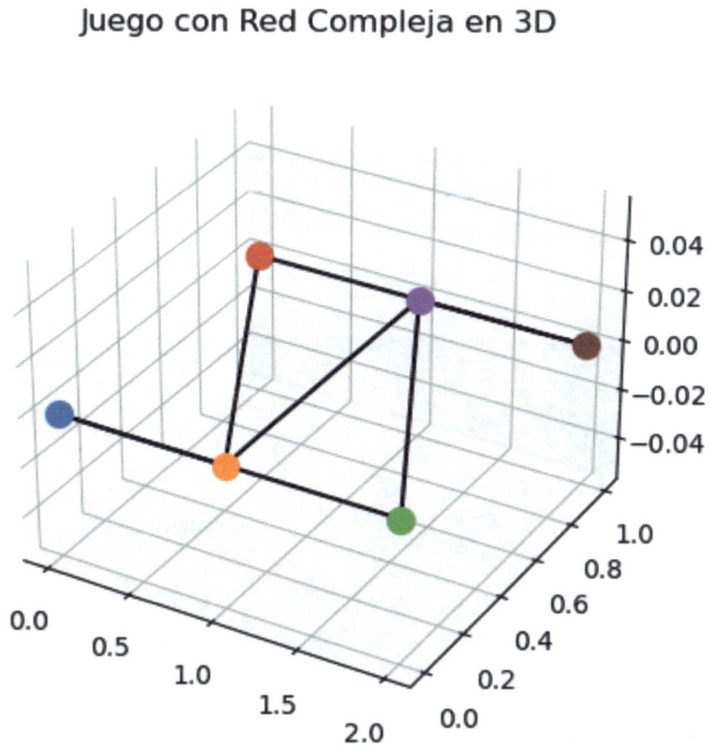

4.13 Diagrama de radar

Los diagramas de radar constituyen herramientas visuales especializadas para representar múltiples variables en una escala común. Resultan particularmente pertinentes cuando se desea comparar el rendimiento o las características de diferentes categorías en función de diversas métricas. En este apartado, exploraremos la metodología para crear diagramas de radar bidimensionales y tridimensionales empleando Python, específicamente con la biblioteca Matplotlib.

Los diagramas de radar resultan excepcionales para ilustrar patrones y tendencias en conjuntos de datos multidimensionales. Algunas aplicaciones prácticas incluyen: En el ámbito empresarial, un gráfico de radar se emplea para evaluar el rendimiento de diferentes productos en diversas áreas, como calidad, marketing y satisfacción del cliente. Para analizar la competencia en el mercado, podríamos emplear un diagrama de radar para comparar diferentes competidores en términos de precios, características del producto y reconocimiento de marca. Es conveniente considerar la interpretación de los diagramas de radar, especialmente en su versión tridimensional. En ocasiones, la proyección tridimensional puede distorsionar la percepción visual, y se debe seleccionar el tipo de visualización que mejor se adapte a la información que deseamos comunicar.[4] El siguiente gráfico ilustra un diagrama de radar elemental:

In [135]:

```
# Ejercicio 135
import numpy as np
import matplotlib.pyplot as plt

# Datos de ejemplo
labels = np.array(["A", "B", "C", "D"])
stats = np.array([60, 70, 80, 90])

# Crear diagrama de radar
angles = np.linspace(0, 2 * np.pi, len(labels), endpoint=False).tolist
    ()
fig, ax = plt.subplots(figsize=(6, 6), subplot_kw=dict(polar=True))
ax.fill(angles, stats, color="red", alpha=0.25)
ax.set_yticklabels([])
ax.set_xticks(angles)
ax.set_xticklabels(labels)
plt.title("Diagrama de Radar Básico")
plt.show()
```

Out [135]:

[4] Bowers, N. Jr. Gerber, H. Hickman, J. Jones, D. & Nesbitt, C. (1997). “Actuarial Mathematics”. United States of America. The Society of Actuaries.

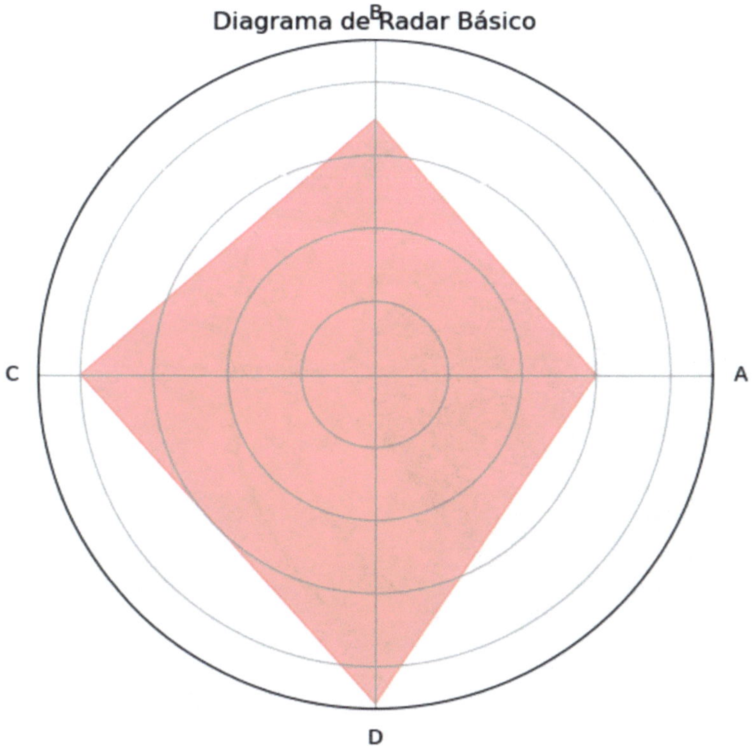

La implementación subsecuente presenta un diagrama de radar con múltiples series de datos para ilustrar comportamientos comparativos:

In [136]:

```
# Ejercicio 136
stats2 = np.array([65, 75, 85, 95])
fig, ax = plt.subplots(figsize=(6, 6), subplot_kw=dict(polar=True))
ax.fill(angles, stats, color="red", alpha=0.25)
ax.fill(angles, stats2, color="blue", alpha=0.25)
ax.set_yticklabels([])
ax.set_xticks(angles)
ax.set_xticklabels(labels)
plt.title("Diagrama de Radar con Múltiples Series")
plt.show()
```

Out [136]:

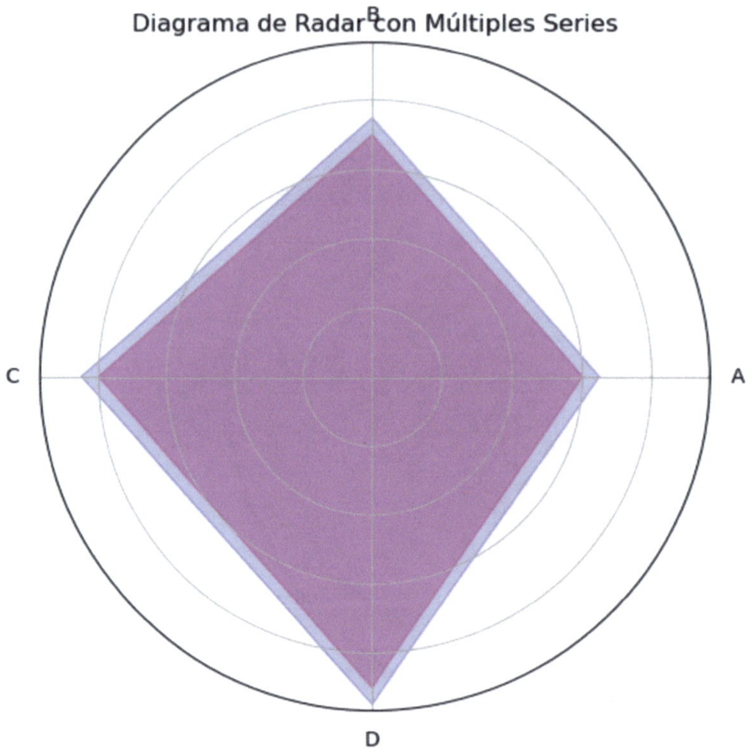

La representación ilustra un diagrama de radar de arquitectura compleja con comportamientos diferenciados y trazados lineales diversos:

In [137]:

```
# Ejercicio 137
stats3 = np.array([55, 65, 75, 85])
fig, ax = plt.subplots(figsize=(6, 6), subplot_kw=dict(polar=True))
ax.fill(angles, stats, color="cyan", alpha=0.3)
ax.fill(angles, stats2, color="magenta", alpha=0.3)
ax.fill(angles, stats3, color="yellow", alpha=0.3)
ax.plot(angles, stats, color="blue", linewidth=2)
ax.plot(angles, stats2, color="red", linewidth=2)
ax.plot(angles, stats3, color="green", linewidth=2)
ax.set_xticks(angles)
ax.set_xticklabels(labels)
plt.title("Diagrama de Radar Complejo")
plt.show()
```

Out [137]:

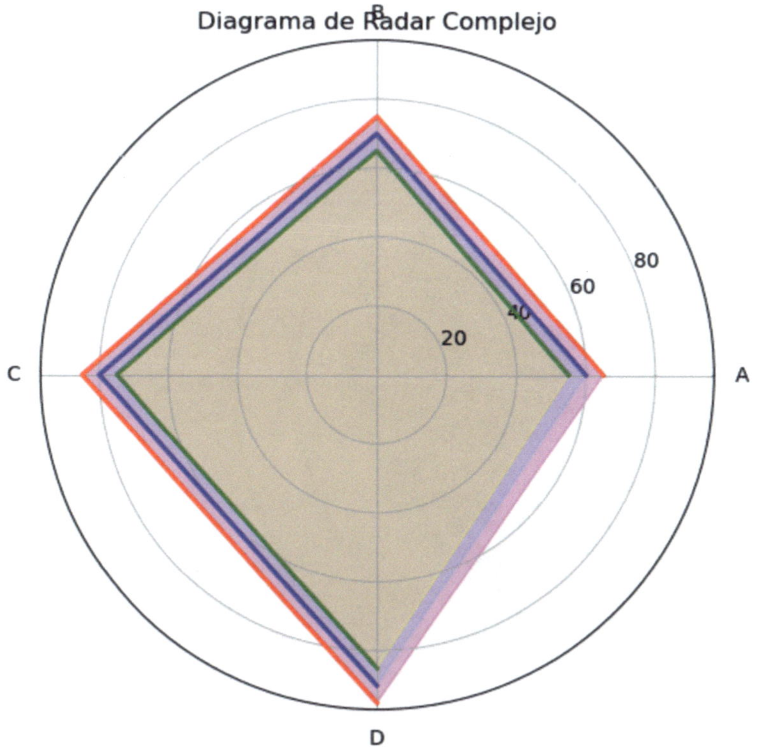

La implementación presenta tres trazados radiales en una visualización consolidada, diferenciados mediante codificación cromática específica:

In [138]:

```
# Ejercicio 138
stats3 = np.array([70, 80, 90, 85, 90])
stats3 = np.concatenate((stats3, [stats3[0]]))
fig, ax = plt.subplots(figsize=(6, 6), subplot_kw=dict(polar=True))
ax.fill(angles, stats1, color="red", alpha=0.25)
ax.fill(angles, stats2, color="blue", alpha=0.25)
ax.fill(angles, stats3, color="green", alpha=0.25)
ax.set_xticks(angles[:-1])
ax.set_xticklabels(labels)
plt.title("Tres Radares en un Gráfico")
plt.show()
```

Out [138]:

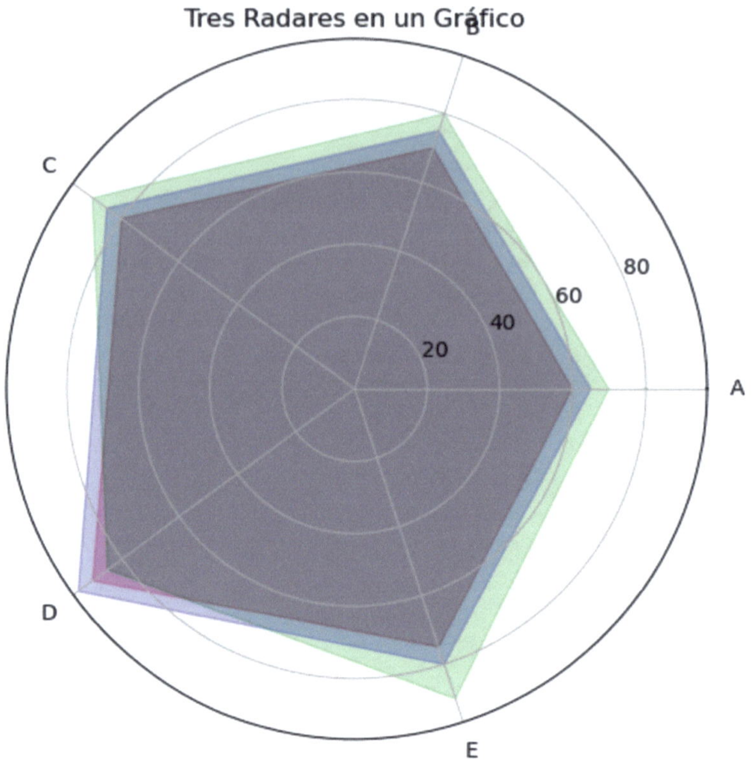

4.14 Diagrama de Marimekko

Los diagramas de Marimekko, también conocidos como gráficos de barras apiladas al 100 %, constituyen herramientas efectivas para visualizar datos categóricos en términos de porcentajes relativos. Estos diagramas integran la representación de barras apiladas con la representación porcentual, proporcionando una perspectiva clara de la distribución proporcional de las categorías en relación con el total. En este contexto, exploraremos la metodología para crear diagramas de Marimekko bidimensionales y tridimensionales empleando Python y la librería Matplotlib. Los diagramas de Marimekko resultan especialmente pertinentes en situaciones donde se desea ilustrar cómo diferentes variables contribuyen proporcionalmente a múltiples categorías.

En el ámbito financiero, un diagrama de Marimekko podría emplearse para ilustrar cómo se distribuyen los ingresos entre diferentes fuentes, tales como ventas, inversiones y otros componentes. En recursos humanos, un diagrama de Marimekko podría emplearse para visualizar la distribución de habilidades y experiencia en un equipo organizacional.

Al emplear diagramas de Marimekko, resulta pertinente considerar que la interpretación de porcentajes relativos es esencial. Además, en versiones tridimensionales, la visualización puede volverse compleja con conjuntos de datos más extensos, y se debe ejercer precaución para evitar distorsiones visuales. El siguiente diagrama ilustra un diagrama de Marimekko optimizado mediante Plotly:

In [139]:

```python
# Ejercicio 139
import plotly.graph_objects as go

# Datos
categories = ["A", "B", "C"]
values = [20, 30, 50]
subvalues = [[10, 10], [10, 20], [20, 30]]

# Gráfico
fig = go.Figure()
for i, (cat, val) in enumerate(zip(categories, values)):
    fig.add_trace(
        go.Bar(x=[cat], y=[val], name=cat, text=[f"Total: {val}%"],
            hoverinfo="text")
    )
    for j, subval in enumerate(subvalues[i]):
        fig.add_trace(
            go.Bar(
                x=[cat],
                y=[subval],
                name=f"{cat}_{j+1}",
                base=val,
                text=[f"Subcategoria {j+1}: {subval}%"],
                hoverinfo="text",
            )
        )

fig.update_layout(
    barmode="stack",
    title="Diagrama de Marimekko Mejorado con Plotly",
    xaxis_title="Categorías",
    yaxis_title="Porcentaje",
)
fig.show()
```

Out [139]:

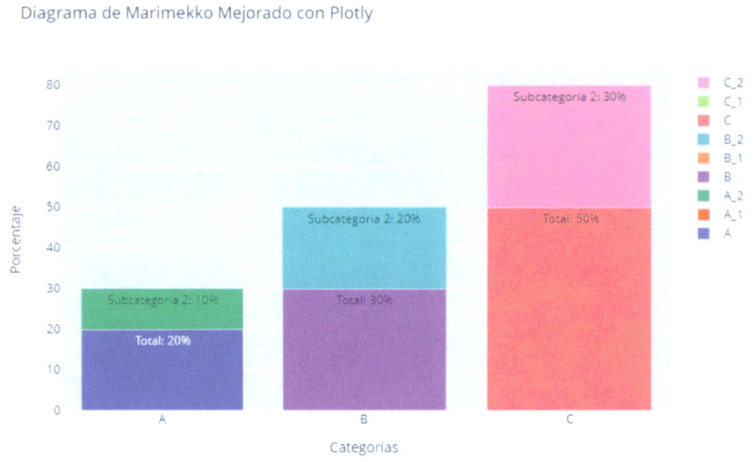

4.15 Gráfico de burbujas

Los gráficos de burbujas constituyen una herramienta visual especializada para representar datos tridimensionales en una proyección bidimensional o tridimensional. En este apartado, exploraremos la metodología para crear gráficos de burbujas bidimensionales y tridimensionales empleando Python y la biblioteca Matplotlib. Este tipo de visualización resulta efectivo cuando se desea transmitir información adicional a través del tamaño y la codificación cromática de las burbujas. Los gráficos de burbujas son extremadamente versátiles y encuentran aplicación en diversas áreas disciplinarias. En finanzas, un diagrama de burbujas puede representar la capitalización bursátil, el rendimiento y la volatilidad de diferentes activos financieros. En ciencia de datos, estas representaciones gráficas resultan pertinentes para visualizar conjuntos de datos multidimensionales, facilitando una comprensión expedita de patrones y relaciones. En marketing, los gráficos de burbujas pueden ilustrar el impacto de campañas en términos de costo, alcance y efectividad. Al emplear gráficos de burbujas, resulta esencial considerar la escala de las burbujas y cómo afecta la percepción visual. Además, es recomendable seleccionar cuidadosamente las paletas de colores para asegurar una representación clara de la variable cromática. El siguiente gráfico ilustra un diagrama de burbujas elemental:

In [140]:

```
# Ejercicio 140
import matplotlib.pyplot as plt
import numpy as np

# Crear un conjunto de datos de ejemplo
np.random.seed(0)
x = np.random.rand(15)
```

```
y = np.random.rand(15)
z = np.random.rand(15) * 1000 # Tamaño de las burbujas

# 1. Gráfico de burbujas básico
plt.figure(figsize=(8, 6))
plt.scatter(x, y, s=z)
plt.title("Basic Bubble Chart")
plt.xlabel("X axis")
plt.ylabel("Y axis")
plt.show()
```

Out [140]:

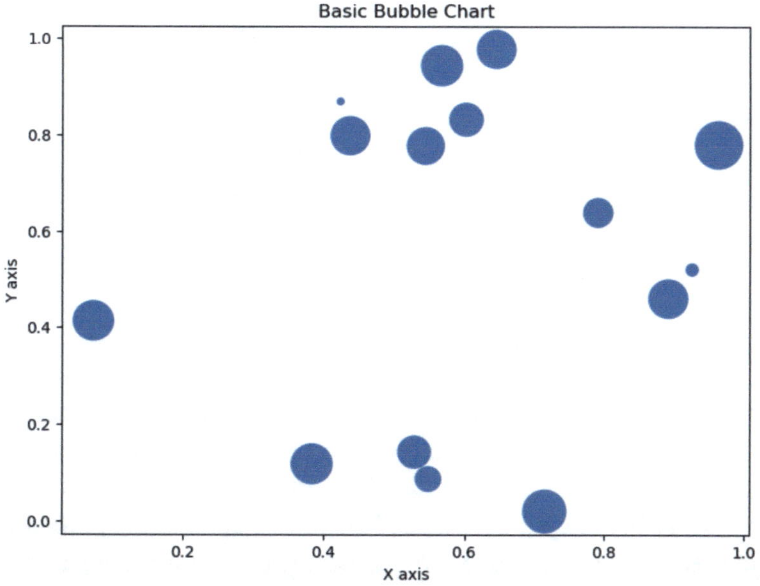

La representación subsecuente presenta un diagrama de burbujas que incorpora una escala cromática graduada para representar valores máximos y mínimos mediante codificación de color:

In [141]:

```
# Ejercicio 141
plt.figure(figsize=(8, 6))
colors = np.random.rand(15) # Generar colores aleatorios
plt.scatter(x, y, s=z, c=colors, cmap='viridis') # Usar el mapa de
    colores 'viridis'
plt.title('Bubble Chart with Custom Colors')
plt.xlabel('X axis')
plt.ylabel('Y axis')
plt.colorbar() # Mostrar la barra de colores
plt.show()
```

Out [141]:

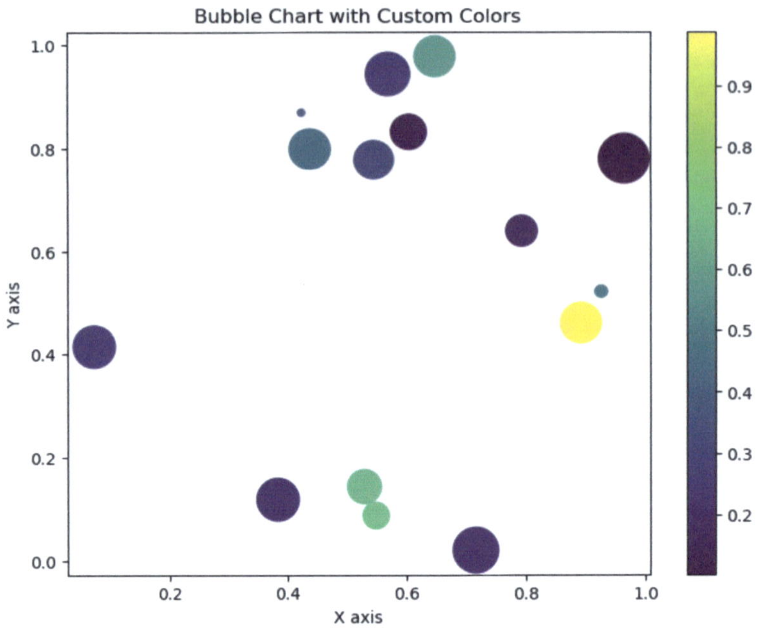

4.16 Diagrama de árbol

Los diagramas de árbol constituyen herramientas visuales especializadas para representar jerarquías y estructuras arbóreas en conjuntos de datos. En este segmento, exploraremos la metodología para crear diagramas de árbol bidimensionales y tridimensionales empleando Python y la biblioteca Matplotlib, con énfasis particular en la representación jerárquica de datos. La implementación se fundamenta en la utilización de la función dendrogram de la biblioteca SciPy para visualizar los diagramas de árbol bidimensionales. Un caso de aplicación relevante para los diagramas de árbol resulta la visualización de jerarquías resultantes de procesos de agrupación jerárquica. Esta funcionalidad resulta pertinente en el análisis de datos biológicos, donde se busca clasificar especies según similitudes genéticas.

En el ámbito empresarial, los diagramas de árbol resultan efectivos para representar estructuras organizacionales, ilustrando niveles jerárquicos que abarcan desde la alta dirección hasta los empleados operativos. En el procesamiento de lenguaje natural, los diagramas de árbol pueden emplearse para visualizar la estructura jerárquica de documentos, destacando secciones y subsecciones. Adicionalmente, la selección de paletas cromáticas y estilos puede optimizar la legibilidad del diagrama, especialmente cuando se trabaja con conjuntos de datos extensos.

Los diagramas de árbol proporcionan una representación visual efectiva de jerarquías y estructuras arbóreas en conjuntos de datos. Ya sea en configuraciones bidimensionales o tridimensionales, estas visualizaciones ofrecen una metodología intuitiva para explorar y comprender las relaciones jerárquicas. Python, en conjunto con las bibliotecas SciPy y Matplotlib, proporciona las herramientas necesarias para crear diagramas de árbol personalizados y adaptados a diversos contextos de análisis de datos. La representación siguiente ilustra los módulos que se configuran mediante estructuras arbóreas de representación:

In [142]:

```
# Ejercicio 142
# Importaremos las bibliotecas necesarias para todos los ejemplos
import squarify
import matplotlib.pyplot as plt

# Conjunto de datos de ejemplo
sizes = [25, 50, 75, 100]
labels = ['Grupo A', 'Grupo B', 'Grupo C', 'Grupo D']
colors = ['red', 'green', 'blue', 'grey']

# 1. Treemap básico con squarify
plt.figure(figsize=(12, 8))
squarify.plot(sizes=sizes, label=labels, color=colors, alpha=0.6)
plt.axis('off')
plt.title('Treemap Básico con Squarify')
plt.show()
```

Out [142]:

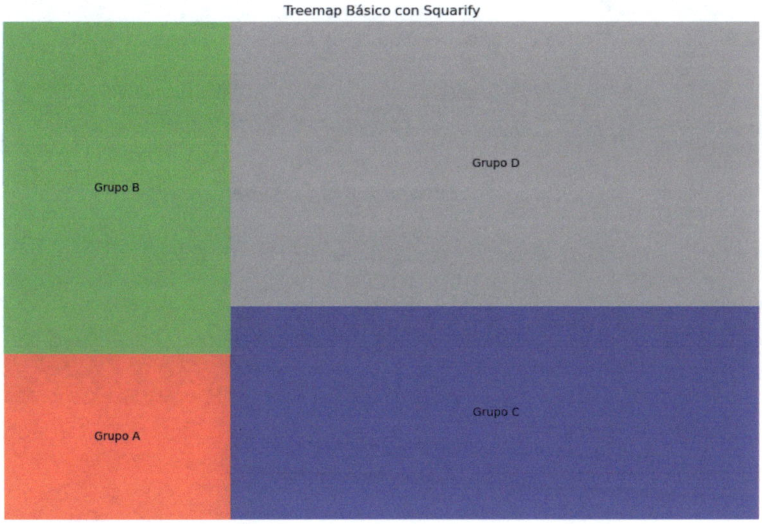

Esta representación ilustra un mapa de árboles organizados jerárquicamente, donde se emplea diferenciación cromática para cada sector, manteniendo los módulos visualmente separados:

In [143]:

```
# Ejercicio 143
import squarify
import matplotlib.pyplot as plt

sizes = [ 25, 50, 75, 100, 30, 20, 25, 50,
         75, 100, 30, 20, 25, 50, 75, 100,
         30, 20, 25, 50, 75, 100, 30, 20]
labels = [ "Grupo A", "Grupo B", "Grupo C", "Grupo D", "Grupo E",
          "Grupo F", "Grupo G", "Grupo H", "Grupo I", "Grupo J",
          "Grupo K", "Grupo L", "Grupo M", "Grupo N", "Grupo O",
          "Grupo P", "Grupo Q", "Grupo R", "Grupo S", "Grupo T",
          "Grupo U", "Grupo V", "Grupo W", "Grupo X"]
colors = [ "red", "green", "blue", "grey", "yellow", "purple",
          "red", "green", "blue", "grey", "yellow", "purple",
          "red", "green", "blue", "grey", "yellow", "purple",
          "red", "green", "blue", "grey", "yellow", "purple"]
plt.figure(figsize=(12, 12))

# Calcula el porcentaje de cada tamaño
total_size = sum(sizes)
percentages = [(size / total_size) * 100 for size in sizes]

# Añade etiquetas con nombres y tamaños
label_sizes = [
    f"{label}\n{size:.1f}% ({value})"
    for label, size, value in zip(labels, percentages, sizes)
]
squarify.plot(sizes=sizes, label=label_sizes, color=colors, alpha=0.6,
      pad=True)
plt.axis("off")
plt.title("Treemap Jerárquico con Tamaños")
plt.show()
```

Out [143]:

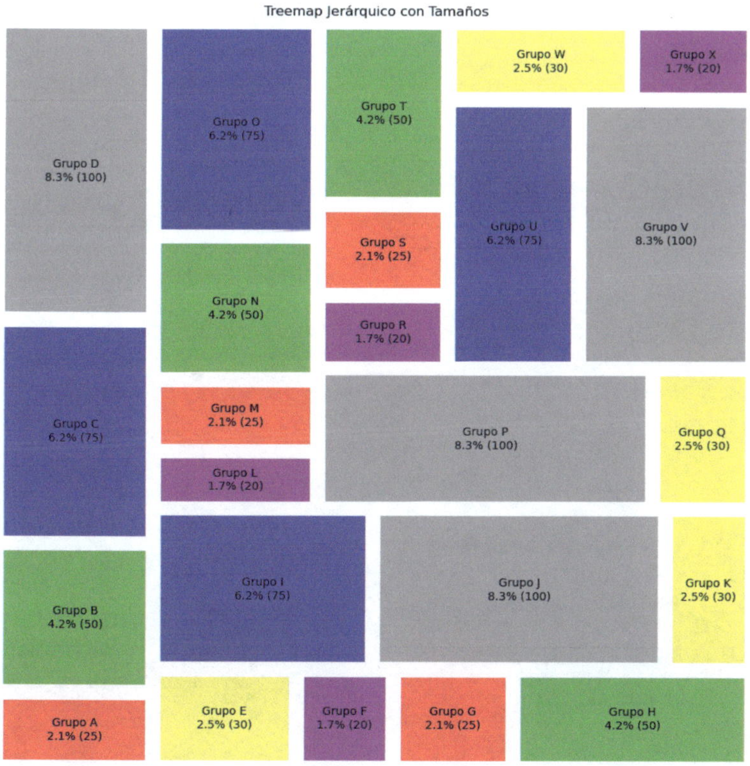

4.17 Gráfica de densidad

Las gráficas de densidad constituyen herramientas analíticas especializadas en el análisis de datos, facilitando la visualización de la distribución y concentración de valores en espacios bidimensionales o tridimensionales. En este segmento, exploraremos la metodología para crear gráficas de densidad bidimensionales y tridimensionales empleando Python, mediante el uso de las bibliotecas Seaborn y Matplotlib. Procedemos a examinar un ejemplo de gráfica de densidad bidimensional.

Al interpretar diagramas de densidad, resulta esencial comprender la escala cromática empleada para representar la densidad. Además, el ajuste de la cantidad de niveles de contorno puede afectar la claridad de la visualización.

Las gráficas de densidad bidimensionales constituyen recursos visuales valiosos para explorar la distribución y concentración de datos en múltiples dimensiones. Python, con librerías como Seaborn y Matplotlib, facilita la creación de estas visualizaciones, proporcionando a los analistas de datos herramientas efectivas para examinar la estructura de los conjuntos de datos. La integración de gráficas de densidad en el análisis exploratorio de datos optimiza la capacidad de identificar patrones de tendencias y tomar decisiones informadas basadas en la distribución de los datos. Se presenta una implementación de densidades acumuladas análogas a las distribuciones de probabilidades.[5] La representación siguiente ilustra un diagrama de densidades elemental:

In [144]:

```
# Ejercicio 144
import matplotlib.pyplot as plt
import numpy as np
import seaborn as sns

# Generando datos aleatorios
data1 = np.random.normal(loc=0, scale=1, size=1000)

# Creando el diagrama de densidad
plt.figure(figsize=(8, 6))
plt.hist(data1, bins=30, density=True, alpha=0.6, color="g")

# Calculando la densidad
density = np.histogram(data1, bins=30, density=True)
count, bins_count = density
pdf = count / sum(count)

# Calculando la densidad de probabilidad
cdf = np.cumsum(pdf)

# Plotting PDF and CDF
plt.plot(bins_count[1:], pdf, color="red", label="PDF")
plt.plot(bins_count[1:], cdf, label="CDF")
plt.title("Diagrama de Densidad Básico")
plt.ylabel("Densidad")
plt.xlabel("Valor")
plt.legend()
plt.show()
```

Out [144]:

[5] Grus, J. (2015). "Data Science From Scratch". United States of America. O'Reilly Media Inc.

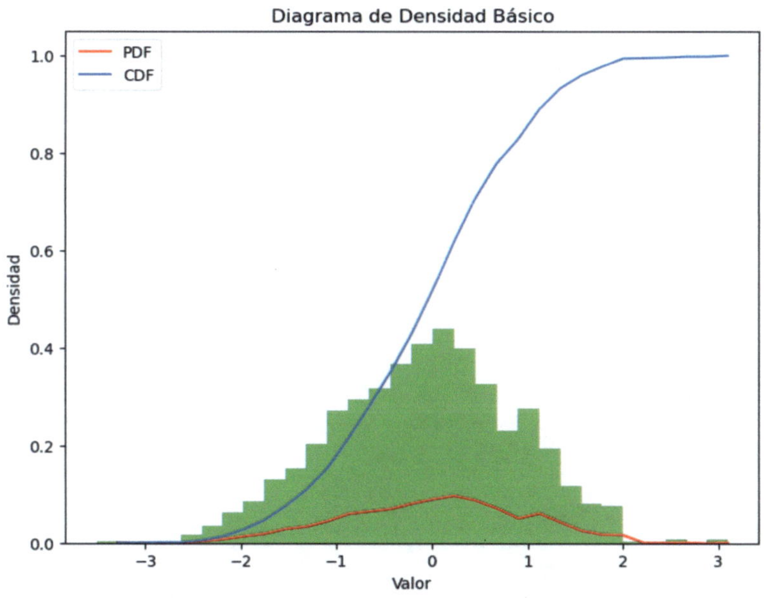

La implementación siguiente presenta un diagrama de densidad comparativo entre dos curvas de datos, facilitando el análisis contrastivo de densidades entre distribuciones:

In [145]:

```
# Ejercicio 145
# Generando otro conjunto de datos
data2 = np.random.normal(loc=2, scale=1.5, size=1000)
plt.figure(figsize=(8, 6))

# Dibujando las densidades de ambos conjuntos de datos
sns.kdeplot(data1, shade=True, color="blue", label="Grupo 1")
sns.kdeplot(data2, shade=True, color="orange", label="Grupo 2")
plt.title("Diagrama de Densidad con Múltiples Grupos")
plt.ylabel("Densidad")
plt.xlabel("Valor")
plt.legend()
plt.show()
```

Out [145]:

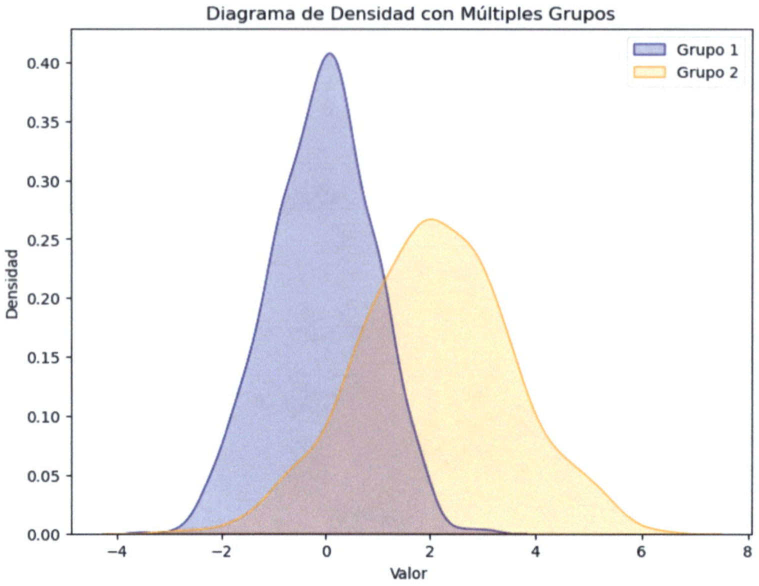

La representación ilustra una interpolación de datos en un terreno, configuración particularmente pertinente para analizar la densidad en datos espaciales:

In [146]:

```python
# Ejercicio 146
# Generando un segundo conjunto de datos para la segunda dimensión
data2_2d = np.random.normal(loc=2, scale=1.5, size=1000)
plt.figure(figsize=(8, 6))

# Creando un diagrama de densidad 2D
sns.kdeplot(x=data1, y=data2_2d, cmap="Reds", shade=True, bw_adjust
    =0.5)
plt.title("Diagrama de Densidad 2D")
plt.xlabel("Variable X")
plt.ylabel("Variable Y")
plt.show()
```

Out [146]:

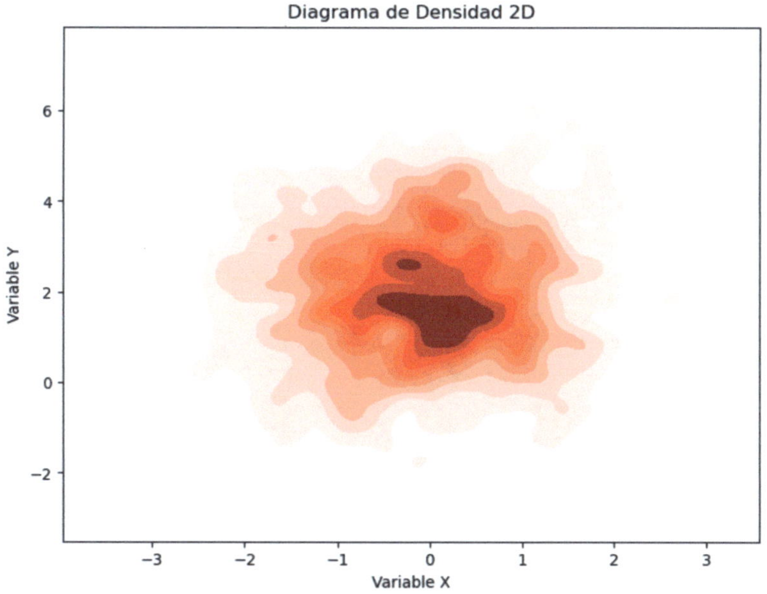

4.18 Diagrama de Venn

Los diagramas de Venn constituyen herramientas visuales especializadas que permiten representar las intersecciones y diferencias entre conjuntos de datos. Estas representaciones gráficas resultan idóneas para visualizar las relaciones entre diferentes datos y examinar cómo se superponen o se excluyen mutuamente. En este segmento, exploraremos el desarrollo de diagramas de Venn bidimensionales y, de manera simulada, tridimensionales empleando Python y la biblioteca matplotlib_venn. Aunque matplotlib_venn está diseñado principalmente para diagramas de Venn bidimensionales, es posible simular un diagrama de Venn tridimensional empleando la biblioteca Matplotlib estándar. Aunque la interpretación de la visualización tridimensional es limitada, puede proporcionar una representación conceptual. Los segmentos que no se superponen en un gráfico de Venn dan información sobre datos exclusivos de cada conjunto, lo que puede resultar pertinente para ciertos análisis. Es conveniente recordar que los diagramas de Venn resultan más efectivos cuando se emplean para representar un número reducido de conjuntos. Los diagramas de Venn constituyen herramientas valiosas para visualizar las intersecciones y diferencias entre conjuntos de datos. Python, con bibliotecas como matplotlib_venn y matplotlib, ofrece la capacidad de crear estas visualizaciones de manera eficiente. Al examinar las relaciones y las áreas de intersección, los profesionales de datos pueden obtener información valiosa que impulsa la toma de decisiones informadas.[6] La integración de diagramas de Venn en el análisis de datos facilita la identificación

[6] Fontaine, E. (1999). "Evaluación Social de Proyectos". Bogotá D.C., Colombia. Alfaomega Grupo Editor.

de patrones y tendencias relevantes en conjuntos de datos complejos, tal como se ilustra a continuación:

In [147]:

```
# Ejercicio 147
from matplotlib_venn import venn2
import matplotlib.pyplot as plt

# Definiendo dos conjuntos de ejemplo
set1 = set(["A", "B", "C", "D"])
set2 = set(["B", "C", "E", "F"])
plt.figure(figsize=(8, 6))
venn2([set1, set2], ("Conjunto 1", "Conjunto 2"))
plt.title("Diagrama de Venn de 2 Conjuntos")
plt.show()
```

Out [147]:

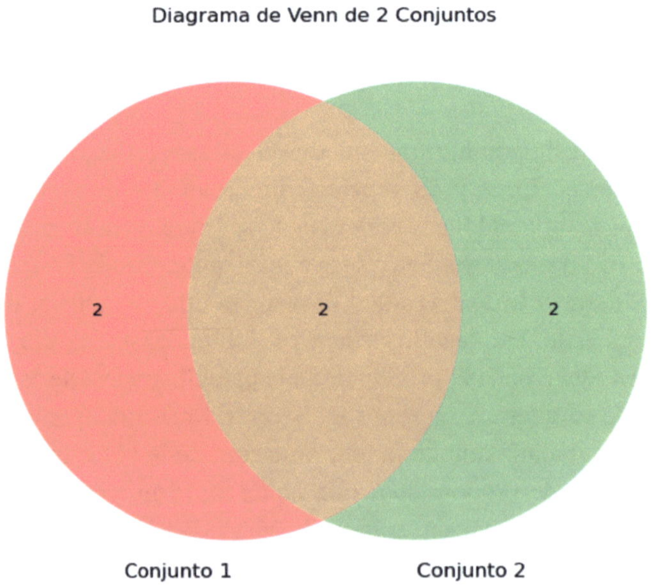

La configuración subsecuente presenta una implementación alternativa de diagrama de Venn:

In [148]:

```
# Ejercicio 148
from matplotlib_venn import venn3

# Definiendo tres conjuntos de ejemplo
set1 = set(["A", "B", "C", "D"])
set2 = set(["B", "C", "E", "F"])
```

```
set3 = set(["C", "D", "E", "G"])
plt.figure(figsize=(8, 6))
venn3([set1, set2, set3], ("Conjunto 1", "Conjunto 2", "Conjunto 3"))
plt.title("Diagrama de Venn de 3 Conjuntos")
plt.show()
```

Out [148]:

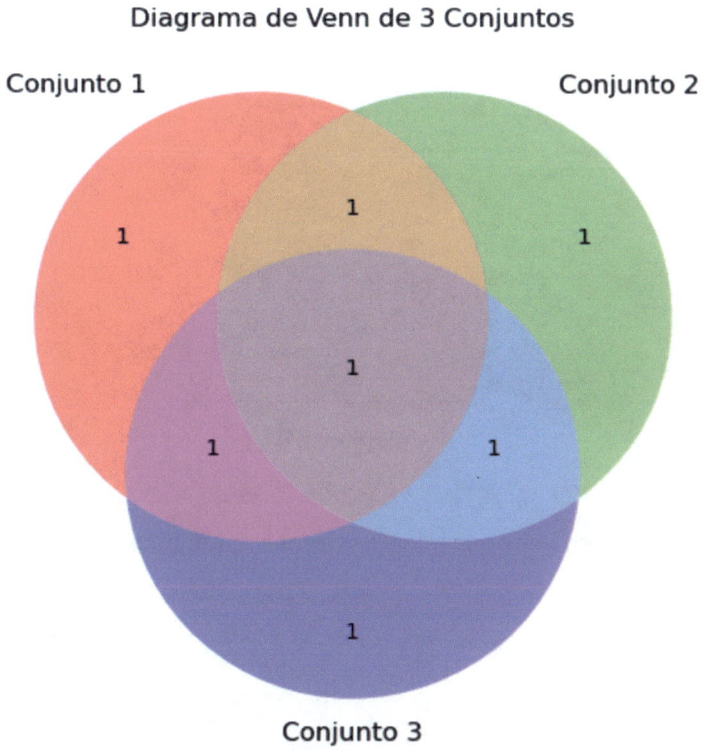

Procedemos a examinar un diagrama de Venn particularmente pertinente para análisis probabilísticos:

In [149]:

```
# Ejercicio 149
plt.figure(figsize=(8, 6))
v = venn2(subsets=(3, 2, 1), set_labels=("Conjunto A", "Conjunto B"))

# Personalizando el estilo de las etiquetas
for text in v.set_labels:
    text.set_fontsize(14)
    text.set_color("blue")

# Cambiando el texto en las intersecciones
v.get_label_by_id("10").set_text("Solo A")
v.get_label_by_id("01").set_text("Solo B")
```

```
v.get_label_by_id("11").set_text("A y B")
plt.title("Diagrama de Venn con Etiquetas Personalizadas")
plt.show()
```

Out [149]:

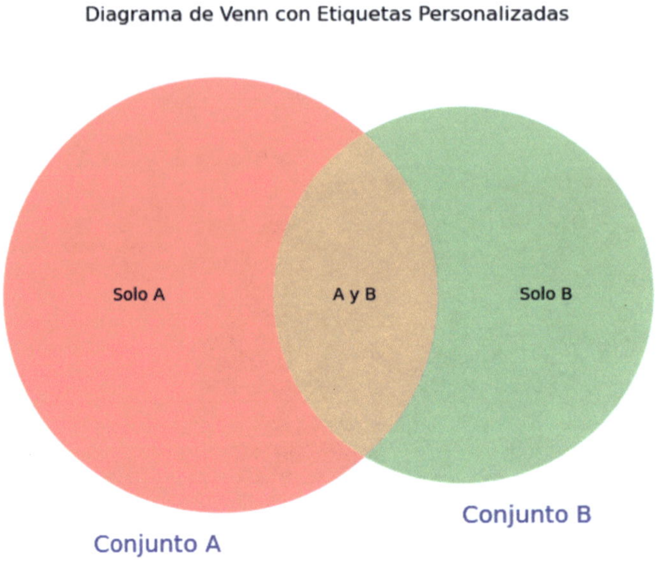

Se muestra un diagrama de Venn que integra valores cuantitativos y anotaciones explicativas:

In [150]:

```
# Ejercicio 150
# Supongamos que tenemos tres grupos de personas con diferentes
    intereses
intereses_grupo1 = set(["fútbol", "béisbol", "natación"])
intereses_grupo2 = set(["béisbol", "baloncesto", "tenis"])
intereses_grupo3 = set(["natación", "tenis", "golf"])
plt.figure(figsize=(8, 6))
v = venn3(
    [intereses_grupo1, intereses_grupo2, intereses_grupo3],
    ("Grupo 1", "Grupo 2", "Grupo 3"),
)

# Añadiendo anotaciones para una mejor comprensión
plt.annotate(
    "Fútbol solo en Grupo 1",
    xy=v.get_label_by_id("100").get_position() - np.array([0.1, 0]),
    xytext=(-70, -70),
    textcoords="offset points",
    bbox=dict(boxstyle="round,pad=0.5", fc="yellow", alpha=0.5),
    arrowprops=dict(arrowstyle="->", connectionstyle="arc3,rad=.5",
        color="black"),
```

```
)
plt.title("Diagrama de Venn con Datos Reales y Anotaciones")
plt.show()
```

Out [150]:

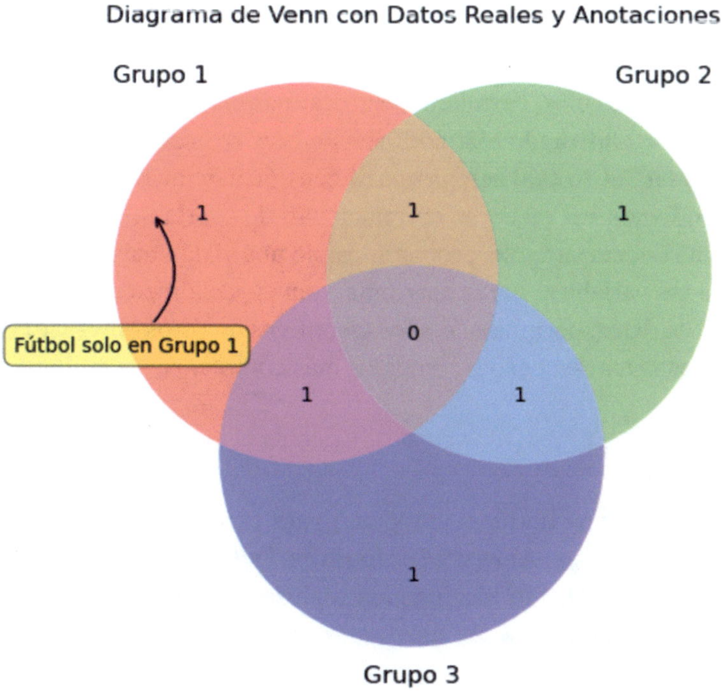

4.19 Resumen

En resumen, se tienen los siguientes puntos más relevantes del capítulo:

4.1. Diagramas de dispersiones

Los diagramas de dispersión se usan en Machine Learning para visualizar y entender la relación entre dos o más variables. Permiten identificar patrones y distribuciones de datos de manera efectiva. Utilizando Matplotlib en Python, se pueden crear estos diagramas tanto en 2D y en 3D, lo cual agrega una dimensión adicional de análisis. Por ejemplo, en 2D, podemos ver cómo se correlacionan dos variables, mientras que en 3D, añadimos una tercera variable, proporcionando una visión más completa de la interacción entre las variables. Estos diagramas son especialmente útiles en el análisis exploratorio de datos, permitiendo a los científicos de datos observar las relaciones entre variables antes de construir modelos más complejos.

4.2. Diagrama de barras

Los diagramas de barras son una herramienta visual para comparar la magnitud de diferentes variables o categorías. Al usar Matplotlib en Python, se pueden crear tanto en 2D como en 3D. En 2D, son ideales para representar y comparar datos categorizados en un eje, mientras que los diagramas de barras 3D ofrecen una representación más rica y detallada, añadiendo una tercera variable. Estos gráficos se usan en el análisis exploratorio de datos, ya que proporcionan una manera clara y concisa de presentar datos categóricos y comparaciones entre diferentes grupos o categorías.

4.3. Diagrama de líneas

Los diagramas de líneas en 3D son una extensión natural de sus contrapartes 2D, ofreciendo una forma dinámica de visualizar la relación entre tres variables. Son particularmente útiles en la representación de datos a lo largo del tiempo, donde una tercera variable puede añadir contexto o profundidad adicional al análisis. Por ejemplo, en un contexto financiero, un diagrama de líneas en 3D podría mostrar cómo varía el precio de una acción con el tiempo, teniendo en cuenta un tercer factor como el volumen de trading.

4.4. Histogramas

Los histogramas son esenciales para visualizar la distribución de datos y comprender la frecuencia de diferentes valores en un conjunto de datos. Al crear histogramas en 2D y 3D con Matplotlib, podemos no solo ver la distribución de una sola variable, sino también explorar las relaciones entre variables. Por ejemplo, un histograma 2D muestra cómo dos variables se correlacionan en términos de frecuencia, mientras que un histograma 3D puede agregar una dimensión adicional de análisis, como la intensidad o magnitud de estas relaciones.

4.5. Diagrama de cajas

Los diagramas de cajas, o boxplots, son herramientas para visualizar la distribución estadística de datos. Proporcionan información útil sobre la mediana, cuartiles, dispersión y posibles valores atípicos. Al usar Matplotlib para crear diagramas de cajas en 2D y 3D, se pueden comparar eficazmente las distribuciones de varias variables. En 2D, estos gráficos son excelentes para comparar la distribución de una variable a través de diferentes categorías, mientras que en 3D, los boxplots pueden extender este análisis, permitiendo una comparación más detallada entre grupos o a lo largo del tiempo.

4.6. Gráfico de sectores

Los gráficos de sectores son excelentes para mostrar la composición de un todo, representando datos en términos de porcentajes de un total. Son particularmente útiles para visualizar la distribución de categorías de datos, como la cuota de mercado de diferentes compañías en una industria. Al representar las categorías como un sector de un círculo, estos gráficos facilitan la comprensión inmediata de las proporciones relativas y la importancia de cada categoría dentro del conjunto total.

4.7. Mapas de calor

Los mapas de calor son herramientas visuales para representar la densidad o intensidad de los datos en espacios bidimensionales o tridimensionales. Utilizando la librería Matplotlib en Python, estos mapas permiten una representación colorida y a menudo de dispersión. Los gráficos de dispersión son utilizados en el análisis de datos, especialmente en Machine Learning, quienes permiten de forma visual, comprender la relación entre dos o más variables, identificando patrones y distribuciones de los datos de manera intuitiva. Utilizando la librería Matplotlib en Python, se pueden crear tanto en 2D como en 3D. Por ejemplo, en un diagrama de dispersión 2D, cada punto muestra un elemento del conjunto de datos con su posición en el gráfico correspondiendo a los valores de dos variables. Al agregar una tercera dimensión, estos diagramas ofrecen una visión de las relaciones entre las variables, lo que es útil para entender complejidades en conjuntos de datos multidimensionales.

4.8. Diagrama de curvas de nivel

Los diagramas de curvas de nivel son esenciales para representar datos espaciales, particularmente en geografía y meteorología. Permiten visualizar el relieve de un terreno o las variaciones de una determinada magnitud en un espacio. En 2D, se representan por líneas que conectan puntos de igual valor, mientras que en 3D, se extienden estas líneas a superficies, proporcionando una comprensión más profunda de la topografía o de la distribución espacial de una variable. Por ejemplo, en meteorología, las curvas de nivel se utilizan para representar áreas de igual presión atmosférica en mapas, lo que sirve para la predicción del tiempo.[7]

4.9. Diagrama de violín

Los diagramas de violín combinan las ventajas de los boxplots y los diagramas de densidad, ofreciendo una visión completa de la distribución de los datos. Son útiles para comparar distribuciones entre diferentes categorías. En análisis de datos y Machine Learning, estos diagramas ayudan a identificar patrones, sesgos y la homogeneidad en los datos. Por ejemplo, se usan para comparar la distribución de los salarios entre diferentes departamentos de una empresa, destacando tanto las diferencias en términos de mediana y cuartiles como la forma general de la distribución de los salarios en cada departamento.[8]

4.10. Diagrama de contornos para mapas

Los diagramas de contorno para mapas son herramientas para visualizar la densidad y variación de datos en dos o tres dimensiones. Son especialmente valiosos en geografía y ciencias ambientales para representar la topografía o características de una región. Permiten identificar patrones, áreas de concentración y variaciones en la densidad de datos, siendo útil en el análisis de datos espaciales. Por ejemplo, se usa para visualizar la distribución de la temperatura o la precipitación en un área geográfica, ofreciendo una comprensión clara de las variaciones climáticas en diferentes regiones.

4.11. Diagrama de áreas en 2D y volúmenes

Los diagramas de áreas en 2D son útiles para mostrar cómo varias categorías contribuyen a un total a lo largo del tiempo o en una dimensión específica. En 3D, estos gráficos se transforman en volúmenes, dando una representación 3d de

---

[7]Cressie, N. (1993). "Statistics for Spatial Data". United States of America. Editor John Wiley & Sons, Inc.

[8]Venero B. (1999). "Análisis Matemático 2". Lima, Perú. Ediciones Gemar.

la contribución relativa de diferentes variables. Son particularmente relevantes en el ámbito financiero para visualizar la distribución de carteras de inversión a lo largo de diferentes activos. En Machine Learning, pueden emplearse para entender cómo evolucionan ciertas características de los datos a lo largo del tiempo, como el crecimiento de diferentes segmentos de un mercado.

4.12. Diagrama de redes en 2D y volúmenes

Los diagramas de redes, proporcional las imágenes para que el lector o el desarrollador, puedan ver el flujo de comportamiento paso a paso y con conectores, de diferentes tipos de datos y su relación entre ellos. Son útiles para comprender el comportamiento de redes neuronales artificiales simples, intermedias y avanzadas, aun en el caso de las redes neuronales avanzadas, es necesario tener paciencia para lograr entender el comportamiento sistemático de la misma.

4.13. Diagrama de radar en 2D

Los diagramas de radar son herramientas visuales para múltiples variables en una escala común, siendo especialmente útiles para comparar el rendimiento o características de diferentes categorías según diversas métricas. Desde un punto de vista empresarial, se utilizan para evaluar el rendimiento de productos en áreas como calidad, marketing y satisfacción del cliente. En el mercado, permiten comparar competidores en precios y características del producto. En educación, representan habilidades de estudiantes en distintas áreas, ofreciendo una visión holística del rendimiento. La creación de estos diagramas en 2D y 3D con Python y Matplotlib permite visualizar patrones y tendencias en conjuntos de datos multidimensionales. Sin embargo, es útil la interpretación adecuada de estos gráficos, especialmente en su versión 3D, para evitar distorsiones en la percepción visual.

4.14. Diagrama de Marimekko

El gráfico de Marimekko, conocido como gráfico de barras apiladas 100 %, es efectivo para presentar datos categóricos en términos de porcentajes relativos. Combina barras apiladas con un gráfico de porcentajes, mostrando cómo diferentes variables contribuyen proporcionalmente a diversas categorías. Este tipo de visualización sirve en muchas áreas, como en negocios para representar la cuota de mercado de diferentes productos, o en recursos humanos para mostrar la distribución de habilidades en equipos.

4.15. Gráfico de burbujas

Los diagramas de burbujas son efectivos para datos tridimensionales en una proyección bidimensional. La información adicional se pasa a través del tamaño y color de las burbujas. Este tipo de diagramas son útiles para visualizar la magnitud de los datos y comparar distintas categorías o variables en un mismo espacio. Un ejemplo específico incluye un gráfico donde se utiliza una barra de colores en degrades, para representar los valores de mayor a menor importancia, lo cual añade una dimensión adicional de análisis y comprensión de los datos.

4.16. Diagrama de árbol

Los gráficos de árboles son herramientas para representar jerarquías y estructuras de árbol en conjuntos de datos. Estos gráficos se crean tanto en 2D como en 3D utilizando Python y Matplotlib, con un enfoque especial en la representación jerárquica de datos. Un uso común es la visualización de jerarquías resultantes de procesos de agrupamiento jerárquico, como en el análisis de datos biológicos para clasificar especies según similitudes genéticas. Los diagramas de árbol en 2D a menudo utilizan la función dendrogram de SciPy, mientras que las representaciones en 3D brindan una perspectiva más compleja y detallada de las estructuras jerárquicas .[9]

4.17. Diagrama de densidad

El diagrama de densidad es una herramienta de visualización útil para mostrar la distribución y concentración de datos en un espacio. Permite identificar zonas de alta y baja densidad de datos, usados en las áreas de geografía, la demografía y en estudios relacionados con el comportamiento de masas o la distribución espacial de fenómenos. Estos diagramas pueden ser especialmente útiles en el análisis de conjuntos masivos de datos, proporcionando una manera intuitiva y visual de identificar patrones y tendencias.

4.18. Diagrama de Venn

Los Diagramas de Venn son una herramienta para representar las intersecciones y diferencias entre conjuntos de datos. Estas representaciones gráficas son ideales para visualizar relaciones entre diferentes conjuntos y entender cómo se superponen o se excluyen mutuamente. Utilizando Python y la biblioteca matplotlib_venn, se pueden crear diagramas de Venn en 2D y, de manera simulada, en 3D.

---

[9]Nisbet, R. Elder, J. & Miner, G. (2009). "Handbook of Statistical Analysis & Data Mining Applications". Canada. Elsevier Inc.

4.20 Problemas y sus Soluciones

Se tienen los siguientes problemas y soluciones:

Pregunta 1. ¿Cuál es el propósito de la visualización de datos en Machine Learning?

A) Hacer datos sean más atractivos.
B) Reducir la cantidad de datos necesarios para el análisis.
C) Comprender mejor la información contenida en los datos.
D) Reemplazar completamente el análisis estadístico.
E) Crear gráficos interactivos.
F) Simplificar la programación en Python.

Pregunta 2. ¿Qué tipo de gráficos se pueden crear utilizando la librería Matplotlib en Python según el capítulo?

A) Solo gráficos en 2D.
B) Gráficos lineales y de barras solamente.
C) Gráficos 2D y 3D, diagramas y mapas.
D) Únicamente gráficos de pastel.
E) Gráficos animados solamente.
F) Solo mapas geográficos.

Pregunta 3. ¿Qué permiten los diagramas de dispersión en Machine Learning?

A) Predecir futuras tendencias de datos.
B) Identificar patrones y mostrar datos.
C) Crear bases de datos.
D) Reducir la dimensión de los datos.
E) Automatizar el proceso de Machine Learning.
F) Generar código Python automáticamente.

Pregunta 4. En un gráfico de dispersión, ¿Qué representa el tamaño de los puntos cuando se utiliza la expresión sizes = 100 * np.random.rand(50)?

A) El color de los puntos.
B) La distancia entre los puntos.
C) El número total de puntos.
D) La opacidad de los puntos.
E) El tamaño variable de los puntos.
F) La velocidad de trazado de los puntos.

Pregunta 5. ¿Cuál es la utilidad de los mapas de calor en Machine Learning?

A) Solo para desarrollar efectos visuales en los datos.
B) Para predecir el rendimiento futuro de un modelo.
C) Para visualizar la distribución geográfica de los datos únicamente.
D) Para visualizar la densidad de puntos y detectar anomalías.
E) Para comparar diferentes modelos de Machine Learning.
F) Únicamente para gráficos relacionados con la temperatura.

Pregunta 6. ¿Qué aspecto de los juegos puede visualizarse con la teoría de juegos en Machine Learning?

A) La probabilidad de ganar un juego.
B) Las reglas específicas de cada juego.
C) Diferentes opciones que afectan cada jugada en una red compleja.
D) El diseño gráfico de videojuegos.
E) La creación automática de juegos.
F) El cálculo de puntos en juegos deportivos.

Pregunta 7. ¿Qué representa G = nx.Graph() en el contexto de Machine Learning?

A) Una función para generar gráficos.
B) Un comando para iniciar Python.
C) Una ecuación matemática.
D) La creación de un objeto gráfico en la red.
E) Un método para calcular probabilidades.
F) La inicialización de una base de datos.

Pregunta 8. ¿Qué se puede visualizar con la interpolación de datos en terrenos en Machine Learning?

A) El tamaño de un terreno específico.
B) La velocidad de cambio de los datos.
C) La densidad en datos espaciales.
D) La proyección futura de los datos.
E) La distribución de la población mundial.
F) La temperatura del terreno.

Pregunta 9. ¿Para qué se utiliza la expresión data2_2d = np.random.normal(loc=2, scale=1.5, size=1000)?

A) Para crear un gráfico de líneas
B) Para generar un mapa mundial.
C) Para generar un segundo conjunto de datos en la segunda dimensión.
D) Para calcular la media de datos.
E) Para crear un gráfico de barras.
F) Para iniciar la librería Matplotlib.

Pregunta 10. ¿Qué tipo de visualización es efectiva para entender la relación entre dos o más variables en Machine Learning?

A) Gráfico de líneas.
B) Gráfico de barras.
C) Gráfico de pastel.
D) Mapa geográfico.
E) Diagrama de dispersión.
F) Histograma.

Pregunta 11. ¿Qué representan los diagramas de Venn en 2D?

A) La distribución geográfica de datos.
B) La correlación entre diferentes variables.
C) La evolución de una variable en el tiempo.
D) Las intersecciones y diferencias entre conjuntos de datos.
E) La densidad poblacional en diferentes regiones.
F) La variabilidad de unos datos.

Pregunta 12. ¿Qué biblioteca se utiliza en Python para crear diagramas de Venn?

A) pandas.
B) numpy.
C) scipy.
D) matplotlib.
E) matplotlib_venn.
F) seaborn.

Pregunta 13. ¿Cuál es una aplicación práctica de los mapas de calor en Machine Learning?

A) Predecir el clima.
B) Representar la topografía de un terreno.
C) Mostrar la distribución de datos y detectar anomalías.

D) Dibujar mapas geográficos detallados.
E) Estimar el rendimiento de un algoritmo.
F) Crear gráficos de barras interactivos.

Pregunta 14. ¿Qué indica el comando import seaborn as sns en un código Python?

A) Importar una biblioteca para crear gráficos estadísticos.
B) Inicializar una base de datos para análisis de datos.
C) Importar la biblioteca Seaborn para visualización de datos.
D) Configurar el entorno de desarrollo para Python.
E) Importar una herramienta para el manejo de matrices.
F) Preparar un entorno para análisis de texto.

Pregunta 15. ¿Qué representa la línea import numpy as np en un script de Python?

A) Importar la biblioteca NumPy con el alias 'np'.
B) Iniciar un nuevo proyecto en Python.
C) Importar datos desde un archivo de NumPy.
D) Crear una nueva matriz de datos.
E) Inicializar un servidor de NumPy.
F) Conectar a una base de datos NumPy.

Pregunta 16. ¿Para qué se utiliza la línea fig.show() en Python?

A) Para mostrar un gráfico o figura.
B) Para guardar un gráfico en el disco.
C) Para configurar las propiedades de un gráfico.
D) Para iniciar una nueva figura.
E) Para ocultar un gráfico.
F) Para configurar la paleta de colores de un gráfico.

Pregunta 17. ¿Cuál es el propósito de usar la instrucción Out [ ]: en un cuaderno de Jupyter?

A) Para mostrar el resultado de un cálculo.
B) Para importar datos desde un archivo externo.
C) Para indicar la salida de una celda de código.
D) Para crear una nueva variable.
E) Para iniciar una función en Python.
F) Para comentar el código.

Pregunta 18. ¿Cuál es la finalidad de la línea # Configuración del gráfico en un script de Python?

A) Para añadir una leyenda al gráfico.
B) Para cambiar el tamaño de la figura.
C) Para seleccionar el tipo de gráfico a mostrar.
D) Para personalizar la apariencia del gráfico.
E) Para exportar el gráfico a un archivo.
F) Para iniciar la creación de un gráfico.

Pregunta 19. ¿Qué se logra con el comando import matplotlib.pyplot as plt en Python?

A) Importar la biblioteca de Machine Learning.
B) Importar la biblioteca Matplotlib para graficar.
C) Configurar el entorno de desarrollo Python.
D) Iniciar una nueva figura o gráfico.
E) Importar una base de datos para análisis.
F) Establecer una conexión a internet.

Pregunta 20. ¿Qué indica el uso de, sns.kdeplot en Python?

A) Crear un gráfico de densidad kernel.
B) Iniciar una secuencia de comandos en Python.
C) Realizar un análisis estadístico.
D) Conectar con una base de datos externa.
E) Importar un conjunto de datos.
F) Configurar la interfaz de usuario de una aplicación.

4.21 Problemas

Se tienen los siguientes problemas:

Pregunta 1. ¿Qué permiten hacer los diagramas de dispersión en Machine Learning?

A) Predecir futuros eventos.
B) Entender la relación entre variables y mostrar distribuciones.
C) Automatizar procesos de aprendizaje.
D) Crear bases de datos.
E) Dibujar mapas geográficos.
F) Estimar resultados financieros.

Pregunta 2. ¿Qué muestra un gráfico de dispersión en 2D?

A) La evolución de una variable en el tiempo.
B) La relación entre dos variables en un plano cartesiano.
C) Datos geográficos.
D) Una proyección tridimensional de datos.
E) Resultados de encuestas.
F) Predicciones climáticas.

Pregunta 3. ¿Qué indica el código sizes = 100 * np.random.rand(50) en un diagrama de dispersión?

A) El tamaño variable de puntos en el diagrama.
B) El número de puntos en el gráfico.
C) La transparencia de los puntos.
D) La velocidad de trazado de los puntos.
E) La posición de puntos en el eje X.
F) El color de los puntos.

Pregunta 4. ¿Qué son los mapas de calor en Machine Learning?

A) Herramientas para medir la temperatura.
B) Gráficos para análisis financieros.
C) Herramientas para ver la densidad de puntos en un espacio.
D) Métodos para predecir tendencias.
E) Técnicas para crear mapas geográficos.
F) Formas de Presentar datos de redes sociales.

Pregunta 5. ¿Cómo se aplica la teoría de juegos en Machine Learning?

A) Para diseñar videojuegos.
B) Para visualizar opciones que afectan jugadas en una red.
C) Para calcular probabilidades en juegos de azar.
D) Para entrenar modelos de IA en ajedrez.
E) Un método de evaluación de riesgos financieros.
F) Para simular comportamientos humanos.

Pregunta 6. ¿Qué representa el comando G = nx.Graph() en Python?

A) Una función matemática.
B) Un algoritmo de clasificación.
C) La creación de un objeto gráfico para una red.
D) Un método para importar datos.
E) Una ecuación para resolver problemas de regresión.
F) Una instrucción para iniciar Python.

Pregunta 7. ¿Para qué se utiliza la línea Out [ ]: en un cuaderno Jupyter?

A) Indica la salida de una celda de código.
B) Para mostrar el resultado de una operación matemática.
C) Para comentar el código.
D) importa datos desde un archivo externo.
E) Para iniciar una función en Python.
F) Para crear una nueva variable.

Pregunta 8. ¿Qué se puede visualizar con la interpolación de datos en un terreno?

A) El tamaño de un terreno específico.
B) La densidad en datos espaciales.
C) La distribución de la población mundial.
D) La temperatura del terreno.
E) La composición mineral del terreno.
F) La flora y fauna del área.

Pregunta 9. ¿Para qué se utiliza data2_2d = np.random.normal(loc=2, scale=1.5, size=1000) en un script Python?

A) Para crear un gráfico de líneas.
B) Para generar un mapa mundial.

C) Para generar un segundo conjunto de datos en una segunda dimensión.
D) Calcula la media de datos.
E) Para crear un gráfico de barras.
F) Para definir el color de un gráfico.

Pregunta 10. ¿Qué tipo de gráfico se puede crear con la biblioteca Matplotlib en Python?

A) Solo mapas geográficos.
B) Solo gráficos de líneas.
C) Gráficos en 2D y 3D, incluyendo diagramas y mapas.
D) Únicamente gráficos de torta.
E) Solo gráficos interactivos.
F) Gráficos de barras y pastel únicamente.

Pregunta 11. ¿Cuál es el propósito de la visualización de datos en Machine Learning?

A) Crear animaciones.
B) Entender patrones y tendencias en los datos.
C) Reducir la cantidad de datos.
D) Hacer que los datos sean más atractivos.
E) Reemplazar el análisis estadístico.
F) Simplificar la programación en Python.

Pregunta 12. ¿Qué permiten hacer los diagramas de dispersión en Machine Learning?

A) Predecir futuros eventos.
B) Comprender la relación entre variables y visualizar distribuciones.
C) Automatizar procesos de aprendizaje.
D) Crear bases de datos.
E) Dibujar mapas geográficos.
F) Estimar resultados financieros.

Pregunta 13. ¿Qué muestra un diagrama de dispersión en 2D?

A) La evolución de una variable en el tiempo.
B) La relación entre dos variables en un plano cartesiano.
C) Datos geográficos.
D) Una proyección tridimensional de datos.
E) Resultados de encuestas.

F) Predicciones climáticas.

Pregunta 14. ¿Qué indica el código sizes = 100 * np.random.rand(50) en un diagrama de dispersión?

A) El tamaño variable de los puntos en el diagrama.
B) El número total de puntos en el gráfico.
C) La transparencia de los puntos.
D) La velocidad de trazado de los puntos.
E) La posición de los puntos en el eje X.
F) El color de los puntos.

Pregunta 15. ¿Qué son los mapas de calor en Machine Learning?

A) Herramientas para medir la temperatura.
B) Gráficos para análisis financieros.
C) Herramientas para ver la densidad de puntos en un espacio.
D) Métodos para predecir tendencias.
E) Técnicas para crear mapas geográficos.
F) Formas de Presentar datos de redes sociales.

Pregunta 16. ¿Cómo se aplica la teoría de juegos en Machine Learning?

A) Para diseñar videojuegos.
B) Para visualizar opciones que afectan jugadas en una red.
C) Para calcular probabilidades en juegos de azar.
D) Para entrenar modelos de IA en ajedrez.
E) Como método de evaluación de riesgos.
F) Para simular comportamientos humanos.

Pregunta 17. ¿Qué representa el comando G = nx.Graph() en Python?

A) Una función matemática.
B) Un algoritmo de clasificación.
C) La creación de un objeto gráfico para una red.
D) Un método para importar datos.
E) Una ecuación para resolver problemas de regresión.
F) Una instrucción para iniciar Python.

Pregunta 18. ¿Para qué se utiliza la línea Out [ ]: en un cuaderno Jupyter?

A) Indica la salida de una celda de código.

B) Para mostrar el resultado de una operación matemática.
C) Para comentar el código.
D) Importa datos desde un archivo externo.
E) Para iniciar una función en Python.
F) Para crear una nueva variable.

Pregunta 19. ¿Qué se puede visualizar con la interpolación de datos en un terreno?

A) El tamaño de un terreno específico.
B) La densidad en datos espaciales.
C) La distribución de la población mundial.
D) La temperatura del terreno.
E) La composición mineral del terreno.
F) La flora y fauna del área.

Pregunta 20. ¿Para qué se utiliza data2_2d = np.random.normal(loc=2,scale=1.5, size=1000) en un script Python?

A) Para crear un gráfico de líneas.
B) Para generar un mapa mundial.
C) Para generar un segundo conjunto de datos en una segunda dimensión.
D) calcula la media de unos datos.
E) Para crear un gráfico de barras.
F) Para definir el color de un gráfico.

Capítulo 5 Aritmética, Álgebra, Geometría y Trigonometría

Objetivos

- ❑ Operaciones aritméticas básicas con datos.
- ❑ Calcular métricas y normalizar conjuntos de datos.
- ❑ Manipular expresiones algebraicas y resolver ecuaciones.
- ❑ Resolver sistemas de ecuaciones simbólicas.
- ❑ Representar datos como vectores en espacios geométricos.
- ❑ Aplicar transformaciones lineales y proyecciones (PCA).
- ❑ Generar datos cíclicos con funciones trigonométricas.
- ❑ Modelar patrones temporales y cíclicos.

La aritmética constituye el fundamento sobre el cual se ejecutan operaciones más complejas, el álgebra posibilita la representación simbólica y la resolución de ecuaciones, la geometría facilita la conceptualización visual de datos en espacios multidimensionales, y la trigonometría encuentra aplicaciones en la modelización de problemas cíclicos.

Información Relevante

Estas bases matemáticas son el cimiento del Machine Learning. Se aplican en algoritmos de recomendación de e-commerce, análisis de señales biomédicas, optimización de rutas logísticas, procesamiento de imágenes médicas y modelado de patrones financieros. Estas permiten comprender y representar de manera eficiente los datos y procesos que subyacen en el funcionamiento de los algoritmos de ML.

5.1 Aritmética

En el contexto del Machine Learning, la aritmética se refiere a las operaciones matemáticas básicas que se aplican a los datos para realizar cálculos y manipulaciones numéricas. La aritmética se usa para diversas tareas en Machine Learning, desde procesamiento de datos hasta el cálculo de métricas y la implementación de algoritmos.[1] La comprensión y aplicación de estos conceptos matemáticos sirven para el éxito en el campo del Machine Learning. Al fortalecer las bases matemáticas, los profesionales y estudiantes no solo ganan habilidades técnicas, sino que asimismo

[1] Baldor. A. (2003). "Aritmética: Teoría Practica". México DF, México. Publicaciones Cultural Decima Octava Impresión.

desarrollan la capacidad de abordar desafíos complejos en Machine Learning con confianza y creatividad.[2]

La aritmética, constituye la rama base de las matemáticas, y establece los cimientos para la totalidad de las operaciones numéricas en Python y Machine Learning. En este contexto, la aritmética desempeña un papel protagónico en múltiples procesos computacionales, determinando con precisión los cálculos que conducen a los resultados finales en los algoritmos. La presente sección analiza la relevancia de la aritmética en Machine Learning y proporciona ejemplos prácticos mediante Python. El siguiente ejemplo implementa operaciones básicas con conjuntos de datos, simulando el procesamiento de información:

In [1]:

```
# Ejercicio 1
import numpy as np
import warnings

warnings.filterwarnings("ignore")
try:
    display
except NameError:
    def display(obj):
        print(obj)

# Ejemplo de operaciones básicas con datos
# Supongamos dos conjuntos de datos A y B
A = np.array([1, 2, 3, 4, 5, 10, 2, 3, 14, 5])
B = np.array([5, 4, 3, 2, 1, 1, 2, 30, 4, 45])

# Suma de A y B
suma_resultado = A + B

# Resta de B a A
resta_resultado = A - B

# Multiplicación de A por un escalar (por ejemplo, 2)
multiplicacion_resultado = A * 2

# División de B por un escalar (por ejemplo, 3)
division_resultado = B / 3
print("Suma:", suma_resultado)
print("Resta:", resta_resultado)
print("Multiplicación:", multiplicacion_resultado)
print("División:", np.round(division_resultado, 3))
```

[2]The Math Works. (2001). "Statistics Toolbox: For Use with MATLAB: User´s Guide Version 3". Massachusetts, United States of America.

Out [1]:

```
Suma: [ 6 6  6  6  6 11  4 33 18 50]
Resta: [ -4 -2  0   2   4   9   0 -27  10 -40]
Multiplicacion: [ 2 4 6  8 10 20 4  6 28 10]
Division: [ 1.667 1.333 1.    0.667 0.333 0.333 0.667 10.
    1.333 15.  ]
```

Se presenta la aplicación de operaciones aritméticas para el cálculo de métricas:

In [2]:

```python
# Ejercicio 2
from sklearn.metrics import precision_score, recall_score,
    accuracy_score, f1_score

# Ejemplo de cálculo de métricas
# Supongamos predicciones y valores reales
predicciones = np.array([1, 1, 0, 1, 0, 1, 1, 1, 0, 1, 0, 1])
valores_reales = np.array([1, 0, 0, 1, 1, 0, 1, 1, 1, 1, 0, 1])

# Calcular métricas
precision = precision_score(valores_reales, predicciones)
recall = recall_score(valores_reales, predicciones)
accuracy = accuracy_score(valores_reales, predicciones)
f1 = f1_score(valores_reales, predicciones)

print("Precisión:", precision)
print("Sensibilidad (Recall):", recall)
print("Exactitud (Accuracy):", accuracy)
print("F1-score:", f1)
```

Out [2]:

```
Precision: 0.75
Sensibilidad (Recall): 0.75
Exactitud (Accuracy): 0.6666666666666666
F1-score: 0.75
```

Seguidamente, se ilustra la aplicación de operaciones aritméticas para normalizar un conjunto de datos:

In [3]:

```python
# Ejercicio 3
# Ejemplo de normalización de datos
```

```
# Supongamos un conjunto de datos X
X = np.array([[13, 26, 13], [42, 51, 6], [78, 8, 92]])

# Calcular la media de cada característica
media_por_caracteristica = np.mean(X, axis=0)

# Restar la media de cada característica a los datos originales
datos_normalizados = X - media_por_caracteristica

# Calcular la desviación estándar de cada característica
desviacion_estandar_por_caracteristica = np.std(X, axis=0)

# Dividir cada característica por su desviación estándar
datos_normalizados /= desviacion_estandar_por_caracteristica
print("Datos originales:\n", X)
print("\nDatos normalizados:\n", datos_normalizados)
```

Out [3]:

```
Datos originales:
 [[13 26 13]
 [42 51  6]
 [78  8 92]]

Datos normalizados:
 [[-1.17850389 -0.13233484 -0.61545206]
 [-0.08776093 1.28553841 -0.79495891]
 [ 1.26626482 -1.15320357 1.41041097]]
```

5.1.1 Importancia de la aritmética en Machine Learning

La aritmética cuenta con operaciones matemáticas esenciales, particularmente en el contexto de fórmulas computacionales. Diversas tareas, tales como la manipulación de datos, el cálculo de funciones de pérdida y la evaluación de modelos, dependen sustancialmente de operaciones aritméticas. Entre las aplicaciones más relevantes se encuentran:

1. Manipulación de datos:

- **Transformaciones numéricas:** La aritmética facilita la transformación y normalización de datos, permitiendo que los algoritmos operen con entradas consistentes y escaladas de manera uniforme. [3]

[3] Baldor. A. (2003). "Aritmética: Teoría Practica". México DF, México. Publicaciones Cultural Decima Octava Impresión.

- **Operaciones elementales:** Las operaciones de adición, sustracción, multiplicación, división y módulo son utilizados en la manipulación de datos parapara generar nuevas características o ejecutar cálculos específicos.

El siguiente ejemplo muestra la normalización de datos por operaciones aritméticas, garantizando que los datos presenten una media de cero y una desviación estándar unitaria:

In [4]:

```
# Ejercicio 4
import numpy as np

# Generar datos de ejemplo
datos = np.array([10, 15, 20, 25, 31, 11, 25, 27, 24, 37, 20, 55, 8,
     5, 10])

# Normalizar los datos utilizando aritmética
datos_normalizados = (datos - np.mean(datos)) / np.std(datos)
print("Datos originales:", datos)
print("Datos normalizados:", datos_normalizados)
```

Out [4]:

```
Datos originales: [10 15 20 25 31 11 25 27 24 37 20 55 8 5 10]
Datos normalizados: [-0.91374656 -0.51761366 -0.12148076
    0.27465214 0.75001162 -0.83451998
  0.27465214 0.4331053  0.19542556 1.2253711 -0.12148076
      2.65144954
 -1.07219972 -1.30987946 -0.91374656]
```

El siguiente ejemplo presenta la implementación de una función de pérdida elemental que emplea aritmética para calcular la pérdida entre predicciones y valores reales:

In [5]:

```
# Ejercicio 5
import numpy as np

# Implementación de una función de pérdida (Error cuadrático medio)
def error_cuadratico_medio(predicciones, valores_reales):
    return np.mean((predicciones - valores_reales) ** 2)


# Generar predicciones y valores reales de ejemplo
predicciones = np.array([2, 4, 6, 8, 10, 6, 8, 10])
```

```
valores_reales = np.array([1, 3, 5, 7, 9, 5, 7, 9])

# Calcular la pérdida utilizando aritmética
puntaje_pérdida = error_cuadratico_medio(predicciones, valores_reales)
print("Predicciones:", predicciones)
print("Valores reales:", valores_reales)
print("Error cuadrático medio:", puntaje_pérdida)
```

Out [5]:

```
Predicciones: [ 2 4 6  8 10  6  8 10]
Valores reales: [1 3 5 7 9 5 7 9]
Error cuadratico medio: 1.0
```

2. Cálculo de métricas:

- **Aritmética en métricas:** Numerosas métricas de evaluación de modelos, incluyendo la precisión, la sensibilidad y la especificidad, fundamentan sus cálculos en operaciones aritméticas básicas.[4]
- **Comparaciones numéricas:** La aritmética resulta indispensable para contrastar las predicciones del modelo con las etiquetas reales, calcular la precisión y otros indicadores de rendimiento.

El siguiente ejemplo ilustra el cálculo de precisión en tareas de clasificación:

In [6]:

```
# Ejercicio 6
from sklearn.metrics import accuracy_score

# Supongamos que tienes las predicciones del modelo y las etiquetas
    reales
y_true = [ 1, 0, 1, 1, 0, 0, 0, 1, 0, 0, 1, 0, 1, 0,
           1, 0, 1, 0, 0, 1, 0, 1, 1, 1, 1, 0, 1, 0]
y_pred = [ 1, 0, 1, 1, 1, 1, 0, 1, 0, 1, 1, 0, 1, 0,
           1, 0, 1, 1, 0, 1, 0, 1, 0, 1, 1, 0, 1, 0]

# Calcular la precisión
precision = accuracy_score(y_true, y_pred)
print(f"Precisión del modelo: {precision * 100:.2f}%")
```

Out [6]:

[4] The Math Works. (2001). "Statistics Toolbox: For Use with MATLAB: User´s Guide Version 3". Massachusetts, United States of America.

```
Precision del modelo: 82.14%
```

Se presenta el cálculo de la sensibilidad y la especificidad del modelo:

In [7]:

```
# Ejercicio 7
from sklearn.metrics import confusion_matrix

# Supongamos que tienes las predicciones del modelo y las etiquetas
    reales
y_true = [ 1, 0, 1, 1, 0, 0, 0, 1, 0, 0, 1, 0, 1, 0,
          1, 0, 1, 0, 0, 1, 0, 1, 1, 1, 1, 0, 1, 0]
y_pred = [ 1, 0, 1, 1, 1, 1, 0, 1, 0, 1, 1, 0, 1, 0,
          1, 0, 1, 1, 0, 1, 0, 1, 0, 1, 1, 0, 1, 0]

# Calcular la matriz de confusión
conf_matrix = confusion_matrix(y_true, y_pred)

# Calcular sensibilidad y especificidad
sensitivity = conf_matrix[0, 0] / (conf_matrix[0, 0] + conf_matrix[0,
    1])
specificity = conf_matrix[1, 1] / (conf_matrix[1, 0] + conf_matrix[1,
    1])
print(f"Sensibilidad del modelo: {sensitivity * 100:.2f}%")
print(f"Especificidad del modelo: {specificity * 100:.2f}%")
```

Out [7]:

```
Sensibilidad del modelo: 71.43%
Especificidad del modelo: 92.86%
```

Seguidamente, se implementa un proceso aritmético para la comparación de resultados mediante el error cuadrático medio:

In [8]:

```
# Ejercicio 8
from sklearn.metrics import mean_squared_error

# Supongamos que tienes los valores reales y predichos por el modelo
y_true = [2.3, 3.1, 4.2, 3.6, 5.8, 3.5, 3.1, 4.0, 3.5, 5.1]
y_pred = [2.0, 2.5, 3.5, 4.0, 4.5, 2.1, 2.8, 3.1, 4.5, 4.4]

# Calcular el error cuadrático medio (MSE)
mse = mean_squared_error(y_true, y_pred)
print(f"Error Cuadrático Medio: {mse:.2f}")
```

Out [8]:

```
Error Cuadratico Medio: 0.71
```

Se presenta el cálculo del área bajo la curva ROC:

In [9]:

```python
# Ejercicio 9
from sklearn.metrics import roc_auc_score
from sklearn.datasets import make_classification
from sklearn.model_selection import train_test_split
from sklearn.linear_model import LogisticRegression

# Generar datos de ejemplo
X, y = make_classification(n_samples=1000, n_features=20, random_state=42)

# Dividir los datos en conjuntos de entrenamiento y prueba
X_train, X_test, y_train, y_test = train_test_split(
    X, y, test_size=0.2, random_state=42
)

# Entrenar un modelo de regresión logística
model = LogisticRegression()
model.fit(X_train, y_train)

# Obtener probabilidades de predicción
y_prob = model.predict_proba(X_test)[:, 1]

# Calcular el área bajo la curva ROC (AUC-ROC)
auc_roc = roc_auc_score(y_test, y_prob)
print(f"Área bajo la Curva ROC: {auc_roc:.2f}")
```

Out [9]:

```
Area bajo la Curva ROC: 0.92
```

3. Optimización de Modelos:

- **Funciones de pérdida:** Durante el entrenamiento del modelo, las funciones de pérdida emplean operaciones aritméticas para cuantificar la discrepancia entre las predicciones del modelo y las etiquetas reales.[5]

[5] Baldor. A. (2003). "Aritmética: Teoría Practica". México DF, México. Publicaciones Cultural Decima Octava Impresión.

- **Actualización de parámetros:** Los algoritmos de optimización, como el descenso del gradiente, implementan cálculos aritméticos para ajustar los pesos del modelo y minimizar la función de pérdida.

El siguiente ejemplo demuestra la aplicación de aritmética en funciones de pérdida para tareas de regresión:

In [10]:

```
# Ejercicio 10
import numpy as np
from sklearn.datasets import make_regression
from sklearn.model_selection import train_test_split

# Generar datos de ejemplo para regresión
X, y = make_regression(n_samples=100, n_features=1, noise=10, random_state=42)

# Dividir los datos en conjuntos de entrenamiento y prueba
X_train, X_test, y_train, y_test = train_test_split(
    X, y, test_size=0.2, random_state=42
)

# Inicializar parámetros del modelo de regresión lineal
theta_0 = np.random.rand()
theta_1 = np.random.rand()

# Definir función de pérdida (error cuadrático medio)
def mean_squared_error(y_true, y_pred):
    return np.mean((y_true - y_pred) ** 2)


# Hacer predicciones con los parámetros iniciales
y_pred = theta_0 + theta_1 * X_train.flatten()

# Calcular la pérdida inicial
initial_loss = mean_squared_error(y_train, y_pred)
print(f"Pérdida inicial: {initial_loss:.2f}")

# Actualizar parámetros usando descenso del gradiente
learning_rate = 0.01
gradient_theta_0 = -2 * np.mean(y_train - y_pred)
gradient_theta_1 = -2 * np.mean((y_train - y_pred) * X_train.flatten())
theta_0 -= learning_rate * gradient_theta_0
theta_1 -= learning_rate * gradient_theta_1

# Hacer nuevas predicciones y calcular la pérdida actualizada
y_pred_updated = theta_0 + theta_1 * X_train.flatten()
updated_loss = mean_squared_error(y_train, y_pred_updated)
print(f"Pérdida después de la actualización: {updated_loss:.2f}")
```

Out [10]:

```
Perdida inicial: 1709.13
Perdida despues de la actualizacion: 1653.55
```

Similarmente, el siguiente ejemplo ilustra su aplicación en tareas de clasificación:

In [11]:

```python
# Ejercicio 11
import numpy as np
from sklearn.datasets import make_classification
from sklearn.model_selection import train_test_split

# Generar datos de ejemplo para clasificación binaria
X, y = make_classification(
    n_samples=100, n_features=2, n_informative=2, n_redundant=0,
        random_state=42
)

# Dividir los datos en conjuntos de entrenamiento y prueba
X_train, X_test, y_train, y_test = train_test_split(
    X, y, test_size=0.2, random_state=42
)

# Inicializar parámetros del modelo de regresión logística
theta = np.random.rand(X_train.shape[1] + 1)

# Agregar una columna de unos para el término de sesgo (intercepto)
X_train_bias = np.column_stack([np.ones(X_train.shape[0]), X_train])

# Definir función de pérdida (entropía cruzada)
def cross_entropy_loss(y_true, y_pred):
    return -np.mean(y_true * np.log(y_pred) + (1 - y_true) * np.log(1
        - y_pred))

# Calcular probabilidades iniciales y pérdida inicial
probabilities = 1 / (1 + np.exp(-np.dot(X_train_bias, theta)))
initial_loss = cross_entropy_loss(y_train, probabilities)
print(f"Pérdida inicial: {initial_loss:.2f}")

# Actualizar parámetros usando descenso del gradiente
learning_rate = 0.01
gradient = np.dot(X_train_bias.T, (probabilities - y_train)) / len(
    y_train)
theta -= learning_rate * gradient
```

```

# Calcular nuevas probabilidades y pérdida actualizada
probabilities_updated = 1 / (1 + np.exp(-np.dot(X_train_bias, theta)))
updated_loss = cross_entropy_loss(y_train, probabilities_updated)
print(f"Pérdida después de la actualización: {updated_loss:.2f}")
```

Out [11]:

```
Perdida inicial: 0.55
Perdida despues de la actualizacion: 0.54
```

4. Procesamiento de imágenes y señales:

- **Operaciones en imágenes:** En el procesamiento de imágenes, se emplean operaciones aritméticas para modificar el contraste, ajustar el brillo y ejecutar otras transformaciones especializadas.
- **Procesamiento de señales:** En el análisis de señales, las operaciones aritméticas constituyen permiten filtrar y transformar datos de señales.

El siguiente ejemplo presenta un conjunto de cálculos aritméticos para procesamiento de imágenes:

In [12]:

```
# Ejercicio 12
import cv2
import numpy as np
from matplotlib import pyplot as plt

# Cargar una imagen
img = cv2.imread("imagen.jpg", cv2.IMREAD_COLOR)

# Convertir la imagen a escala de grises
gray_img = cv2.cvtColor(img, cv2.COLOR_BGR2GRAY)

# Realizar operaciones aritméticas en la imagen (aumentar el contraste
    )
contrast_factor = 1.5
contrast_img = np.clip(gray_img * contrast_factor, 0, 255).astype(np.
    uint8)

# Mostrar las imágenes original y procesada
plt.subplot(1, 2, 1)
plt.imshow(gray_img, cmap="gray")
plt.title("Imagen Original")
plt.subplot(1, 2, 2)
plt.imshow(contrast_img, cmap="gray")
```

```
plt.title("Imagen con Mayor Contraste")
plt.show()
```

Out [12]:

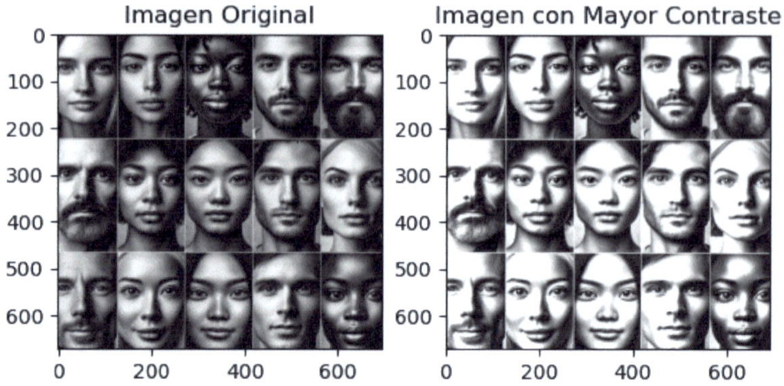

Se presentan cálculos aritméticos que facilitan el tratamiento de señales para el análisis de datos:

In [13]:

```
# Ejercicio 13
import numpy as np
import matplotlib.pyplot as plt
from scipy.signal import butter, lfilter

# Crear una señal senoidal con ruido
fs = 1000 # Frecuencia de muestreo
t = np.linspace(0, 1, fs, endpoint=False) # Vector de tiempo
signal = np.sin(2 * np.pi * 5 * t) + 0.5 * np.random.normal(size=fs)

# Diseñar un filtro Butterworth
cutoff_frequency = 12 # Frecuencia de corte del filtro en Hz
order = 4 # Orden del filtro
b, a = butter(N=order, Wn=cutoff_frequency / (0.5 * fs), btype="low",
    analog=False)

# Aplicar el filtro a la señal
filtered_signal = lfilter(b, a, signal)

# Graficar la señal original y la señal filtrada
plt.figure(figsize=(10, 5))
plt.subplot(2, 1, 1)
plt.plot(t, signal)
plt.title("Señal Original")
plt.xlabel("Tiempo (s)")
plt.ylabel("Amplitud")
plt.subplot(2, 1, 2)
plt.plot(t, filtered_signal)
```

```
plt.title("Señal Filtrada")
plt.xlabel("Tiempo (s)")
plt.ylabel("Amplitud")
plt.tight_layout()
plt.show()
```

Out [13]:

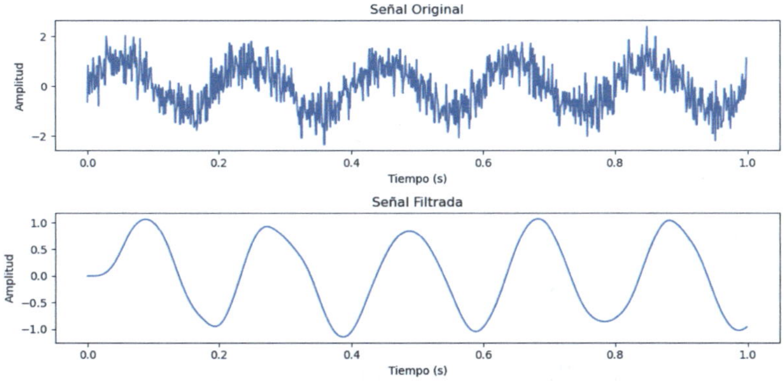

5.1.2 Teoremas fundamentales de la aritmética aplicados en Machine Learning

Teorema fundamental de la aritmética: Este teorema establece que cualquier número entero mayor que 1 puede descomponerse de manera única en un producto de números primos. En Machine Learning, pueden identificarse aplicaciones en el procesamiento de datos relacionados con factorización de números.

El siguiente ejemplo demuestra la aplicación del teorema para descomponer un número en sus factores primos:

In [14]:

```
# Ejercicio 14
def factorizar_en_primos(numero):
    """
    Esta función utiliza el Teorema Fundamental de la Aritmética
    para factorizar un número en sus factores primos.
    """
    if numero <= 1:
        return "El número debe ser mayor que 1."
    factorizacion = []
    divisor = 2
    while numero > 1:
        while numero % divisor == 0:
            factorizacion.append(divisor)
            numero //= divisor
        divisor += 1
```

```
    return factorizacion

# Ejemplo de uso
numero_a_factorizar = 1113
factores_primos = factorizar_en_primos(numero_a_factorizar)
print(f"Factorización en primos de {numero_a_factorizar}: {
    factores_primos}")
```

Out [14]:

```
Factorizacion en primos de 1113: [3, 7, 53]
```

Teorema de Euclides: Este teorema establece que, de un par de enteros, hay un máximo común divisor (MCD) que puede determinarse mediante el algoritmo de Euclides. El MCD resulta útil en diversos algoritmos y estructuras de datos en Machine Learning.

Se presenta un ejemplo del Teorema de Euclides para calcular el máximo común divisor (MCD) de dos números:

In [15]:

```
# Ejercicio 15
def mcd_euclides(a, b):
    """
    Calcula el Máximo Común Divisor (MCD) de dos números utilizando
    el algoritmo de Euclides.
    """
    while b:
        a, b = b, a % b
    return a

# Ejemplo de uso
numero_1 = 480
numero_2 = 180
mcd_resultado = mcd_euclides(numero_1, numero_2)
print(f"El MCD de {numero_1} y {numero_2} es: {mcd_resultado}")
```

Out [15]:

```
El MCD de 480 y 180 es: 60
```

Teorema del residuo chino: Este teorema proporciona una solución única para un sistema de congruencias lineales cuando los módulos son primos entre sí. Presenta aplicaciones potenciales en algoritmos de optimización y reducción de problemas a módulos primos.

El siguiente ejemplo en Python ilustra el Teorema del residuo chino:

In [16]:

```
# Ejercicio 16
from functools import reduce
def teorema_residuo_chino(congruencias):
    M = 1
    for _, m in congruencias:
        M *= m
    resultado = 0
    for a, m in congruencias:
        Mi = M // m
        yi, zi = obtener_inverso_multiplicativo(Mi, m), Mi % m
        resultado += a * yi * zi
    return resultado % M
def obtener_inverso_multiplicativo(a, m):
    m0, x0, x1 = m, 0, 1
    while a > 1:
        q = a // m
        m, a = a % m, m
        x0, x1 = x1 - q * x0, x0
    return x1 + m0 if x1 < 0 else x1

# Ejemplo de uso
congruencias_ejemplo = [(3, 3), (3, 5), (5, 7)]
solucion = teorema_residuo_chino(congruencias_ejemplo)
print(
    f"La solución del sistema de congruencias es x = {solucion} (mod {
        reduce(lambda x, y: x * y, [m for _, m in congruencias_ejemplo
        ])})"
)
```

Out [16]:

```
La solucion del sistema de congruencias es x = 20 (mod 105)
```

Teorema de Wilson: Este teorema establece una condición necesaria y suficiente para que un número primo sea equivalente al factorial de su predecesor más uno. Aunque su aplicación directa resulta limitada, puede ser relevante en el contexto de propiedades especiales de números primos.

El siguiente ejemplo ilustra el Teorema de Wilson:

In [17]:

```
# Ejercicio 17
def teorema_de_wilson(numero_primo):
```

```
    """
    Verifica si un número primo cumple con el Teorema de Wilson.
    Devuelve True si (p-1)! = -1 (mod p), y False de lo contrario.
    """
    if numero_primo <= 1:
        return False
    factorial_predecesor = 1
    for i in range(2, numero_primo):
        factorial_predecesor = (factorial_predecesor * i) %
            numero_primo
    return (factorial_predecesor + 1) % numero_primo == 0

# Ejemplo de uso
numero_primo_ejemplo = 19
cumple_condicion = teorema_de_wilson(numero_primo_ejemplo)
if cumple_condicion:
    print(f"{numero_primo_ejemplo} cumple con el Teorema de Wilson.")
else:
    print(f"{numero_primo_ejemplo} no cumple con el Teorema de Wilson.
        ")
```

Out [17]:

```
19 cumple con el Teorema de Wilson.
```

La aritmética, como fundamento elemental de las matemáticas, desempeña un papel preponderante en Machine Learning. Desde el procesamiento de datos hasta el ajuste de modelos, las operaciones aritméticas resultan omnipresentes en el desarrollo de algoritmos.[6] Python, con su capacidad para ejecutar cálculos matemáticos de manera eficiente, es utilizado por profesionales involucrados en el desarrollo e implementación de algoritmos de Machine Learning, dado que numerosos algoritmos requieren operaciones numéricas secuenciales, lo cual constituye esencialmente aritmética aplicada.[7]

5.2 Álgebra

El álgebra es una rama significativa en las matemáticas que, aplicada al Machine Learning, introduce conceptos especializados basados en conjuntos, variables, ecuaciones y expresiones algebraicas. El álgebra permite representar y resolver problemas de manera eficiente y genérica. En la presente sección, se analizará la relevancia del álgebra en Machine Learning y se presentarán ejemplos prácticos

[6] Baldor. A. (2003). "Aritmética: Teoría Practica". México DF, México. Publicaciones Cultural Decima Octava Impresión.

[7] Chávez Reyes, Carmen & León Quintanar. (2007). "La Biblia de las Matemáticas". México D.F., México. Editorial Letrarte S.A.

de manipulación algebraica mediante Python. El siguiente ejemplo demuestra la representación simbólica de ecuaciones:

In [18]:

```
# Ejercicio 18
from sympy import symbols, simplify

# Definir variables simbólicas
x, y = symbols("x y")

# Definir expresión algebraica
expresion = (x**2 + 2 * x + 1) / (x + 1)

# Simplificar la expresión
expresion_simplificada = simplify(expresion)

# Expresión original
display(expresion)

# Expresión simplificada
expresion_simplificada
```

Out [18]:

$$\frac{x^2 + 2x + 1}{x + 1}$$

$$x + 1$$

Se presenta un ejemplo para resolver ecuaciones cuadráticas:

In [19]:

```
# Ejercicio 19
from sympy import symbols, Eq, solve

# Definir variable simbólica
x = symbols("x")

# Definir ecuación cuadrática
ecuacion_cuadratica = Eq(x**2 - 6 * x + 9, 0)

# Resolver la ecuación cuadrática
soluciones = solve(ecuacion_cuadratica, x)

# Soluciones de la ecuación cuadrática
soluciones
```

Out [19]:

```
[3]
```

Seguidamente, se ilustra la expansión de un polinomio:

In [20]:

```python
# Ejercicio 20
from sympy import symbols, expand

# Definir variables simbólicas
x, y = symbols("x y")

# Definir polinomio
polinomio = (2 * x + 2 * y) ** 5

# Expandir el polinomio
polinomio_expandido = expand(polinomio)

# Polinomio original
display(polinomio)

# Polinomio expandido
polinomio_expandido
```

Out [20]:

$$(2x + 2y)^5$$

$$32x^5 + 160x^4y + 320x^3y^2 + 320x^2y^3 + 160xy^4 + 32y^5$$

5.2.1 Relevancia del álgebra en Machine Learning: representación de modelos

- **Variables y parámetros:** En Machine Learning, los modelos se definen mediante ecuaciones que involucran variables y parámetros. El álgebra proporciona un lenguaje preciso para expresar estas relaciones matemáticas complejas.
- **Sistemas de ecuaciones:** En situaciones de mayor complejidad, donde múltiples variables se encuentran interrelacionadas, se emplean sistemas de ecuaciones algebraicas para modelar y resolver problemas especializados.

El siguiente ejemplo demuestra el uso de variables para expresiones algebraicas:

In [21]:

```
# Ejercicio 21
import matplotlib.pyplot as plt
import numpy as np
def ecuacion_algebraica(x, y):
    # Define la ecuación algebraica, por ejemplo: 2x + 3y
    resultado = 2 * x + 3 * y
    return resultado

# Prueba con diferentes valores de x e y
valores_x = [1, 2, 3]
valores_y = [4, 5, 6]

# Inicializar listas para almacenar datos para graficar
x_plot, y_plot, z_plot = [], [], []

# Calcular resultados y almacenar datos para graficar
for x in valores_x:
    for y in valores_y:
        resultado = ecuacion_algebraica(x, y)
        x_plot.append(x)
        y_plot.append(y)
        z_plot.append(resultado)
        print(f"Para x={x}, y={y}, el resultado es: {resultado}")

        # Graficar la ecuación algebraica en 3D
fig = plt.figure()
ax = fig.add_subplot(111, projection="3d")
ax.scatter(x_plot, y_plot, z_plot, c="r", marker="o")

# Configurar etiquetas de los ejes
ax.set_xlabel("X")
ax.set_ylabel("Y")
ax.set_zlabel("Resultado")
plt.show()
```

Out [21]:

```
Para x=1, y=4, el resultado es: 14
Para x=1, y=5, el resultado es: 17
Para x=1, y=6, el resultado es: 20
Para x=2, y=4, el resultado es: 16
Para x=2, y=5, el resultado es: 19
Para x=2, y=6, el resultado es: 22
Para x=3, y=4, el resultado es: 18
Para x=3, y=5, el resultado es: 21
Para x=3, y=6, el resultado es: 24
```

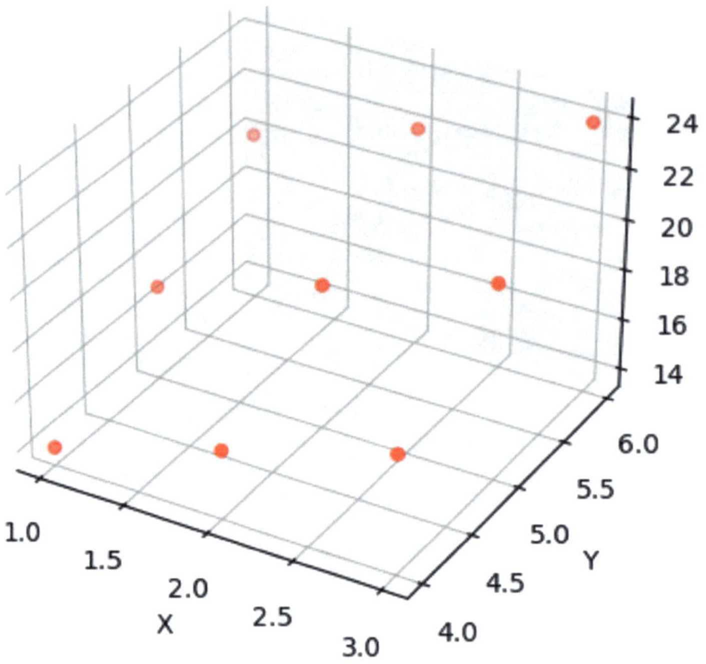

Se presenta un ejemplo de sistemas de ecuaciones:

In [22]:

```
# Ejercicio 22
from sympy import symbols, Eq, solve
import matplotlib.pyplot as plt
import numpy as np

# Definir las variables
x, y = symbols("x y")

# Definir las ecuaciones
ecuacion1 = Eq(6 * x + y, 8)
ecuacion2 = Eq(2 * y, 5)

# Resolver el sistema de ecuaciones
solucion = solve((ecuacion1, ecuacion2), (x, y))

# Mostrar la solución
print("La solución del sistema de ecuaciones es:")
print(f"x = {solucion[x]}, y = {solucion[y]}")

# Graficar las ecuaciones
x_vals = np.linspace(-10, 10, 100)
y_vals_ecuacion1 = [solve(ecuacion1.subs(x, val), y)[0] for val in
```

```
    x_vals]
y_vals_ecuacion2 = [solve(ecuacion2.subs(x, val), y)[0] for val in
    x_vals]
plt.plot(x_vals, y_vals_ecuacion1, label="6*x + y = 8")
plt.plot(x_vals, y_vals_ecuacion2, label="3*x - 2*y = 5")

# Resaltar el punto de intersección
plt.scatter(solucion[x], solucion[y], color="red", label="Intersección
    ")

# Configurar etiquetas y leyenda
plt.xlabel("x")
plt.ylabel("y")
plt.legend()

# Mostrar el gráfico
plt.grid(True)
plt.axhline(0, color="black", linewidth=0.5)
plt.axvline(0, color="black", linewidth=0.5)
plt.show()
```

Out [22]:

```
La solucion del sistema de ecuaciones es:
x = 11/12, y = 5/2
```

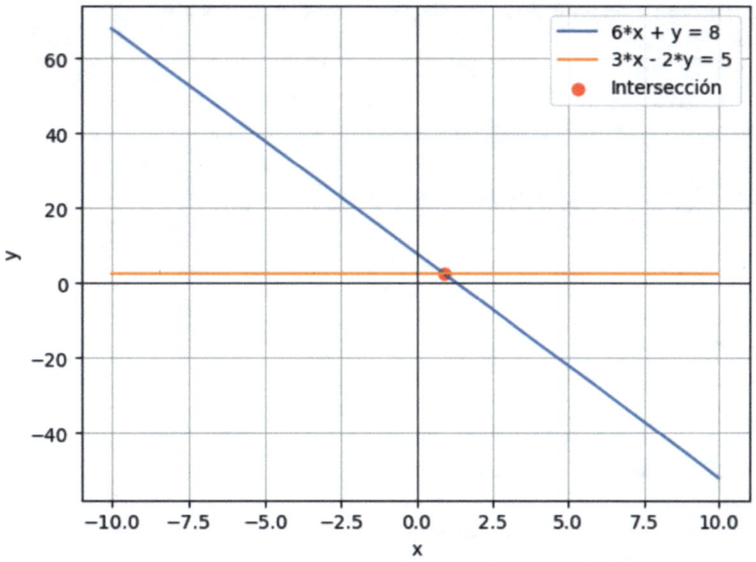

5.2.2 Optimización y ajuste de modelos

- **Funciones de pérdida:** Durante el entrenamiento de modelos, se busca minimizar o maximizar funciones de pérdida. Estas funciones, expresadas algebraicamente, representan la discrepancia entre las predicciones del modelo y las etiquetas reales.
- **Álgebra Lineal:** Conceptos matrices y vectores, se emplean para la optimización de modelos y el ajuste de parámetros.

El siguiente ejemplo ilustra una función de pérdida y optimización:

In [23]:

```python
# Ejercicio 23
import numpy as np
import matplotlib.pyplot as plt

# Generar datos de ejemplo
np.random.seed(42)
X = 2 * np.random.rand(100, 1)
y = 2 + 2 * X + np.random.randn(100, 1)

# Función de pérdida: Error cuadrático medio (MSE)
def mse_loss(y_true, y_pred):
    return np.mean((y_true - y_pred) ** 2)

# Modelo lineal: y = mx + b
def linear_model(X, theta):
    return X.dot(theta)

# Gradiente descendente para optimización
def gradient_descent(X, y, theta, learning_rate, iterations):
    m = len(y)
    for iteration in range(iterations):
        gradients = 2 / m * X.T.dot(X.dot(theta) - y)
        theta = theta - learning_rate * gradients
        # Calcula la pérdida en cada iteración
        loss = mse_loss(y, linear_model(X, theta))
        print(f"Iteración {iteration + 1}, Pérdida: {loss}")
    return theta

# Agrega una columna de unos a la matriz X para el término independiente
X_b = np.c_[np.ones((100, 1)), X]

# Inicializa los parámetros del modelo
theta_initial = np.random.randn(2, 1)

# Ajusta el modelo utilizando gradiente descendente
theta_optimized = gradient_descent(
```

```
    X_b, y, theta_initial, learning_rate=0.01, iterations=100
)

# Visualiza los datos y la línea ajustada
plt.scatter(X, y)
plt.plot(X, linear_model(X_b, theta_optimized), color="red", label="
    Modelo Ajustado")
plt.xlabel("X")
plt.ylabel("y")
plt.legend()
plt.show()
```

Out [23]:

```
Iteracion 1, Perdida: 6.608447633608572
Iteracion 2, Perdida: 6.165053327173629
Iteracion 3, Perdida: 5.757351707683178
Iteracion 4, Perdida: 5.382456593857394
Iteracion 5, Perdida: 5.03771527503834
Iteracion 6, Perdida: 4.720689624552683
Iteracion 7, Perdida: 4.4291387409155085
Iteracion 8, Perdida: 4.161002993280013
Iteracion 9, Perdida: 3.914389357536026
Iteracion 10, Perdida: 3.687557938649906
Iteracion 11, Perdida: 3.4789095832843513
...
Iteracion 90, Perdida: 1.0007240423793489
Iteracion 91, Perdida: 0.9991865770027206
Iteracion 92, Perdida: 0.9976774728001501
Iteracion 93, Perdida: 0.9961950861575375
Iteracion 94, Perdida: 0.9947379020119652
Iteracion 95, Perdida: 0.9933045234823868
Iteracion 96, Perdida: 0.9918936623389419
Iteracion 97, Perdida: 0.9905041302430574
Iteracion 98, Perdida: 0.989134830695987
Iteracion 99, Perdida: 0.9877847516384746
Iteracion 100, Perdida: 0.9864529586488758
```

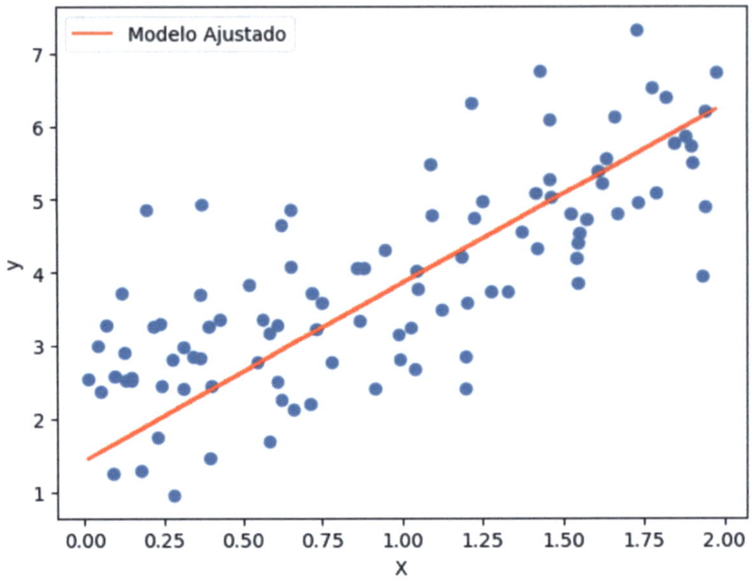

Seguidamente, se presenta un ejemplo de álgebra aplicada a Machine Learning mediante regresión polinómica:

In [24]:

```
# Ejercicio 24
import numpy as np
import matplotlib.pyplot as plt
from sklearn.preprocessing import PolynomialFeatures
from sklearn.linear_model import SGDRegressor
from sklearn.metrics import mean_squared_error

# Generar datos de ejemplo
np.random.seed(42)
X = 7 * np.random.rand(1000, 1) - 3
y = 0.5 * X**2 + X + 2 + np.random.randn(1000, 1)

# Aplicar regresión polinómica de grado 2 sin usar álgebra lineal
poly_features = PolynomialFeatures(degree=2, include_bias=False)
X_poly = poly_features.fit_transform(X)

# Usar un modelo de descenso de gradiente estocástico (SGD) para
    optimizar
sgd_reg = SGDRegressor(max_iter=1000, tol=1e-3, penalty=None, eta0
    =0.1)
sgd_reg.fit(X_poly, y.ravel())

# Visualizar los datos y la curva ajustada
X_new = np.linspace(-3, 3, 100).reshape(100, 1)
X_new_poly = poly_features.transform(X_new)
```

```
y_new = sgd_reg.predict(X_new_poly)
plt.scatter(X, y, label="Datos de Entrenamiento")
plt.plot(X_new, y_new, color="red", label="Modelo Ajustado (Regresión
    Polinómica)")
plt.xlabel("X")
plt.ylabel("y")
plt.legend()
plt.show()

# Calcular la pérdida (error cuadrático medio)
y_pred = sgd_reg.predict(X_poly)
mse = mean_squared_error(y, y_pred)
print(f"Pérdida (MSE) en el conjunto de entrenamiento: {mse}")
```

Out [24]:

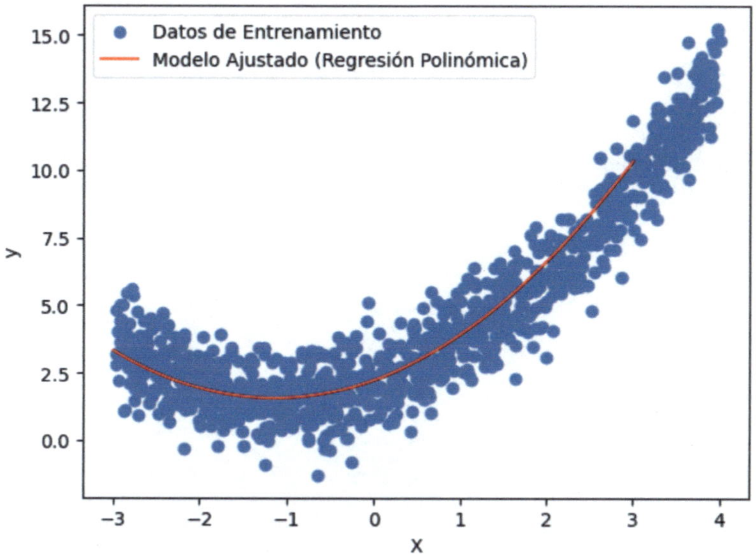


```
Perdida (MSE) en el conjunto de entrenamiento:
    1.2203634884106467
```

5.2.3 Procesamiento de datos

- **Transformaciones algebraicas:** La manipulación algebraica se emplea para transformar y procesar datos, desde la normalización hasta la generación de nuevas características.
- **Notación matricial:** El álgebra lineal y las matrices resultan esenciales para representar y operar con conjuntos de datos en forma matricial, optimizando cálculos y manipulaciones.

En el siguiente ejemplo, se emplean manipulaciones algebraicas para ejecutar una transformación elemental en los datos, normalizando una característica específica:

In [25]:

```
# Ejercicio 25
import numpy as np
from sklearn.preprocessing import MinMaxScaler

# Generar datos de ejemplo
np.random.seed(42)
datos = np.random.randint(0, 100, size=(100, 1))

# Realizar una transformación algebraica: Normalización Min-Max
min_max_scaler = MinMaxScaler()
datos_normalizados = min_max_scaler.fit_transform(datos)

# Visualizar los datos originales y normalizados
print("Datos Originales:")
print(datos[:5])
print("\nDatos Normalizados:")
print(datos_normalizados[:5])
```

Out [25]:

```
Datos Originales:
[[51]
 [92]
 [14]
 [71]
 [60]]

Datos Normalizados:
[[0.51020408]
 [0.92857143]
 [0.13265306]
 [0.71428571]
 [0.60204082]]
```

Se presenta un ejemplo de construcción de matriz ampliada basada en una matriz dada:

In [26]:

```
# Ejercicio 26
import numpy as np
from sklearn.datasets import make_regression

```

```
# Generar datos de ejemplo
X, y = make_regression(n_samples=100, n_features=2, noise=10,
    random_state=42)

# Agregar una nueva característica utilizando notación matricial
nueva_caracteristica = 2 * X[:, 0] + 3 * X[:, 1]

# Concatenar la nueva característica a la matriz original
X_ampliado = np.column_stack((X, nueva_caracteristica))

# Visualizar las primeras filas de la matriz ampliada
print("Matriz Original:")
print(X[:5, :])
print("\nMatriz Ampliada:")
print(X_ampliado[:5, :])
```

Out [26]:

```
Matriz Original:
[[-1.1913035  0.65655361]
 [ 0.05820872 -1.1429703 ]
 [ 0.58685709  2.19045563]
 [ 0.47323762 -0.07282891]
 [ 0.73846658  0.17136828]]

Matriz Ampliada:
[[-1.1913035  0.65655361 -0.41294617]
 [ 0.05820872 -1.1429703  -3.31249346]
 [ 0.58685709  2.19045563  7.74508107]
 [ 0.47323762 -0.07282891  0.72798851]
 [ 0.73846658  0.17136828  1.991038  ]]
```

5.2.4 Resolución de problemas matemáticos

- **Notación compacta:** La notación algebraica proporciona una forma concisa y estructurada para representar problemas matemáticos de alta complejidad.
- **Manipulaciones simbólicas:** Herramientas como la manipulación simbólica en Python (mediante la biblioteca sympy) permiten trabajar con expresiones algebraicas de manera simbólica.

El siguiente ejemplo demuestra la aplicación de notación algebraica para representar de manera compacta la función objetivo de un problema de regresión:

In [27]:

```
# Ejercicio 27
import numpy as np
```

```
import matplotlib.pyplot as plt

# Generar datos de ejemplo
np.random.seed(42)
X = 7 * np.random.rand(100, 1)
y = 1 + 5 * X + np.random.randn(100, 1)

# Ajustar una regresión lineal a los datos
coefficients = np.polyfit(X.flatten(), y.flatten(), deg=1)
m, b = coefficients

# Definir la función objetivo en notación compacta
# f(x) = mx + b, donde m y b son los coeficientes ajustados
def funcion_objetivo(x):
    return m * x + b

# Visualizar los datos y la función objetivo
plt.scatter(X, y, label="Datos de Entrenamiento")
plt.plot(
    X, funcion_objetivo(X), color="red", label="Función Objetivo (
        Regresión Lineal)"
)
plt.xlabel("X")
plt.ylabel("y")
plt.legend()
plt.show()
```

Out [27]:

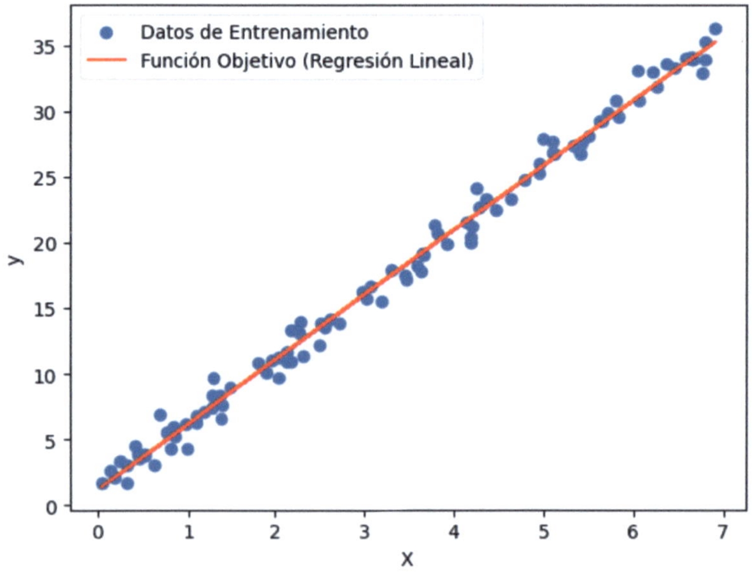

Seguidamente, se presenta un ejemplo donde se utiliza la biblioteca sympy para ejecutar manipulaciones simbólicas en una expresión algebraica, simplificando y expandiendo términos:

In [28]:

```
# Ejercicio 28
import sympy as sp

# Definir variables simbólicas
a, b, c = sp.symbols("a b c")

# Definir una expresión algebraica
expresion = (2 * a + 2 * b) ** 2 + c * (2 * a - 2 * b)

# Mostrar la expresión original
# Expresión Original
display(expresion)

# Simplificar la expresión algebraica
expresion_simplificada = sp.simplify(expresion)
# Expresión Simplificada
display(expresion_simplificada)

# Expandir la expresión algebraica
expresion_expandida = sp.expand(expresion)
# Expresión Expandida
display(expresion_expandida)
```

Out [28]:

$$c\,(2a - 2b) + (2a + 2b)^2$$

$$2c\,(a - b) + 4\,(a + b)^2$$

$$4a^2 + 8ab + 2ac + 4b^2 - 2bc$$

5.2.5 Teoremas fundamentales del álgebra aplicados en Machine Learning

Teorema de Fermat sobre la factorización de números de la forma a^2+b^2: Este teorema establece que un número entero positivo puede representarse como la suma de dos cuadrados si y solo si todos sus factores primos de la forma *4k+3,* aparecen en un determinado número par de veces en su factorización. Esto resulta aplicable en problemas relacionados con la representación de números.

El siguiente ejemplo ilustra el teorema de Fermat de la forma $a^2 + b^2$:

In [29]:

```
# Ejercicio 29
import matplotlib.pyplot as plt
def es_suma_de_cuadrados(numero):

    # Verificar si todos los factores primos de la forma 4k+3 aparecen
        un número par de veces
    while numero % 4 == 0:
        numero //= 4
    for i in range(3, int(numero**0.5) + 1, 2):
        count = 0
        while numero % i == 0:
            numero //= i
            count += 1
        if i % 4 == 3 and count % 2 != 0:
            return False
    if numero > 1 and numero % 4 == 3:
        return False
    return True

# Generar una lista de números
numeros = list(range(1, 101))

# Filtrar los números que cumplen con el Teorema de Fermat
numeros_suma_cuadrados = [num for num in numeros if
    es_suma_de_cuadrados(num)]

# Imprimir los números que cumplen con el Teorema de Fermat
print("Números que cumplen con el Teorema de Fermat:")
print(numeros_suma_cuadrados)

# Visualizar los números que cumplen con el Teorema de Fermat
plt.scatter(
    numeros_suma_cuadrados, [0] * len(numeros_suma_cuadrados), color="
        blue", marker="o"
)
plt.title("Números que Cumplen con el Teorema de Fermat")
plt.xlabel("Número")
plt.yticks([])
plt.show()
```

Out [29]:

```
Numeros que cumplen con el Teorema de Fermat:
[1, 2, 4, 5, 6, 8, 9, 10, 13, 14, 16, 17, 18, 20, 22, 24, 25,
    26, 29, 32, 34, 36, 37, 38, 40, 41, 45, 46, 49, 50, 52, 53,
    56, 58, 61, 62, 64, 65, 68, 72, 73, 74, 80, 81, 82, 85,
    86, 88, 89, 90, 94, 96, 97, 98, 100]
```

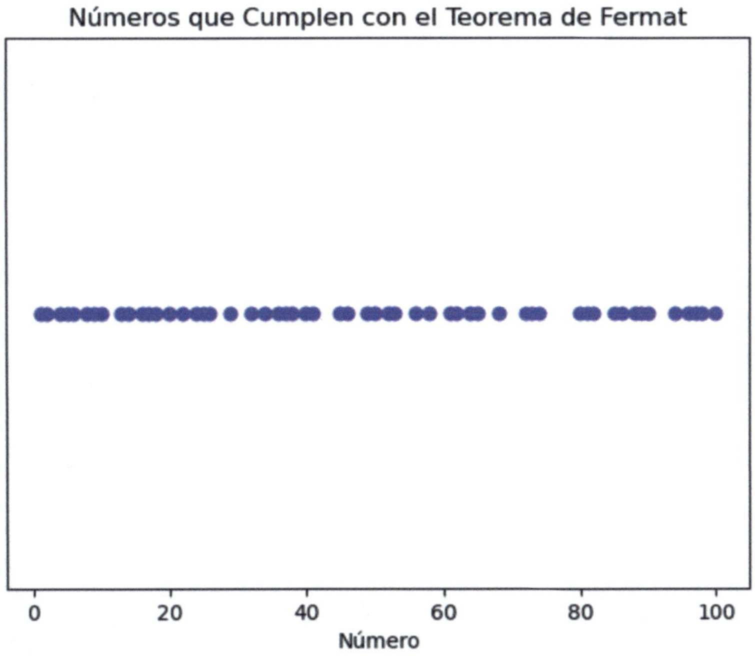

Teorema del núcleo e imagen: Este teorema establece que, para cualquier transformación lineal entre espacios vectoriales finitos, la suma de dimensiones del núcleo y la imagen es igual a la dimensión del espacio de entrada. Este teorema resulta esencial para comprender la dimensionalidad de los datos y la representación de características en Machine Learning.

El siguiente ejemplo examina una transformación lineal en un espacio bidimensional y verifica el Teorema del núcleo e imagen:

In [30]:

```
# Ejercicio 30
import numpy as np
import matplotlib.pyplot as plt

# Definir la matriz de transformación lineal
matriz_transformacion = np.array([[2, -1], [1, 3]])

# Definir la transformación lineal en un espacio bidimensional
def transformacion_lineal(vector):
    return np.dot(matriz_transformacion, vector)

# Generar puntos en el espacio bidimensional
puntos_entrada = np.random.rand(2, 50) # 50 puntos en R^2

# Aplicar la transformación lineal a los puntos de entrada
puntos_salida = np.apply_along_axis(transformacion_lineal, 0,
```

```
    puntos_entrada)

# Verificar el Teorema del Núcleo e Imagen
dimension_espacio_entrada = puntos_entrada.shape[0]
dimension_nucleo = np.linalg.matrix_rank(matriz_transformacion)
dimension_imagen = np.linalg.matrix_rank(puntos_salida)

# Imprimir resultados
print("Dimension del Espacio de Entrada:", dimension_espacio_entrada)
print("Dimension del Núcleo:", dimension_nucleo)
print("Dimension de la Imagen:", dimension_imagen)
print("Suma de Dimensiones del Núcleo e Imagen:", dimension_nucleo +
    dimension_imagen)

# Visualizar los puntos en el espacio bidimensional
plt.scatter(
    puntos_entrada[0],
    puntos_entrada[1],
    label="Espacio de Entrada",
    color="blue",
    marker="o",
)
plt.scatter(puntos_salida[0], puntos_salida[1], label="Imagen", color=
    "red", marker="x")
plt.title("Transformación Lineal y Teorema del Núcleo e Imagen")
plt.xlabel("Eje X")
plt.ylabel("Eje Y")
plt.legend()
plt.grid(True)
plt.show()
```

Out [30]:

```
Dimension del Espacio de Entrada: 2
Dimension del Nucleo: 2
Dimension de la Imagen: 2
Suma de Dimensiones del Nucleo e Imagen: 4
```

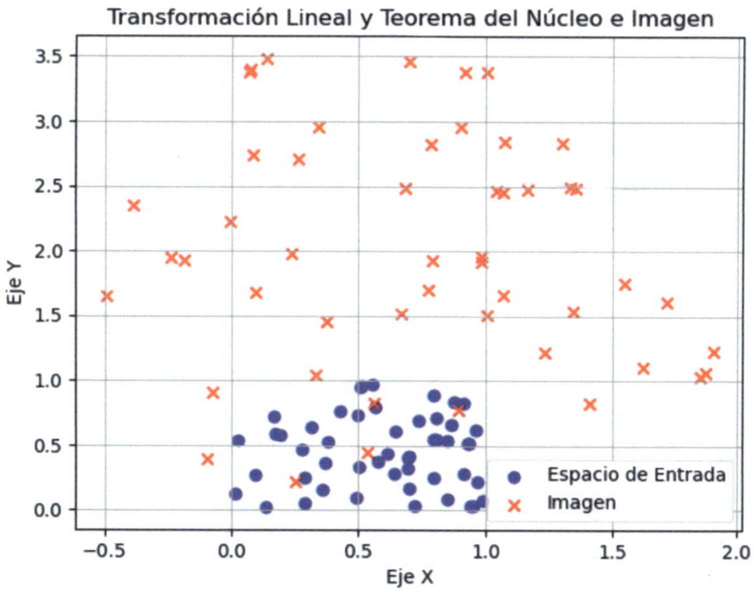

Teorema de la dimensión: Este teorema establece que el rango de una matriz, más el rango del núcleo, será igual al número de columnas de la matriz. Se emplea en la comprensión de la representación de datos y la resolución de sistemas de ecuaciones lineales.

El siguiente ejemplo analiza una matriz A y su sistema homogéneo asociado $Ax = 0$. Se aplicará el Teorema de la dimensión para demostrar que el rango de A más la dimensión del núcleo de A equivale a la cantidad de columnas de A:

In [31]:

```
# Ejercicio 31
import numpy as np

# Definir una matriz A (ejemplo)
A = np.array([[8, 2, 6], [4, 8, 6], [4, 8, 1]])

# Calcular el rango de la matriz A
rango_A = np.linalg.matrix_rank(A)

# Resolver el sistema homogéneo Ax = 0 para encontrar el núcleo de A
nucleo_A = np.linalg.solve(A, np.zeros(A.shape[0]))

# Calcular la dimensión del núcleo de A
dimension_nucleo_A = np.linalg.matrix_rank(nucleo_A)

# Verificar el Teorema de la Dimensión
num_columnas_A = A.shape[1]
suma_dimensiones = rango_A + dimension_nucleo_A

```

```
# Imprimir resultados
print("Matriz A:")
print(A)
print("\nRango de A:", rango_A)
print("Dimensión del Núcleo de A:", dimension_nucleo_A)
print("Número de Columnas de A:", num_columnas_A)
print("\nTeorema de la Dimensión: Rango(A) + Dimensión(Núcleo(A)) =",
    suma_dimensiones)
```

Out [31]:

```
Matriz A:
[[8 2 6]
 [4 8 6]
 [4 8 1]]

Rango de A: 3
Dimension del Nucleo de A: 0
Numero de Columnas de A: 3

Teorema de la Dimension: Rango(A) + Dimension(Nucleo(A)) = 3
```

Teorema espectral: Mencionado anteriormente, este teorema resulta esencial al tratar con matrices simétricas reales. La descomposición espectral se emplea en técnicas como análisis de componentes principales (PCA).

Se presenta un ejemplo que ilustra la descomposición espectral y su relación con PCA:

In [32]:

```
# Ejercicio 32
import numpy as np
import matplotlib.pyplot as plt

# Generar datos bidimensionales para el ejemplo
np.random.seed(42)
datos = np.random.multivariate_normal([0, 0], [[3, 1], [1, 2]], 100)

# Calcular la matriz de covarianza (simétrica) de los datos
matriz_covarianza = np.cov(datos, rowvar=False)

# Calcular la descomposición espectral de la matriz de covarianza
autovalores, autovectores = np.linalg.eigh(matriz_covarianza)

# Ordenar los autovalores y autovectores en orden descendente
orden = np.argsort(autovalores)[::-1]
autovalores = autovalores[orden]
```

```
autovectores = autovectores[:, orden]

# Proyectar los datos en el espacio de los autovectores (PCA)
datos_proyectados = np.dot(datos, autovectores)

# Imprimir resultados
print("Matriz de Covarianza:")
print(matriz_covarianza)
print("\nAutovalores:")
print(autovalores)
print("\nAutovectores:")
print(autovectores)

# Visualizar los datos originales y proyectados
plt.figure(figsize=(10, 5))
plt.subplot(1, 2, 1)
plt.scatter(
    datos[:, 0], datos[:, 1], label="Datos Originales", color="blue",
        marker="o"
)
plt.title("Datos Originales")
plt.xlabel("Feature 1")
plt.ylabel("Feature 2")
plt.legend()
plt.subplot(1, 2, 2)
plt.scatter(
    datos_proyectados[:, 0],
    datos_proyectados[:, 1],
    label="Datos Proyectados",
    color="red",
    marker="x",
)
plt.title("Datos Proyectados (PCA)")
plt.xlabel("Principal Component 1")
plt.ylabel("Principal Component 2")
plt.legend()
plt.tight_layout()
plt.show()
```

Out [32]:

```
Matriz de Covarianza:
[[2.35611878 0.54218943]
 [0.54218943 1.67569832]]

Autovalores:
[2.65599634 1.37582076]

Autovectores:
[[-0.87507302 0.48399092]
```

```
[-0.48399092 -0.87507302]]
```

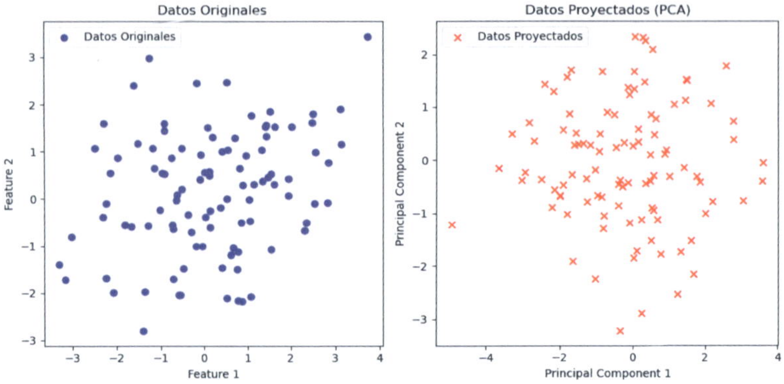

Teorema de Rank-Nullity: Este teorema establece que para cualquier transformación lineal $T : V \to W$, donde V y W son espacios vectoriales finitos, la dimensión del núcleo T, más la dimensión de la imagen de T, será igual a la dimensión de V. Se emplea para comprender las transformaciones lineales y la relación entre dimensiones de espacios vectoriales.

In [33]:

```python
# Ejercicio 33
import numpy as np

# Ejemplo de matrices para ilustrar la transformación lineal
matriz_V_a_W = np.array([[1, 2, 3], [4, 5, 6]])

# Dimensión del espacio de partida V
dimension_V = matriz_V_a_W.shape[1]

# Crear la transformación lineal T: V -> W
def transformacion_T(v):
    return np.dot(matriz_V_a_W, v)

# Calcular la dimensión del núcleo de T (Nul(T))
dimension_nucleo_T = dimension_V - np.linalg.matrix_rank(matriz_V_a_W)

# Calcular la dimensión de la imagen de T (Im(T))
dimension_imagen_T = np.linalg.matrix_rank(matriz_V_a_W)

# Verificar el Teorema de Rank-Nullity
assert (
    dimension_nucleo_T + dimension_imagen_T == dimension_V
), "Teorema de Rank-Nullity no se cumple."

# Imprimir resultados
print("Matriz de la Transformación Lineal (T):")
```

```
print(matriz_V_a_W)
print("\nDimensión del Núcleo de T (Nul(T)):", dimension_nucleo_T)
print("Dimensión de la Imagen de T (Im(T)):", dimension_imagen_T)
print("Dimensión del Espacio de Partida V:", dimension_V)
```

Out [33]:

```
Matriz de la Transformacion Lineal (T):
[[1 2 3]
 [4 5 6]]

Dimension del Nucleo de T (Nul(T)): 1
Dimension de la Imagen de T (Im(T)): 2
Dimension del Espacio de Partida V: 3
```

El álgebra se constituye como un pilar esencial en el arsenal matemático de profesionales y entusiastas del Machine Learning. Desde la formulación de modelos hasta la optimización y el procesamiento de datos, las herramientas algebraicas resultan indispensables. Python, mediante sus bibliotecas como SymPy, se erige como un vehículo eficaz para ejecutar manipulaciones algebraicas de manera efectiva. Comprender y aplicar el álgebra en Machine Learning proporciona la capacidad de abordar problemas de manera más estructurada y elegante, facilitando la resolución de desafíos complejos en este campo. Más adelante, se examinarán los usos específicos del álgebra por cada algoritmo.

5.3 Geometría y Trigonometría

La geometría constituye una rama de las matemáticas que estudia las propiedades y las relaciones del espacio, manifestándose como una importante herramienta. Los vectores, matrices y conceptos geométricos proporcionan un marco sólido para la representación y manipulación de datos.[8] En la presente sección, se analiza la relevancia de la geometría en Machine Learning y se exploran ejemplos prácticos que emplean vectores en Python para ilustrar sus aplicaciones. El siguiente ejemplo genera datos aleatorios y emplea operaciones vectoriales para ilustrar un concepto elemental de geometría en el espacio aplicado a Machine Learning:

In [34]:

```
# Ejercicio 34
import numpy as np
import matplotlib.pyplot as plt
```

[8] Baldor J.A. (1998). "Geometría Plana del Espacio: Con una Introducción a la Trigonometría". México DF, México. Publicaciones Cultural. Decima Quinta Reimpresión.

```

# Generar datos de ejemplo en un plano 3D
np.random.seed(42)
X1 = np.random.rand(50, 2) * 10
X2 = np.random.rand(50, 2) * 10 + np.array([5, 5])
y1 = np.zeros((50, 1))
y2 = np.ones((50, 1))

# Visualizar los datos en un plano 3D
fig = plt.figure(figsize=(8, 8))
ax = fig.add_subplot(111, projection="3d")
ax.scatter(X1[:, 0], X1[:, 1], y1, c="blue", marker="o", label="Clase 0")
ax.scatter(X2[:, 0], X2[:, 1], y2, c="red", marker="^", label="Clase 1")
ax.set_xlabel("Característica 1")
ax.set_ylabel("Característica 2")
ax.set_zlabel("Etiqueta")
ax.set_title("Geometría en el Espacio con Machine Learning")
plt.legend()
plt.show()
```

Out [34]:

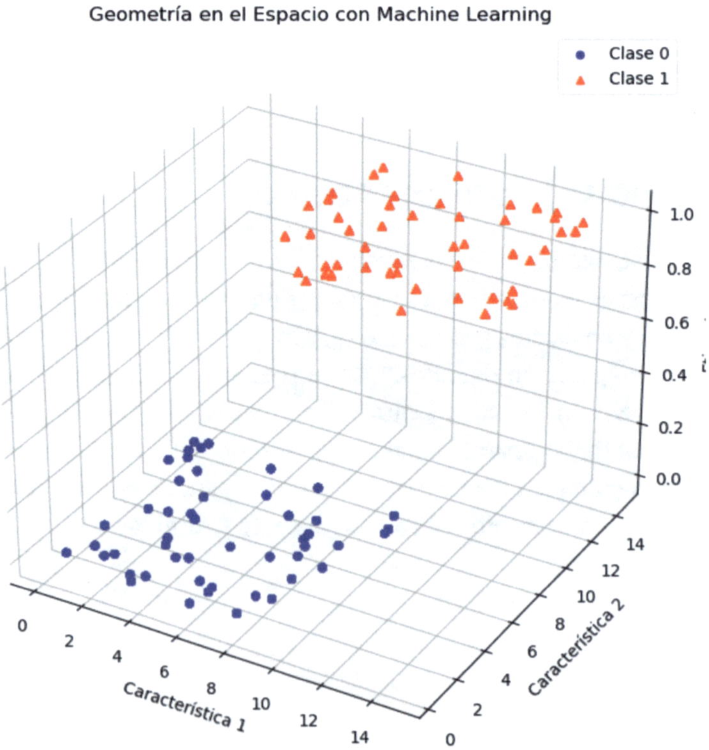

Estos vectores de carga destacan la geometría de la transformación PCA y demuestran cómo las características originales se relacionan en el espacio de características reducido:

In [35]:

```
# Ejercicio 35
from sklearn.decomposition import PCA
from sklearn.datasets import load_digits
import matplotlib.pyplot as plt

# Cargar el conjunto de datos de dígitos escritos a mano
digits = load_digits()
X = digits.data
y = digits.target

# Asegurarse de que los datos tengan la forma correcta (8x8 imágenes)
X = X.reshape((X.shape[0], -1))

# Aplicar PCA para reducir la dimensionalidad a 2 dimensiones
pca = PCA(n_components=2)
X_pca = pca.fit_transform(X)

# Visualizar los dígitos en un espacio bidimensional con vectores de
    carga
plt.figure(figsize=(8, 5))

# Plot original digits
plt.scatter(X_pca[:, 0], X_pca[:, 1], c=y, cmap="tab10", edgecolors="k
    ", s=40)

# Añadir vectores de carga para mostrar la influencia de cada caracter
    ística en las componentes principales
for i in range(len(pca.components_)):
    plt.arrow(
        0,
        0,
        pca.components_[i, 0],
        pca.components_[i, 1],
        color="red",
        alpha=0.75,
        linewidth=0.5,
        head_width=0.02,
    )
plt.title(
    "PCA: Reducción de Dimensionalidad en Dígitos Manuscritos con
        Vectores de Carga"
)
plt.xlabel("Principal Component 1")
plt.ylabel("Principal Component 2")
plt.show()
```

Out [35]:

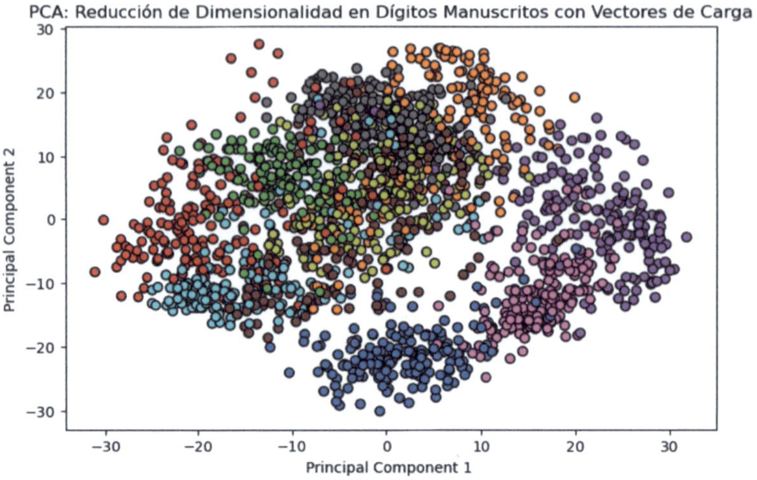

5.3.1 Relevancia de la geometría en Machine Learning

1. Representación de datos:

Vectores: En geometría vectorial, los vectores representan magnitudes y direcciones. En Machine Learning, los datos generalmente se representan como vectores en espacios de alta dimensión, donde cada dimensión puede corresponder a una característica o variable.

In [36]:

```
# Ejercicio 36
import numpy as np
import matplotlib.pyplot as plt

# Generar datos bidimensionales de ejemplo
np.random.seed(42)
data_points = 80
feature_1 = np.random.uniform(0, 10, data_points)
feature_2 = 2 * feature_1 + np.random.normal(0, 2, data_points)

# Representar los datos como vectores en un espacio bidimensional
plt.figure(figsize=(8, 8))
plt.scatter(feature_1, feature_2, label="Datos de ejemplo", color="
    blue")

# Crear vectores que representan los datos
vectors = np.column_stack((feature_1, feature_2))

# Agregar los vectores al gráfico
```

```
origin = np.zeros_like(feature_1)
plt.quiver(
    origin,
    origin,
    feature_1,
    feature_2,
    angles="xy",
    scale_units="xy",
    scale=1,
    color="red",
    alpha=0.5,
    label="Vectores",
)
plt.title("Representación de Datos como Vectores en Machine Learning")
plt.xlabel("Característica 1")
plt.ylabel("Característica 2")
plt.legend()
plt.grid(True)
plt.show()
```

Out [36]:

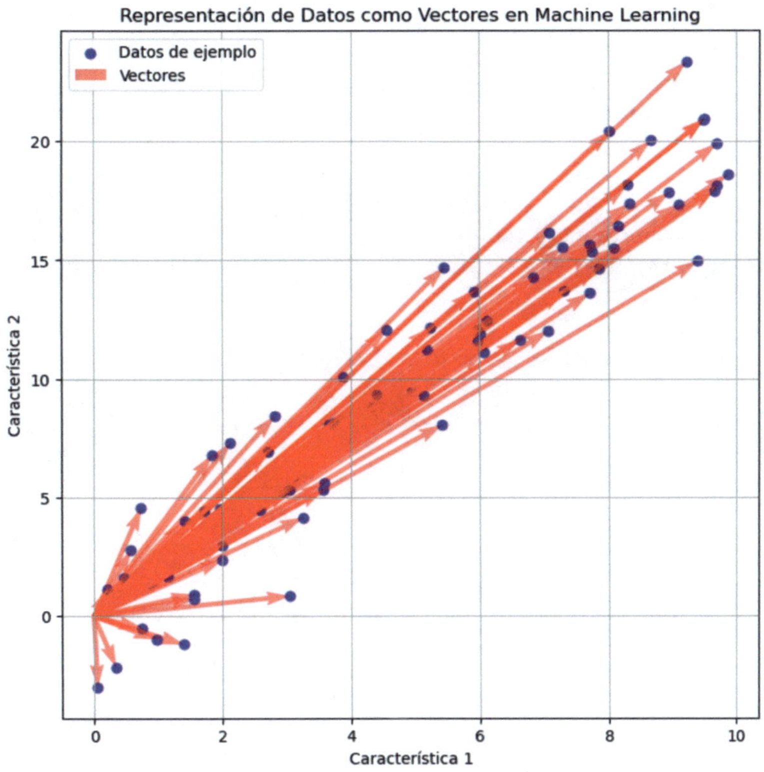

2. Espacios vectoriales:

Concepto Central: La geometría proporciona el concepto de espacios vectoriales, esenciales para la representación estructurada de datos en Machine Learning. Los espacios vectoriales permiten la combinación lineal y operaciones algebraicas indispensables.

El siguiente ejemplo, muestra la creación de combinaciones lineales de vectores, hechos con escalares, en tres dimensiones:

In [37]:

```
# Ejercicio 37
import numpy as np
import matplotlib.pyplot as plt

# Crear tres vectores en un espacio tridimensional
vector1 = np.array([1, 2, 3])
vector2 = np.array([0, -1, 2])
vector3 = np.array([-1, 1, 1])

# Crear un conjunto de escalares
scalars = np.linspace(-2, 2, 20)

# Realizar combinación lineal de los vectores
result_vectors = [
    scalar * vector1 + (1 - scalar) * vector2 + 0.5 * scalar * vector3
    for scalar in scalars
]

# Visualizar los vectores y la combinación lineal
fig = plt.figure(figsize=(10, 8))
ax = fig.add_subplot(111, projection="3d")

# Dibujar los vectores originales
ax.quiver(0, 0, 0, vector1[0], vector1[1], vector1[2], color="blue",
     label="Vector 1")
ax.quiver(0, 0, 0, vector2[0], vector2[1], vector2[2], color="green",
     label="Vector 2")
ax.quiver(0, 0, 0, vector3[0], vector3[1], vector3[2], color="orange",
      label="Vector 3")

# Dibujar la combinación lineal de los vectores
for result_vector, scalar in zip(result_vectors, scalars):
    ax.quiver(
        0,
        0,
        0,
        result_vector[0],
        result_vector[1],
        result_vector[2],
        color="red",
```

```
        alpha=0.5,
    )
ax.set_title("Combinación Lineal de Vectores en un Espacio
    Tridimensional")
ax.set_xlabel("Eje x")
ax.set_ylabel("Eje y")
ax.set_zlabel("Eje z")
ax.legend()
plt.show()
```

Out [37]:

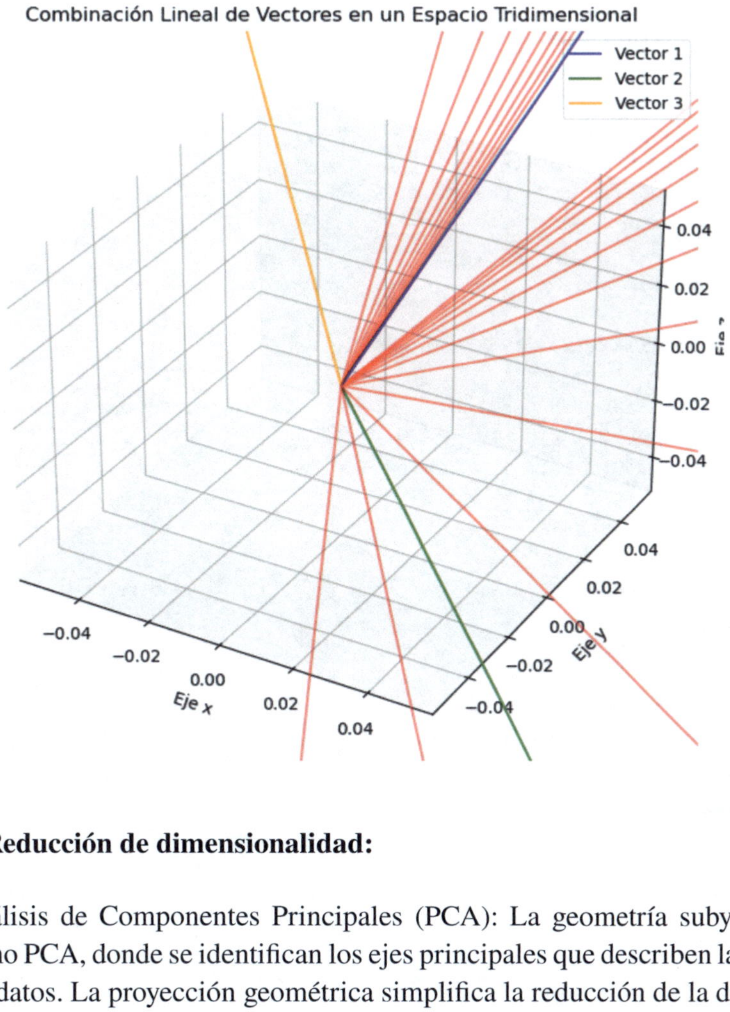

3. Reducción de dimensionalidad:

Análisis de Componentes Principales (PCA): La geometría subyace en técnicas como PCA, donde se identifican los ejes principales que describen la variabilidad de los datos. La proyección geométrica simplifica la reducción de la dimensionalidad.

El siguiente ejemplo emplea datos en un espacio bidimensional y demuestra la proyección de estos datos en sus ejes principales, mediante la aplicación de conceptos geométricos:

In [38]:

```python
# Ejercicio 38
import numpy as np
import matplotlib.pyplot as plt
from sklearn.decomposition import PCA

# Generar datos bidimensionales de ejemplo
np.random.seed(42)
data_points = 100
feature_1 = np.random.uniform(0, 10, data_points)
feature_2 = 2 * feature_1 + np.random.normal(0, 2, data_points)

# Organizar los datos en una matriz bidimensional
X = np.column_stack((feature_1, feature_2))

# Aplicar PCA para reducir la dimensionalidad a 1 componente principal
pca = PCA(n_components=1)
X_pca = pca.fit_transform(X)
X_projected = pca.inverse_transform(X_pca) # Proyección inversa para
    visualización

# Visualizar los datos originales y la proyección en el componente
    principal
plt.figure(figsize=(12, 5))

# Graficar los datos originales en el espacio bidimensional
plt.subplot(1, 2, 1)
plt.scatter(X[:, 0], X[:, 1], label="Datos Originales", color="blue",
    alpha=0.8)
plt.title("Espacio Bidimensional")
plt.xlabel("Característica 1")
plt.ylabel("Característica 2")
plt.legend()

# Graficar la proyección en el componente principal
plt.subplot(1, 2, 2)
plt.scatter(X[:, 0], X[:, 1], label="Datos Originales", color="blue",
    alpha=0.8)
plt.scatter(
    X_projected[:, 0], X_projected[:, 1], label="Proyección PCA",
        color="red", alpha=0.8
)
plt.title("Proyección en el Componente Principal")
plt.xlabel("Característica 1")
plt.ylabel("Característica 2")
plt.legend()
plt.tight_layout()
plt.show()
```

Out [38]:

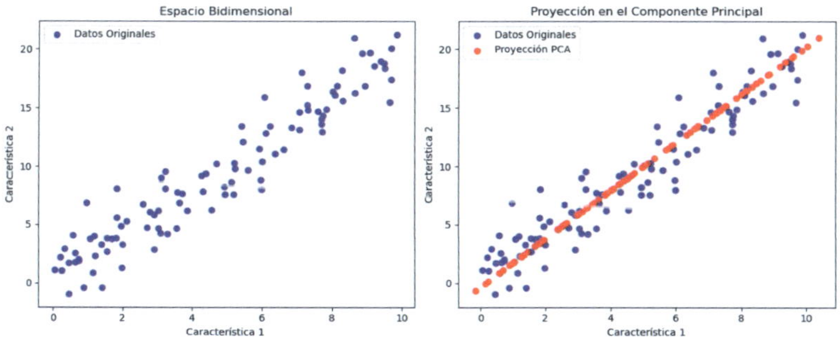

Visualización de datos y geometrías:

Ploteo de vectores: La representación visual resulta esencial en Machine Learning. En el ejemplo proporcionado, se emplea Matplotlib para visualizar un vector tridimensional. Esta capacidad visual facilita tareas como la identificación de patrones y la interpretación de resultados.[9]

Se presentan diversas figuras geométricas para demostrar la relevancia de la visualización en Machine Learning:

In [39]:

```
# Ejercicio 39
import numpy as np
import matplotlib.pyplot as plt

# Crear datos para las figuras geométricas
theta = np.linspace(0, 2 * np.pi, 100)

# Figura 1: Círculo en 2D
circle_x = np.cos(theta)
circle_y = np.sin(theta)

# Figura 2: Esfera en 3D
sphere_x = np.sin(theta) * np.cos(theta)
sphere_y = np.sin(theta) * np.sin(theta)
sphere_z = np.cos(theta)

# Figura 3: Línea en 2D
line_x = np.linspace(-1, 1, 100)
line_y = 0.5 * line_x + 0.5

# Figura 4: Plano en 3D
plane_x, plane_y = np.meshgrid(np.linspace(-1, 1, 10), np.linspace(-1,
    1, 10))
```

[9] Baldor J.A. (1998). "Geometría Plana del Espacio: Con una Introducción a la Trigonometría". México DF, México. Publicaciones Cultural. Decima Quinta Reimpresión.

```
plane_z = 0.2 * plane_x + 0.5 * plane_y

# Visualizar las figuras geométricas en diferentes gráficos
fig = plt.figure(figsize=(15, 10))

# Gráfico 1: Círculo en 2D
ax1 = fig.add_subplot(2, 2, 1)
ax1.plot(circle_x, circle_y, label="Círculo")
ax1.set_title("Círculo en 2D")
ax1.legend()

# Gráfico 2: Esfera en 3D
ax2 = fig.add_subplot(2, 2, 2, projection="3d")
ax2.plot3D(sphere_x, sphere_y, sphere_z, label="Esfera")
ax2.set_title("Esfera en 3D")
ax2.legend()

# Gráfico 3: Línea en 2D
ax3 = fig.add_subplot(2, 2, 3)
ax3.plot(line_x, line_y, label="Línea")
ax3.set_title("Línea en 2D")
ax3.legend()

# Gráfico 4: Plano en 3D
ax4 = fig.add_subplot(2, 2, 4, projection="3d")
ax4.plot_surface(
    plane_x,
    plane_y,
    plane_z,
    alpha=0.5,
    rstride=100,
    cstride=100,
    cmap="viridis",
    edgecolor="k",
)
ax4.set_title("Plano en 3D")
plt.tight_layout()
plt.show()
```

Out [39]:

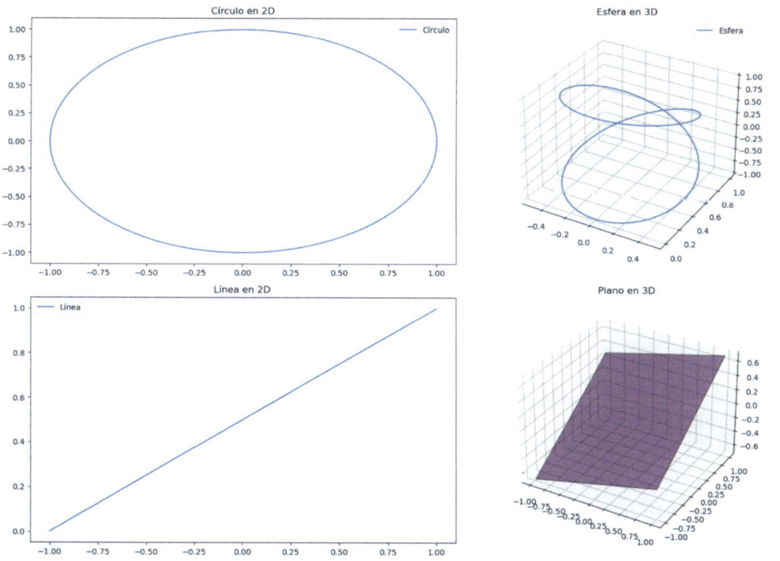

5.3.2 Teoremas geométricos aplicados en Machine Learning

Teorema de la proyección ortogonal: Este teorema establece que para cualquier vector v y un subespacio vectorial U, el vector proyectado ortogonalmente v_U en U minimiza la distancia euclidiana entre v y U. Resulta aplicable en técnicas de reducción de la dimensionalidad y en la interpretación de espacios de características.

La proyección ortogonal de v en el subespacio U es el vector v_U tal que la diferencia entre v y v_U, que es $v - v_U$, es ortogonal a todo vector en U. Condición de ortogonalidad:

$v - v_U \perp U$(es decir, es ortogonal a todo vector en U).

Esto hace que para cualquier vector $u \in U$, se cumple:

$$\langle\, v - v_U,\; u\rangle = 0$$

Donde $\langle \cdot, \cdot \rangle$ representa el producto interno en el espacio V.

Si el subespacio U está generado por un conjunto de vectores ortogonales $\{u_1, u_2, \ldots, u_k\}$, entonces la proyección ortogonal de v sobre U se expresa como:

$$v_U = \sum_{i=1}^{k} \frac{\langle v\ ,\ u_i \rangle}{\langle u_i,\ \ u_i \rangle}\, u_i$$

El teorema establece que v_U minimiza la distancia entre v y cualquier otro vector en el subespacio U. Matemáticamente, la distancia euclidiana entre v y U se define como:

$$dist(v, U) = \| v - v_U \|$$

Siendo v_U el vector que minimiza esta distancia. Se presenta un ejemplo de Proyección Ortogonal:

In [40]:

```
# Ejercicio 40
import numpy as np
import matplotlib.pyplot as plt
def proyeccion_ortogonal(v, U):
    # Calcula la proyección ortogonal de v en U
    proyeccion = np.dot(v, U) / np.dot(U, U) * U
    return proyeccion

# Ejemplo de uso
v = np.array([1, 3])
U = np.array([4, 3])
proyeccion = proyeccion_ortogonal(v, U)

# Graficar el vector original, el subespacio y la proyección ortogonal
plt.quiver(
    0,
    0,
    v[0],
    v[1],
    angles="xy",
    scale_units="xy",
    scale=1,
    color="b",
    label="Vector Original (v)",
)
plt.quiver(
    0,
    0,
    U[0],
    U[1],
    angles="xy",
    scale_units="xy",
    scale=1,
    color="r",
    label="Subespacio (U)",
)
plt.quiver(
    0,
    0,
```

```
    proyeccion[0],
    proyeccion[1],
    angles="xy",
    scale_units="xy",
    scale=1,
    color="g",
    label="Proyección Ortogonal (vU)",
)
proyeccion = proyeccion_ortogonal(v, U)
print("Vector Original (v):", v)
print("Subespacio (U):", U)
print("Proyección Ortogonal (vU):", proyeccion)

# Configurar el gráfico
plt.xlim(-1, 4)
plt.ylim(-1, 4)
plt.axhline(0, color="black", linewidth=0.5)
plt.axvline(0, color="black", linewidth=0.5)
plt.grid(color="gray", linestyle="--", linewidth=0.5)
plt.legend()
plt.title("Proyección Ortogonal en un Subespacio")
plt.xlabel("Eje X")
plt.ylabel("Eje Y")
plt.show()
```

Out [40]:

```
Vector Original (v): [1 3]
Subespacio (U): [4 3]
Proyeccion Ortogonal (vU): [2.08 1.56]
```

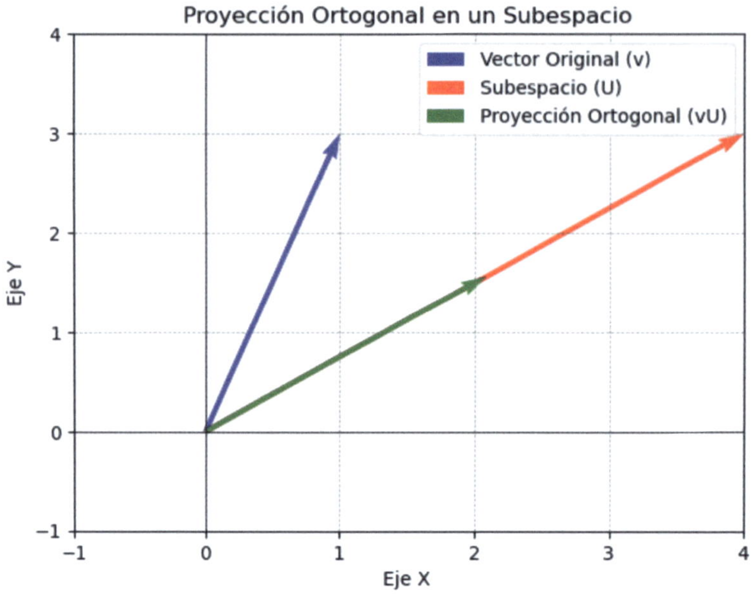

Teorema de Pitágoras: Este teorema resulta aplicable en optimización y en el cálculo de distancia euclidiana entre puntos en el espacio. En Machine Learning, se emplea frecuentemente en algoritmos de clustering y clasificación.

El siguiente ejemplo emplea el teorema para calcular la distancia euclidiana entre puntos en un espacio bidimensional, procedimiento común en algoritmos de clustering y clasificación:

In [41]:

```
# Ejercicio 41
import numpy as np
import matplotlib.pyplot as plt
def distancia_euclidiana(punto1, punto2):
    # Calcula la distancia euclidiana entre dos puntos en un espacio
        bidimensional
    return np.sqrt(np.sum((punto1 - punto2) ** 2))

# Ejemplo de uso
punto_a = np.array([1, 1])
punto_b = np.array([4, 3])

# Calcular la distancia euclidiana utilizando el Teorema de Pitágoras
distancia = distancia_euclidiana(punto_a, punto_b)

# Graficar los puntos y la línea que representa la distancia
    euclidiana
plt.scatter([punto_a[0], punto_b[0]], [punto_a[1], punto_b[1]], color=
    "blue")
plt.plot(
```

```
        [punto_a[0], punto_b[0]],
        [punto_a[1], punto_b[1]],
        linestyle="--",
        color="red",
        label=f"Distancia = {distancia:.2f}",
)

# Configurar el gráfico
plt.xlim(0, 5)
plt.ylim(0, 7)
plt.axhline(0, color="black", linewidth=0.5)
plt.axvline(0, color="black", linewidth=0.5)
plt.grid(color="gray", linestyle="--", linewidth=0.5)
plt.legend()
plt.title("Teorema de Pitágoras y Distancia Euclidiana")
plt.xlabel("Eje X")
plt.ylabel("Eje Y")
plt.show()
```

Out [41]:

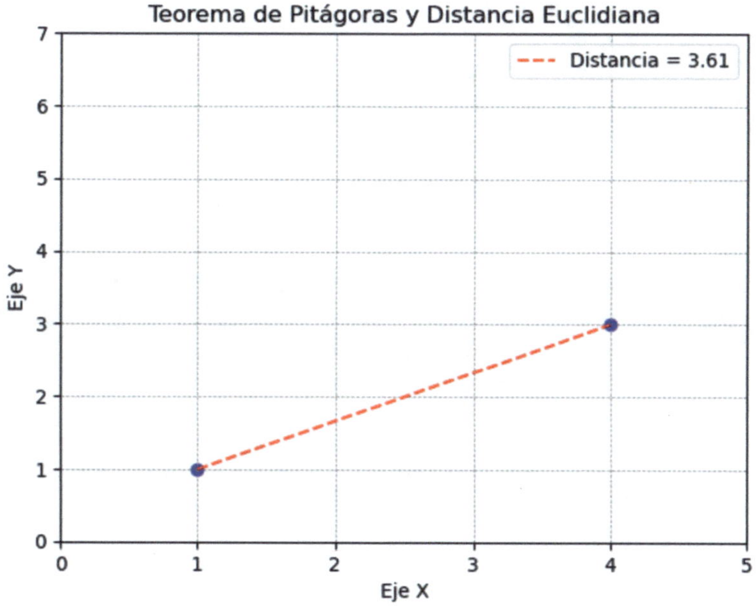

Teorema de la bisectriz: Este teorema establece que la bisectriz de un ángulo de un triángulo separa al lado opuesto en segmentos proporcionales a los lados adyacentes. Resulta aplicable en problemas de análisis de triángulos y en técnicas de interpolación de datos.

El siguiente ejemplo ilustra el Teorema de la bisectriz:

In [42]:

```python
# Ejercicio 42
import matplotlib.pyplot as plt
import numpy as np
def bisectriz(angulo_A, lado_a):
    # Calcula las coordenadas del punto donde la bisectriz intersecta
        el lado opuesto
    x = lado_a * np.cos(angulo_A)
    y = lado_a * np.sin(angulo_A)
    return x, y

# Definición de un triángulo
angulo_A = np.radians(30) # Ángulo en radianes
lado_a = 5 # Longitud del lado opuesto al ángulo A

# Puntos del triángulo
A = np.array([0, 0])
B = np.array([lado_a, 0])
C = np.array([lado_a * np.cos(angulo_A), lado_a * np.sin(angulo_A)])

# Punto de intersección de la bisectriz con el lado opuesto
D = bisectriz(angulo_A / 2, lado_a)

# Graficar el triángulo y la bisectriz
plt.figure(figsize=(6, 6))
plt.plot([A[0], B[0], C[0], A[0]], [A[1], B[1], C[1], A[1]], label="
    Triángulo ABC")
plt.plot([A[0], D[0]], [A[1], D[1]], "--", label="Bisectriz de AD")

# Etiquetas y leyendas
plt.text(A[0] + 0.2, A[1] + 0.2, "A", fontsize=12, ha="right")
plt.text(B[0] + 0.1, B[1] + 0.2, "B", fontsize=12, ha="right")
plt.text(C[0] + 0.2, C[1] + 0.05, "C", fontsize=12, ha="right")
plt.text(D[0] + 0.1, D[1] + 0.05, "D", fontsize=12, ha="right")
plt.xlabel("Eje X")
plt.ylabel("Eje Y")
plt.axhline(0, color="black", linewidth=0.5)
plt.axvline(0, color="black", linewidth=0.5)
plt.grid(color="gray", linestyle="--", linewidth=0.5)
plt.legend()
plt.title("Teorema de la Bisectriz en un Triángulo")
plt.show()
```

Out [42]:

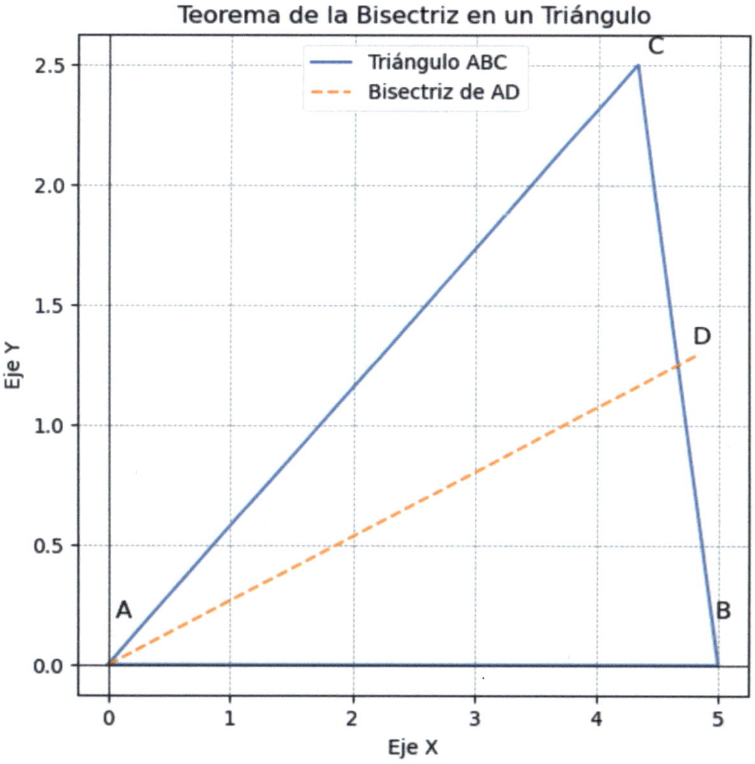

Teorema de la transformación lineal: Este teorema establece que una transformación lineal lleva líneas en líneas y el origen en el origen. En Machine Learning, la comprensión de cómo las transformaciones afectan la geometría resulta particularmente útil, especialmente en el procesamiento de imágenes y datos geométricos.

El siguiente ejemplo demuestra una transformación lineal:

In [43]:

```
# Ejercicio 43
import matplotlib.pyplot as plt
import numpy as np

# Definir una matriz de transformación lineal 2x2
A = np.array([[1, -1], [1, 2]])
# Definir un conjunto de puntos en el espacio original
puntos_originales = np.array([[1, 1], [-1, 2], [1.5, -2]])
# Aplicar la transformación lineal a los puntos originales
puntos_transformados = np.dot(A, puntos_originales.T).T

# Graficar los puntos originales y transformados
plt.figure(figsize=(6, 6))
plt.scatter(
    puntos_originales[:, 0],
```

```
    puntos_originales[:, 1],
    label="Puntos Originales",
    color="blue",
)
plt.scatter(
    puntos_transformados[:, 0],
    puntos_transformados[:, 1],
    label="Puntos Transformados",
    color="red",
)

# Dibujar líneas que conectan los puntos originales con sus
     transformados
for i in range(len(puntos_originales)):
    plt.plot(
        [puntos_originales[i, 0], puntos_transformados[i, 0]],
        [puntos_originales[i, 1], puntos_transformados[i, 1]],
        "--",
        color="gray",
    )

# Establecer límites y etiquetas
plt.xlim(-5, 5)
plt.ylim(-5, 5)
plt.axhline(0, color="black", linewidth=0.5)
plt.axvline(0, color="black", linewidth=0.5)
plt.grid(color="gray", linestyle="--", linewidth=0.5)
plt.legend()
plt.title("Teorema de la Transformación Lineal")
plt.xlabel("Eje X")
plt.ylabel("Eje Y")
plt.show()
```

Out [43]:

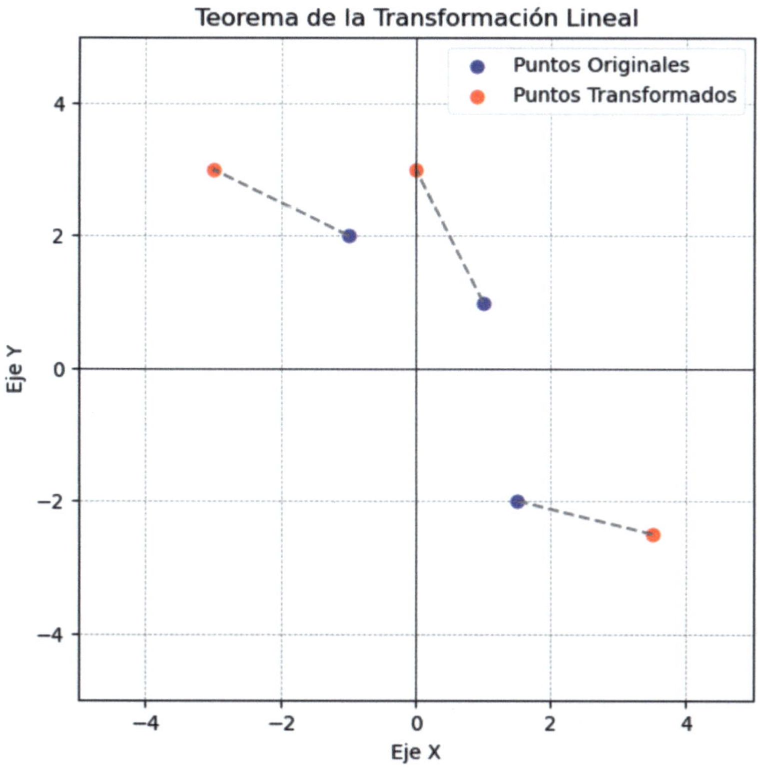

Teorema de la desigualdad triangular: Este teorema establece que la suma de las longitudes de dos lados de un triángulo excede la longitud del tercer lado. Resulta aplicable en validación de datos y detección de anomalías.

El siguiente ejemplo ilustra la aplicación del Teorema:

In [44]:

```
# Ejercicio 44
def desigualdad_triangular(lado1, lado2, lado3):
    return lado1 + lado2 > lado3 and lado1 + lado3 > lado2 and lado2 +
        lado3 > lado1

# Ejemplo de uso
lado1 = 2
lado2 = 8
lado3 = 7
if desigualdad_triangular(lado1, lado2, lado3):
    print("Los lados forman un triángulo.")
else:
    print("Los lados no forman un triángulo.")
```

Out [44]:

```
Los lados forman un triangulo.
```

5.3.3 Aplicaciones en Machine Learning

- **Clustering:** Los métodos de clustering, como k-means, emplean conceptos geométricos para agrupar datos en regiones espaciales coherentes.
- **Espacios de características:** En la geometría de espacios de características, se identifican regiones que representen clases o patrones específicos.[10]
- **Transformaciones lineales:** Los conceptos geométricos, como transformaciones lineales representadas por matrices, resultan útiles en álgebra lineal para la transformación y la optimización de los datos.

El siguiente ejemplo emplea geometría para clustering, identificando los grupos respectivos siguiendo ciertos criterios:

In [45]:

```python
# Ejercicio 45
from sklearn.datasets import make_blobs
from sklearn.cluster import KMeans
import matplotlib.pyplot as plt

# Generar datos sintéticos con 3 clusters
X, _ = make_blobs(n_samples=300, centers=3, random_state=42)

# Aplicar k-means para agrupar los datos
kmeans = KMeans(n_clusters=3, random_state=42)
kmeans.fit(X)

# Visualizar los resultados del clustering
plt.figure(figsize=(6, 6))
plt.scatter(X[:, 0], X[:, 1], c=kmeans.labels_, cmap="viridis",
      edgecolors="k", s=50)
plt.scatter(
    kmeans.cluster_centers_[:, 0],
    kmeans.cluster_centers_[:, 1],
    marker="X",
    s=200,
    color="red",
    label="Centroides",
)
plt.title("Clustering con k-means")
plt.xlabel("Característica 1")
plt.ylabel("Característica 2")
plt.legend()
```

[10]Baldor J.A. (1998). "Geometría Plana del Espacio: Con una Introducción a la Trigonometría". México DF, México. Publicaciones Cultural. Decima Quinta Reimpresión.

```
plt.show()
```

Out [45]:

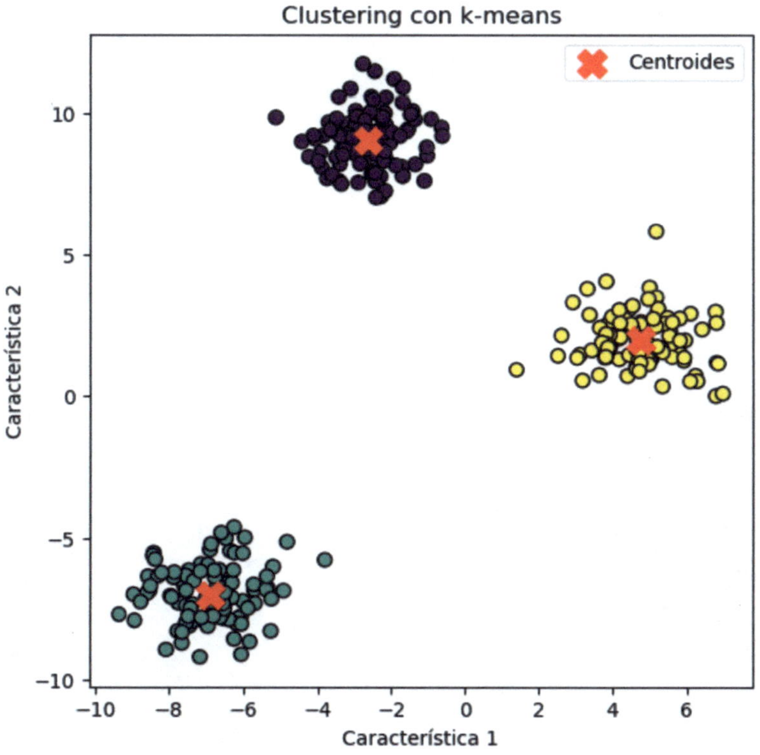

El siguiente ejemplo aplica geometría para determinar espacios de características para SVM:

In [46]:

```
# Ejercicio 46
from sklearn.datasets import make_classification
from sklearn.svm import SVC
import matplotlib.pyplot as plt

# Generar datos sintéticos con dos clases
X, y = make_classification(
    n_samples=300,
    n_features=2,
    n_informative=2,
    n_redundant=0,
    n_clusters_per_class=1,
    random_state=42,
)

# Aplicar SVM para clasificación
```

```
svm_classifier = SVC(kernel="linear", C=10)
svm_classifier.fit(X, y)

# Visualizar el espacio de características y las regiones de decisión
plt.figure(figsize=(6, 6))
plt.scatter(X[:, 0], X[:, 1], c=y, cmap="coolwarm", edgecolors="k", s
    =50)
ax = plt.gca()
xlim = ax.get_xlim()
ylim = ax.get_ylim()

# Crear una malla para visualizar las regiones de decisión
xx, yy = np.meshgrid(
    np.linspace(xlim[0], xlim[1], 100), np.linspace(ylim[0], ylim[1],
        100)
)
Z = svm_classifier.decision_function(np.c_[xx.ravel(), yy.ravel()])
Z = Z.reshape(xx.shape)

# Contornos de las regiones de decisión
plt.contour(
    xx, yy, Z, colors="k", levels=[-1, 0, 1], alpha=0.5, linestyles=["
        --", "-", "--"]
)
plt.title("Espacio de Características con SVM")
plt.xlabel("Característica 1")
plt.ylabel("Característica 2")
plt.show()
```

Out [46]:

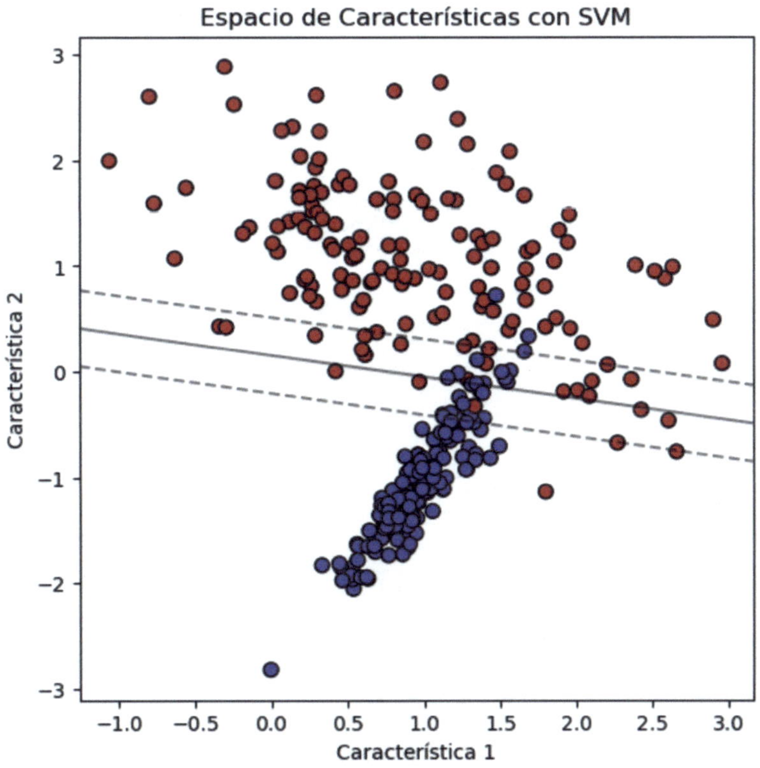

Se presenta una transformación de datos:

In [47]:

```
# Ejercicio 47
import numpy as np
import matplotlib.pyplot as plt

# Definir una matriz de transformación lineal 2x2
A = np.array([[8, -9], [5, -3]])
# Definir un conjunto de puntos en el espacio original
puntos_originales = np.array([[0, 1], [-1, 3], [1.5, -3]])

# Aplicar la transformación lineal a los puntos originales
puntos_transformados = np.dot(A, puntos_originales.T).T

# Graficar los puntos originales y transformados
plt.figure(figsize=(6, 6))
plt.scatter(
    puntos_originales[:, 0],
    puntos_originales[:, 1],
    label="Puntos Originales",
    color="blue",
)
plt.scatter(
```

```
    puntos_transformados[:, 0],
    puntos_transformados[:, 1],
    label="Puntos Transformados",
    color="red",
)
plt.axhline(0, color="black", linewidth=0.5)
plt.axvline(0, color="black", linewidth=0.5)
plt.grid(color="gray", linestyle="--", linewidth=0.5)
plt.legend()
plt.title("Transformación Lineal")
plt.xlabel("Eje X")
plt.ylabel("Eje Y")
plt.show()
```

Out [47]:

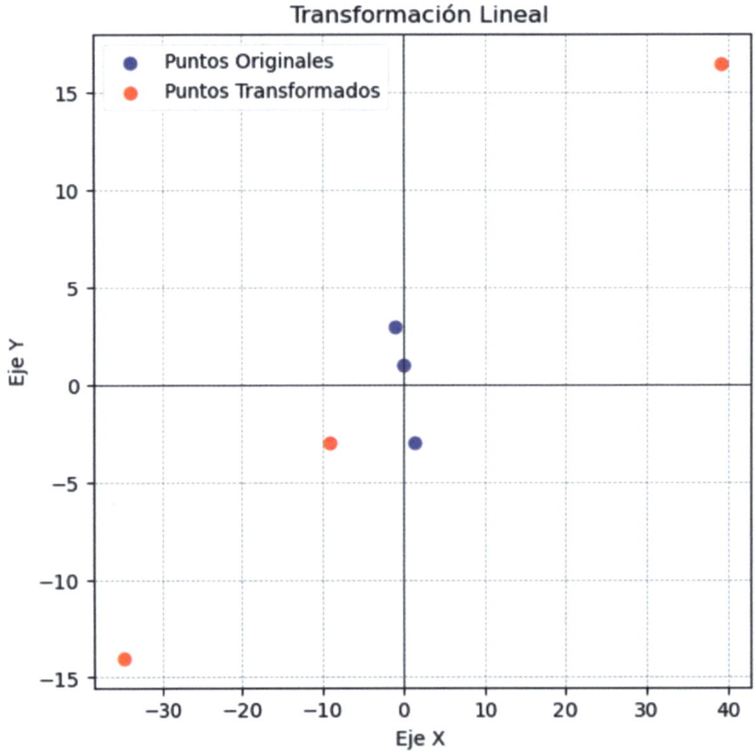

La geometría, mediante su capacidad para describir relaciones espaciales y proporcionar herramientas visuales, desempeña un papel trascendental en la representación y manipulación de datos en Machine Learning.

5.3.4 Trigonometría

La trigonometría constituye una rama de las matemáticas que se enfoca en las relaciones y medidas de los triángulos, así como en la formación de ángulos y las funciones basadas en estos ángulos. Su aplicación resulta particularmente relevante en situaciones que involucran datos cíclicos, como series temporales. En la presente sección, se analizará la relevancia de la trigonometría en Machine Learning y se examinarán ejemplos prácticos que emplean funciones trigonométricas en Python para generar y visualizar datos sinusoidales.[11] El siguiente ejemplo demuestra la generación de datos sinusoidales:

In [48]:

```python
# Ejercicio 48
import numpy as np
import matplotlib.pyplot as plt
def generar_datos_sinusoidales(frecuencia, amplitud, fase, muestras):
    """
    Genera datos sintéticos de una onda sinusoidal.
    Parámetros:
    - frecuencia: Frecuencia de la onda.
    - amplitud: Amplitud de la onda.
    - fase: Fase de la onda.
    - muestras: Número de muestras.
    Retorna:
    - tiempo: Vector de tiempo.
    - datos_sinusoidales: Vector con los datos de la onda sinusoidal.
    """
    tiempo = np.linspace(0, 1, muestras)
    datos_sinusoidales = amplitud * np.sin(2 * np.pi * frecuencia *
        tiempo + fase)
    return tiempo, datos_sinusoidales

# Parámetros de las funciones sinusoidales
frecuencia1 = 3 # Frecuencia de la primera onda
amplitud1 = 2 # Amplitud de la primera onda
fase1 = np.pi / 3 # Fase de la primera onda
frecuencia2 = 5 # Frecuencia de la segunda onda
amplitud2 = 1 # Amplitud de la segunda onda
fase2 = np.pi # Fase de la segunda onda
muestras = 50 # Número de muestras

# Generar datos de las dos ondas sinusoidales
tiempo, datos_sinusoidales1 = generar_datos_sinusoidales(
    frecuencia1, amplitud1, fase1, muestras
)
_, datos_sinusoidales2 = generar_datos_sinusoidales(
    frecuencia2, amplitud2, fase2, muestras
)

# Sumar las dos ondas para obtener una tercera onda
datos_sinusoidales_total = datos_sinusoidales1 + datos_sinusoidales2
```

[11]The Math Works. (2001). "Statistics Toolbox: For Use with MATLAB: User´s Guide Version 3". Massachusetts, United States of America.

```

# Visualizar los datos generados como puntos
plt.scatter(tiempo, datos_sinusoidales1, label="Onda 1", color="black"
    )
plt.scatter(tiempo, datos_sinusoidales2, label="Onda 2", color="blue")
plt.scatter(tiempo, datos_sinusoidales_total, label="Suma de Ondas",
    color="green")
plt.title("Datos de Ondas Sinusoidales Generados")
plt.xlabel("Tiempo")
plt.ylabel("Amplitud")
plt.legend() # Agregar leyenda al gráfico
plt.grid(True) # Mostrar una cuadrícula en el gráfico
plt.axhline(0, color="black", linewidth=0.8, linestyle="--") # Línea
    horizontal en y=0
plt.axvline(0, color="black", linewidth=0.8, linestyle="--") # Línea
    vertical en x=0
plt.show()
```

Out [48]:

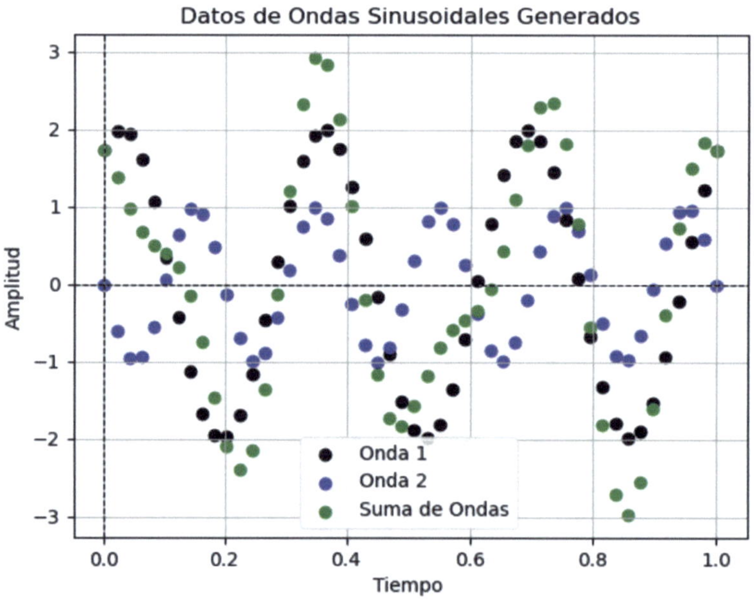

Se presenta un ejemplo de aproximación para filtrado de ruidos con funciones trigonométricas:

In [49]:

```
# Ejercicio 49
import numpy as np
import matplotlib.pyplot as plt

# Generar datos sintéticos con ruido
```

```
tiempo = np.linspace(0, 1, 1000)
datos_originales = np.sin(1.5 * np.pi * 2 * tiempo) + 0.1 * np.random.
    randn(1000)

# Aplicar un filtro sinusoidal para reducir el ruido
filtro_trig = np.sin(1.5 * np.pi * 2 * tiempo)

# Filtrar los datos originales
datos_filtrados = datos_originales * filtro_trig

# Visualizar datos originales y filtrados
plt.plot(tiempo, datos_originales, label="Datos Originales")
plt.plot(tiempo, datos_filtrados, label="Datos Filtrados")
plt.title("Filtrado de Ruido con Funciones Trigonométricas")
plt.xlabel("Tiempo")
plt.ylabel("Amplitud")
plt.legend()
plt.show()
```

Out [49]:

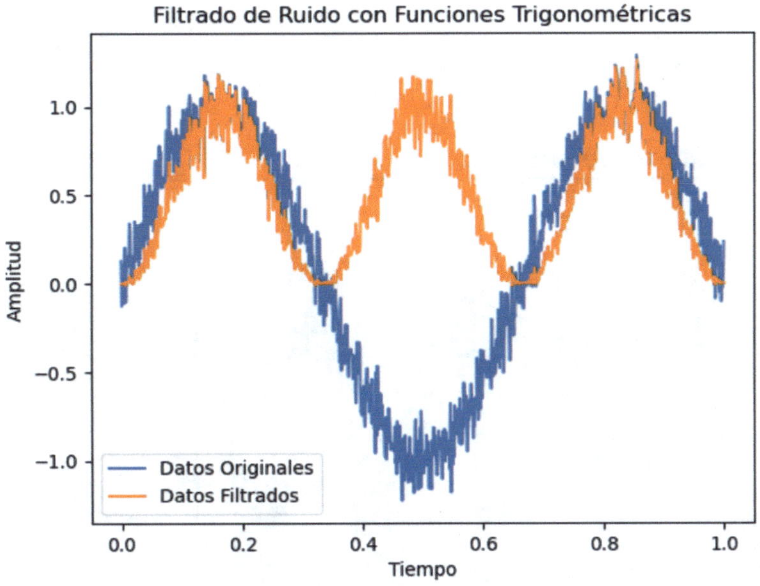

5.3.5 Relevancia de la trigonometría en Machine Learning

- **Series temporales:** Numerosos conjuntos de datos en Machine Learning exhiben patrones temporales cíclicos. La trigonometría se constituye en una herramienta esencial para modelar y comprender estos patrones.
- **Frecuencia y amplitud:** La trigonometría proporciona conceptos como frecuencia y amplitud, esenciales en el análisis de señales. Esto resulta relevante en aplicaciones como procesamiento de señales y análisis de audio.

- **Optimización de modelos:** Ciertos algoritmos de optimización, como los empleados en redes neuronales, se benefician de conceptos trigonométricos en la búsqueda eficiente de mínimos y máximos locales.

El siguiente ejemplo demuestra el modelado de patrones temporales:

In [50]:

```
# Ejercicio 50
import numpy as np
import matplotlib.pyplot as plt

# Generar datos sintéticos con patrón cíclico
tiempo = np.linspace(0, 10, 200)
datos_series_temporales = 2 * np.sin(2 * np.pi * 0.5 * tiempo) + np.
    random.randn(200)

# Visualizar datos de series temporales
plt.plot(tiempo, datos_series_temporales)
plt.title("Modelado de Patrones Temporales Cíclicos")
plt.xlabel("Tiempo")
plt.ylabel("Amplitud")
plt.show()
```

Out [50]:

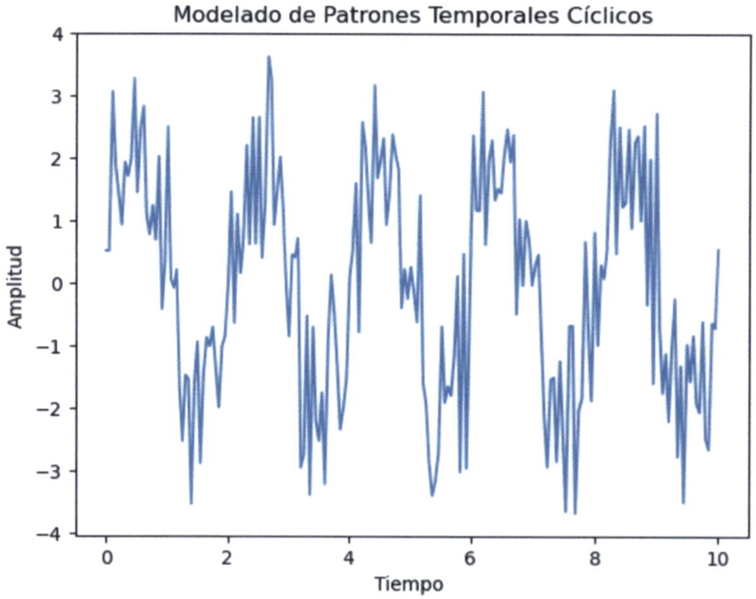

Seguidamente, se presenta el análisis de frecuencia y amplitud:

In [51]:

```
# Ejercicio 51
import numpy as np
import matplotlib.pyplot as plt

# Generar señal compuesta de dos frecuencias
t = np.linspace(0, 1, 1000, endpoint=False)
signal = np.sin(2 * np.pi * 5 * t) + 0.5 * np.sin(2 * np.pi * 20 * t)

# Visualizar la señal y sus componentes de frecuencia
plt.plot(t, signal, label="Señal Original")
plt.title("Análisis de Frecuencia y Amplitud")
plt.xlabel("Tiempo")
plt.ylabel("Amplitud")
plt.legend()
plt.show()
```

Out [51]:

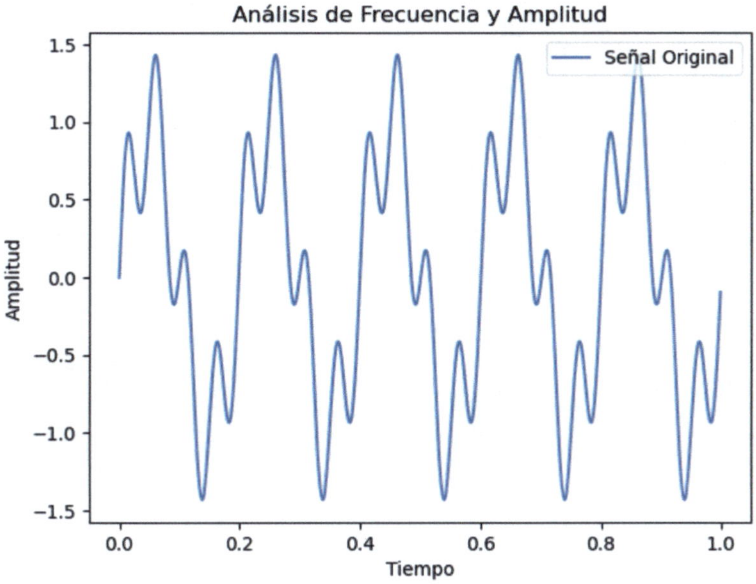

El siguiente ejemplo trigonométrico presenta datos con comportamiento sinusoidal:

In [52]:

```
# Ejercicio 52
import numpy as np
import tensorflow as tf
from keras import layers, models
import matplotlib.pyplot as plt

# Definir función de activación personalizada
```

```
class SinActivation(tf.keras.layers.Layer):
    def __init__(self, **kwargs):
        super(SinActivation, self).__init__(**kwargs)
    def call(self, inputs):
        return tf.math.sin(inputs)

# Generar datos sintéticos para un problema de regresión
x_train = np.linspace(0, 2 * np.pi, 500)
y_train = 2 * np.sin(x_train) + 0.5 * np.random.randn(500)

# Construir modelo de red neuronal con capa trigonométrica
    personalizada
model = models.Sequential()
model.add(layers.Dense(32, input_shape=(1,)))
model.add(SinActivation())
model.add(layers.Dense(1))

# Compilar y entrenar el modelo
model.compile(optimizer="adam", loss="mean_squared_error")
model.fit(x_train, y_train, epochs=50, batch_size=32, verbose=0)

# Generar predicciones con el modelo entrenado
x_test = np.linspace(0, 2 * np.pi, 100)
y_pred = model.predict(x_test)

# Visualizar resultados
plt.scatter(x_train, y_train, label="Datos de Entrenamiento")
plt.plot(x_test, y_pred, label="Predicciones", color="red")
plt.title("Optimización con Capa Trigonométrica en Red Neuronal")
plt.xlabel("X")
plt.ylabel("Y")
plt.legend()
plt.show()
```

Out [52]:

```
4/4 -------------------- 0s 5ms/step
```

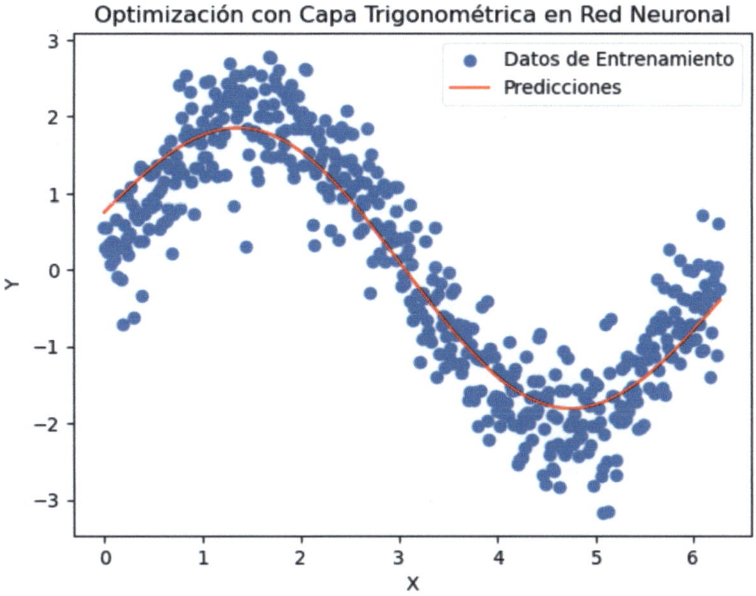

5.3.6 Aplicaciones prácticas en Machine Learning

- **Modelado de patrones:** Al comprender y modelar patrones sinusoidales en series temporales, la trigonometría se emplea para prever valores futuros.
- **Análisis de frecuencia:** En aplicaciones de procesamiento de señales, las transformadas trigonométricas como la Transformada de Fourier se aplican en la identificación de frecuencias dominantes.[12]
- **Simulación:** Para generar datos de ejemplo con variaciones cíclicas, como las fluctuaciones estacionales, se emplean funciones trigonométricas.

El siguiente ejemplo ilustra la predicción sobre patrones:

In [53]:

```
# Ejercicio 53
import numpy as np
import tensorflow as tf
from keras import layers, models
import matplotlib.pyplot as plt

# Generar datos sintéticos con patrón sinusoidal
tiempo = np.linspace(0, 10, 200)
datos_series_temporales = 2 * np.sin(2 * np.pi * 0.5 * tiempo) + np.
    random.randn(200)

# Preparar datos para entrenamiento del modelo
```

[12] Venero B. (1999). "Análisis Matemático 2". Lima, Perú. Ediciones Gemar.

```python
ventana = 10
X, y = [], []
for i in range(len(datos_series_temporales) - ventana):
    X.append(datos_series_temporales[i : i + ventana])
    y.append(datos_series_temporales[i + ventana])
X, y = np.array(X), np.array(y)

# Construir modelo de regresión con TensorFlow
model = models.Sequential()
model.add(layers.Dense(32, activation="relu", input_shape=(ventana,)))
model.add(layers.Dense(1))
model.compile(optimizer="adam", loss="mean_squared_error")
model.fit(X, y, epochs=50, batch_size=32, verbose=0)

# Generar predicciones para valores futuros
nuevos_tiempos = np.arange(10, 15, 0.1)
datos_prediccion = datos_series_temporales[
    -ventana:
] # Inicializar con los últimos datos conocidos
for _ in range(
    len(nuevos_tiempos)
): # Generar predicciones para cada punto en nuevos_tiempos
    nueva_prediccion = model.predict(datos_prediccion[-ventana:].
        reshape(1, ventana))[
        0, 0
    ]
    datos_prediccion = np.append(datos_prediccion, nueva_prediccion)

# Ajustar datos_prediccion para que tenga el mismo tamaño que
    nuevos_tiempos
datos_prediccion = datos_prediccion[ventana:]

# Visualizar resultados
plt.plot(tiempo, datos_series_temporales, label="Datos Originales")
plt.plot(nuevos_tiempos, datos_prediccion, label="Predicciones", color
    ="red")
plt.title("Predicción de Valores Futuros en Series Temporales")
plt.xlabel("Tiempo")
plt.ylabel("Amplitud")
plt.legend()
plt.show()
```

Out [53]:

```
1/1 -------------------- 0s 24ms/step
1/1 -------------------- 0s 14ms/step
1/1 -------------------- 0s 13ms/step
1/1 -------------------- 0s 14ms/step
1/1 -------------------- 0s 15ms/step
1/1 -------------------- 0s 13ms/step
```

```
1/1 -------------------- 0s 14ms/step
1/1 -------------------- 0s 13ms/step
...
1/1 -------------------- 0s 13ms/step
1/1 -------------------- 0s 12ms/step
1/1 -------------------- 0s 13ms/step
1/1 -------------------- 0s 14ms/step
1/1 -------------------- 0s 13ms/step
1/1 -------------------- 0s 12ms/step
1/1 -------------------- 0s 14ms/step
1/1 -------------------- 0s 14ms/step
```

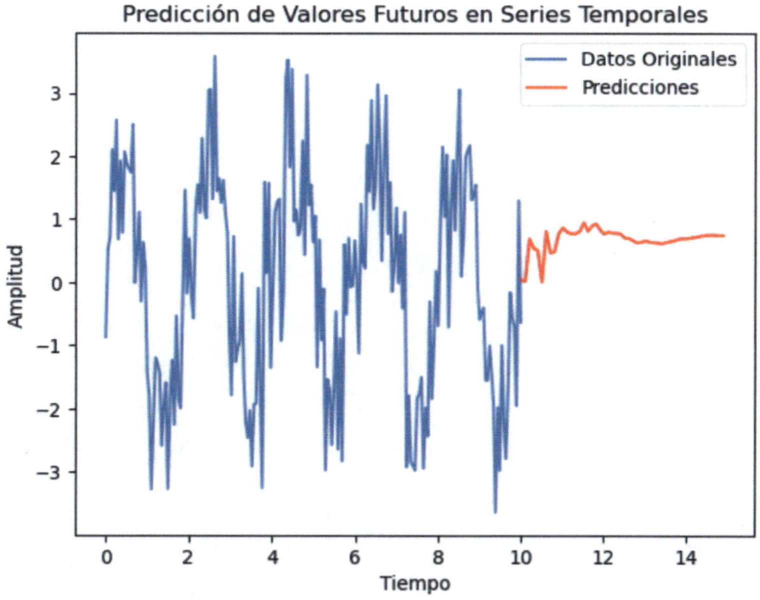

El siguiente ejemplo demuestra el filtrado de señales:

In [54]:

```
# Ejercicio 54
import numpy as np
import matplotlib.pyplot as plt
from scipy.fft import fft, fftfreq

# Generar datos sintéticos: una señal sinusoidal con ruido
t = np.linspace(0, 1, 1000, endpoint=False) # Tiempo
frecuencia_sinusoidal = 10 # Frecuencia de la señal sinusoidal
senal_sinusoidal = np.sin(2 * np.pi * frecuencia_sinusoidal * t)
ruido = np.random.randn(1000) * 0.5
senal_con_ruido = senal_sinusoidal + ruido

# Transformar los datos con una función trigonométrica (por ejemplo,
```

```
    coseno)
senal_transformada = np.cos(senal_con_ruido)

# Aplicar la Transformada de Fourier a la señal transformada
fft_result = fft(senal_transformada)
frequencies = fftfreq(
    len(fft_result), 1 / 1000
) # El segundo argumento es el intervalo de muestreo

# Visualizar la señal original, la señal transformada y su espectro de
    frecuencias
plt.figure(figsize=(12, 8))

# Gráfico de la señal original
plt.subplot(3, 1, 1)
plt.plot(t, senal_con_ruido, label="Señal Original con Ruido")
plt.title("Señal Original con Ruido")
plt.xlabel("Tiempo")
plt.ylabel("Amplitud")

# Gráfico de la señal transformada
plt.subplot(3, 1, 2)
plt.plot(t, senal_transformada, label="Señal Transformada", color="
    orange")
plt.title("Señal Transformada con Función Coseno")
plt.xlabel("Tiempo")
plt.ylabel("Amplitud")

# Gráfico del espectro de frecuencias
plt.subplot(3, 1, 3)
plt.plot(
    frequencies, np.abs(fft_result), label="Espectro de Frecuencias",
        color="green"
)
plt.title("Espectro de Frecuencias de la Señal Transformada")
plt.xlabel("Frecuencia (Hz)")
plt.ylabel("Amplitud")
plt.xlim(0, 50) # Limitar el eje x para una mejor visualización
plt.tight_layout()
plt.show()
```

Out [54]:

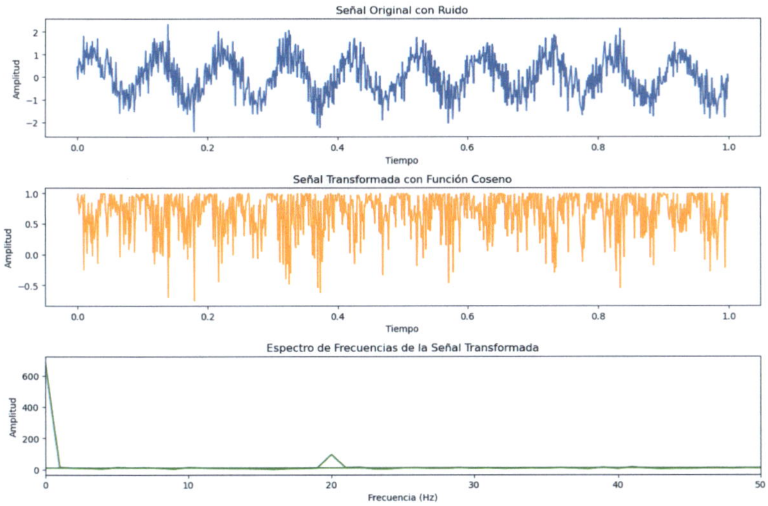

El siguiente ejemplo ilustra la simulación de datos con comportamiento cíclico:

In [55]:

```python
# Ejercicio 55
import numpy as np
import matplotlib.pyplot as plt

# Generar datos sintéticos con variaciones cíclicas
tiempo = np.linspace(0, 10, 300)
datos_simulados = (
    4 * np.sin(2 * np.pi * 0.15 * tiempo)
    + 0.5 * np.sin(2 * np.pi * 1 * tiempo)
    + np.random.randn(300)
)

# Visualizar datos simulados como puntos
plt.scatter(tiempo, datos_simulados, marker=".", color="blue")
plt.title("Simulación de Datos con Variaciones Cíclicas")
plt.xlabel("Tiempo")
plt.ylabel("Amplitud")
plt.show()
```

Out [55]:

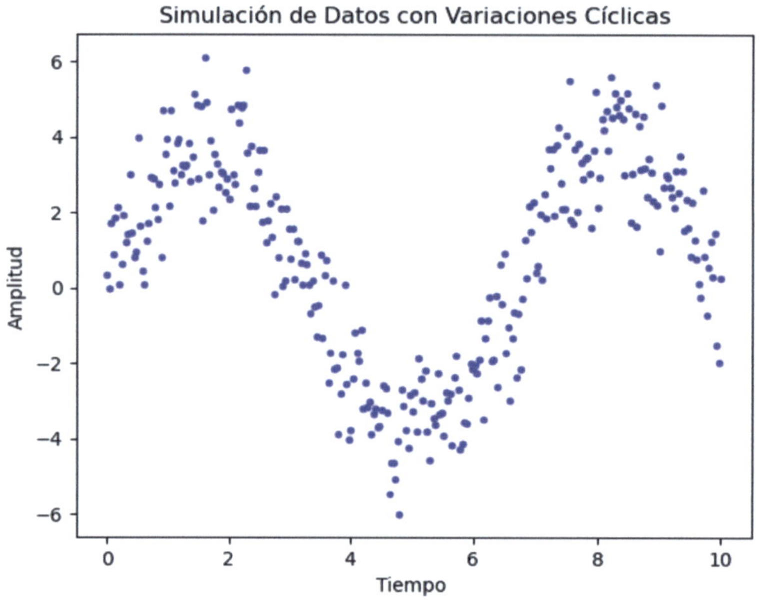

5.3.7 Teoremas trigonométricos aplicados en Machine Learning

Identidades trigonométricas básicas: Las identidades trigonométricas, como las funciones seno, coseno y tangente, resultan esenciales. Estas funciones se emplean ampliamente en Machine Learning para modelar relaciones y patrones en datos, especialmente en series temporales y datos periódicos.

El siguiente ejemplo simula datos sintéticos que muestran una serie temporal con patrones diurnos y estacionales:

In [56]:

```
# Ejercicio 56
import numpy as np
import matplotlib.pyplot as plt

# Simulación de un año de datos (365 días)
dias = np.arange(365)
amplitud_diurna = 3
amplitud_estacional = 10
frecuencia_diurna = 2 * np.pi / 1 # Una vez al día
frecuencia_estacional = 2 * np.pi / 365 # Una vez al año

# Serie temporal con patrones diurnos y estacionales
temperaturas = (
    amplitud_diurna * np.sin(frecuencia_diurna * dias)
    + amplitud_estacional * np.cos(frecuencia_estacional * dias)
```

```
    + 20
    + np.random.randn(365)
) # 20 es la temperatura base
plt.plot(dias, temperaturas)
plt.title("Datos de Temperatura Sintéticos")
plt.xlabel("Día del año")
plt.ylabel("Temperatura")
plt.show()
```

Out [56]:

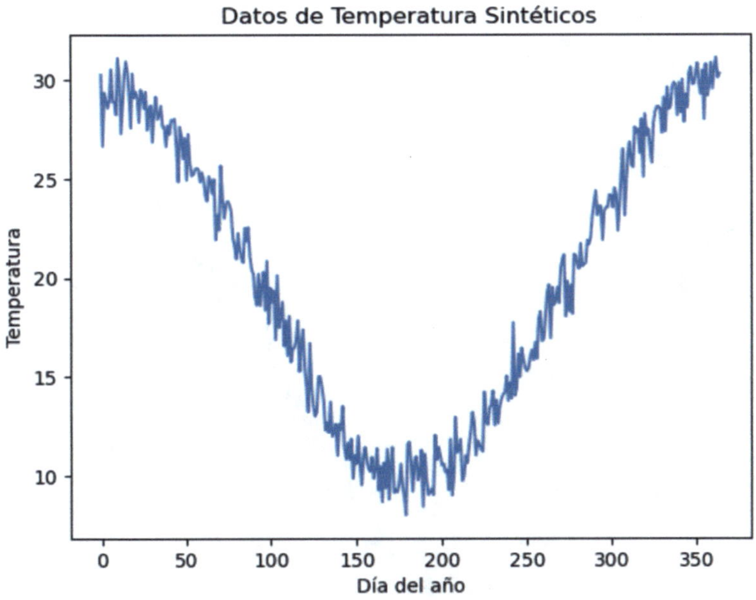

Se presenta la predicción de los mismos datos:

In [57]:

```
# Ejercicio 57
from sklearn.linear_model import LinearRegression
from sklearn.metrics import mean_squared_error

# Preparación de los datos para el modelo
X = np.column_stack(
    (np.sin(frecuencia_diurna * dias), np.cos(frecuencia_estacional *
        dias))
)
y = temperaturas

# Entrenamiento del modelo
modelo = LinearRegression().fit(X, y)

# Predicciones y evaluación
predicciones = modelo.predict(X)
```

```
print("Error cuadrático medio:", mean_squared_error(y, predicciones))
plt.plot(dias, temperaturas, label="Datos reales")
plt.plot(dias, predicciones, label="Predicciones", color="red")
plt.title("Comparación de Temperaturas Reales vs Predicciones")
plt.xlabel("Día del año")
plt.ylabel("Temperatura")
plt.legend()
plt.show()
```

Out [57]:

```
Error cuadratico medio: 0.9433048820139739
```

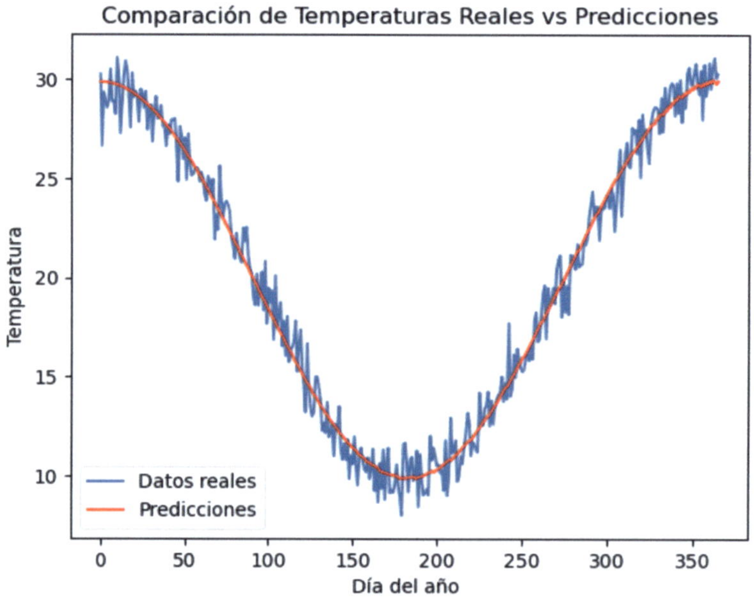

Teorema del seno: Este teorema establece que, en cualquier triángulo, la división de la longitud de un lado sobre el seno del ángulo opuesto permanece constante. Resulta aplicable en problemas que involucran triangulación y en técnicas de visión por computadora.

El siguiente ejemplo del teorema del seno se aplica para posicionar cámaras:

In [58]:

```
# Ejercicio 58
import numpy as np

# Coordenadas del punto en 3D
punto_3D = np.array([4, 3, 5])

```

```
# Simulamos las posiciones de dos cámaras
camara1 = np.array([0, 0, 0])
camara2 = np.array([2, 2, 0])

# Vectores desde las cámaras hasta el punto en 3D
vector1 = punto_3D - camara1
vector2 = punto_3D - camara2

# Calcular distancias entre cámaras y punto
distancia_camara1 = np.linalg.norm(vector1)
distancia_camara2 = np.linalg.norm(vector2)
distancia_entre_camaras = np.linalg.norm(camara2 - camara1)

# Calcular ángulos usando el producto escalar y el Teorema del Seno
angulo_en_camara1 = np.arccos(
    np.dot(vector1, vector2) / (distancia_camara1 * distancia_camara2)
)
angulo_opuesto = np.arcsin(
    distancia_camara2 * np.sin(angulo_en_camara1) /
        distancia_entre_camaras
)

# Mostrar los ángulos
print("Ángulo en la cámara 1:", np.degrees(angulo_en_camara1), "grados
    ")
print("Ángulo opuesto:", np.degrees(angulo_opuesto), "grados")
```

Out [58]:

```
Angulo en la camara 1: 21.640506001208546 grados
Angulo opuesto: 45.57299599919427 grados
```

Teorema del coseno: El teorema relaciona los lados y los ángulos de un triángulo y se emplea en problemas de distancia y ángulos en el espacio. Resulta aplicable en Machine Learning en situaciones que involucren cálculos de distancia y similitud. Se presenta un ejemplo del teorema del coseno:

In [59]:

```
# Ejercicio 59
import numpy as np

# Definir dos puntos en el espacio 3D
punto_A = np.array([3, 4, 5])
punto_B = np.array([1, 2, 3])

# Calcular las diferencias en cada dimensión
diferencia = punto_A - punto_B
```

```

# Calcular el cuadrado de las longitudes de los lados
longitud_A_cuadrado = np.dot(punto_A, punto_A)
longitud_B_cuadrado = np.dot(punto_B, punto_B)
longitud_diferencia_cuadrado = np.dot(diferencia, diferencia)

# Aplicar el Teorema del Coseno
# c^2 = a^2 + b^2 - 2ab * cos(theta)
# En nuestro caso, theta es el ángulo entre los vectores punto_A y
    punto_B
# y c es la distancia entre los puntos
cos_theta = (
    longitud_A_cuadrado + longitud_B_cuadrado -
        longitud_diferencia_cuadrado
) / (2 * np.sqrt(longitud_A_cuadrado) * np.sqrt(longitud_B_cuadrado))
distancia = np.sqrt(
    longitud_A_cuadrado
    + longitud_B_cuadrado
    - 2 * np.sqrt(longitud_A_cuadrado) * np.sqrt(longitud_B_cuadrado)
        * cos_theta
)

print("Distancia entre los puntos A y B:", distancia)
```

Out [59]:

```
Distancia entre los puntos A y B: 3.4641016151377544
```

Fórmulas de adición y sustracción trigonométricas:

Estas fórmulas resultan aplicables para descomponer funciones trigonométricas de sumas o diferencias de ángulos. Se emplean en la manipulación y simplificación de expresiones en Machine Learning. El siguiente ejemplo demuestra la aplicación del teorema:

In [60]:

```
# Ejercicio 60
import numpy as np

def seno_adicion(a, b):
    return np.sin(a) * np.cos(b) + np.cos(a) * np.sin(b)

def coseno_adicion(a, b):
    return np.cos(a) * np.cos(b) - np.sin(a) * np.sin(b)

# Ejemplo: Calcular sin(alpha + beta) y cos(alpha + beta)
```

```
alpha = np.radians(30) # Convertir grados a radianes
beta = np.radians(45)
resultado_seno = seno_adicion(alpha, beta)
resultado_coseno = coseno_adicion(alpha, beta)
print("sin(alpha + beta):", resultado_seno)
print("cos(alpha + beta):", resultado_coseno)
```

Out [60]:

```
sin(alpha + beta): 0.9659258262890682
cos(alpha + beta): 0.2588190451025209
```

Transformadas trigonométricas: La transformada de Fourier constituye un concepto esencial que emplea funciones trigonométricas para representar señales en el dominio de la frecuencia. Se emplea en Machine Learning para el análisis de señales y series temporales:

In [61]:

```
# Ejercicio 61
import numpy as np
import matplotlib.pyplot as plt
from scipy.fft import fft

# Crear una señal temporal
t = np.linspace(0, 1, 100, endpoint=False) # 1 segundo, 100 puntos
frecuencia1 = 3 # 5 Hz
frecuencia2 = 10 # 15 Hz
signal = np.sin(2 * np.pi * frecuencia1 * t) + np.sin(2 * np.pi *
    frecuencia2 * t)

# Calcular la Transformada de Fourier
fft_result = fft(signal)
frequencies = np.fft.fftfreq(len(t), d=t[1] - t[0])
plt.plot(frequencies, np.abs(fft_result))
plt.title("Espectro de Frecuencias")
plt.xlabel("Frecuencia (Hz)")
plt.ylabel("Amplitud")
plt.xlim([0, 30]) # Limitar el rango de visualización
plt.show()
```

Out [61]:

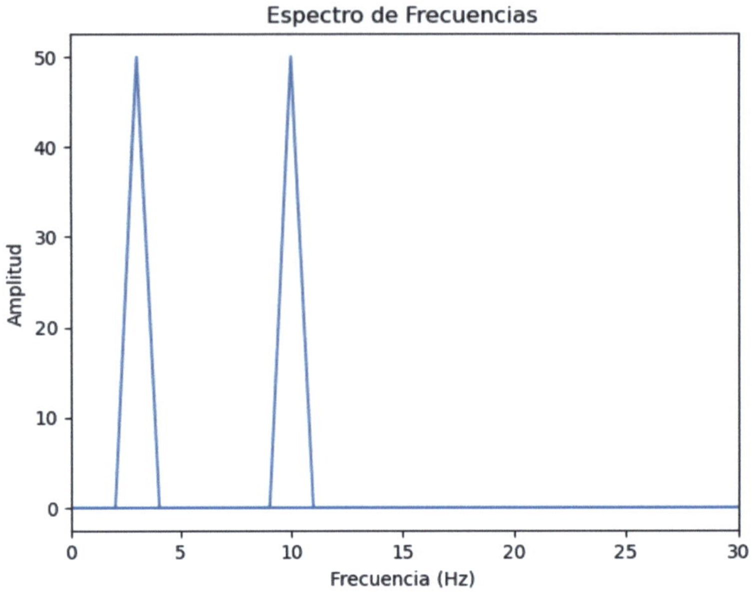

Funciones trigonométricas inversas: Las funciones inversas como el arcoseno y el arcocoseno resultan aplicables en problemas de determinación de ángulos y orientación a partir de datos de sensores.

El siguiente ejemplo demuestra la segmentación con funciones trigonométricas inversas:

In [62]:

```
# Ejercicio 62
import numpy as np
import matplotlib.pyplot as plt

# Coordenadas simuladas de un sensor
x = np.array([0.6, 0.8, 1.0, 0.5]) # x-coordenadas
y = np.array([0.8, 0.6, 0.0, -0.5]) # y-coordenadas

# Calcular ángulos
angulos_arcoseno = np.arcsin(y / np.sqrt(x**2 + y**2))
angulos_arcocoseno = np.arccos(x / np.sqrt(x**2 + y**2))

# Visualización de ángulos
plt.plot(angulos_arcoseno, label="Arcoseno")
plt.plot(angulos_arcocoseno, label="Arcocoseno")
plt.title("Ángulos Calculados con Funciones Trigonométricas Inversas")
plt.xlabel("Muestra")
plt.ylabel("Ángulo (rad)")
plt.legend()
plt.show()
```

Out [62]:

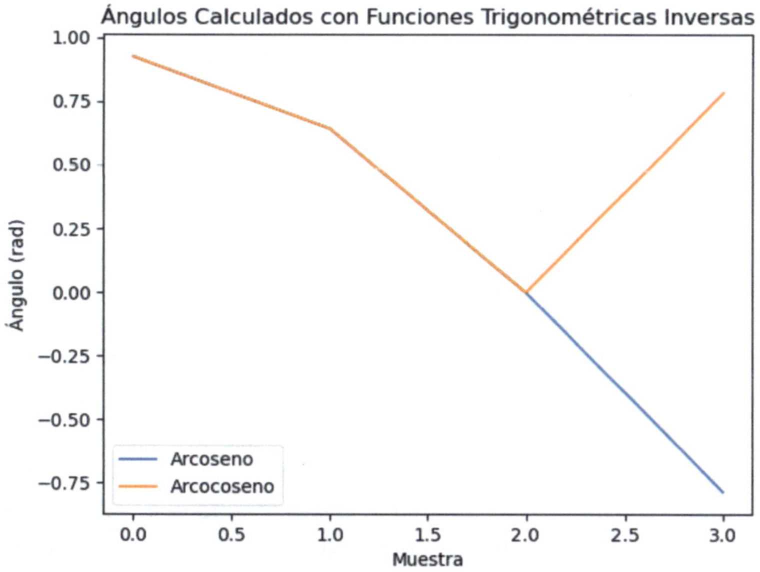

La trigonometría se constituye como una área base en las matemáticas. Es muy utilizada por el científico de datos y el ingeniero de Machine Learning ya que permite la represetacion visual de los datos. La capacidad de comprender y modelar patrones cíclicos resulta esencial en diversas aplicaciones especializadas. Python, mediante bibliotecas como NumPy y Matplotlib, facilita la aplicación práctica de conceptos trigonométricos, permitiendo a los profesionales de Machine Learning abordar eficientemente problemas que involucran datos temporales y cíclicos.[13]

[13]McKinney, W. (2013). "Python for Data Analysis". United States of America. O'Reilly Media Inc. Primera Edición.

5.4 Resumen

En resumen, se tienen los siguientes puntos relevantes del capítulo:

5.1. Aritmética

La aritmética en Machine Learning es la piedra angular para la manipulación y procesamiento de datos. Operaciones básicas como suma, resta, multiplicación y división son aplicadas a conjuntos de datos para diversas tareas. Un ejemplo es la normalización de datos, muy utilizada para preparar datos antes de aplicar algoritmos de Machine Learning. Esto hace ajustar la escala de los datos para que haya media cero y desviación estándar 1, haciendo que los modelos sean más eficientes y menos sesgados hacia ciertas características. La aritmética también sirve para calcular métricas de rendimiento como precisión, sensibilidad y error cuadrático medio, que son vitales para evaluar y mejorar modelos. Además, se utiliza en la implementación de funciones de pérdida (error cuadrático medio), que mide la diferencias entre las predicciones y los valores reales.[14]

5.2. Álgebra

En Machine Learning, el álgebra permite representar y resolver problemas complejos. Las ecuaciones y los sistemas de ecuaciones permiten modelar relaciones matemáticas. Además, el álgebra lineal, que usa matrices y vectores.[15] Se utiliza para mostrar conjuntos de datos y operaciones en estos datos, como transformaciones y reducciones de dimensionalidad. Conceptos como el rango de una matriz, el teorema del núcleo e imagen, y el teorema de la dimensión sirven para entender cómo los algoritmos manipulan y transforman los datos.

5.3. Geometría

La geometría en Machine Learning permite representar y comprender relaciones espaciales en los datos. Se usa para visualizar datos de alta dimensionalidad en espacios de menor dimensión, haciendo sencillo la interpretación y el análisis. En técnicas como el Análisis de Componentes Principales (PCA), se utilizan conceptos geométricos para encontrar las direcciones de máxima varianza en los datos, lo que permite una reducción efectiva de la dimensionalidad. Además, la geometría vectorial es útil para realizar operaciones como proyecciones y transformaciones. Es

[14] Baldor. A. (2003). "Aritmética: Teoría Practica". México DF, México. Publicaciones Cultural Decima Octava Impresión.

[15] Chávez Reyes, Carmen & León Quintanar. (2007). "La Biblia de las Matemáticas". México D.F., México. Editorial Letrarte S.A.

especialmente útil en aplicaciones como el procesamiento de imágenes y el análisis de señales.

5.4. Trigonometría

La trigonometría encuentra su aplicación en Machine Learning, especialmente en series temporales y datos cíclicos. Aquí las funciones como seno y coseno, se usan para modelar patrones periódicos en los datos, como en el análisis de series temporales con tendencias estacionales o diurnas. Además, las transformadas trigonométricas como la Transformada de Fourier se usan para analizar señales en el dominio de la frecuencia, permitiendo identificar componentes frecuenciales clave en los datos. La trigonometría también sirve en el desarrollo de redes neuronales y algoritmos que necesitan de la periodicidad y las propiedades oscilatorias de estas funciones para modelar comportamientos complejos en los datos.

5.5 Problemas y sus Soluciones

Se tienen los siguientes problemas y soluciones:

Pregunta 1. Aritmética. ¿Cuál es la suma del conjunto de datos [3, 5, 7, 2, 4]?

A) 21.
B) 19.
C) 18.
D) 17.
E) 20.
F) 22.

Pregunta 2. Álgebra. Si $x = 3$ e $y = 2$, ¿cuál es el valor de $2x + 3y$

A) 12.
B) 10.
C) 11.
D) 13.
E) 9.
F) 8.

Pregunta 3. Geometría. Un cuadrado tiene un lado de longitud 4. ¿Cuál es su perímetro?

A) 16.
B) 12.
C) 14.
D) 10.
E) 8.
F) 18.

Pregunta 4. Trigonometría. ¿Cuál es el seno de 30 grados?

A) 0.25.
B) 0.866.
C) 1.
D) 0.
E) 0.707.
F) 0.5.

Pregunta 5. Aritmética en Machine Learning, ¿qué operación aritmética se utiliza comúnmente para calcular el error cuadrático medio (MSE)?

A) Suma.
B) Multiplicación.
C) Resta.
D) División.
E) Raíz cuadrada.
F) Exponenciación.

Pregunta 6. Álgebra. Si $x = 5$ en la ecuación $x^2 - 3x + 2 = 0$, ¿cuál es el resultado?

A) 2.
B) 4.
C) 10.
D) 12.
E) 0.
F) 8.

Pregunta 7. ¿Área de un círculo con radio 3?

A) 28.27.
B) 18.85.
C) 9.42.
D) 14.13.
E) 12.57.
F) 22.45.

Pregunta 8. Trigonometría. ¿Cuál es el coseno de 45 grados?

A) 0.866.
B) 0.707.
C) 0.5.
D) 1.
E) 0.
F) 0.25.

Pregunta 9. ¿Qué se obtiene restando la media y la desviación?

A) Normalización Min-Max.
B) Media móvil.

C) Estandarización.
D) Escalado robusto.
E) Suma ponderada.
F) Diferenciación.

Pregunta 10. Álgebra en Machine Learning. ¿Qué estructura algebraica se usa comúnmente para mostrar datos en modelos de Machine Learning?

A) Vectores.
B) Escalares.
C) Matrices.
D) Conjuntos.
E) Funciones.
F) Grafos.

Pregunta 11. Geometría en Machine Learning. En Machine Learning, especialmente en visión por computadora, ¿qué concepto geométrico es utilizado para entender las transformaciones y rotaciones de imágenes?

A) Triángulos.
B) Cuadrados.
C) Polígonos.
D) Círculos.
E) Matrices de transformación.
F) Esferas.

Pregunta 12. Trigonometría en Machine Learning. ¿Cómo se relaciona la trigonometría con las funciones de activación en las redes neuronales?

A) Proporciona las bases de la propagación hacia atrás.
B) Establece la forma de los pesos en la red.
C) Define las capas ocultas.
D) Influye en la función de pérdida.
E) Determina la eficiencia del algoritmo.
F) Afecta la periodicidad de las funciones de activación.

Pregunta 13. Aritmética. Si la media de unos datos [10, 20, 30, 40, 50] es 30, ¿cuál es la suma total?

A) 120.
B) 140.
C) 150.

D) 160.
E) 170.
F) 180.

Pregunta 14. Álgebra. En la ecuación $3x + 4 = 19$, ¿cuánto es x?

A) 3.
B) 5.
C) 4.
D) 6.
E) 7.
F) 8.

Pregunta 15. Geometría. ¿Volumen de un cubo, de longitudes 3?

A) 27.
B) 9.
C) 12.
D) 18.
E) 24.
F) 30.

Pregunta 16. Trigonometría. ¿Cuál es la tangente de 45 grados?

A) 1.
B) 0.866.
C) 0.5.
D) 0.
E) 2.
F) 0.707.

Pregunta 17. Aritmética en Machine Learning. ¿Qué técnica se utiliza para reducir el sesgo en los datos de entrenamiento?

A) Regularización.
B) Normalización.
C) Estandarización.
D) Imputación de valores perdidos.
E) Aumento de datos.
F) Balanceo de clases.

Pregunta 18. Álgebra en Machine Learning. ¿Qué problemas se resuelven con sistemas de ecuaciones lineales en Machine Learning?

A) Clasificación.
B) Regresión.
C) Agrupación.
D) Reducción de dimensionalidad.
E) Procesamiento de lenguaje natural.
F) Reconocimiento de patrones.

Pregunta 19. Geometría en Machine Learning. ¿Qué técnica se utiliza para proyectar datos de alta dimensión a un espacio de menor dimensión?

A) Análisis de componentes principales (PCA).
B) Redes Neuronales Convolucionales (CNN).
C) Árboles de decisión.
D) Análisis discriminante lineal (LDA).
E) Máquinas de vectores de soporte (SVM).
F) K-means clustering.

Pregunta 20. Trigonometría en Machine Learning. ¿Qué importancia tienen las series de Fourier en el procesamiento de señales en Machine Learning?

A) Ayudan a optimizar los algoritmos.
B) Permiten la descomposición de señales.
C) Reducen la complejidad de los datos.
D) Mejoran la precisión de las predicciones.
E) Establecen la relación entre diferentes señales.
F) Ayudan a identificar patrones ocultos.

5.6 Problemas

Se tienen los siguientes problemas:

Pregunta 1. Aritmética. ¿Cuál es el producto del conjunto de datos [1, 2, 3, 4, 5]?

A) 120.
B) 60.
C) 30.
D) 24.
E) 15.
F) 10.

Pregunta 2. Si $x = 4$, e $y = 3$, ¿Cuánto es $x^2 + y^2$?

A) 25.
B) 16.
C) 13.
D) 20.
E) 15.
F) 10.

Pregunta 3. Geometría. Un rectángulo tiene lados de longitud 5 y 7. ¿Cuál es su área?

A) 35.
B) 30.
C) 25.
D) 40.
E) 20.
F) 12.

Pregunta 4. Trigonometría. ¿Cuál es el seno de 90 grados?

A) 1.
B) 0.
C) 0.5.
D) 0.707.
E) 0.866.
F) 0.25.

Pregunta 5. Aritmética en Machine Learning. ¿Cuál es el propósito principal de la función de coste en un algoritmo de Machine Learning?

A) Regularizar el modelo.
B) Optimizar los hiperparámetros.
C) Minimizar el error entre las predicciones.
D) Maximizar la precisión del modelo.
E) Reducir la dimensionalidad de los datos.
F) Clasificar los datos.

Pregunta 6. Álgebra en Machine Learning. ¿Para que sirve la matriz de confusión en clasificaciones?

A) La precisión del modelo.
B) La correlación entre variables.
C) El número de predicciones correctas e incorrectas.
D) La complejidad del modelo.
E) La relación entre características.
F) La tasa de aprendizaje.

Pregunta 7. Geometría en Machine Learning. ¿Qué concepto geométrico es utilizado para entender los algoritmos de agrupación como k-means?

A) Ángulos.
B) Distancia entre puntos.
C) Áreas de polígonos.
D) Volúmenes de sólidos.
E) Simetría.
F) Proporciones.

Pregunta 8. Trigonometría en Machine Learning. ¿Cómo se utiliza la trigonometría en los algoritmos de Machine Learning para análisis de textos y procesamiento del lenguaje natural?

A) Para calcular la frecuencia de palabras.
B) En la tokenización de textos.
C) En la detección de patrones de lenguaje.
D) Para medir la similitud entre documentos.
E) En la clasificación de textos.
F) Para la generación de texto.

Pregunta 9. Si unos datos contienen los números [5, 7, 12, 15, 21], ¿cuál es su

mediana?

A) 12.
B) 10.
C) 11.
D) 15.
E) 14.
F) 7.

Pregunta 10. Álgebra. Si $y = 2x + 1$ y $x = 5$, ¿cuál es el valor de y?

A) 11.
B) 10.
C) 12.
D) 9.
E) 13.
F) 21.

Bibliografía

[1] Eli Bressert. «SciPy and NumPy: an overview for developers». En: (2012).

[2] Paul Deitel y Harvey Deitel. *Intro to python for computer science and data science*. Pearson education London, UK, 2020.

[3] Joel Grus. *Data science from scratch: first principles with python*. O'Reilly Media, 2019.

[4] McKinney Wes. *Python for data analysis*. 2013.

Índice alfabético

Acceder a elementos, 47, 50
Adaptación continua, 1
Ajuste de modelos, 434
Algebra lineal, 12–14, 150, 162, 165, 172, 174, 175, 182, 443, 474
Algebra simbólica, 161
Algoritmos
de regresión, 155
Amplias bibliotecas, 15
Anidación de condiciones, 46
Análisis
de componentes principales, 461
de datos científicos, 184
de frecuencia, 482
exploratorio, 6, 11, 194, 195, 245, 395
Aprendizaje, 96, 151
no supervisado, 2
por refuerzo, 2
supervisado, 2, 5, 13
Area bajo la curva, 426
Argumentos por palabra clave, 88, 89, 93, 94
Argumentos posicionales, 86, 87, 93
Aritmética, 10
Automatización de tareas, 4, 112, 169

Barras, 105, 203, 212, 235, 245, 246, 248, 249, 251, 252, 254–256, 258–260, 262, 263, 279–281, 287, 388
Biblioteca sqlalchemy, 64
Bokeh, 150, 205, 207, 208, 210, 212
Booleanos, 36–38
Broadcasting, 154
Bucles, 33, 110, 112, 115, 119, 120, 122
Burbujas, 206, 235, 390, 391

Cadenas, 35, 37, 48, 99, 101, 189
Cajas, 235, 291–298, 327
Cambio, 310
Características, 3, 11, 13, 19, 48, 54, 67, 84, 85, 269, 327, 345, 350, 358, 383, 423, 443, 449, 457, 465
Carga de datos, 124
Ciencia de datos, 1, 4, 9–12, 212, 307, 365, 390
Claridad, 88, 94, 395
Claves en diccionarios, 71, 74
Clustering, 468, 474
Coeficiente de determinación, 19
Compatibilidad, 17
Compatibilidad con versiones anteriores, 94
Componentes, 215, 365, 452
Comunidad activa, 14, 15
Condicionales, 33, 110, 111, 120, 122
Condiciones, 41, 42, 46, 110, 120
Configuración de modelos, 96
Configuración flexible, 95, 97
Conjunto de datos, 2, 12, 13, 18–20, 54, 84, 85, 104, 115, 119, 126, 127, 160, 249, 251, 255, 256, 262, 265, 268–270, 275, 278, 281, 283, 284, 286–288, 290, 292, 297–299, 307, 328, 421
Conjuntos, 5, 10, 15, 54, 84, 112, 119, 120, 124, 126, 151, 153, 202, 204, 235, 240, 245, 265, 292, 308, 334, 383, 389, 390, 392, 395, 399, 400, 419, 420, 443, 481
Contorno para mapas, 334
Creación de aplicaciones web interactivas, 204
Curvas de nivel, 235, 312, 317, 320–323
Cálculo, 10, 12–14, 83, 419, 422, 424–426
Cálculo diferencial, 163

Dashboards, 150, 204, 205
Data mining, 1, 4–7, 11
Dataframe, 54, 103, 150, 189, 190, 196–199
Datos categóricos, 49

Datos faltantes, 192, 197
Declaración de funciones, 72
Definición del problema, 18
Densidad, 203, 235, 290, 296, 307, 308, 319, 327, 328, 334, 365, 395, 397, 398
Derivadas, 13, 150
Desarrollo de software, 80, 168, 171
Desarrollo web, 205, 210, 220
Desigualdad, 42
Despliegue, 217
Desviación estándar, 85
Devolución de múltiples valores, 74
Diagrama
- de marimekko, 388, 389
- de venn, 400, 401
- de violín, 328
- de áreas, 354–356, 358, 359, 361

Diagrama de venn, 402
Diccionarios, 33, 47–49, 51, 54, 70, 72
Dispersión, 202, 205, 235–241, 291
Distribuciones de probabilidades, 280–282
División, 492
División del conjunto de datos, 18, 19, 85
Documentación, 75, 202

Ecuaciones diferenciales, 161, 175, 184, 186
Eficiencia, 10, 20, 120, 151–154, 160, 181
Elif, 110
Enfoque, 2, 3, 5, 12, 18, 20, 122, 212, 218
Entendimiento del problema, 11
Entero, 36, 39, 447
Entrenamiento, 84, 85, 96, 97, 125, 126, 426, 440
Entrenamiento del modelo, 18, 19
Espacios de características, 474, 475
Espacios vectoriales, 449, 454, 459, 460
Especificar excepciones, 131
Estadística descriptiva, 7
Estadística inferencial, 10
Estadísticas, 5, 6, 11, 12, 14, 150, 172, 174, 278
Estructuras de control de flujo, 119
Estructuras de datos, 15, 150, 188, 189, 204, 432
Estructuras de datos en python, 54
Estética, 205, 207, 210, 212, 301
Evaluación, 328
Evaluación de modelos, 14, 16, 422, 424
Evaluación del rendimiento, 19
Evaluación y validación, 11, 13
Excepciones, 122–124, 126, 128, 129
Experimentación rápida, 17
Exploración de datos, 34, 205

FileNotFoundError, 128
Filtrado de datos, 190
Flexibilidad, 14, 16, 17, 20, 34, 86, 93, 96, 120, 190, 220
Folium, 149, 218, 220
Frecuencia y amplitud, 481
Funcionalidades, 107, 150, 171, 172, 202
Funciones, 149, 150, 161, 174, 175, 188, 198, 201, 203–205, 326, 355, 357
Funciones anónimas, 45
Funciones de pérdida, 13, 422, 426, 427, 440
Funciones trigonométricas inversas, 496

Geometría, 161, 164, 165, 419, 455, 456, 458, 460, 461, 471, 474, 475, 478
Gradientes, 359
Gráficos de dispersión, 204, 235
Gráficos en 3d, 204

Herramientas, 9, 10, 12, 16, 17, 19, 20, 128, 149–151, 161, 172, 174, 181, 184, 188, 201, 202, 205, 207, 210, 235, 245, 265, 279, 307, 308, 334, 365, 383, 388, 392, 393, 395, 399, 445, 455, 478
Histogramas, 201–203, 235, 278, 279

Igualdad, 42
Indexación, 47, 50–52, 54, 69
Inferencia estadística, 13
Integración numérica, 175, 180

Inteligencia artificial, 1, 12, 14
Interactividad, 212
Interfaz, 17, 203, 204, 218
Interpolación, 172, 174, 178, 398, 469
Interpretación de resultados, 12
Investigación, 3
Investigación científica, 168, 188
Iteración y optimización, 18–20

Jupyter notebooks, 16, 17, 20, 202, 208, 210

Keras, 17

La estadística, 9–14
Lambda, 45
Legibilidad, 15, 75, 81, 83, 88, 94, 107, 153, 392
Lista anidada, 40
Lista de cadenas, 40
Listas, 33, 47–49, 51, 52, 54, 67–70, 99, 152
Logueo de errores, 129
Líneas, 161, 202, 203, 205, 220, 235, 265–267, 270, 273–275, 277, 284, 316, 334, 336, 339, 346, 348, 351, 357, 361, 386, 471

Machine Learning, 1, 3–7, 9–20, 33, 34, 41, 45, 47, 48, 54, 67, 72–75, 84, 96, 102, 106, 110, 112, 115, 119, 120, 124–126, 128, 131, 149–151, 153–155, 157, 160, 188, 193–195, 202–204, 212, 218, 220, 221, 235, 307, 354, 419, 420, 422, 431, 432, 434, 436, 442, 449, 455, 460, 463, 468, 471, 474, 478, 479, 481, 485, 493, 495, 497
Manejo de excepciones, 33, 122, 128, 131
Manejo eficiente, 124
Manipulaciones simbólicas, 446
Manipulación de datos, 10, 41, 54, 149, 151, 160, 161, 181, 422, 423, 455, 478
Manipulación eficiente de datos, 201
Manipulación simbólica, 161, 165, 445
Manipulación y análisis de datos, 150
Mantenimiento, 80, 82, 107
Mapas de calor, 205, 235, 307
Matplotlib, 104, 105, 150, 201–204, 235, 236, 245, 265, 279, 291, 299, 307, 334, 354, 365, 383, 388, 390, 392, 393, 395, 399, 463, 497
Matrices, 12, 15, 48, 49, 151, 161, 440, 443, 452, 455, 474
Mayor o igual que, 43
Mayor que, 43, 431
Media, 5, 9, 11, 159, 423
Mediana, 111, 291, 328
Mejora de la legibilidad, 82
Memoryerror, 127
Menor o igual que, 44
Menor que, 43
Mensajes explicativos, 130, 131
Modelado de patrones, 482
Modularidad, 105, 107, 109
Modularización del código, 81
Mutables, 48
Métodos, 174, 474
Métodos en cadenas, 101
Métodos en listas, 99, 100
Métodos personalizados, 105, 107
Métricas de evaluación, 14
Módulos, 80, 109, 432
Módulos de python, 149

Normalización de datos, 84, 119, 422, 423
Numpy, 15, 48, 124, 149–155, 157, 160, 161, 172, 174, 181, 182, 188, 354

Objetivo principal, 205
Operaciones
- aritméticas, 37, 419, 421, 422, 426, 429, 434
- básicas, 157, 160, 201, 420
- de agrupación, 191, 196
- elementales, 181
- en listas, 41
- estadísticas, 152, 153
- matriciales, 15, 150, 153, 154, 160

Operaciones matriciales, 124

Operadores lógicos, 41, 42, 45–47
Optimización, 120, 150, 153, 172–175, 181, 184
Optimización de modelos, 13, 14, 426, 440

Paletas de colores, 203, 390
Pandas, 6, 16, 48, 54, 59, 64, 67, 102, 103, 149, 150, 188–190, 193, 195, 196, 200–202, 204
Parámetros, 13, 19, 75, 77, 78, 80, 93, 94, 96, 98, 106, 240, 436, 440
Ploteo de vectores, 463
Plotly, 150, 204, 205, 212, 215, 218, 389
Precisión, 3, 14, 19, 122, 167, 194, 318, 424
Preparación de datos, 11, 150, 193, 195
Probabilidades, 13, 14, 283, 285, 286, 396, 401
Procesamiento de datos, 94, 96, 97, 419, 431, 434
Procesamiento de imágenes, 429, 471
Procesamiento de señales, 150, 174, 175, 177, 481, 485
Proyectos, 11, 17, 19, 20, 33, 47, 54, 81, 107, 109, 119, 120, 124, 126, 128, 131, 150, 151, 167, 202, 205, 212, 218, 220, 307
Pruebas de hipótesis, 10, 14
Punto flotante, 35, 36
Python, 1, 5, 6, 10, 14–17, 19, 20, 33–35, 37–39, 41, 42, 45, 47–50, 52, 54, 67, 75, 86, 93, 99, 102, 105, 106, 110, 120, 122, 149–152, 161, 165, 171, 172, 181, 188, 201, 205, 212, 215, 217, 218, 235, 236, 245, 279, 291, 299, 307, 334, 354, 365, 383, 388, 390, 392, 393, 395, 399, 420, 433–435, 445, 455, 479, 497
Pytorch, 17, 20

Rango, 46, 113, 114, 119, 123, 279, 451
Recomendación, 6
Recopilación y preparación de datos, 18
Representación de coordenadas, 73
Representación de datos, 12, 220, 458
Representación de datos inmutables, 71
Representación gráfica, 165
Resolución de ecuaciones diferenciales, 164, 165
Resta, 107
Reutilización de código, 75, 82, 107, 215

Scikit-learn, 6, 15, 16, 19, 20, 103, 104, 154, 155, 157
Scipy, 149, 150, 172, 174, 175, 181, 184, 188, 392
Seaborn, 150, 203, 204, 328
Sectores, 235, 299–305
Selección
 de modelos, 11, 15
 del algoritmo, 18
Series, 3, 190
Series temporales, 49, 235, 485, 490, 495
Señales, 172, 184, 429, 430, 481, 487, 495
Simplicidad, 15, 205, 212, 218
Simplificación de expresiones, 162, 165, 167, 494
Simulación, 4, 489
Simulación numérica, 184
Sintaxis, 122
Sintaxis simple, 14–16, 215
Sistemas de ecuaciones, 161, 167, 169, 174, 419, 436, 438, 451
Suma, 84, 106, 113, 114, 116, 117, 447, 449, 473
Sympy, 149, 161, 165, 167, 171, 445, 446, 455

Tablas, 9, 48, 50
Tensorflow, 16, 17, 19, 20, 154, 155, 157
Teorema
 de euclides, 432
 de fermat, 447
 de wilson, 433
 del coseno, 493
 del núcleo, 449
 del seno, 492
Tipos de argumentos, 86, 91–93, 96
Tipos de datos, 34, 37, 41, 47
Transformación lineal, 419, 449, 454, 471, 474

Transformadas, 175, 179, 183, 184
Transformadas trigonométricas, 485
Trigonometría, 165, 419, 478, 479, 481, 485, 497
Tuplas, 67, 70–74
Typeerror, 127

Uso de funciones, 75, 81
Uso de métodos, 103, 104

Validación de modelos, 14, 15
Valueerror, 126
Vectores, 419, 455, 456, 458, 460, 465
Ventajas, 153, 205, 220
Verificación de resultados, 168, 171
Versatilidad, 10, 16, 86, 151, 204
Visualizaciones estadísticas, 203
Visualización, 17, 33, 104, 392, 395, 399
  de datos, 12, 235, 463
  de datos geoespaciales, 150
  de distribuciones, 203

Made in the USA
Monee, IL
05 November 2026

67813128R00302